實戰

Dissecting RxJS

深入浅出RxJS

程墨 编著

机械工业出版社
China Machine Press

图书在版编目（CIP）数据

深入浅出 RxJS / 程墨编著 . —北京：机械工业出版社，2018.4
（实战）

ISBN 978-7-111-59664-6

I. 深⋯ II. 程⋯ III. JAVA 语言－程序设计 IV. TP312.8

中国版本图书馆 CIP 数据核字（2018）第 064666 号

深入浅出 RxJS

出版发行：机械工业出版社（北京市西城区百万庄大街 22 号 邮政编码：100037）

责任编辑：吴 怡 　　　　　　　　　　　　责任校对：殷 虹

印　　刷：北京市兆成印刷有限责任公司 　　版　　次：2018 年 5 月第 1 版第 1 次印刷

开　　本：186mm×240mm 1/16 　　　　　印　　张：25.75

书　　号：ISBN 978-7-111-59664-6 　　　　定　　价：89.00 元

这是一个信息技术爆炸的时代，计算机编程语言和框架层出不穷，同时，编程的风格也在发生变化。也许你还没有注意到，但是变化的确在发生。曾经面向对象式编程方法一统天下，如今越来越多开发者开始转向函数式编程方法；与此同时，一直具有统治地位的指令式编程方法，也发现自己要面对一个新的对手：响应式编程。在这本书里，我们介绍的就是兼具函数式和响应式两种先进编程风格的框架 RxJS。

RxJS 是 Reactive Extension 这种模式的 JavaScript 语言实现，通过学习了解 RxJS，你将打开一扇通往全新编程风格的大门。

当然，我们学习 RxJS，并不是因为 RxJS 是一项炫酷的技术，也不是因为 RxJS 是一个最新的技术。在技术的道路上，如果只是追逐“炫酷”和“最新”，肯定是要吃苦头的，因为这是舍本逐末。

我们学习和应用 RxJS，是因为 RxJS 的的确确能够帮助我们解决问题，而且这些问题长期以来一直在困扰我们，没有好的解决办法，这些问题包括：

❑ 如何控制大量代码的复杂度；

❑ 如何保持代码可读；

❑ 如何处理异步操作。

RxJS 的价值在于提供了一种不一样的编程方式，能够解决很多困扰我们开发者的问题。

打开了这本书的读者，你们想必也曾经面对过软件开发过程中的这些挑战，学习 RxJS 能够帮助大家在“军火库”中增加一种有力武器，也许你不用随时随地使用这种武器，但是，你肯定多了一种解决这些问题的更有效方法。

不过，可能你也早有耳闻，RxJS 的学习曲线非常陡峭，可以说已经陡峭到了不能称为学习曲线的程度，应该称为“学习悬崖”。这并不夸张，我个人学习 RxJS 就尝试了三次。

第一次学习 RxJS 时，感觉这种思想很酷，但是很快就发现太多概念都是交叉出现的，文档中为了解释一个概念，就会引入一个新的概念，当我去了解这个新的概念的时候，发现为了解释这个新的概念又需要理解其他的概念，整个 RxJS 的知识图就像是一个迷宫，我第一次学习 RxJS 的经历就终结在这个迷宫之中。

几个月后，我第二次鼓起勇气来学习 RxJS，因为有了第一次的一些基础，这一次还比较顺利，我把概念都掌握得差不多了，但是接下来面对的就是 RxJS 中大量的操作符，RxJS 的应用几乎就是在选择用哪种操作符合适。虽然我把 RxJS 的迷宫整个都摸了一遍，但是很多操作符我也没有发现实际的应用场景，所以这一次学习最后依然不了了之。

最后，终于有个机会，我需要用 RxJS 来解决实际的问题。这一次，因为存在实际应用的驱动，我不得不深入去理解 RxJS 的内在机制，揣摩一个操作符为什么要设计成这样而不是另一个样子，把自己摆在 RxJS 的角度来思考问题。我还是很幸运，这一次，终于对 RxJS 有了一个全面的认识。

我终于体会到 RxJS 的卓越之处，我很兴奋，希望这个工具能够被更多人了解，于是我向朋友们介绍 RxJS，有的朋友的确花了时间去学习，但是，他们大多数最后依然放弃了。

怎么会这样？简单来说，是因为 RxJS 的学习曲线太陡峭。

上图就是对 RxJS 学习曲线的形象描述⊖，一般知识的学习曲线像是一个小山坡，而 RxJS 的学习曲线就像是一个悬崖，而且这个悬崖有的部分的倾斜角度超过了 90 度！

⊖　源自 https://twitter.com/emanuelcanha/status/807929616375676928。

怎么会这样？这个问题我也思考了很久，回顾自己三次学习 RxJS 的过程，我发现了问题的所在，那就是，目前几乎没有一个像样的用线性方法教授 RxJS 的教材。

RxJS 是开源软件，这个软件经过了很长时间的演进，代码的确可圈可点，但是其文档实在算不上优秀。RxJS 的官方文档内容虽然不少，但是内容太多，很多部分之间相互引用，并没有一步一步告诉初学者该如何入门，初学者很容易（就像我第一次学习 RxJS 一样）发现自己陷入一个巨大的、没有头绪的迷宫之中。

于是我想，既然 RxJS 是一个好东西，那为什么不用一种简单易懂的方式来介绍这种技术呢？这也正是写作本书的动因。

在这本书里，我会尽量用一种线性的方法来介绍 RxJS 的各个方面，读者按照正常的、从前到后的顺序来阅读，不需要在各个知识点之间跳来跳去，这样，当读者看到最后一页的时候，应该就能够对 RxJS 有全面深刻的认识了。

读者可能会想，RxJS 这样一个复杂难懂的东西，我有必要去学吗？如果你只是满足于现状，那真的不用去学，不过，我前面也说过，当今世界的变化和发展非常快，函数式编程在目前也许还不起眼，但是在未来可能会占统治地位，这个变化可能发生在明年，也可能发生在明晚。你肯定不希望当变化发生的时候自己手足无措，所以，花一些时间来接触这个面向未来的思想，对你绝对没有坏处。

坦白地说，我并不相信每个读者学习 RxJS 的经历都会一帆风顺，如果你真的能够一次就学透 RxJS，那你真的很可能是一个天才，记得一定要给我留言[⊖]；如果你在学习中遇到一些挫折，请相信，你并不孤单，这本书的作者就经历了三次学习才真正学会 RxJS，任何疑问都可以留言和我交流。

让我们开始这段旅程吧！

本书的内容

本书以线性方式来介绍 RxJS，所以建议读者以顺序的方式来阅读本书，如果读者觉得对某一个方面已经十分了解，也可以跳过相关章节，不过，还是希望读者在时间允许的情况下阅读全部内容，你肯定会有新的体会。本书包含 15 章，章节的内容如下分布。

第 1 章 函数响应式编程。 这一章用一些例子展示 RxJS 体现的编程风格，引出两个重要的概念：函数式编程和响应式编程，使用 RxJS 的开发者必须先理解这两种风格。

第 2 章 RxJS 入门。 这一章介绍软件项目中导入 RxJS 的方法，RxJS 中的基本概念，包括数据流、操作符和观察者模式。

⊖ 作者联系方式：https://www.zhihu.com/people/morgancheng/。

第 3 章 操作符基础。使用 RxJS 很大程度上就是在使用操作符，这一章会介绍 RxJS 中操作符的实现原理。

第 4 章 创建数据流。这一章介绍 RxJS 中创建数据流的不同方法，包括 RxJS 提供的主要创建类操作符的使用方法。

第 5 章 合并数据流。这一章介绍如何合并多个数据流，包括合并类操作符的使用方法详解。

第 6 章 辅助类操作符。这一章介绍不是很起眼却很重要的两类操作符，数学类和布尔条件类操作符。

第 7 章 过滤数据流。这一章介绍如何让流过数据管道的数据根据规则筛选掉一部分，在这一章还会介绍用筛选法进行回压控制的方法。

第 8 章 转化数据流。这一章介绍对流经数据管道的数据进行格式转化的方法，包括 RxJS 提供的各种转化类操作符的用法。

第 9 章 异常错误处理。这一章介绍数据流中产生的异常的处理方法，包括如何捕获异常和实现重试。

第 10 章 多播。这一章介绍如何让一个数据源的内容被多个观察者接收，包括 Subject 的使用方法和 RxJS 对各种多播场景的支持。

第 11 章 掌握时间的 Scheduler。这一章介绍 RxJS 中 Scheduler 的概念。

第 12 章 RxJS 的调试和测试。介绍 RxJS 应用的调试和单元测试方法，深入介绍如何利用 RxJS 写出高可测试性的代码。

第 13 章 用 RxJS 驱动 React。这一章介绍 RxJS 和 React 结合的方法。

第 14 章 Redux 和 RxJS 结合。这一章介绍 Redux 和 RxJS 的组合方式，包括如何用 RxJS 实现 Redux 的功能，如何用 Redux-Observable 来发挥两者的共同的优势。

第 15 章 RxJS 游戏开发。这一章介绍用 RxJS 实现一款游戏 breakout 的完整过程，综合了全书介绍的所有 RxJS 知识点。

本书的目标读者

本书适合于所有网页应用的前端开发者，如果你在日常工作中还在使用 jQuery 这样的命令式编程风格的工具，那么接触 RxJS 绝对会开阔你的视野；也许你已经接触过 React、Redux、Vue 或者 Angular 这样体现函数式编程思想的工具，那么阅读本书可以让你更上一层楼。

阅读本书只需要了解基本的 JavaScript 知识，可以说，只要掌握 JavaScript，愿意接受函数响应式编程这种思维方式，再加上一点耐心，你就肯定能从阅读本书中获益。

源代码

本书中包含大量的代码示例，所有代码都配备了尽量详细的解释，建议读者要阅读所有源代码部分，因为，无论如何开发软件，最后思想都是要落实到代码中。

RxJS 本身的源代码是用 TypeScript 编写的，目前重度使用 RxJS 的 Angular 前端框架也使用 TypeScript，但是，本书并没介绍 TypeScript 语言，介绍这个语言就足够再写一本书了。RxJS 的学习曲线已经很陡了，这本书不希望再给读者增加一项学习负担。更重要的是，使用 RxJS 并不是必须使用 TypeScript，完全可以使用纯 JavaScript 来应用 RxJS 的一切功能。如果开发者想要对代码增加类型检查，可以使用 TypeScript，也可以使用 JavaScript 配合 Flow，这些都可以自由选择，不过，类型检查不是本书讨论的范围，所以，本书中的所有源代码都是纯 JavaScript 形式的。

读者可以在本书配套的 GitHub 源代码库（网址 https://github.com/mocheng/dissecting-rxjs）中找到所有的相关代码，代码按照章的内容组织，比如，想要查看第 15 章介绍的 breakout 游戏，对应源代码可以在 chapter-15/breakout 目录下找到。

除了网页应用之外，大部分示例代码可以直接在命令行通过 Node.js 运行环境查看结果，建议使用 npx 和 babel-node 指令执行，下面是一个执行命令示例。

```
npx babel-node chapter-01/declarative/addOne.js
```

如果读者发现代码或者书中的错误，可以直接在本书的 GitHub 项目中提交问题，请不吝斧正。

致谢

首先要感谢我的家人，写作这本书占去了我很多的业余时间，没有家人的理解和支持，这本书不可能完成。

感谢 Hulu 公司的网站前端开发团队，本书中的很多内容都是和团队讨论得到的体会。

感谢机械工业出版社的吴怡编辑，因为她的帮助和鼓励，这本书才得以出版。

还要感谢 RxJS 社区中每一个开发者，因为大家以积极开放的心态分享知识，这项技术才得以传播，我很荣幸能够为这项技术的发展和传播贡献一点力量。

最后，要感谢读者选择本书，使我们有缘结识，希望阅读这本书会给你带来愉快而充实的体验。

目 录 *Contents*

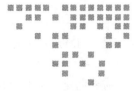

函数响应式编程

RxJS 使用了一种不同于传统的编程模式——函数响应式编程，所以，在我们开始学习 RxJS 之前，首先要了解这种编程模式。

本章包含下列内容：

- ❑ 通过一个例子感受 RxJS 的编程模式。
- ❑ 什么是函数式编程。
- ❑ 什么是响应式编程。
- ❑ 什么是 Reactive Extension。

1.1　一个简单的 RxJS 例子

学习编程最直接的方式就是读代码，让我们先通过代码来看看 RxJS 是什么样的。

我们实现一个并不是特别复杂，但是也十分有趣的应用"时间感觉"，这个应用可以考察你对一秒钟时间的感觉准确度如何。这是一个网页应用，在浏览器中运行，界面中有一个按钮。作为用户，你按下按钮等待一秒钟后松开按钮，这个程序会测量松开和按下按钮的时间差，如果这个时间差越接近一秒钟，表示你对时间的感觉越好。

我们选择这样一个应用例子作为本书的开始，而不是写一个简单的 Hello World，是因为只有复杂一点的应用才能体现 RxJS 的优势。

为了把 RxJS 和传统的编程方式对比，我们先用 jQuery 来实现这个应用。

> 测试你对时间的感觉.
>
> 按住我一秒钟然后松手
>
> 你的时间: 662毫秒

图 1-1　"时间感觉"应用界面

提示 对应代码在本书的 GitHub 代码库 chapter-01/jquery 目录中可以找到。

首先，我们需要创建一个 HTML 网页：

```
<!doctype html>
<html>
  <body>
    <div>
      <div>测试你对时间的感觉.</div>
      <button id="hold-me">按住我一秒钟然后松手</button>
      <div> 你的时间: <span id="hold-time"></span>毫秒</div>
      <div id="rank"></div>
    </div>
    <script src="https://unpkg.com/jquery@1.12.4"></script>
    <script src="./timingSenseTest.js"></script>
  </body>
</html>
```

这个 HTML 代码只是显示了按钮等网页元素，并引入了 jQuery，至于测量时间的逻辑，则完全存在 timeSenseTest.js 文件中。

接下来，我们来看一下 timeSenseTest.js 文件的内容：

```
var startTime;

$('#hold-me').mousedown(function() {
  startTime = new Date();
})

$('#hold-me').mouseup(function() {
  if (startTime) {
    const elapsedMilliseconds = (new Date() - startTime);
    startTime = null;
    $('#hold-time').text(elapsedMilliseconds);
    $.ajax('https://timing-sense-score-board.herokuapp.com/score/' +
      elapsedMilliseconds).done((res) => {
      $('#rank').text('你超过了' + res.rank + '% 的用户');
    });
  }
})
```

这段代码非常直观，即使你对 jQuery 并不是十分了解，也并不难看明白这段代码的工作逻辑。

当用户按住 id 为 hold-me 的按钮时，引发了 mousedown 事件，这时候我们给 startTime 变量赋值当前时间。

当用户放开按钮时候引发 mouseup 事件，这时候需要判断一下 startTime 是否被初始化，因为，用户有可能在按钮之外按下鼠标，这时 startTime 并不是按下按钮的时间，检查 startTime 是否被初始化就是防止这种情况下出现误判。

为了让用户下一次按住按钮是一个新的开始，在使用完 startTime 之后，代码把 startTime 重新设为 null，这样才能保证每一次操作之后状态恢复原样。

最后，当我们获得用户按住按钮的时间之后，用户的成绩会显示在页面上，然后发送一个 AJAX 请求，把用户的成绩汇报给一个 API，这个 API 会返回用户的成绩排名。

我不知道读者看完这段代码之后是怎样的感觉，反正我看到两个函数交叉访问一个变量 startTime 时，就感觉这段代码的"味道"不大好，因为不得不十分小心地处理对变量的访问，以防出错。

上面是通过传统的 jQuery 方法实现的，接下来，我们看看如果用 RxJS 来实现的话，代码会怎样。

 相关代码在本书配套 GitHub 代码库的 chapter-01/rxjs 目录下可以找到。

其中，HTML 代码部分和上面的例子几乎一样，区别是引入的 JavaScript 库是 Rx.min.js 而不是 jQuery：

```
<script src="https://unpkg.com/rxjs@5.4.2/bundles/Rx.min.js"></script>
```

在 timingSenseTest.js 文件中，JavaScript 代码也有很大区别，内容如下：

```
const holdMeButton = document.querySelector('#hold-me');
const mouseDown$ = Rx.Observable.fromEvent(holdMeButton, 'mousedown');
const mouseUp$ = Rx.Observable.fromEvent(holdMeButton, 'mouseup');

const holdTime$ = mouseUp$.timestamp().withLatestFrom(mouseDown$.timestamp(),
  (mouseUpEvent, mouseDownEvent) => {
  return mouseUpEvent.timestamp- mouseDownEvent.timestamp;
});

holdTime$.subscribe(ms => {
  document.querySelector('#hold-time').innerText = ms;
});

holdTime$.flatMap(ms => Rx.Observable.ajax('https://timing-sense-score-board.
  herokuapp.com/score/' + ms))
.map(e => e.response)
.subscribe(res => {
  document.querySelector('#rank').innerText = '你超过了' + res.rank + '% 的用户';

});
```

也许你此时完全不明白这段使用 RxJS 的代码如何解读，没有关系，解释 RxJS 正是此书的目的。

在这里，我们先要明白，RxJS 世界中有一种特殊的对象，称为"流"（stream），在本书中，也会以"数据流"或者"Observable 对象"称呼这种对象实例。作为对 RxJS 还一无所知的读者，目前可以把一个"数据流"对象理解为一条河流，数据就是这条河流中流淌的水。

💡提示 代表"流"的变量标示符，都是用 $ 符号结尾，这是 RxJS 编程中普遍使用的风格，被称为"芬兰式命名法"（Finnish Notation）。

在上面的代码中，mouseDown\$ 和 mouseUp\$ 都是数据流，分别代表按钮上的 mousedown 事件和 mouseup 事件集合，不光包含已经发生的事件，还包含没有发生的鼠标事件。对数据流一视同仁，这就是数据流的妙处。

"流"可以通过多种方法创造出来，mouseDown\$ 和 mouseUp\$ 通过 fromEvent 函数从网页的 DOM 元素中获得，holdTime\$ 这个流则是通过 mouseDown\$ 和 mouseUp\$ 计算衍生而来。

流对象中"流淌"的是数据，而通过 subscribe 函数可以添加函数对数据进行操作，上面的代码中，对 holdTime\$ 对象有两个 subscribe 调用，一个用来更新 DOM，另一个用来调用 API 请求。

也许你现在还是一头雾水，所以我们不要纠结代码细节，但阅读上面的 RxJS 代码，可以观察到一个有趣的现象：在 jQuery 实现中，我们有被交叉访问的变量（startTime），两个不同函数的逻辑相互关联，稍有不慎就会引发 bug；但是在 RxJS 实现中，没有这样纠缠不清的变量，如果你仔细看，会发现所有的变量其实都没有"变"，赋值时是什么值，就会一直保持这些值。

在 jQuery 的实现中，我们的代码看起来就是一串指令的组合；在 RxJS 的代码中，代码是一个一个函数，每个函数只是对输入的参数做了响应，然后返回结果。

即使你现在还看不懂 RxJS 的代码，但是只要通过比较，你应该能够感觉到 RxJS 代码更加清爽，更加容易维护，这是因为 RxJS 引用了两个重要的编程思想：

❑ 函数式

❑ 响应式

本书对这两种编程思想的介绍会贯穿始终。

需要强调的是，学习和应用这两种编程思想，并不是因为它们听起来比较酷或者它们概念比较新潮，而是这两种思想真的能够帮助我们解决软件开发中的老问题。

软件开发中有什么老问题？

技术发展迅速，用户的需求增加更快，软件的代码库也会随需求增长快速膨胀，在这种情况下，如何保证代码质量？如何控制代码的复杂度？如何保证代码的可维护性？就成了软件开发的大问题。

业界的同仁们为了解决这些老问题做了各种尝试，函数式编程和响应式编程就是在实践中被证明行之有效的两种方法。接下来，我们分别介绍这两种编程思想。

1.2　函数式编程

1.2.1　什么是函数式编程

顾名思义，函数式编程就是非常强调使用函数来解决问题的一种编程方式。

你可能会问，使用函数不是任何一种语言、任何一种编程方式都有的方式吗？这根本不算是什么特点啊。的确，几乎任何一种编程语言都支持函数，但是函数式编程对函数的使用有一些特殊的要求，这些要求包括以下几点：

- ❏ 声明式（Declarative）
- ❏ 纯函数（Pure Function）
- ❏ 数据不可变性（Immutability）

在深入介绍这三个特点之前，先提个问题：JavaScript 算不算函数式编程语言？

有的语言是纯粹意义上的函数式编程语言，比如 Haskell、LISP，这些编程语言本身就强制要求代码遵从以上三个要求，不过，和很多其他语言一样，JavaScript 语言并没有强制要求数据不可变性，用 JavaScript 写的函数也并不能保证没有副作用。

那么，JavaScript 到底算不算函数式编程语言呢？

从语言角度讲，JavaScript 当然不算一个纯粹意义上的函数式编程语言，但是，JavaScript 中的函数有第一公民的身份，因为函数本身就是一个对象，可以被赋值给一个变量，可以作为参数传递，由此可以很方便地应用函数式编程的许多思想。

我们把函数式编程看作一种编程思想，即使语言本身不支持一些特性，我们依然可以应用这样的编程思想，用于提高代码的质量。所以，JavaScript 并不是纯粹的函数式编程语言，但是，通过应用一些编程规范，再借助一点工具的帮助，我们完全可以用 JavaScript 写出函数式的代码，RxJS 就是辅助我们写出函数式代码的一种工具。

接下来，我们分别介绍 JavaScript 如何满足函数式编程的特性需要。

1. 声明式

和声明式相对应的编程方式叫做命令式编程（Imperative Programming），命令式编程也是最常见的一种编程方式。

先来看一个命令式编程的例子,我们要实现一个功能,将一个数组中每个元素的数值乘以 2。这样一个功能可以实现为一个叫 double 的函数,代码如下:

```
function double(arr) {
  const results = []
  for (let i = 0; i < arr.length; i++){
    results.push(arr[i] * 2)
  }
  return results
}
```

代码 1-1　double 函数根据参数数组产生一个新的数组,每个元素乘以 2

上面的 double 实现是典型的命令式编程风格,我们的代码把计算逻辑完整地描述了一遍:

步骤一,创造一个名为 results 的数组,顾名思义,这个 results 数组将会是最终结果,不过这个数组一开始是空的,在计算过程中会不断填充内容;

步骤二,创建一个循环,循环次数就是输入参数数组 arr 的长度;在循环体中,每次把数组 arr 中的一个元素乘以 2,把结果 push 到数组 results;

步骤三,循环结束的时候,results 就是我们想要的结果,返回这个结果,结束。

这个 double 函数的实现没有任何毛病,但是,我们又来了一个需求:实现一个函数,能够把一个数组的每个元素加一。

好的,一样的套路,我们可以再实现一个 addOne 函数,代码如下:

```
function addOne(arr) {
  const results = []
  for (let i = 0; i < arr.length; i++){
    results.push(arr[i] + 1)
  }
  return results
}
```

如果比较一下 double 和 addOne 这两个函数的代码,就会发现,除了函数名和 push 的参数之外,这两个函数如出一辙,简直就是一个模子里倒出来的。实际上,我在写 addOne 的时候,就是把 double 的代码拷贝过来,把函数名改为 addOne,然后把 push 的参数改为 arr[i]+1。

是不是嗅到点不大好的味道?没错,不大好的味道来自于重复代码,因为,"重复代码可能是所有软件中邪恶的根源[一]。在 double 和 addOne 函数中出现了大量的重复代码，这就是让人感觉很不舒服的地方，我们应该想办法改进。

我们可以看到命令式编程的一个大问题，因为我们通过代码让电脑按照我们的指示来解决问题，但是这世界上很多问题都有相似的模式，比如上面的 double 和 addOne 函数，都是循环一个数组，对每个元素做一个操作，然后把操作结果塞给另一个数组。很自然我们会想到把这种模式抽象出来，这样就不用重复地编写这样的代码。

我们利用 JavaScript 的 map 函数，来重新实现 double 和 addOne 函数，代码如下：

```
function double(arr) {
  return arr.map(function(item) {return item * 2});
}
function addOne(arr) {
  return arr.map(function(item) {return item + 1});
}
```

代码 1-2　double 和 addOne 的 map 实现方式

可以看到代码简洁了很多，因为省略了重复代码。我们看不到重复的 for 循环，也看不到往一个数组里做 push 动作的指令，这一切都被封装在数组的 map 函数中，map 的主要贡献就是提供了一个函数类型的参数，这个函数参数可以定制对每一个数组元素如何处理。

我们来看 double 中这个定制函数，代码如下：

```
function(item) {return item * 2}
```

这个函数实现了这样一个功能：不管传入什么数据，都会返回这个数据乘以 2 的结果。

这就是声明式编程，因为在 double 函数中，代码实际上是这样一种解读：把一个数组映射（map）为另一个数组，每个对应的元素都乘以 2。

相比之下，代码 1-2 中的声明式代码，要比代码 1-1 中的命令式编程代码更容易维护。

利用 JavaScript 的语法特性，我们可以把上面例子中的函数简写为 lambda 表达式，double 和 addOne 函数的实现可以进一步简化，代码如下：

```
const double = arr => arr.map(item => item * 2);
const addOne = arr => arr.map(item => item + 1);
```

当代码简洁到这个地步，可以看到，在命令式编程中的 for 循环，都被封装在了 map 函数的实现中，这样一来，对我们开发者来说，就不需要再去写循环的重复代码，直接

[一] 《Clean Code》Robert C. Martin 著，第 3 章 Functions 的 "Don't Repeat Yourself" 小节。

使用 map 就可以写出更简洁、更有表现力的代码。实际上,当你熟悉 RxJS 编程之后,你会发现自己几乎再也不会写循环语句了。

在 JavaScript 中,因为函数具有第一公民的地位,一个函数可以作为参数传递给另一个函数,所以才让 map 这种功能实现成为可能。数组函数 map 的使用只是最简单的声明式编程的样例,本书的其他章节将进一步介绍声明式编程。

心细的读者可以注意到,上面我们实现的 double 和 addOne 函数,文字描述是"将一个数组的每个元素乘以 2(或者加 1)",但是,实际上并没有真的去修改作为参数的数组,而是产生了一个新的数组,这就涉及函数式编程的另一个重要特性:纯函数。

2. 纯函数

还是以上面提到的 double 函数为例子,不过,这一次我们从使用者角度来看 double,代码如下:

```
const oneArray = [1, 2, 3];
const anotherArray = double(oneArray);
// anotherArray的内容为[ 2, 4, 6 ]
// oneArray的内容依然是[ 1, 2, 3 ]
```

我们先声明一个 oneArray,然后将 oneArray 作为参数传递给 double 函数,返回的结果赋值给 anotherArray,因为 double 的实现遵从了保持数据不可改的原则,所以 oneArray 数组依然是以前的值,而 anotherArray 是一个全新的数组,这两个数组中的数据相互独立,互不干扰。所以,我们说 double 就是一个"纯函数"。

所谓纯函数,指的是满足下面两个条件的函数。

❑ 函数的执行过程完全由输入参数决定,不会受除参数之外的任何数据影响。

❑ 函数不会修改任何外部状态,比如修改全局变量或传入的参数对象。

表面上看起来,纯函数的要求,是限制了我们编写函数的方式,似乎让我们没法写出"更强大"的函数,实际上,这种限制带来的好处远远大于所谓"更强大"的好处,因为,纯函数让我们的代码更加简单,从而更加容易维护,更加不容易产生 bug。

我们还是通过一段代码例子来说明,代码如下:

```
const originalArray = [1, 2, 3];
const pushedArray = arrayPush(originalArray, 4);
const doubledPushedArray = double(pushedArray);
// pushedArray值应该是[ 1, 2, 3, 4 ]
// doubledPushedArray值应该是 [ 2, 4, 6, 8 ]
```

只看这段代码中几个函数的命名,就能够猜出每个值的计算结果,但是,当上面的语句执行完毕之后,originalArray 的值是什么呢?

先需要问，希望 originalArray 的值是什么，从代码维护性角度来说，当然希望 originalArray 保持初始值，因为这样很清晰，也可以继续使用 originalArray 做其他的计算，于是，我们增加下面的代码。

```
const doubleOriginalArray = double(originalArray);
```

然后，运行结果，我们一看实际上 doubleOriginalArray 的值是：

```
[ 2, 4, 6, 8 ]
```

不对呀，我们的 originalArray 应该只有三个元素，double 之后产生的 doubleOriginal-Array 应该也只有三个元素，预期的结果是这样。

```
[ 2, 4, 6 ]
```

问题出在哪里呢?

问题出在 arrayPush 这个函数，我们刚才一直没有展示 arrayPush 函数的实现，现在我们来看一看 arrayPush 的代码，如下所示：

```
function arrayPush (arr, newValue) {
  arr.push(newValue);
  return arr;
}
```

可以看到，arrayPush 这个函数直接调用了传入参数 arr 的 push 函数，在 JavaScript 中，数组的 push 函数会修改数组的值，在数组尾部添加新的元素，所以，arrayPush 直接修改了输入参数，这违背了纯函数的第二条规则。

如果 arrayPush 是一个纯函数，则这段程序就会显得可靠得多。

我们尝试写一个 arrayPush 的纯函数实现，代码如下：

```
function arrayPush (arr, newValue) {
  return [...arr, newValue];
}
```

在上面的代码中，我们使用了 ES6 的扩展操作符（Spread Operator），将输入参数 arr 的所有元素扩展开，然后在后面加上 newValue，产生一个全新的数组，输入参数 arr 没有发生改变，这是一个纯函数。

和纯函数相反的就是"不纯函数"（Impure Function），一个函数之所以不纯，可能做了下面这些事情：

❑ 改变全局变量的值。

❑ 改变输入参数引用的对象，就像上面不是纯函数的 arrayPush 实现。

❑ 读取用户输入，比如调用了 alert 或者 confirm 函数。

❑ 抛出一个异常。

❑ 网络输入 / 输出操作，比如通过 AJAX 调用一个服务器的 API。

❑ 操作浏览器的 DOM。

上面还只是不纯函数的一部分表现，其实，有一个很简单的判断函数纯不纯的方法，就是假设将一个函数调用替换为一个预期返回的常数，程序运行结果是否一样。

还是以上面的代码为例，我们看 arrayPush 是不是一个纯函数，就看使用它的地方。

```
const pushedArray = arrayPush(originalArray, 4); // 预期得到[ 1, 2, 3, 4]
```

我们预期这个调用返回 4 个元素的数组，那么，就把对 arrayPush 的函数调用替换成预期的返回结果。

```
const pushedArray = [ 1, 2, 3, 4];
```

对于使用数组 push 函数的实现，这样的替换当然产生不同的效果，所以它并不是纯函数。

满足纯函数的特性也叫做引用透明度（Referential Transparency），这是更加正式的说法。怎么称呼不重要，重要的是开发者要理解，所谓的纯函数，做的事情就是输入参数到返回结果的一个映射，不要产生副作用（Side Effect）。

如果你有写单元测试代码的经历，可能会很快意识到，用纯函数是非常容易写单元测试的。单元测试是对每一小段代码单元的测试，被测对象往往就是一个函数，如果一个函数和太多外部的资源有牵连，比如访问 AJAX 请求、依赖某个全局变量，那光是 mock 这些外部的资源就让写单元测试的过程痛苦不堪，当这些外部的东西设计发生变化的时候，又需要修改对应的单元测试。

"测试驱动开发"（Test-Driven Development）提出了这么多年，在业界被追捧得很热，但却总是得不到全面实施，一个很大的原因就是很多软件项目因为不遵守函数式编程的规范，所以造成单元测试困难。如果被测函数都是纯函数，单元测试可以轻松达到 100% 的代码覆盖率。

3. 数据不可变

数据不可变（Immutable）是函数式编程非常重要的一个概念，对于刚刚接触这个概念的朋友，可能会觉得莫名其妙，因为众所周知程序就是用代码指令在操作数据，如果数据不能变化，那一个程序又能够干什么有用的事情？

程序要好发挥作用当然是要产生变化的数据，但是并不意味着必须要去修改现有数据，替换方法是通过产生新的数据，来实现这种"变化"，也就是说，当我们需要数据状态发生改变时，保持原有数据不变，产生一个新的数据来体现这种变化。

不可改变的数据就是 Immutable 数据，它一旦产生，我们就可以肯定它的值永远不会变，这非常有利于代码的理解。

其实，你可能已经体会到了 Immutable 数据类型的好处，在 JavaScript 中，字符串类型、数字类型就是不可改变的数据，使用这两种类型的数据给你带来的麻烦比较少。相反，JavaScript 中大部分对象都是可变的，比如 JavaScript 自带的原生数组类型，数组的 push、pop、sort 函数都会改变一个数组的内容，由此引发的 bug 可不少。这些不纯的函数导致 JavaScript 天生不是一个纯粹意义上的函数式编程语言。

在 JavaScript 社区已经出现一些辅助工具来实现 Immutable 特性，比如 Immutable.js 这样的库，不过，即使没有这些工具的帮助，程序员也只需要一点纪律感，就能保持代码中的数据不可变。

> 注意　JavaScript 中的 const 关键字虽然有常数 (constant) 的意思，但其实只是规定一个变量引用的对象不能改变，却没有规定这个 const 变量引用的对象自身不能发生改变，所以，这个"常量"依然是变量。

1.2.2　为什么函数式编程最近才崛起

函数式编程并不是新概念，实际上，在计算机科学出现之初，函数式编程就已经崭露头角，教科书式的函数式编程语言 LISP 在 1958 年就诞生了，但是，为什么一直都是命令式编程和面向对象编程大行其道呢？

1. 函数式编程历史

说来话长，想当年，阿兰·图灵和冯·诺依曼祖师爷开天辟地，创立了计算机这门学科，因为这行前无古人，所以最早的一批学者都有其他专业的背景，有的是电子电气方面的专家，有来自物理学科，还有的本来是数学家。不同的背景，也就带来了对计算机发展方向的不同观点。

当时，数学家们提出的编程语言模型自然具有纯数学的气质，也是最优雅、最易于管理的解决方法。这其中的代表人物就是阿隆佐·邱奇（Alonzo Church），邱奇在计算机诞生之前就提出 Lambda 演算（Lambda Calculus）的概念，也就是用纯函数的组合来描述计算过程。根据 Lambda 演算，如果一个问题能够用一套函数组合的算法来描述，那就说明这个问题是可计算的，很自然，也就可以用编程语言的函数组合的方式来实现这样的计算过程。

可是，数学家们的理念，并没有在计算机发展初期被大范围应用，为什么呢？因为当时的硬件制造技术还很不发达，电子元件远没有当今这样的水平，那时候每一个电子元件制造成本高，而且体积大，无法在一小片芯片上放置很多元件，无论是运算元件还是存储元件，都是又慢又贵。

既然物理硬件昂贵，那么只好省着点用了，这种情况下，和硬件靠得最近的物理学家和电子电气工程师们掌握了编程语言的主流方向，命令式编程就是这样发展起来的。

早期的编程工作中，程序员必须考虑硬件的架构，如何使用 CPU 计算资源，如何巧妙利用有限的那么几个寄存器（register），如果不考虑的话，性能肯定无法过关。在这样的硬件条件下，函数式编程的想法要实现，只能通过一层软件模拟来复现数学家设想的模型，这多出来的一层无疑要耗费性能，所以光是性能这一个因素，就让函数式编程的实践难以推广。

还好，电子技术在飞速发展，计算机的运算能力和存储能力不断提高。1965 年，电子芯片公司 Intel 的创始人戈登·摩尔根据观察，做了这样的断言："当价格不变时，集成电路上可容纳的元器件的数目，约每隔 18~24 个月便会增加一倍，性能也将提升一倍。"这也就是著名的"摩尔定律"，根据这个定律，计算机的计算能力是以指数趋势增长，从那之后很长一段时间，软件行业也一直在享受计算能力增长带来的红利。

但是，进入 21 世纪之后，大家发现"摩尔定律"渐渐不管用了，集成电路上的元器件数目不能增长得这么快，因为，电子部件的密度快要达到物理极限了，一个集成电路上没法聚集更多的器件，虽然工程师们还在进一步提高 CPU 的性能，但是，普遍认同的观点是，单核的运算能力不可能保持摩尔定律的增长速度。

这时候，芯片的发展方向转为多核，软件架构也向分布式方向发展。这种转化很合理，既然一个核一秒钟只能做 N 次运算，那么我用 8 个核，一秒就能进行 8*N 次运算；同样，一个 CPU 中核的数量虽然是有限的，但是可以把计算量分布在不同的计算机上，假如一台计算机一秒钟的运算能力是 N，那么 1000 台计算机，一秒钟的计算能力就是 1000*N。

既然硬件的解决方案只能如此，剩下的唯一问题就是，如何把运算分布到不同的核或者不同的计算机上去呢？如果是用命令式编程，真的很难，因为编写协调多核或者分布式的任务处理程序非常困难，让每个开发者都做这样的工作，那真是非常不现实；然而，函数式编程却能够让大部分开发者不需要操心任务处理，所以非常适合分布式计算的场景。

声明式的函数，让开发者只需要表达"想要做什么"，而不需要表达"怎么去做"，这样就极大地简化了开发者的工作。至于具体"怎么去做"，让专门的任务协调框架去实现，这个框架可以灵活地分配工作给不同的核、不同的计算机，而开发者不必关心框架背后发生了什么。

与此同时，计算机业界也发现，随着 CPU 性能和存储设备性能的提高，当初导致函数式编程性能问题的障碍，现在都不是问题了，这也给函数式编程崛起增加了助推力。

可能读者会问，基于现在的计算机硬件架构，用函数式编程写出的程序，肯定性能会比命令式编程写出来的要低一些吧？其实未必。首先，当今软件已经是一个很复杂的系统，性能并不完全由是否更直接翻译为机器语言决定。其次，在性能相当的情况下，软件的开发速度要比运行速度重要得多。打个比方，用命令式编程，开发一个网络服务花费 6 个月，每个请求处理时间是 1 毫秒；用函数式编程，开发同样的网络服务花费 3 个月，每个请求处理时间是 10 毫秒，是否值得花 3 个月去获得这 9 毫秒的性能增长呢？

要知道，从客户端感知到的反应速度，不光包含服务器端的计算处理时间，还包含网络传输时间，比如平均网络传输时间是 200 毫秒，200 毫秒是一个比较正常的网络延迟，那么访问命令式编程服务的反应时间是 201 毫秒，访问函数式编程服务的反应时间是 210 毫秒。201 毫秒和 210 毫秒，用户感知的性能没有那么大的区别，这时候，我们当然更愿意选择能够提高开发速度的方法。

2. 语言演进

除了硬件性能和软件开发需求的推动，语言的演进也是推动函数式编程被接受的一大动因。

曾几何时，只有 Haskell 和 LISP 这样的纯函数式编程语言才高举这面大旗，但是后来，一些本来属于命令式阵营或者面向对象阵营的编程语言也开始添加函数式的特性，这样，更多的开发者能够接触到函数式这种编程思想。增加了函数式特性的这些语言，当然包括 JavaScript。

如果要学习最正统的函数式编程，比如 Haskell，可能需要极大的耐心，因为学习过程中要涉及很多数学概念和推演，在开始实践函数式编程之前，就要面对这么庞大的背景知识，很有可能学着学着就睡着了。在这本书中，不会灌输给读者繁复的数学理论，而是尽量用浅显易懂的语言和代码示例来介绍函数式编程，空有理论没有实践是无意义的。

当然，这并不是说学习正统的函数式编程语言没有意义，如果时间和精力允许，读者当然应该学习 Haskell 或者 LISP 这样纯粹的函数式编程语言，但这不是本书的范围。

1.2.3　函数式编程和面向对象编程的比较

要介绍函数式编程（Functional Programming）就不得不拿另一个编程范式面向对象编程（Object Oriented Programming）作对比，因为面向对象编程曾经统治了业界很长一段时间，而函数式编程正在逐渐挑战面向对象的地位。

这两种编程方式都可以让代码更容易理解，不过方式不同。简单说来，面向对象的方法把状态的改变封装起来，以此达到让代码清晰的目的；而函数式编程则是尽量减少变化的部分，以此让代码逻辑更加清晰。

面向对象的思想是把数据封装在类的实例对象中，把数据藏起来，让外部不能直接操作这些对象，只能通过类提供的实例方法来读取和修改这些数据，这样就限制了对数据的访问方式。对于毫无节制任意修改数据的编程方式，面向对象无疑是巨大的进步，因为通过定义类的方法，可以控制对数据的操作。

但是，面向对象隐藏数据的特点，带来了一个先天的缺陷，就是数据的修改历史完全被隐藏了。有人说，面向对象编程提供了一种持续编写烂代码的方式，它让你通过一系列补丁来拼凑程序⊖。这话有点过激，但是也道出了面向对象编程的缺点。

当我们在代码中看到一个对象实例的时候，即使知道了对象的当前状态，也没法知道这个对象是如何一步一步走到这个状态的，这种不确定性导致代码可维护性下降。

函数式编程中，倾向于数据就是数据，函数就是函数，函数可以处理数据，也是并不像面向对象的类概念一样把数据和函数封在一起，而是让每个函数都不要去修改原有数据（不可变性），而且通过产生新的数据来作为运算结果（纯函数）。

在本书后续章节中，我们会继续体会函数式编程的这些好处。

1.3　响应式编程

响应式编程（Reactive Programming）是一个令人振奋的编程方式。不要被"响应式"这个词吓到，其实这个概念并没有那么难理解，实际上，很可能你早已经无意中使用了响应式编程的思想。

如果你使用过 Excel 的公式功能，你就已经应用过响应式编程。假如你是刚打开这本书的读者，正好翻开就是这一页，提醒你这是一本讲编程的书，不是 Excel 的使用手册，Excel 截图在这里只是用来说明一种编程思想。

图 1-2 演示使用 Excel 来统计多个格子中数据之和的功能，在 Excel 表格中，选中 C9 这个格子，在公式部分输入 =，然后用鼠标选中 C2 到 C8 的格子，就完成了一次响应式编程。之后，无论我在 C2 到 C8 中填写什么数字，C9 这个格子里的数值都会自动变为 C2 到 C8 所有格子的数值之和，换句话说，C9 能够对这些格子的数值变化作出"响应"。

⊖　《Hackers & Painters: Big Ideas from the Computer Age》作者 Paul Graham。

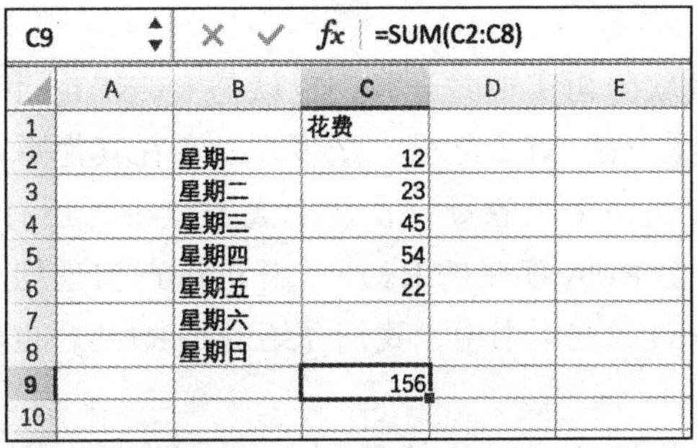

图 1-2　Excel 中的公式功能

　　响应式编程就是这么简单的一个概念,这个 Excel 的例子虽然简单,但是却体现了响应式编程的很多重要思想。程序的输入可看作一个数据流,在这个 Excel 表格中,输入就是用户在 C2 到 C8 格子中填充的数值,用户这个填充动作是完全不可预料的,可能先填 C2,也可能先填 C5,用户还可能反复修改 C4 格子里的数值;用户可能每天填一个数字,也可能到星期天把 7 个格子一次填完……无论用户用何种方式操作,可以看作一个数据流,这个流中的一个元素,是对某个格子的数值修改,这个程序都一视同仁,一样能够处理。

　　Excel 的计算可以串起来,比如,C8 虽然是一个计算的结果,我们同样可以利用 SUM 公式把 C8 和其他格子的数值加起来放在另一个格子里面,因为每个格子的地位是平等的,这样的公式可以任意组合,组合产生强大的功能效果,读者可以试着用 Excel 把多个星期的花费综合加起来放在另一个格子里。

　　响应式编程的这些特点如此自然,就算不是程序员也可以用 Excel 来创造具有计算能力的表格。当然,真正的响应式编程要比 Excel 复杂得多,要不然也不会需要这样一本书来介绍。接下来,我们就来介绍响应式编程世界里知名度最高的框架 Reactive Extension。

1.4　Reactive Extension

　　Reactive Extension,也叫 ReactiveX,或者简称 Rx,指的是实践响应式编程的一套工具,在 Rx 官网 http://reactivex.io/ 上,有这样一段介绍文字:

　　　　An API for asynchronous programming with observable streams.

　　翻译过来就是:Rx 是一套通过可监听流来做异步编程的 API。说实话,这句描述真不怎么样,没把 Rx 这个概念解释清楚,反而又引入了一个新的词汇 Observable。笔者觉得这句话无法很好地翻译成中文,所以我们不要管官网怎么解释了,就只用普通的语言来解释 Rx。

Rx 的概念最初由微软公司实现并开源，也就是 Rx.NET，因为 Rx 带来的编程方式大大改进了异步编程模型，在 .NET 之后，众多开发者在其他平台和语言上也实现了 Rx 的类库。可见，Rx 其实是一个大家族，在这个大家族中，还有用 Java 实现的 RxJava，用 C++ 实现的 RxCpp，用 Ruby 实现的 Rx.rb，用 Python 实现的 RxPy，当然，还有这个大家族中最年长的 Rx.NET。在本书中，我们介绍的是 RxJS，也就是 Rx 的 JavaScript 语言实现。

所有这些语言并没有天生对响应式编程支持，简单来说就是，这些语言入门教程绝对不会用响应式编程的方法去写一个 Hello World，所以，才需要引入 Reactive Extension，等于是为这些语言增加一些功能扩展 (Extension)，让响应式编程方法成为开发者的第一选择。

JavaScript 是为今世界上最广泛使用的语言，如今，每一个可以上网的浏览器上都必定安装了 JavaScript 引擎，在服务器端，因为 Node.js 的蓬勃发展，JavaScript 也得到广泛应用。不夸张地说，任何可以用 JavaScript 来写的应用最终都会用 JavaScript 写出来⊖。这个时代的 JavaScript 开发者，无疑是幸运的，我们不光可以尽情使用 JavaScript 来实现各种应用，还有机会使用 RxJS 这种带有纯正计算机科学精神的开发利器。

Rx（包括 RxJS）诞生的主要目的虽然是解决异步处理的问题，但并不表示 Rx 不适合同步的数据处理，实际上，使用 RxJS 之后大部分代码不需要关心自己是被同步执行还是异步执行，所以处理起来会更加简单。

1.5　RxJS 是否是函数响应式编程

我们已经看到，RxJS 兼具函数式和响应式 (Reactive) 两种编程方式的特点，那么很自然，我们是不是可以说 RxJS 是"函数响应式编程"呢？似乎完全没有问题，如果我们认为 Fucntional 加上 Reactive 就是 Functional Reactive Programming 的话，Functional Reactive Programming 可以简称为 FRP，RxJS 属于 FRP。

但是，"RxJS 就是 FRP"这种说法会被否定，因为 FRP 在 20 世纪就已经作为一项编程技术获得了严格的数学定义⊜，按照 FRP 发明人之一 Conal Elliott 的描述⊜，FRP 包含两个重要元素：

❑ 指称性（denotative）

⊖ https://blog.codinghorror.com/the-principle-of-least-power/。
⊜ FRP 相关的资源 http://conal.net/papers/frp.html。
⊜ https://stackoverflow.com/questions/5875929。

❑ 临时的连续性（temporally continuous）

如果要解释这两个术语，不得不涉及很多数学原理。在读者睡着之前，还是用简单易懂的语言来说明正统 FRP 的观点吧。正统 FRP 认为，一个系统如果能被称为 FRP，除了要有 Functional 和 Reactive 的特点，还必须要能够支持两个事件可以"同时发生"，这就是指称性的要求。总之，按照正统 FRP 的说法，你的系统只有 Functional 和 Reactive，不能说自己是 FRP。

在业界，这是非常有争议的一个话题：包括 RxJS 在内的 Rx，到底算不算 FRP？按照正统 FRP 的观点，Rx 不算，因为 Rx 不满足指称性的要求，在 Rx 的所有实现中，都存在一个局限，就是当两个"流"合并的时候，不能按照 FRP 那样严格处理同时发生的事件，我们在第 5 章中会详细介绍这个细节。

但是，真的就因为二十多年前 FRP 这个词被抢先占用，所以之后一个既支持 Functional 又支持 Reactive 的系统并不能叫 FRP 吗？Rx 界很多人都对此非常不满，要知道，很多程序员真正接触 Functional 和 Reactive，就是从 Rx 开始的，作为一个影响力这样大的工具，还不能名正言顺地称自己为 FRP，真的是非常憋屈。孔夫子教导我们："当仁不让于师。"⊖意思是说，应该做的事，就要积极去做，即使面对前辈，也不要谦让。我尊重前辈们对计算机科学尤其是对 FRP 的贡献，但是我不认为还要浪费口舌争执 Rx 是什么地位，所以，我的观点是，Rx 就是属于 FRP。

1.6　函数响应式编程的优势

RxJS 这套模型并不是闭门造车臆想出来的概念，这套模型已经被证明很成功，这是因为它具备下面这些特点：

❑ 数据流抽象了很多现实问题。

❑ 擅长处理异步操作。

❑ 把复杂问题分解成简单问题的组合。

现实应用中，很多问题都可以抽象为数据流的问题来解决：以网页应用的前端领域为例，网页 DOM 的事件，可以看作为数据流；通过 WebSocket 获得的服务器端推送消息可以看作是数据流；同样，通过 AJAX 获得服务器端的数据资源也可以看作是数据流，虽然这个数据流中可能只有一个数据；网页的动画显示当然更可以看作是一个数据流。正因为网页应用中众多问题其实就是数据流的问题，所以用 RxJS 来解决才如此得心应手。

⊖　引自《论语·卫灵公》。

RxJS 擅长处理异步操作，因为它对数据采用"推"的处理方式，当一个数据产生的时候，被推送给对应的处理函数，这个处理函数不用关心数据是同步产生的还是异步产生的，这样就把开发者从命令式异步处理的枷锁中解放了出来。

RxJS 中的数据流可能包含复杂的功能，但是可以分解成很多小的部分来实现，实现某一个小功能的函数就是操作符，本书大部分内容都是在介绍操作符，可以说，学习RxJS 就是学习如何组合操作符来解决复杂问题。

1.7 本章小结

本章首先通过一个简单的代码示例来展示 RxJS 编程方式和传统编程方式的区别，然后介绍了函数式和响应式两种编程方式，由此引入 Reactive Extension 的概念，Reactive Extension 扩展了那些不支持响应式编程的语言的功能，让开发者可以更方便地以函数式和响应式风格来开发应用。

RxJS 就是用 JavaScript 语言实现的 Reactive Extension，本书接下来会详细介绍RxJS 的方方面面。

第 2 章 Chapter 2

RxJS 入门

在上一章，我们了解了函数响应式编程的思想，初步接触了 RxJS，接下来，我们就要真刀真枪地学习如何用 RxJS 来编写代码了。

RxJS 的内容很多，在这一章中，我们主要介绍 RxJS 的重要概念，了解这些概念之后，才能进一步操纵 RxJS 这种工具，本章包含下列内容：

❑ RxJS 的版本和运行环境。
❑ Observable 的概念和使用方式。
❑ Hot Observable 和 Cold Observable 的区别。
❑ 操作符的概念。
❑ 弹珠图的说明。

2.1　RxJS 的版本和运行环境

目前被广泛使用的 RxJS 版本有两个：v4 和 v5，这两个版本的 API 很相似，但是也有巨大的差别。

很多软件还在使用 RxJS v4，截至本书写作时为止，在 GitHub 上 v4 版本代码库获得的 Star 数量仍然远高于 v5 版本的 Star 数量，如需要把原有使用 v4 版本的代码升级为使用 v5，可以参照 https://github.com/ReactiveX/rxjs/blob/master/MIGRATION.md，这个官方文档介绍了 v4 到 v5 的所有不兼容差别。RxJS v5 无论性能还是可维护性都优于 v4，新项目应该尽量使用 v5 版本。在本书中，如无特殊说明，所有代码都按照 v5 来讲解，如果涉及 v4 和 v5 的 API 差别，也会单独标注。

在软件项目中引入 RxJS, 有两种常用方法: 第一种方法是使用 npm 包, 适合于使用 npm 管理库的项目, 这样不光让 RxJS 可以用于网页, 还可应用于服务器端代码; 第二个方法, 直接用 script 标签导入包含 RxJS 的 JavaScript 资源文件, 这种方法只适用于网页。

1. npm 安装

如果使用 npm 管理软件项目; 导入 RxJS 直接通过 npm install 命令就可以完成, 在项目代码目录下运行下面的命令:

```
npm install rxjs
```

这个指令安装的是 RxJS v5 的 npm 包, 如果要安装 v4 的 npm 包, 则应该执行下面的命令行指令:

```
npm install rx
```

为什么不同版本的 RxJS 的 npm 包名都会不同呢? 这是因为在开发 v5 的时候, 考虑到架构的巨大差别, 另起炉灶重写的, 原本 RxJS 的库是 https://github.com/Reactive-Extensions/RxJS, 包含了 v4 的代码, 而开发 v5 版本的 RxJS, 使用的是另外一个代码库 https://github.com/ReactiveX/rxjs, 这种代码库的分离, 也就导致了发布的 npm 包名不同。

这种不同倒是带来一个意外之喜, 因为这是两个完全不同的 npm 包, 互相不会干扰, 所以在一个项目中可以同时安装 v4 和 v5 版, 同一个源代码文件中可以同时使用 v4 和 v5 的 API。当然, 真正的项目中, 应该尽量只使用某一个特定版本的 RxJS, 使用两个版本的 RxJS 会导致打包文件更大, 混杂两种 API 的代码也更不容易维护。

安装了 RxJS 的 npm 包之后, 就可以在对应的项目代码中导入相应功能, 可以使用 ES6 的 import 语法, 也可以使用 CommonJS 的 require 函数。

使用 ES6 的 import 语法导入 v5 版的 Rx 对象, 代码如下:

```
import Rx from "rxjs";
```

或者像下面这样写。

```
import Rx from 'rxjs/Rx';
```

上面两种写法是一样的效果, 如果你检查项目目录中安装的 node_modules/rxjs/package.json 文件, 可以看到有这样一行代码:

```
"main": "Rx.js",
```

这代表 rxjs 这个 npm 库的默认导出文件就是 Rx.js, 所以从 "rxjs" 导入和从 "rxjs/

Rx" 导入是一样的效果。

也可以使用 CommonJS 风格的 require 函数，代码如下：

```
const Rx = require('rxjs');
```

值得注意的是，上面的导入写法是将整个 RxJS 库都导入进来，而实际上项目代码未必会用上 RxJS 的全部功能。对于使用 Webpack 等工具产生打包文件的项目，把 RxJS 整个库都导入，会让打包文件变得比较大，因为包含了根本没用上的功能。

解决这个问题，可以使用深链 (deep link) 的方式，只导入用得上的功能，比如我们要使用 Observable 类（不要着急，我们很快会介绍什么是 Observable），代码如下：

```
import {Observable} from 'rxjs/Observable';
```

或者使用 CommonJS 风格的 require 函数：

```
const Observable = require('rxjs/Observable').Observable;
```

只导入应用中真正使用上的模块功能，可以减少不必要的依赖，不光可以优化最终打包文件的大小，还有利于代码的稳定性，因为任何被依赖的模块改变都可能改变代码行为。

如今的 JavaScript 打包工具，有一个功能叫做 Tree-Shaking，指的是在打包过程中发现根本没有用上的函数，然后最终的打包文件也就不需要包含这些没被使用的函数代码。Tree-Shaking 这个概念最早由打包工具 rollup.js 提出，现在已经被广泛接受，业界常用的打包工具 webpack 从 v2 版本开始也支持 Tree-Shaking。

Tree-Shaking 这个名字十分生动，代码中的函数调用结构就像是一个树的枝杈，有的函数虽然被导入，但是根本没有被调用，也就失去了养分，形成枯死的枝叶，这时候，用力去摇晃树干，那些枯死的枝叶就都被摇掉了，剩下来的枝杈才是有活力的部分。

比如，有一个文件 utils.js，代码如下：

```
export const foo = () => "foo";
export const bar = () => "bar";
```

然后有另一个文件 main.js 要从 utils.js 中导入并使用 foo 函数：

```
import {foo} from "utils";
foo();
```

在有 Tree-Shaking 之前，打包文件会把 utils.js 文件中所有内容都放到打包文件中，因为 main.js 使用了 utils.js 中定义的函数，很自然要把文件内容添加进来；有了 Tree-Shaking 之后，打包工具可以很聪明地发现 bar 函数定义虽然出现在 utils.js 中，但是从来没有被调用过，于是就会在最终的打包文件中删除 bar 的函数定义，从而减少了打包文件的大小。

Tree-Shaking 只对 import 语句导入产生作用，对于 CommonJS 的 require 函数导入方式不产生作用，因为 Tree-Shaking 的工作方式是对代码进行静态分析，import 只能出现在代码的第一层，不能出现在 if 分支中，而且被导入的模块以字符串常量出现，所以 import 完全可以满足静态分析的需要；而 require 可以出现在 if 条件分支中，参数也可以是动态产生的字符串，所以只有在动态执行时才知道 require 函数如何执行，这样 Tree-Shaking 也就爱莫能助了。

乍看起来，Tree-Shaking 似乎能够让我们无拘无束地导入整个 Rx，有了 Tree-Shaking，没有被使用的函数就不会被编译入打包文件了，不是吗？

很可惜，事实不是这样的，Tree-Shaking 根本帮不上 RxJS 什么忙，也就是说，要避免打包文件中包含无用的功能代码，还是要和上一节介绍一样，使用深链的方式，让代码只导入用得上的模块。

为什么 Tree-Shaking 对 RxJS 不起作用呢？这是由 RxJS 的架构设计决定的，RxJS 的大部分功能都是围绕 Observable 类而创建的，而且这些功能都体现为 Observable 这个类的一个函数，有的是类函数，有的是成员函数，这些函数都是要"挂"到 Observable 这个类上去。换句话说，这些函数不管我们的应用代码用还是不用，在 RxJS 内部都已经被 Observable 这个类"引用"了，被引用之后，Tree-Shaking 就不会觉得这些函数是"枯枝"，也就会在打包文件中保留下来。

我们可以打开项目目录下的 node_modules/rxjs/Rx.js 文件看一看，你会发现类似下面的代码：

```
...
require('./add/observable/never');
require('./add/observable/of');
require('./add/observable/onErrorResumeNext');
require('./add/observable/pairs');
...
```

上面每一行都是一个功能模块，因为 require 函数调用是不会被 Tree-Shaking 处理的，所以被 require 的这些文件模块一定会被包含到最终的打包文件中。

再看某一个被 require 的文件内容是怎样，比如 node_modules/add/observable/of.js 文件，代码如下：

```
"use strict";
var Observable_1 = require('../../Observable');
var of_1 = require('../../observable/of');
Observable_1.Observable.of = of_1.of;
```

这个 of.js 文件中，首先获得 RxJS 的 Observable 类，然后在 Observable 类上添加一个类函数 of，如此一来，Observable.of 就成为了一个函数。但是，Tree-Shaking 也就会认为 of 函数已经被使用，在最终打包文件中肯定会包含 of 函数的。

由此可见，如果你不想使用所有的 RxJS 功能，最好是按需去导入模块，比如，我们需要使用 Observable.of 函数，那么这样导入：

```
import {Observable} from 'rxjs/Observable';
import 'rxjs/add/observable/of';
```

实际项目中，按需导入当然是一个好的实践方式，但是如果每一个代码文件都写这么多 import 语句，那就实在太麻烦了。所以，更好的方式是用一个代码文件专门导入 RxJS 相关功能，其他的代码文件再导入这个文件，这样就是把 RxJS 导入的工作集中管理。

2. 引用 RxJS URL

在网页应用中，还可以通过 script 标签直接导入 RxJS，通常 script 标签的 src 属性为一个内容分发网络（Content Delivery Network，CDN）上的 URL，CDN 通过在互联网中分布很多节点，让最终用户的浏览器能够从最近的节点获取资源，从而提供快速的内容访问。CDN 通常用来提供静态数据，比如 JavaScript 文件和图片资源，所以适合 RxJS 这种纯 JavaScript 静态资源的发布。

使用 CDN 也是提高网站性能的必备措施，很幸运的是，有一些免费的公共 CDN 可以使用，在本书中，我们使用 https://unpkg.com 这个 CDN 中的内容，这个 CDN 包含 npm 官方主站上发布资源的静态资源，每个静态资源文件的 URL 模式如下：

```
http(s)://unpkg.com/:包名称@:版本名称/:文件路径名
```

所以，在网页的 HTML 中，可以直接使用各种版本的 RxJS，下面引用的就是第 5.5.2 版本的 RxJS：

```
<script src="https://unpkg.com/rxjs@5.5.2/bundles/Rx.min.js"></script>
```

或者像下面这样引用，对应 URL 总是会跳转到最新版本的 RxJS 内容。

```
<script src="https://unpkg.com/rxjs/bundles/Rx.min.js"></script>
```

使用公共 CDN 还有一个好处，就是可以充分利用浏览器的缓存机制，如果用户在访问你的网页应用之前访问过其他网站，而且那些网站也使用了一样的 CDN 静态资源，那么浏览器可以直接从本地缓存中获取这些资源，省去了下载时间。

不过，从 CDN 获取 RxJS 也有缺点，那就是 RxJS 要下载就要全部下载，没办法根据应用的需要定制。

实际项目中，如果不会使用很多 RxJS 的功能，建议还是避免导入全部 RxJS 的做法，使用 npm 导入然后用打包工具来组合，这样更加容易控制。

2.2 Observable 和 Observer

要理解 RxJS，先要理解两个最重要的概念：Observable 和 Observer，可以说 RxJS 的运行就是 Observable 和 Observer 之间的互动游戏。

顾名思义，Observable 就是"可以被观察的对象"即"可被观察者"，而 Observer 就是"观察者"，连接两者的桥梁就是 Observable 对象的函数 subscribe。

RxJS 中的数据流就是 Observable 对象，Observable 实现了下面两种设计模式：

❑ 观察者模式（Observer Pattern）

❑ 迭代器模式（Iterator Pattern）

这两种模式在"四人帮"的《设计模式》一书中都有介绍。任何一种模式，指的都是解决某一个特定类型问题的套路和方法。现实世界的问题复杂多变，往往不是靠单独一种模式能够解决的，更需要的是多种模式的组合，RxJS 的 Observable 就是观察者模式和迭代器模式的组合。

接下来，先分别介绍两种模式，然后看这两种模式结合在一起产生的强大力量。

2.2.1 观察者模式

观察者模式要解决的问题，就是在一个持续产生事件的系统中，如何分割功能，让不同模块只需要处理一部分逻辑，这种分而治之的思想是基本的系统设计概念，当然，"分"很容易，关键是如何"治"。

观察者模式对"治"这个问题提的解决方法是这样，将逻辑分为发布者（Publisher）和观察者（Observer），其中发布者只管负责产生事件，它会通知所有注册挂上号的观察者，而不关心这些观察者如何处理这些事件，相对的，观察者可以被注册上某个发布者，只管接收到事件之后就处理，而不关心这些数据是如何产生的。

🅝 **注意** 在很多介绍观察者模式的文献中，产生事件的叫做"主体"（Subject），但是，很不巧在 RxJS 中 Subject 这个词有另外一个含义，在第 10 章中会介绍，在本书中用"发布者"（Publisher）这个词称呼产生事件的元素。

在 RxJS 的世界中，Observable 对象就是一个发布者，通过 Observable 对象的 subscribe

函数，可以把这个发布者和某个观察者（Observer）连接起来。

图 2-1　发布者和观察者的关系

在下面的代码中，source\$ 就是一个 Observable 对象，作为发布者，它产生的"事件"就是连续的三个整数：1、2、3：

```
import {Observable} from 'rxjs/Observable';
import 'rxjs/add/observable/of';

const source$ = Observable.of(1, 2, 3);
source$.subscribe(console.log);
```

扮演观察者的是 console.log 函数，不管传入什么"事件"，它只管把"事件"输出到 console 上，最终的运行结果，就是在 console 上输出三行，分别是 1、2、3。

观察者模式带来的好处很明显，这个模式中的两方都可以专心做一件事，而且可以任意组合，也就是说，复杂的问题被分解成三个小问题：

❑ 如何产生事件，这是发布者的责任，在 RxJS 中是 Observable 对象的工作。

❑ 如何响应事件，这是观察者的责任，在 RxJS 中由 subscribe 的参数来决定。

❑ 什么样的发布者关联什么样的观察者，也就是何时调用 subscribe。

2.2.2　迭代器模式

迭代器（Iterator，也称为"迭代器"）指的是能够遍历一个数据集合的对象，因为数据集合的实现方式很多，可以是一个数组，也可以是一个树形结构，也可以是一个单向链表……迭代器的作用就是提供一个通用的接口，让使用者完全不用关心这个数据集合的具体实现方式。

迭代器另一个容易理解的名字叫游标（cursor），就像是一个移动的指针一样，从集合中一个元素移到另一个元素，完成对整个集合的遍历。

设计模式的实现方式很多，但是不管对应的函数如何命名，通常都应该包含这样几个函数：

❑ getCurrent，获取当前被游标所指向的元素。

❑ moveToNext，将游标移动到下一个元素，调用这个函数之后，getCurrent 获得的元素就会不同。

❑ isDone，判断是否已经遍历完所有的元素。

使用这套函数来遍历一个集合的代码如下：

```
const iterator = getIterator();
while (iterator.isDone()) {
  console.log(iterator.getCurrent());
  iterator. moveToNext ();
}
```

然而，在使用 RxJS 的过程中绝对看不到类似这样的代码，实际上，你都看不到上面所说的三个函数，因为，上面所说的是"拉"式的迭代器实现，而 RxJS 实现的是"推"式的迭代器实现。

 提示 在编程的世界中，所谓"拉"（pull）或者"推"（push），都是从数据消费者角度的描述，比如，在网页应用中，如果是网页主动通过 AJAX 请求从服务器获取数据，这是"拉"，如果网页和服务器建立了 websocket 通道，然后，不需要网页主动请求，服务器都可以通过 websocket 通道推送数据到网页中，这是"推"。

在 RxJS 中，作为迭代器的使用者，并不需要主动去从 Observable 中"拉"数据，而是只要 subscribe 上 Observable 对象之后，自然就能够收到消息的推送，这就是观察者模式和迭代器两种模式结合的强大之处。

2.2.3　创造 Observable

学习 RxJS 一定要了解核心概念 Observable，每个 Observable 对象，代表的就是在一段时间范围内发生的一系列事件。

RxJS 结合了观察者模式和迭代者模式，其中的 Observable 可以用下面这种公式表示：

Observable=Publisher+Iterator

我们已经讲了很多理论，是时候看看真正的代码了，下面的代码创造和使用了一个简单的 Observable 对象：

```
import {Observable} from 'rxjs/Observable';
const onSubscribe = observer => {
  observer.next(1);
  observer.next(2);
  observer.next(3);
};
const source$ = new Observable(onSubscribe);
const theObserver = {
```

```
  next: item => console.log(item)
}
source$.subscribe(theObserver);
```

代码 2-1　简单的 Observable 用例

这段代码依次输出最小的三个正整数，结果如下：

```
1
2
3
```

让我们来分析这段代码：

第一步，我们用 deep link 的方式导入了 Observable 类。

第二步，创造一个函数 onSubscribe，这个函数会被用作 Observable 构造函数的参数，这个函数参数完全决定了 Observable 对象的行为。onSubscribe 函数接受一个名为 observer 的参数，函数体内，调用参数 observer 的 next 函数，把数据"推"给 observer。

第三步，调用 Observable 构造函数，产生一个名为 source$ 的数据流对象。

第四步，创造观察者 theObserver。

第五步，通过 subscribe 函数将 theObserver 和 source$ 关联起来。

创建 Observable 对象也就是创建一个"发布者"，一个"观察者"调用某个 Observable 对象的 subscribe 函数，对应的 onSubscribe 函数就会被调用，参数就是"观察者"对象，onSubscribe 函数中可以任意操作"观察者"对象。这个过程，就等于在这个 Observable 对象上挂了号，以后当这个 Observable 对象产生数据时，观察者就会获得通知。

在上面的代码中，"观察者"就是 theObserver。

在 RxJS 中，Observable 是一个特殊类，它接受一个处理 Observer 的函数，而 Observer 就是一个普通的对象，没有什么神奇之处，对 Observer 对象的要求只有它必须包含一个名为 next 的属性，这个属性的值是一个函数，用于接收被"推"过来的数据。

走一遍这段代码，就更能了解 Observable 和 Observer 的交互过程，如下所示：

1）定义了 onSubscribe 函数，这个函数作为参数传递给 Observable 构造函数，创建了一个对象 source$，这时候，onSubscribe 并没有被调用，它只是在等待 source$ 的 subscribe 被调用。

2）theObserver 对象被产生了，这时候 onSubscribe 依然没有被调用，因为到目前为止，source$ 和 theObserver 还毫无关系。

3）调用 source$.subscribe，theObserver 成为了 source$ 的"观察者"。就在 subscribe 函数被调用的过程中，onSubscribe 被调用，这时候，onSubscribe 函数的参数 observer 所

代表的就是观察者 theObserver，但并不是 theObserver 对象本身，RxJS 会对观察者做一个包装，在这里，observer 对象实际上是 theObserver 的一个包装，所以二者并不完全一样，可以把 observer 理解为观察者的一个代理，对 observer 的所有函数调用都会转移到 theObserver 的同名函数上去。

4）在 onSubscribe 函数中，连续调用 observer.next 函数三次，实际上也就是调用了 theObserver 的 next 函数三次，而 theObserver 的 next 函数所做的就是把传入参数通过 console.log 输出，所以，最后产生了连续的三个正整数输出。

从上面的程序执行过程可以看出，单独一个 Observable 对象，或者单独一个 Observer 对象，都完成不了什么任务。Observable 对象就像一台只会产生数据的机器，Observer 则是一台只会处理数据的机器，不把这两台机器连接起来，什么都不会发生，Observable 的逻辑和 Observer 的逻辑都不会执行，只有两者通过 subscribe 连接起来之后，才能让这两台机器运转起来。

只为输出一串正整数，写了这么多代码，显得有点高射炮打蚊子，接下来，就让 RxJS 来解决更加复杂一点的问题。

2.2.4　跨越时间的 Observable

在上一节的代码例子中，Observable 是不间断地推送出一串正整数，也可以让推送每个正整数之间有一定的时间间隔。需要考虑的是，如何增加类似"一秒钟间隔"逻辑，或者说，这个逻辑放在哪一部分更合适？

根据观察者模式，代码分成 Observable 和 Observer 两个部分，这个"时间间隔"放在哪个部分更合适？

Observer 是被"推"数据的，在执行过程中处于被动地位，所以，控制节奏的事情，还是应该交给 Observable 来做，Observable 既然能够"推"数据，那同时负责推送数据的节奏，天经地义，完全合理。

RxJS 的 Observable 也完全支持这样的功能，我们只需要修改 onSubscribe 的函数，代码如下：

```
const onSubscribe = observer => {
  let number = 1;
  const handle = setInterval(() => {
    observer.next(number++);
    if (number > 3) {
      clearInterval(handle);
    }
  }, 1000);
};
```

我们重新运行代码,依然是输出 1、2、3 三个正整数,但是每次输出之间都间隔一秒钟。

能够实现这种效果,是因为 onSubscribe 可以完全控制何时调用 observer 参数的 next 函数,我们利用 setInterval 每隔一秒钟调用一次 next,同时让 number 变量递增,当增加超过 3 时,就取消掉 setInterval,于是就达到了在每个推送数据之间有时间间隔的目的。

这个例子虽然简单,但是展现了 Observable 的一个重要功能:推送数据可以有时间间隔。

Observable 这样的时间特性使得异步操作十分容易,因为对于观察者 Observer,只需要被动接受推送数据来处理,而不用关心数据何时产生。

2.2.5 永无止境的 Observable

上述的 Observable 都只产生有限的数据,其实 Observable 可以产生无限多的数据。

为了产生无限递增的证书序列,可以将 onSubscribe 改成下面这样。

```
const onSubscribe = observer => {
  let number = 1;
  const handle = setInterval(() => {
    observer.next(number++);
  }, 1000);
};
```

运行程序,每隔一秒钟,命令行中输入一个递增的正整数,但是在输出 1、2、3 之后不会停下来,还会每隔一秒钟继续输出后面的正整数 4、5、6……程序的运行不会停止,直到我们在命令行中强行终止这个程序。

可见,Observable 对象中吐出来的数据可以是无穷的。

🔔 注意　Observable 对象调用观察者 next 传递出数据的动作,在官方文档中用的词是 emit,有的中文文献把 emit 翻译成"发射",我觉得并不恰当,在本书中把产生数据的动作称为形象一点的"吐出"。

假如我们不中断这个程序,让它一直运行下去,这个程序也不会消耗更多的内存,这是因为 Observable 对象每次只吐出一个数据,然后这个数据就被 Observer 消化处理了,不会存在数据的堆积。

这种操作方式,和把所有数据堆积到一个数组中,然后挨个处理数组中元素很不一样,如果使用数组,内存的消耗就随数组大小改变。

现实中有的数据流就是这样永无止境,或者说,在程序运行过程中不会终止,比如,把网页中一个元素 click 事件理解为一个数据流,在这个网页关闭或者跳转到其他页面之前，这个数据流是一直存在的。

当然，还有一些数据流会终止的，比如，我们只想获得前 3 个正整数，那么，在 Observable 对象吐出 1、2、3 之后，这个数据流就应该终止了。不过，Observable 对象如果只是停止吐出数据，也只不过不再调用 next 函数推送数据，并不能给予 Observer 一个终止信号，Observer 依然时刻准备着接收 Observable 的推送数据，相关的资源也不会被释放，所以，为了让 Observer 明确知道这个数据流已经不会再有新数据产生了，还需要一个宣称 Observable 对象已经完结的方式。

2.2.6　Observable 的完结

调用 Observer 的 next 只能表达"这是现在要推送的数据"，next 没法表达"已经没有更多数据了"，所以，为了让 Observable 有机会告诉 Observer "已经没有更多数据了"，需要有另外一种通信机制，在 RxJS 中，实现这种通信机制用的就是 Observer 的 complete 函数。

我们修改上面代码中的 theObserver 变量定义，如下所示：

```
const theObserver = {
  next: item => console.log(item),
  complete: () => console.log('No More Data')
}
```

增加了 complete 这样一个字段，这个字段的值是一个函数，这个函数没有传入参数，函数的工作是在命令行上输出一个 No More Data 字符串，代表我们希望在数据流里没有更多内容时所作的动作。

运行程序，并没有看到 No More Data 字符串输出，因为 Observable 对象并没有去显示调用 complete 函数，所以，接下来我们修改 onSubscribe 函数，代码如下：

```
const onSubscribe = observer => {
  let number = 1;
  const handle = setInterval(() => {
    observer.next(number++);
    if (number > 3) {
      clearInterval(handle);
      observer.complete();
    }
  }, 1000);
};
```

在取消掉 setInterval 的效果之后，立刻调用了参数 observer 的 complete 函数，和 next 函数一样，对 observer 的 complete 函数调用最终会触发观察者的 complete 函数调用。

运行这个程序，可以看到输出结果为。

```
1
2
3
No More Data
```

如上面的代码可见，Observer 对象的 complete 何时被调用，完全看 Observable 的行为，如果 Observable 不主动调用 complete，Observer 即使准备好了 complete 函数，也不会发生任何事情，和数据一样，完结信号也是由 Observable "推" 给 Observer 的。

2.2.7 Observable 的出错处理

Observable 和 Observer 的交流，除了用 next 传递数据，用 complete 表示 "没有更多数据"，还需要一种表示 "出错了" 的方式。

理想情况下，Observable 只管生产数据给 Observer 来消耗，但是，难免有时候 Observable 会遇到了异常情况，而且这种异常情况不是 Observable 自己能够处理并恢复正常的，Observable 在这时候没法再正常工作了，就需要通知对应的 Observer 发生了这个异常情况，如果只是简单地调用 complete，Observer 只会知道 "没有更多数据"，却不知道没有更多数据的原因是因为遭遇了异常，所以，我们还要在 Observable 和 Observer 的交流渠道中增加一个新的函数 error。

修改代码来展示 error 的功能，代码如下：

```
import {Observable} from 'rxjs/Observable';
const onSubscribe = observer => {
  observer.next(1);
  observer.error('Someting Wrong');
  observer.complete();
};
const source$ = new Observable(onSubscribe);
const theObserver = {
  next: item => console.log(item),
  error: err => console.log(err),
  complete: () => console.log('No More Data'),
}
source$.subscribe(theObserver);
```

这段代码的执行结果如下：

```
1
Someting Wrong
```

在 onSubscribe 函数中，通过调用 next 函数给 Observer 推送了一个数据 1，接着，

error 函数给 Observer 推送了一个错误信息，在这里错误信息是一个字符串 Something Wrong，被 theObserver 的 error 处理函数输出。

值得注意的是，在调动 observer.error 函数之后，紧接着调用了 observer.complete，却没有引发 theObserver 的 complete 函数调用，这是为什么呢？

在 RxJS 中，一个 Observable 对象只有一种终结状态，要么是完结（complete），要么是出错（error），一旦进入出错状态，这个 Observable 对象也就终结了，再不会调用对应 Observer 的 next 函数，也不会再调用 Observer 的 complete 函数；同样，如果一个 Observable 对象进入了完结状态，也不能再调用 Observer 的 next 和 error。

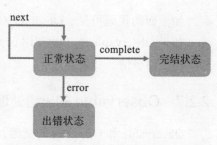

图 2-2　Observable 对象的状态流转图

在前面已经介绍过，onSubscribe 的参数 observer 并不是传给 subscribe 的参数 theObserver，而是对 theObserver 的包装，所以，即使在 observer.error 被调用之后强行调用 observer.complete，也不会真正调用到 theObserver 的 complete 函数。

2.2.8　Observer 的简单形式

在上面的代码实例中，Observer 对象都是一个对象，可以包含 next、complete 和 error 三个方法，用于接受 Observable 的三种不同事件，如果我们根本不关心某种事件的话，也可以不实现对应的方法。

如果，对于 complete 事件不需要做任何特殊操作，那么就不用提供 Observer 的 complete 方法，实际上，对于一个永远不会结束的 Observable，真的没有必要提供 complete 方法，因为它永远不会被调用到。

如果，某个 Observable 对象根本不会产生异常，比如只是简单地产生递增正整数序列，那么也没有必要让 Observer 提供 error 方法。但是，如果 Observable 对象产生了异常，而 Observer 没有用 error 来接受异常，那么这个异常会被系统接住，而系统接住异常的做法就是输出这个异常，然后程序退出。从 Observer 角度出发，无法预料上游的 Observable 是不是会产生异常，所以，实际工作的代码中，往往还是让 Observer 包含异常处理的 error，这样让程序更加健壮。

关于 RxJS 的异常处理，在第 9 章会详细介绍。

为了让代码更加简洁，没有必要创造一个 Observer 对象，subscribe 也可以直接接受函数作为参数，第一个参数如果是函数类型，就被认为是 next，第二个函数参数被认为是 error，第三个函数参数被认为是 complete，下面是示例代码。

```
source$.subscribe(
  item => console.log(item),
  err => console.log(err),
  () => console.log('No More Data')
);
```

在上面的函数中，因为直接将匿名函数定义作为参数，所以看不见三个事件处理函数的函数名。

如果不关心对异常的处理，但是关心 Observable 的终止事件，那依然要传递第二个参数来占位置，在下面的代码中，用 null 来作为第二个参数，表示不处理异常事件。

```
source$.subscribe(
  item => console.log(item),
  null,
  complete: () => console.log('No More Data')
);
```

使用哪种方式的 subscribe 调用，完全看个人和团队喜好，在本书的其他代码例子中，除非特殊说明，都是让 subscribe 接受函数参数。

2.3　退订 Observable

现在已经了解了 Observable 和 Observer 之间如何建立关系，两者之间除了要通过 subscribe 建立关系，有时候还需要断开两者的关系，例如，Observer 只需要监听一个 Observable 对象三秒钟时间，三秒钟之后就不关心这个 Observable 对象的任何事件了，这时候怎么办呢？

这就涉及一个"退订"（unsubscribe）的概念。

在上面的例子中，onSubscribe 函数并没有返回任何结果，其实，onSubscribe 函数可以返回一个对象，对象上可以有一个 unsubscribe 函数，顾名思义，代表的就是和 subscribe "订阅"相反的动作，也就是退订。

修改 onSubscribe 的函数，代码如下：

```
const onSubscribe = observer => {
  let number = 1;
  const handle = setInterval(() => {
    observer.next(number++);
  }, 1000);
  return {
    unsubscribe: () => {
```

```
      clearInterval(handle);
    }
  };
};
```

这次，onSubscribe 函数有返回结果，返回结果是一个对象，其中包含一个 unsubscibe 字段，这个 unsubscibe 字段的值是另一个函数，调用了 clearInterval 来清除 setInterval 产生的效果。

接下来看怎样使用 unsubscibe，代码如下：

```
const source$ = new Observable(onSubscribe);
const subscription = source$.subscribe(item => console.log(item));

setTimeout(() => {
  subscription.unsubscribe();
}, 3500);
```

在上面的代码中，subscribe 函数的返回结果存为变量 subscription，在完成 subscribe 的 3.5 秒钟之后，调用了 subscription 上的 unsubscribe 函数，也就是在 3.5 秒之后做退订的动作。

程序的执行结果是每隔一秒钟输出一个递增的正整数，在输出了 1、2、3 之后，unsubcribe 函数被调用，Observable 对象 source$ 就再也不会产生新的数据了，输出结束，这是一个完整的"订阅"和"退订"过程。

值得注意的是，在上面的例子中，虽然 unsubscribe 函数调用之后，作为 Observer 不再接受到被推送的数据，但是作为 Observable 的 source$ 并没有终结，因为始终没有调用 complete，只不过它再也不会调用 next 函数了。

为了便于体会这其中的差异，我们对 onSubscribe 做一点小的修改，代码如下：

```
const onSubscribe = observer => {
  let number = 1;
  const handle = setInterval(() => {
    console.log('in onSubscribe ', number);
    observer.next(number++);
  }, 1000);
  return {
    unsubscribe: () => {
      //clearInterval(handle);
    }
  };
};
```

现在 unsubcribe 函数中的 clearInterval 调用被注释掉了，也就是让 setInterval 产生的

效果持续，不去打断它，同时，我们在 setInterval 的函数参数中输出当前 number，修改之后的程序运行输出会是这样。

```
in onSubscribe  1
1
in onSubscribe  2
2
in onSubscribe  3
3
in onSubscribe  4
in onSubscribe  5
in onSubscribe  6
```

上面只是程序运行前几秒钟的结果，如果不终止程序，会持续运行，每隔一秒钟输出一行" in onSubscribe X"，其中 X 会是递增的正整数，而 Observer 的输出在 3 秒钟之后就不再产生了。由此可见，Observable 对象 source$ 在 unsubscribe 函数调用之后依然在不断调用 next 函数，但是，unsubscribe 已经断开了 source$ 对象和 Observer 的连接，所以，之后无论 onSubscribe 中如何调用 next，Observer 都不会作出任何响应。

这是 RxJS 中很重要的一点：Observable 产生的事件，只有 Observer 通过 subscribe 订阅之后才会收到，在 unsubscribe 之后就不会再收到。

> **注意** 在 RxJS v4 中，"退订"的函数不是 unsubscribe，同样功能的函数名为 dispose，unsubscribe 从语义上更容易理解为"退订"，而 dispose 听起来像是"清理回收资源"。在 RxJS v4 中，也没有 next、complete、error 这些函数，对应的函数名为 onNext、onComplete 和 onError。实际上，有一个在 JavaScript 中实现 Observable 类型的提案[⊖]，提案中使用的函数名也是 next、complete、error 和 unsubscribe，RxJS v5 对 API 进行这样的修改也是为了和未来的 JavaScript 标准保持一致。

2.4　Hot Observable 和 Cold Observable

Observable 对象就是一个数据流，可以在一个时间范围内吐出一系列数据，如果只存在一个 Observer，一切都很简单，但是对于存在多个 Observer 的场景，情况就变得复杂了。

假设有这样的场景，一个 Observable 对象有两个 Observer 对象来订阅，而且这两个 Observer 对象并不是同时订阅，第一个 Observer 对象订阅 N 秒钟之后，第二个 Observer 对象才订阅同一个 Observable 对象，而且，在这 N 秒钟之内，Observable 对象已经吐出

⊖　TC39 Observable https://github.com/tc39/proposal-observable。

了一些数据。现在问题来了，后订阅上的 Observer，是不是应该接收到"错过"的那些数据呢?

- ❑ 选择 A: 错过就错过了，只需要接受从订阅那一刻开始 Observable 产生的数据就行。
- ❑ 选择 B: 不能错过，需要获取 Observable 之前产生的数据。

应该选 A 还是选 B，没有定论，针对不同的应用场景，完全会有不同的期望结果。

非常现实的例子，电视台的任何一个频道的节目如果看作是一个 Observable 对象，那么每一台电视机就是一个 Observer，当你打开电视切换到一个频道的时候，相当于 subscribe 上了对应频道的 Observable，毫无疑问，切换到某个频道，你所看到的节目内容就是从那一刻开始的，不包含之前的内容，所以，对于电视这个场景，恰当的答案是选择 A。

这世界上还有一些视频点播网站，比如我目前服务的公司 Hulu，在 https://www.hulu.com 上可以点播电视剧，如果把 Hulu 上可供点播的每一个剧集看作一个 Observable 对象，那么你观看 Hulu 的浏览器就是 Observer。当你在浏览器中打开某个电视剧的某一集，就是从这一集的第一秒钟开始播放，另一个用户在另一个时间另一台电脑上打开同样的剧集，也是从第一秒钟开始播放，互相没有影响，这就是选择 B。

> 🎯 提示　Hulu 在 2017 年也推出了类似电视直播的服务，上面的例子中指的是传统的视频点播服务。

实际上，RxJS 已经考虑到了这两种不同场景的特点，让 Observable 支持这两种不同的需求，对应于选择 A，称这样的 Observable 为 Hot Observable，对于选择 B，称之为 Cold Observable。

如果设想有一个数据"生产者"(producer) 的角色，那么，对于 Cold Observable，每一次订阅，都会产生一个新的"生产者"。

每一个 Cold Observable 概念上都可以理解成对每一次 subscribe 都产生一个"生产者"，然后这个生产者产生的数据通过 next 函数传递给订阅的 Observer，代码如下:

```
const cold$ = new Observable(observer => {
  const producer = new Producer();
  // 然后让observer去接受producer产生的数据
});
```

在代码 2-1 中的 Observable 对象 source$ 是 Cold Observable，因为每次通过 subscribe 函数添加一个 Observer，这个 Observable 对象都会直接调用参数的 next 函数传递固定的数据，可以认为固定的数据就是一个简单的"生产者"。

而对于一个 Hot Observable，概念上是有一个独立于 Observable 对象的"生产者"，这个"生产者"的创建和 subscribe 调用没有关系，subscribe 调用只是让 Observer 连接上"生产者"而已，概念上的代码如下:

```
const producer = new Producer();
const cold$ = new Observable(observer => {
    // 然后让observer去接受producer产生的数据
});
```

在 2.2.1 节介绍观察者模式的时候，把 Observable 称为"发布者"（publisher）而不是"生产者"，有意回避了"生产者"这个词，就是因为在 Hot Observable 中，Observable 明显并不产生数据，只是数据的搬运工。

一个 Observable 是 Hot 还是 Cold，是"热"还是"冷"，都是相对于生产者而言的，如果每次订阅的时候，已经有一个热的"生产者"准备好了，那就是 Hot Observable，相反，如果每次订阅都要产生一个新的生产者，新的生产者就像汽车引擎一样刚启动时肯定是冷的，所以叫 Cold Observable。

在第 10 章中，我们还会详细讲解 Hot 和 Cold 两种不同 Observable 的应用场景。

2.5　操作符简介

一个 Observable 对象代表的是一个数据流，实际场景中，产生 Observable 对象并不是每次都通过直接调用 Observable 构造函数来创造数据流对象。本章前面的代码示例只是展示 Observable 的工作原理，如果每个 Observable 对象都要那样通过 new Observable 来创建，那就太麻烦而且不实用，RxJS 也不可能获得广泛的欢迎。

对于现实中复杂的问题，并不会创造一个数据流之后就直接通过 subscribe 接上一个 Observer，往往需要对这个数据流做一系列处理，然后才交给 Observer。就像一个管道，数据从管道的一段流入，途径管道各个环节，当数据到达 Observer 的时候，已经被管道操作过，有的数据已经被中途过滤抛弃掉了，有的数据已经被改变了原来的形态，而且最后的数据可能来自多个数据源，最后 Observer 只需要处理能够走到终点的数据。

在 RxJS 中，组成数据管道的元素就是操作符。

在图 2-3 中，每一个圆柱体代表一个操作符，多个操作符组成了 RxJS 中的数据管道。

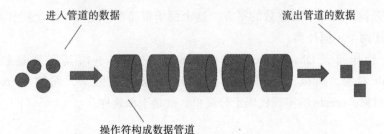

图 2-3　数据管道示意图

对于每一个操作符，链接的就是上游（upstream）和下游（downstream），如图 2-4 所示。

上游 ➡ 下游

图 2-4　operator 的上下游示意图

在数据管道里流淌的数据就像是水，从上游流向下游。对一个操作符来说，上游可能是一个数据源，也可能是其他操作符，下游可能是最终的观察者，也可能是另一个操作符，每一个操作符之间都是独立的，正因为如此，所以可以对操作符进行任意组合，从而产生各种功能的数据管道。

在 RxJS 中，有一系列用于产生 Observable 函数，这些函数有的凭空创造 Observable 对象，有的根据外部数据源产生 Observable 对象，更多的是根据其他的 Observable 中的数据来产生新的 Observable 对象，也就是把上游数据转化为下游数据，所有这些函数统称为操作符。

来看一个使用操作符的例子，代码如下：

```
import {Observable} from 'rxjs/Observable';
import 'rxjs/add/operator/map';

const onSubscribe = observer => {
  observer.next(1);
  observer.next(2);
  observer.next(3);
};
const source$ = Observable.create(onSubscribe);
source$.map(x => x*x).subscribe(console.log);
```

上面的代码运行结果如下：

```
1
4
9
```

其实就是输出前三个正整数的平方，这个例子很简单。使用了两个操作符，而这两个操作符属于两个不同种类。

第一个操作符是 Observable 自带的 create，它做的事情其实就是创造一个新的 Observable 对象，所以，我们可以不直接使用 new 关键字，而使用 create 来创造 Observable 对象，create 的实现代码十分简单，就是下面这样。

```
Observable.create = function(subscribe) {
  return new Observable(subscribe);
}
```

因为 create 是 Observable 的类函数，所以使用的时候无需 Observable 对象实例，这是静态类型操作符的特点。

第二个使用的操作符是 map，这种操作符要求存在上游 Observable，而且以 Observable 类的实例函数存在。

对 JavaScript 有了解的读者朋友肯定不会对 map 陌生，JavaScript 的数组对象就支持 map 函数，数组的 map 函数接受一个函数作为参数，返回一个新的数组，新数组的每个元素都是函数参数的运算结果。

在 RxJS 中，和数组的 map 一样，作为操作符的 map 也接受一个函数参数，不同之处是，对于数组的 map，是把每个数组元素都映射为一个新的值，组合成一个新的数组；然而，对于 Observable 的 map，是对其中每一个数据映射为一个新的值，产生一个新的 Observable 对象。

通过代码可以看得更清楚一些，如下所示：

```
const source$ = Observable.create(onSubscribe);
const mapped$ = source$.map(x => x*x);
mapped$ subscribe(console.log);
```

其中，调用 map 的结果赋值为 mapped$，这个 mapped$ 是一个全新的 Observable 对象，每一个操作符都是创造一个新的 Observable 对象，不会对上游的 Observable 对象做任何修改，这完全符合我们在第 1 章提到的函数式编程的"数据不可变"要求。

总之，操作符就是用来产生全新 Observable 对象的函数。关于操作符有非常丰富的内容，可以说使用 RxJS 玩的就是操作符，本书后续部分将分类逐一详细介绍。

2.6　弹珠图

我们已经了解了关于 RxJS 的基本知识，不过，在我们继续深入了解其他功能之前，要先了解一个学习 RxJS 的利器——弹珠图（Marble Diagram）。

1. 弹珠图语义

RxJS 中的 Observable 代表一个数据流，这个概念需要一点想象力，简单的数据流还是可以靠大脑来想象，对于复杂一点的场景，大脑可能就不够用了，所以需要其他形象且具体的方式来描述数据流，这种方式就是"弹珠图"。

图 2-5 就是一个弹珠图的例子，这个弹珠图所表示的数据流，每间隔一段时间吐出一个递增的正整数，吐出到 3 的时候结束。因为每一个吐出来的数据都像是一个弹珠，所以这种表示方式叫做弹珠图。

在弹珠图中，每个弹珠之间的间隔，代表的是吐出数据之间的时间间隔，用这种形式，能够很形象地看清楚一个 Observable 对象中数据的分布。

根据弹珠图的传统，竖杠符号 | 代表的是数据流的完结，对应调用下游的 complete 函数，在图 2-5 中，数据流吐出数据 3 之后立刻就完结了。

图 2-5　弹珠图

符号 × 代表数据流中的异常，对应于调用下游的 error 函数，如图 2-6 所示。

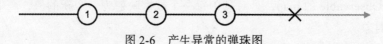

图 2-6　产生异常的弹珠图

我们已经知道一个 Observable 对象只能有一种完结形式，complete 或者 error，所以在一个 Observable 对象的弹珠图上，不可能既有符号 | 也有符号 ×。

2. 弹珠图工具

在网站 http://rxmarbles.com/ 上，可以看到主要的操作符的弹珠图，只可惜这个网站上展示的操作符并不完全。

另一个网站工具 https://rxviz.com/ 上可以编写任意 Observable 对象来查看弹珠图，比如，产生图 2-6 中弹珠图的代码就是这样：

```
Rx.Observable.create(obs => {
  let num = 1;
  setInterval(() => {
    if (num > 3) {
      obs.error();
    }
    obs.next(num++);
  }, 1000);
})
```

3. 操作符的弹珠图

为了描述操作符的功能，弹珠图中往往会出现多条时间轴，因为大部分操作符的工作都是把上游的数据转为传给下游的数据，在弹珠图上必须把上下游的数据流都展示出来，比如，最简单的 map 操作符弹珠图如图 2-7 所示。

图 2-7　map 的弹珠图

在图 2-7 中，存在两个数据流的横轴，上面的横轴代表的是 map 的上游 source\$，下面的横轴代表 source\$.map 传递给下游的数据流，大部分操作符就是这样工作的，根据上游数据流产生下游数据流。

在后续章节中，我们都会利用弹珠图来说明 Observable 中的数据流。

2.7　本章小结

在这一章中我们了解了 RxJS 的基本概念，RxJS 可以通过 npm 方式获取，或者在网页中通过 script 标签导入。

Observable 和 Observer 是 RxJS 的两大主角，这两者的关系是观察者模式和迭代器模式的结合，通过 Observable 对象的 subscribe 函数，可以让一个 Observer 对象订阅某个 Observable 对象的推送内容，可以通过 unsubsribe 函数退订内容。

在 Observable 和 Observer 两者的关系里，Observer 处于被动地位，代码中可能并看不到一个 Observer 对象，而只看到分别代表 next、error 和 complete 的函数。

Observable 对象可以看作一个数据集合，但这个数据集合可以不是一次产生，而是在一个时间段上逐个产生每个数据，因为这个特性，一个 Observable 对象即使产生超庞大的数据，依然不会消耗很多内存，因为每次只产生一个，吐出来之后再产生另一个，不会积压。

Observable 分 Hot 和 Cold 两种，到底使用那种 Observable 完全根据实际场景来判断。

在后续章节，我们将深入介绍 Observable 的使用方式，也会利用"弹珠图"这种形象的方式来描述操作符的功能。

第 3 章

操作符基础

使用和组合操作符是 RxJS 编程的重要部分,毫不夸张地说,对操作符使用的熟练程度决定对 RxJS 的掌握程度。

操作符其实就是解决某个具体应用问题的模式。当我们要用 RxJS 解决问题时,首先需要创建 Observable 对象,于是需要创建类操作符;当需要将多个数据流中的数据汇合到一起处理时,需要合并类操作符;当需要筛选去除一些数据时,需要过滤类操作符;当希望把数据流中的数据变化为其他数据时,需要转化类操作符;而对数据流的处理可能引起异常,所以为了让程序更加强壮,我们需要异常处理类操作符;最后,要让一个数据流的数据可以提供给多个观察者,我们需要多播类操作符。

本书会详细介绍上述所有种类的操作符,不过,在本章会重点介绍如下这些内容:

- ❑ 为什么要有操作符。
- ❑ 操作符的分类。
- ❑ 实现操作符的多种方法。

3.1 为什么要有操作符

任何一种 Reactive Extension 的实现,都包含一个操作符的集合,这是 Reactive Extension 的重要组成部分,RxJS 作为 JavaScript 语言的 Reactive Extension 实现,当然也不例外。

如果要给操作符一个定义,可以这么描述:一个操作符是返回一个 Observable 对象的函数,不过,有的操作符是根据其他 Observable 对象产生返回的 Observable 对象,有的操作符则是利用其他类型输入产生返回的 Observable 对象，还有一些操作符不需要输入就可以凭空创造一个 Observable 对象。

注意 RxJS 中的"操作符"是由英文 operator 直译过来的，可是 operator 并不是一个字符，而是函数。另外原生 JavaScript 也有 operator 的概念，可以翻译为"运算符"，请读者区分这两者的区别。

很明显，操作符很多，是一个大家庭，在这个大家庭中，返回一个 Observable 对象是所有成员的共同特征。接下来我们用具体实例来介绍操作符，这样更加直观，也更加方便。

在所有操作符中最容易理解的可能就是 map 和 filter，因为 JavaScript 的数组对象就有这样两个同名的函数 map 和 filter，对比这两个函数在数组和 RxJS 中的用法就能够理解二者的联系和区别。

利用数组的 map 和 filter 来解决一个问题，代码如下：

```
const source = [1, 2, 3, 4];
const result = source.filter(x => x % 2 === 0).map(x => x * 2);
console.log(result);
```

在上面的代码中，对于数组 source，利用 filter 筛选出除以 2 余数为 0 的数，也就是偶数，因为 filter 函数返回的依然是一个数组，所以可以接着调用数组的 map 函数，把每个元素乘以 2，map 返回的依然是一个数组，最后程序的输出是这样：

```
[ 4, 8 ]
```

这段代码展示了几个关键点：

❑ filter 和 map 都是数组对象的成员函数。

❑ filter 和 map 的返回结果依然是数组对象。

❑ filter 和 map 不会改变原本的数组对象。

因为上面的特点，filter 和 map 可以链式调用，也就是用一个逗点操作符一个接一个地连续调用，这样写代码的好处不言自明，一个复杂的功能可以分解为多个小任务来完成，每个小任务只需要关注问题的一个方面。此外，因为数组对象本身不会被修改，小任务之间的耦合度很低，这样的代码就更容易维护。

上面介绍的是数组对象中的 filter 和 map，现在把"数组对象"这个词换成"Observable 对象"，来看一看结果如何。

同样逻辑的代码，把数组对象 source 换成 Observable 对象 source$，代码如下：

```
const result$ = source$.filter(x => x % 2 === 0).map(x => x * 2);
result$.subscribe(console.log);
```

可以注意到，filter 和 map 的使用方式和数组中对应方法几乎一模一样，不同之处是代码中的标识符带 $ 后缀，代表这是一些 Observable 对象。此外，输出 Observable 对象中的数据不能直接用 console.log，而是使用 subscribe 来接受推送，程序运行的结果如下：

```
4
8
```

对 Observable 对象能够链式调用 filter 和 map，是因为：

❑ filter 和 map 都是 Observable 对象的成员函数。

❑ filter 和 map 的返回结果依然是 Observable 对象。

❑ filter 和 map 不会改变原本的 Observable 对象。

上面"Observable 对象"的特点和"数组对象"如出一辙。

提示 如果你惊叹于数组对象和 Observable 对象的相似性，那是因为这两个东西在数学概念上都是 Functor，Functor 属于数学范畴论（Category Functor），满足 Functor 的类型就会具备一些共同的特质，比如链式调用。本书不会详细介绍 Functor，这并不影响学习 RxJS，享用数学理论的精妙成果并不需要精通数学理论，就像不需要学懂日文才能制作寿司一样。从使用 RxJS 的角度，读者只需要了解，数组和 Observeable 都是 Functor 就足够了。

在 RxJS 的世界中，filter 和 map 这样的函数就是操作符，每个操作符提供的只是一些通用的简单功能，但通过链式调用，这些小功能可以组合在一起，用来解决复杂的问题。

filter 和 map 只是最普通的两个操作符，RxJS 自带很多核心操作符，本书接下来会逐一介绍。

3.2 操作符的分类

要想真正掌握操作符，就要将操作符放到某个问题场景中去理解其应用模式，有时候，一个问题可以用不同的操作符来解决，不同操作符各有什么优势，什么样的具体场景需要选择什么操作符，本书后面会详细介绍。

RxJS v5 版自带 60 多个操作符，掌握这些操作符最困难之处是当遇到一个实际问题的时候，该选择哪一个或者哪一些操作符来解决问题，所以，首先要对这些操作符分门别类，知道各类操作符的特点。

根据不同的维度，操作符也有不同的分类方式，下面就分别介绍这些分类方式。

3.2.1　功能分类

根据功能，操作符可以分为以下类别：
- 创建类（creation）
- 转化类（transformation）
- 过滤类（filtering）
- 合并类（combination）
- 多播类（multicasting）
- 错误处理类（error Handling）
- 辅助工具类（utility）
- 条件分支类（conditional & boolean）
- 数学和合计类（mathmatical & aggregate）

RxJS 自带的任何操作符都属于上面某一种分类，比如，现在我们已经熟悉的 map 属于"转化类"，而 filter 从它的名字就看得出来属于"过滤类"。从第 4 章到第 10 章，会分别介绍各种类型的操作符。

像 filter 和 map 这样的操作符的输入是上游的一个 Observable 对象，返回另一个 Observable 对象，这些操作符链式调用串接起来，就形成了一条河流，河水就是其中传递的数据。不过，任何河流都需要有源头，不然不管河床有多长，没有水也不能称为河。"创建类"操作符就是数据河流的源头，创建类操作符是没有上游的，它们是数据管道的起点，在第 4 章中我们会详细介绍创建类操作符。

多条河流可以合并，比如长江，就是由岷江、赤水、嘉陵江、乌江、湘江等多条支流汇聚而成的，在 RxJS 中，多个 Observable 对象中的数据也可以合并到同一个 Observable 对象中，支持这种操作的操作符属于"合并类"，在第 5 章中我们会重点介绍。

RxJS 中多个"辅助工具类"的操作符，会在第 6 章介绍。

有时候，数据流中不是所有的数据都有必要走到终点，当需要把某些数据筛选掉的时候，就该"过滤类"操作符上场了，在第 7 章中会探讨过滤类操作符的使用方式，要知道过滤类可不只有 filter 一个操作符。

在一条河流中，上游水的成分和下游也会不同，可能包含更多杂质，也可能更加清澈，这是因为河流对水有转化作用。"转化类"操作符对上游 Observable 对象中的每个数据进行转化，产生一个新的数据推送给下游，在第 8 章中会详细介绍转化类操作符。

任何代码都可能产生异常错误，RxJS 的 Observable 同样支持异常错误处理，在第 9 章我们会重点介绍"错误处理类"的操作符。

当一个 Observable 对象拥有多个 Observer，也就是同样一个数据要通知给多个接受者时，就是多播，在第 10 章中我们会介绍"多播类"操作符。

上面的功能分类方式将 RxJS 自带的所有操作符全部涵盖了，如果未来 RxJS 再增加某个新的操作符，肯定也属于上面某一种分类。

还有一些操作符的种类，它们并不能涵盖所有的操作符，每一种分类只是若干具有某方面特性的操作符的集合，如下所示：

- ❏ 背压控制类（backpressure control）
- ❏ 可连接类（connectable）
- ❏ 高阶 Observable（higher order observable）处理类

当发大水的时候，河流下游因为河道无法让水流及时通过，水流就会淤积，逐步把压力传递给上游，这种现象就是"背压"。背压可能导致严重的问题，对于河流，可能导致水漫过河坝引起洪灾。上游如果有水库，就可以控制流向下游的水量，减少对河道的压力。在 RxJS 的世界，"背压控制类"操作符就像是大坝，当下游对数据处理不过来的时候，可以控制数据的传输，减轻下游处理压力，过滤类和转化类操作符中都包含具备背压控制的成员，在第 7 章和第 8 章中都会介绍。

可连接类操作符返回的 Observable 对象比较特殊，支持 connect 函数，这些操作符全部和多播有关，在第 10 章多播部分会详细介绍。

高阶 Observable 对象不是"高级的"Observable 对象，是指产生数据本身也是 Observable 对象的 Observable 对象，这说起来有点绕口，不过这是最有趣的 Observable 对象，在合并类、过滤类和转化类的操作符中，都可以看到高阶 Observable 对象的身影。

3.2.2　静态和实例分类

除了按照功能分类之外，操作符还可以从存在形式这个方面来分类。具体来说，就是操作符的实现函数和 Observable 类的关系，在深入这个话题之前，需要先了解 JavaScript 类是如何实现的。

JavaScript 从诞生之初就具备面向对象编程的特性，面向对象事件有"类"(class) 的概念，但在 JavaScript 中类是通过函数来实现的。

例如，我们需要创造一个类代表"程序员"，然后希望"程序员"的个体有写代码的功能，那么用 JavaScript 来表示，示例代码就是这样的：

```
function Programmer() {
}

Programmer.create = function() {
  console.log('Programmer.create');
  return new Programmer();
```

```
};

Programmer.prototype.code = function() {
  console.log('Programmer.code');
  return 'Hello World';
};
```

这个函数名为 Programmer，代表的就是"程序员"这个类，习惯上一个函数如果代表类，第一个字母就是大写。这个类有两个函数，一个是 create，直接赋值给 Programmer；另一个函数名为 code，则是赋值给 Programmer.prototype，prototype 在 JavaScript 中是一个很特殊的属性，用于实现继承关系，当调用某个对象的实例函数时，会去对应的 prototype 中寻找对应的函数实现。

使用 create 和 code 这两个函数的方式也不同，如下所示：

```
const morgan = Programmer.create();
morgan.code();
```

create 函数的调用是直接利用 Programmer，而不是利用 Programmer 的实例，create 函数本身利用 new 关键字创造了一个 Programmer 的实例。

对于 code 的函数调用则依赖于 Programmer 的实例，当调用 code 函数时，JavaScript 会先确定 code 代表的对象是由 Programmer 函数创造出来的，然后去 Programmer 的属性 proptotype 中找 code 的实现，因为前面已经给 Programmer.prototype.code 赋值了一个函数，这个函数就是需要被执行的函数。

假如在 prototype 中没有找到同名的函数实现，那么就会在 prototype 的 prototype 属性中继续找，依次递归，要么找到对应名称的函数，要么直到某一层 prototype 为空，表示没有对应的函数实现。这种在 prototype 中逐级寻找函数实现的方式叫做"prototype 链"，可以翻译为"原型链"，JavaScript 中利用 prototype 链来实现类之间的继承关系。

在 ES6 中明确了 class 这个关键字代表"类"，但是 class 可以认为只是一种语法糖（syntax sugar），让使用 JavaScript 代码来定义"类"更加直观简洁，但是本质还是利用 prototype 链来实现面向对象的机制，并没有引入什么新的继承模型。

在 RxJS 中，可以认为有下面这样一个关于 Observable 的类的定义：

```
class Observable {
  constructor() {
    //构造函数的实现
  }
}
```

所有的操作符都是函数，不过有的操作符是 Observable 类的静态函数，也就是不需要 Observable 实例就可以执行的函数，所以称为"静态操作符"；另一类操作符是

Observable 的实例函数，前提是要有一个创建好的 Observable 对象，这一类称为"实例操作符"。

对于一个静态操作符，比如名为 of，可以认为它是这样添加给 Observable 类的：

```
Observable.of = functionToImplementOf;
```

对于一个实例操作符，比如名为 map，可以认为是通过下面这样添加给 Observable 类的 prototype 的：

```
Observable.prototype.map = implementationOfMap;
```

在实际代码中，如果不想把 RxJS 全部导入，而是想单独导入每个操作符的相关功能，那么导入代码也会有明显区别。

如果要导入静态操作符，比如名为 of 的操作符，代码如下：

```
import 'rxjs/add/observable/of';
```

导入的模块是位于 node_modules/rxjs/add/observable/of.js 的文件，这个模块做的工作就是在 Observable 类上加一个静态方法，类似下面这样的效果：

```
Observable.of = functionToImplementOf;
```

如果要导入实例操作符，比如 map，对应的导入代码如下：

```
import 'rxjs/add/operator/map';
```

可以看到，和静态操作符的区别就是导入路径中为 add/operator，而不是 add/observable。将静态操作符和实例操作符放在不同的目录中，虽然从代码组织方面来看是一个好的做法，但是也让开发者不得不记住两个不同的路径。

上面的代码中导入的模块是 node_modules/rxjs/add/observable/of.js，其中的代码是在 Observable 的 prototype 属性上增加一个函数，这样，每一个 Observable 的实例对象就被赋予了这个函数的功能。RxJS 的 map.js 文件中代码很复杂，但是逻辑上有下面这样代码的功能：

```
Observable.prototype.map = functionToImplementMap;
```

即使不知道 of 和 map 这两个操作符具体的功能，读者也应该清楚，这两个操作符的使用方式明显不同。对于 of，因为它是一个静态操作符，所以当作 Observable 类的静态方法调用就可以，如下所示：

```
const source$ = Observable.of(/*一些参数*/);
```

而 map 是实例操作符，所以，使用 map 就是调用某个具体 Observable 对象的成员方法，如下所示：

```
const result$ = source$.map(/*一些参数*/);
```

当然，无论是静态操作符还是实例操作符，它们都会返回一个 Observable 对象。在链式调用中，静态操作符只能出现在首位，实例操作符则可以出现在任何位置，因为链式调用中各级之间靠 Observable 对象来关联，一个静态函数在链式调用的中间位置是不可能有容身之处的。

一个操作符应该是静态的形式还是实例的形式，完全由其功能决定。有意思的是，有些功能既可以作为 Observable 对象的静态方法，也可以作为 Observable 对象的实例方法，比如 merge 这个合并类的操作符，它支持两种使用方式，可以像下面这样使用静态操作符形式：

```
import 'rxjs/add/observable/merge';

const result$ = Observable.merge(source1$, source2$);
```

也可以使用实例操作符的形式，如下所示：

```
import 'rxjs/add/operator/map';

const result$ = source1$.merge(source2$);
```

这两种形式没有本质区别，可以自由选择，当然，在链式调用的中间位置只能使用实例函数形式的 merge，merge 的用法在第 5 章会详细介绍。

3.3　如何实现操作符

接下来介绍操作符是如何实现的。虽然对于应用开发者而言工作的重点是如何使用 RxJS 中的操作符，但是，了解操作符的实现方式会加深对 RxJS 的理解。另外，虽然不是每个人都会给 RxJS 的代码库中添加操作符，但是在每个具体的应用项目中，却很有可能会用上一些可以重复使用的逻辑，这些逻辑可以封装在自定义的操作符中，这时候就需要知道如何定制一个新的操作符了。

3.3.1　操作符函数的实现

每个操作符都是一个函数，不管实现什么功能，都必须考虑下面这些功能要点：
- ❏ 返回一个全新的 Observable 对象。
- ❏ 对上游和下游的订阅及退订处理。
- ❏ 处理异常情况。
- ❏ 及时释放资源。

我们以最简单的 map 操作符实现来说明上面的要点。

1. 返回一个全新的 Observable 对象

map 的功能是对上游推送下来的任何数据做一个映射，产生一个新的数据转而推送给下游，具体如何映射，通过函数参数来定制。

先不要管如何把这个操作符挂到 Observable 类上去，我们先实现这个函数，对应代码如下：

```
function map(project) {
  //实现代码待定
}
```

其中 project 就是定制映射功能的函数，project 接受一个参数，返回这个参数的映射结果。

接下来看 map 如何使用，代码示例如下：

```
const result$ = source$.map(x => x * 2);
```

其中，传递给 map 的函数参数把输入参数乘以 2，如果 source$ 是一个 1、2、3 的序列，那么 map 返回的序列就是 2、4、6。一定要注意，map 并不会修改上游的 source$，如果 map 修改了上游的 Observable 对象，那就违背了函数式编程的原则，所以 map 一定要返回一个全新的 Observable 对象，这个全新的 Observable 对象可以吐出和上游 source$ 不同的数据，也可以吐出和 source$ 不同的数据。

很显然，map 函数实现中必定会有创造 Observable 的动作，下面就是 map 的代码实现：

```
function map(project) {
  return new Observable(observer => {
    this.subscribe({
      next: value => observer.next(project(value)),
      error: err => observer.error(error),
      complete: () => observer.complete(),
    });
  });
}
```

可以看到，map 中利用 new 关键字创造了一个 Observable 对象，函数返回的结果就是这个对象，如此一来，map 可以用于链式调用，可以在后面调用其他的操作符，或者调用 subscribe 增加 Observer。

在这里，我们假设 this 代表的是上游的 Observable 对象，所以，可以直接使用 subscribe 函数订阅其中的事件。对于 error 和 complete 事件，map 基本上没什么可做的，就是全部转手交给下游处理；对于 next 事件，我们调用 project 函数，把推送的数据做映射，然后传递给下游。

一个 map 功能的操作符基本功能就完成了，但这只是一个起点，还有更多需要考虑的细节。

2. 订阅和退订处理

上面的 map 实现并没有考虑退订的情况，其中订阅了一个 Observable 对象，却没有退订。如果相关资源得不到释放，就有可能造成资源泄露。

对于 map，并没有占用什么资源，但是，作为一个通用的操作符，无法预料上游 Observable 是如何实现的，上游完全可能在被订阅时分配了特殊资源，如果不明确地告诉上游这些资源再也用不着了的话，它也不会释放这些资源，所以，对于 map 来说，当下游退订时，需要对上游做退订的动作。

我们改进 map 的实现，增加 unsubscribe 的实现，代码如下：

```
function map(project) {
  return new Observable(observer => {
    const sub = this.subscribe({
      next: value => observer.next(project(value)),
      error: err => observer.error(error),
      complete: () => observer.complete(),
    });
    return {
      unsubscribe: () => {
        sub.unsubscribe();
      }
    };
  });
}
```

在上面的代码中，当订阅上游 Observable 对象时，我们保留返回值在 sub 变量中，返回一个包含 unsubscribe 函数属性的对象，unsubscribe 就直接调用 sub 的 unsubscribe 函数，如此一来，当 map 的下游退订，上游的 Observable 也会接收到退订通知，从而可以释放相关资源。

map 是一个简单的操作符，涉及的 Observable 对象只有上游和下游两个，有的操作符很复杂，数据来自多个 Observable 对象，这样就涉及多个 Observable 对象的订阅和退订。

基本原则就是：当不再需要从某个 Observable 对象获取数据的时候，就要退订这个 Observable 对象。

3. 处理异常情况

在一种场景下工作得很好的代码，未必能够在另一种场景下生存，考虑到所有可能的情况是编写强壮代码之道。

对于 map 这个操作符，参数 project 是一种输入，不受 map 自身控制，换句话说，project 可能是有问题的代码，这超出了 map 函数的控制范围，而我们能做的，就是考虑到 project 的调用可能会出错。

比如，对 map 有下面这样的使用方法：

```
const result$ = source$.map(x => x.foo.bar);
```

可是，从 source$ 中吐出来的数据可能不包含 foo 属性，当尝试去访问 foo.bar 的时候，就是在访问 undefined 的 bar 属性，这会产生一个异常错误。

在之前的 map 实现中，对 project 的调用没有保护，最后这个异常错误就被抛了出来，把整个程序的运行都破坏掉，这当然不是最理想的处理，更好的处理方式是捕获异常错误，把异常错误沿着数据流往下游传递，最终如何处理交给 Observer 来决定，这是更加可控的方法。

改进上面 map 实现的部分，如下所示：

```
const sub = this.subscribe({
  next: value => {
    try {
      observer.next(project(value));
    } catch (err) {
      observer.error(err);
    }
  },
  error: err => observer.error(error),
  complete: () => observer.complete(),
});
```

在对上游数据的处理中，利用 try 和 catch 的组合捕获 project 调用的可能错误，如果真的有错误，那就调用下游的 error 函数。

所以，map 有两种可能向下游传递 error 消息的方式，一种是上游的 error 直接转手给下游，另一种是 project 函数执行过程中产生的 error 也交给下游。在第 9 章中我们会详细介绍 RxJS 中的异常处理和重试机制。

4. 及时释放资源

map 并不占用什么资源，但有的操作符则不是这样，尤其是和浏览器资源直接打交道的操作符。比如，从 DOM 中获取用户操作事件的操作符，产生的 Observable 对象被订阅时，肯定会在 DOM 中添加事件处理函数，如果事件处理函数只被添加而不删除，那就有产生资源泄露的危险，所以，一定要在退订的时候去掉挂在 DOM 上的这些事件处理函数。

有的操作符还会和 WebSocket 资源关联从中获取推送消息，这些操作符一定要在相关 Observable 对象被退订时释放 WebSocket 资源。

3.3.2　关联 Observable

上面我们介绍了操作符的函数体部分如何编写，接下来要做的就是把这个函数和 Observable 关联起来。

1. 给 Observable 打补丁

这是最简单的方法，在 3.2.2 中介绍操作符的静态和实例分类时就介绍过。

在前一节中实现了 map 这个操作符，这个操作符需要一个上游 Observable 对象，所以，它当然是一个实例操作符，需要赋值给 Observable 的 prototype，代码如下：

```
Observable.prototype.map = map;
```

如果是静态操作符，则是直接赋值给 Observable 类的某个属性。

需要注意一点，函数声明部分不能使用 ES6 箭头函数的语法，如果像下面这样实现，那就肯定会出问题：

```
Observable.prototype.map = (project) => {
  //在这个函数体中this并不是Observable对象本身
};
```

箭头函数中的 this 直接绑定于定义函数环境下的 this，而不是执行时指定的 this，如此一来，函数体中的 this 就永远是函数外部的 this，执行时，函数体通过 this 是无法访问到上游 Observable 对象的。

上述方法就像是给 Observable 类增加一点功能，所以称为"打补丁"（patching），不过，打补丁并不是把操作符和 Observable 相关联的唯一方法，接下来会介绍其他方法。

2. 使用 bind 绑定特定 Observable 对象

有时候，我们并不希望一个操作符影响所有的 Observable 对象，比如，上面定义的 map 函数，我们只想在某些代码文件中的 Observable 对象使用，可是 RxJS 自带了一个 map 操作符，而且程序中其他 Observable 对象已经使用了 RxJS 自带的 map 操作符，如果还用上面打补丁的方法，就像一山不容二虎，肯定会有一个实现覆盖掉另一个实现，这不是我们想要的结果。

解决这个问题的方法，就是让我们自定义的操作符只对指定的 Observable 对象可用，这时就可以用 bind，示例代码如下：

```
const result$ = map.bind(source$)(x => x * 2);
```

在 JavaScript 中，函数是"一等公民"，函数也是一种对象，每个函数对象都有一个 bind 方法，bind 就是"绑定"的意思，bind 函数的参数可以是任何一个对象，bind 函数的返回结果是一个新的函数，新的函数执行的依然是原函数的代码，但是运行时的 this 绑定为 bind 函数的第一个参数对象。

上面的代码换一种编写形式可以看得更清楚，如下所示：

```
const operator = map.bind(source$);
const result$ = operator(x => x * 2);
```

从上面的代码可以清楚地看到，map.bind 产生的是一个新的函数操作符，然后这个操作符就可以像 map 一样接受参数来调用。

当然，也可以不用 bind 而用 call，函数的 call 方法也可以指定函数体的 this 是什么对象，不同的是立刻执行原函数，而不是产生一个新的函数，示例代码如下：

```
const result$ = map.call(source$, x => x * 2);
```

使用 bind 的用法有一个缺点，就是上游 Observable 只能作为操作符函数的参数，这样就没法用上链式调用，比如，想要连续使用两个 map，代码就只能是这样：

```
const result$ = map.bind(map.bind(source$)(x => x * 2))(x => x + 1);
```

上面这样的代码可读性很差，圆括号很多，也很容易出错。如果你以前并没有感觉到链式调用有什么出彩之处，现在应该能够体会到了。

为了克服这个缺点，可以使用"绑定操作符"（bind operator）⊖，绑定操作符的形式是两个冒号，运行的时候绑定操作符后面的函数，但是保证函数运行时 this 是绑定操作符前面的对象，所以，想要让 map 对一个 Observable 对象使用，就可以像下面这样写：

```
const result$ = source$::map(x => x * 2);
```

上面的代码和使用 bind 或者 call 执行的效果一模一样，区别是在语法表示形式上将 source$ 放到了前面，这样就可以使用链式调用，代码如下：

```
const result$ = source$::map(x => x * 2)::map(x => x + 1);
```

和之前使用一个句点符号来实现链式调用不同，这里使用了绑定操作符，但是，只要返回的都是 Observable 对象，句点符号和绑定操作符可以混合使用，代码如下：

```
const result$ = source$::map(x => x * 2).filter(x => x % 3 !== 0);
```

在上面的代码中，借助 bind 操作符，map 和 filter 分别通过两种方式调用，依然形成一个链式调用，这样就克服了 bind 函数的缺点。

⊖ 绑定操作符的提议参见：https://github.com/tc39/proposal-bind-operator。

提示 绑定操作符虽然很受欢迎，但目前并不是 ES6 的标准语法，当 ES6 规格确定的时候并不包含这个操作符，但是它会出现在未来的 ES 版本中，即使目前浏览器也并不支持这种操作符，但是利用 babel 等转译工具，可以把源代码中的绑定操作符转化为使用 bind 或者 call 的 JavaScript 代码。

3. 使用 lift

RxJS v5 版本对架构有很大的调整，很多操作符都使用一个神奇的 lift 函数实现，lift 的含义就是"提升"，功能是把 Observable 对象提升一个层次，赋予更多功能。lift 是 Observable 的实例函数，它会返回一个新的 Observable 对象，通过传递给 lift 的函数参数可以赋予这个新的 Observable 对象特殊功能。

如果使用 lift，那么 map 的实现代码如下所示：

```
function map(project) {
  return this.lift(function(source$) {
    return source$.subscribe({
      next: value => {
        try {
          this.next(project(value));
        } catch (err) {
          this.error(err);
        }
      },
      error: err => this.error(error),
        complete: () => this.complete(),
    });
  });
}

Observable.prototype.map = map;
```

可以看到，lift 的参数是一个函数，当 lift 产生的 Observable 对象被订阅时，lift 的参数函数就被调用，而且 this 代表 Observer 的对象，参数 source$ 自然代表的是上游的 Observable 对象。

虽然 RxJS v5 的操作符都架构在 lift 上，应用层开发者并不经常使用 lift，这个 lift 更多的是给 RxJS 库开发者使用。

3.3.3 改进的操作符定义

在之前介绍的操作符实现方式中，操作符的函数实现部分都会用上 this，读者是否会觉得有点不对劲？

如果严格遵照函数式编程的思想，应该尽量使用纯函数，纯函数的执行结果应该完全由输入参数决定，如果函数中需要使用 this，那就多了一个改变函数行为的因素，也就算不上真正的纯函数了。没错，定义操作符的函数中访问 this，实际上违背了面向函数式编程的原则。

不难发现将操作符和 Observable 关联的方法的确会造成问题，让我们先来了解这些问题是什么，然后介绍一种新的定义操作符的方式：pipeable 操作符，也称为 lettable 操作符。

1. 操作符和 Observable 关联的缺陷

无论是静态操作符还是实例操作符，通常在代码中只有用到了某个操作符才导入（import）对应的文件，目的就是为了减少最终的打包文件大小。

比如，代码中如果只用到了 interval 和 map 两个 RxJS 自带的操作符，那么就这样导入相关文件：

```
import 'rxjs/add/observable/interval';
import 'rxjs/add/operator/map';
```

这样，通过 webpack 等打包工具产生浏览器端代码的时候，只有 interval 和 map 相关代码会被包含，RxJS 自带的其他几十个操作符代码既然用不上也就不需要包含进来，这样打包文件就会很小。

相反，如果简单粗暴地导入整个 RxJS，像下面这样：

```
import Rx from 'rxjs';
```

使用起来倒是十分痛快，如果想要用一个新的操作符的话，不用去再添加一行 import，所有的操作符想用就用，直接从 Rx 对象上获取，但是，这样做的代价就是最终打包文件会很大，因为 RxJS 所用的功能代码都被包括进来了。在网页应用中，如果想要追求极致的性能，最好不要把从没用过的代码包括进来，因为这会减慢网页资源的下载速度。

在现代网页应用开发中，JavaScript 往往需要通过打包之后才发布到产品环境，因为打包过程可以把多个 JavaScript 源代码合并到一个文件中，减少下载 JavaScript 资源的 HTTP 请求数量，而减少 HTTP 请求数量是提高网页应用性能的重要原则。

JavaScript 的打包技术发展迅速，最初由打包工具 rollup.js 引入一种叫做 Tree-Shaking 的技术，使用更加广泛的打包工具 webpack 从版本 2.0 开始也支持 Tree-Shaking，这个技术的名称很形象，功能就像是"摇树"。代码之间的导入和调用关系，就像是一棵树的枝枝杈杈，但是，实际上并不是所有被导入的代码都会被执行，这些不会被使用的代码就是"死代码"，死代码就像是树上的枯枝枯叶，毫无生机，没有作用，存在反而会增加树干承受的压力，应该除掉。当使劲摇晃树干的时候，这些没有生命的枯枝枯叶就会掉下来，剩下来的就是有活力的健康树叶和树枝，这就是 Tree Shaking 的目的：去掉无用的死代码，如图 3-1 所示。

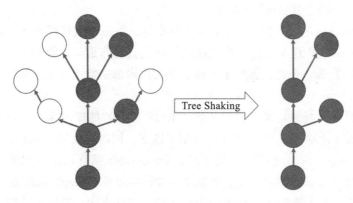

图 3-1　Tree-Shaking 示意图

有的死代码是开发者团队内部的代码，比如某些文件中的函数，最开始编写出来有意义，但是逐渐被其他函数代替，就没有代码调用这个函数了，但是也不会有人想起来去删掉这些函数代码。

更多的死代码是第三方库的代码，因为第三方库通常是为了通用功能而实现的，所以功能往往很多，但是具体某个应用不大可能会用到其中所有的功能，所以，最好在打包过程中把自动删除死代码。

在 Tree Shaking 技术出现之前，要减少死代码，应用层开发者必须很小心，只导入真正用得上的文件。不过，即使开发者只导入真正用上的文件，如果某个被导入的文件中只有部分函数用得上，其余函数用不上，那开发者也爱莫能助，因为导入一个文件就会让其中的所有代码进入最终打包文件中。

Tree Shaking 技术出现之后，打包工具可以根据实际代码之间的引用关系来发现死代码，如果一个文件虽然被导入，但是其中某些函数没有被调用，那最终的打包文件也会把这些函数代码去掉。这项技术对网页前端开发无疑是一个福音，因为发现死代码的工作自动化了。

可是，很不幸的是，Tree Shaking 却帮不上 RxJS 什么忙，这又是为什么呢？

这是因为 Tree Shaking 只能做静态代码检查，并不是在程序运行时去检测一个函数是否被真的调用，只有一个函数在任何代码里面都没有引用过，才认为这个函数不会被引用。然而，RxJS 中任何一个操作符都是挂在 Observable 类上或者 Observable.prototype 上的，赋值给 Observable 或者 Observable.prototype 上某个属性在 Tree Shaking 看来就是被引用，所以，所有的操作符，不管真实运行时是否被调用，都会被 Tree Shaking 认为是会用到的代码，也就不会当做死代码删除。

不能应用 Tree Shaking 损失的只是性能提高方式，但是操作符和 Observable 关联的缺点还不止如此，还会引起功能的问题。

用给 Observable "打补丁"的方式导入操作符，每一个文件模块影响的都是全局唯一的那个 Observable，这个做法让我们闻到了坏代码的味道，谁都知道，代码中应该尽量避免去碰全局资源，否则，程序中不同位置的代码都去修改某个全局资源，可能会造成很大麻烦。

假设有这样一个场景，某个应用使用了 RxJS 名为 X 的库，导入了 map 这个操作符来实现某个功能，另外有一个应用 Y，使用了库 X，同时也使用了 map。那么，应用 Y 其实无需导入 map，因为使用库 X 就已经让 Observable 拥有 map 的功能了，应用 Y 只要坐享其成直接使用 map 就可以了，Y 甚至不知道需要导入 map，程序也一切工作正常。

突然有一天，X 的开发者发现了一个更高明的实现方法，不需要使用 map 这个操作符，于是就在 X 的代码中把导入 map 的语句去掉，于是，惨剧就发生了。Y 的代码没有任何改变，由于 X 的一个改变就突然无法正常工作了，因为再没有谁去导入 map，使用 map 的语句必定会出错误。

对于 X 来说，库的接口没有发生任何变化，只是实现方式改变，所以如果 X 是以一个 npm 库的方式发布，那也不算破坏性变化，根据语法版本（semantic versioning）规则，只需要改变 patch 号就足够了，比如以前 npm 版本号是 1.0.1，这个改变之后对应的版本号就是 1.0.2，X 这么做也毫无过错。

对于 Y 来说，自身代码没有任何变化，只是使用了 X 在一个大版本下的最新版本发布，就突然让自己的代码无法工作，也十分冤枉。

出现这种原因，归根结底就是因为导入一个操作符会影响全局 Observable 类。

2. 使用 call 来创建库

正因为使用 "打补丁" 的方式导入操作符有这样的问题，对于 RxJS 库的开发有一条规则，就是不要使用 "打补丁" 的方式导入其他操作符，避免污染全局 Observable 的问题。

如果不用 "打补丁"，那么 RxJS 库怎么使用其他操作符呢？

对于实例操作符，可以使用前面介绍过的 bind/call 方法，让一个操作符函数只对一个具体的 Observable 对象生效；对于静态操作符，就直接使用产生 Observable 对象的函数，而不是依附于 Observable 的静态函数。

用示例来展示，利用 map 来创造一个叫 double 的操作符，这个 double 的工作就是把上游所有数据乘以 2 这么简单，借助 map 来实现很自然。为了验证 double 的功能，我们利用 of 来创建 Observable 对象作为 map 的上游，of 的具体用法在第 4 章会详细介绍，目前，只需要知道 of 产生一个 Observable 对象，其中产生的数据就是 of 的各个参数。

代码如下：

```
import {Observable} from 'rxjs/Observable';
import {of} from 'rxjs/observable/of';
import {map} from 'rxjs/operator/map';

Observable.prototype.double = function() {
  return this::map(x => x * 2);
}

const source$ = of(1, 2, 3);
const result$ = source$.double();

result$.subscribe(value => console.log(value));
```

请注意，现在导入操作符的路径和以前不同，以前实例操作符都是在 rxjs/add/operator/ 目录下，现在是在 rxjs/operator/ 目录下，以前静态操作符是在 rxjs/add/observable/ 目录下，现在是在 rxj/observable 目录下，而且，以前只需要导入文件模块并没有指定导入内容的变量，现在都指定了导入变量，就像下面的代码中一样，分别导入了 of 和 map：

```
import {of} from 'rxjs/observable/of';
import {map} from 'rxjs/operator/map';
```

上面导入的这两个模块，并没有对 Observable 打补丁，导入的功能只能靠变量 of 和 map 来访问，可以认为，of 和 map 就是两个独立的函数。

实际上，现在 RxJS 中传统的打补丁方式，使用的也是 observable 和 operator 目录下的代码，例如，rxjs/add/observable/of.js 文件所做的工作就是导入 rxjs/observable/of.js，然后把导入的函数挂到 Observable 类上去，检查 node_modules/rxjs/add/observable/of.js 文件，代码如下，可以看得很清楚：

```
"use strict";
var Observable_1 = require('../../Observable');
var of_1 = require('../../observable/of');
Observable_1.Observable.of = of_1.of;
```

rxjs/add/operator/map.js 也一样，不同的是它导入的是 rxjs/operator/map.js 的内容，然后挂在 Observable.prototype 上。

在 RxJS v5 的代码库中，rxjs/operator/ 和 rxjs/observable 下的是各个操作符的函数实

现，而 rxjs/add/operator/ 和 rxjs/add/observable/ 目录下代码的工作就是把这些函数实现挂到 Observable 上去。

既然直接获得了操作符的函数实现，那就可以直接调用它们，不和 Observable 类有任何纠葛。对于静态操作符，直接调用就是了，就像下面这样：

```
const source$ = of(1, 2, 3);
```

正因为静态操作符不能包含对 this 的访问，所以其实不需要和 Observable 类有任何关系，以前把它们挂在 Observable 类上，纯粹就是为了表示两者有些语义联系而已。

对于实例操作符，因为函数实现要访问 this，所以需要用 bind 或者 call 的方式来绑定 this，在上面的代码中，我们直接使用了绑定操作符，如下所示：

```
return this::map(x => x * 2);
```

在这个文件中虽然导入了 of 和 map，但是这两个函数并没有影响全局的 Observable 类，在同一个项目中，其他文件如果没有导入相关操作符，依然不能直接使用 Observable.of 来创造数据流对象，也不能直接对一个数据流使用 map。

可见，使用 bind 和 call 的方法，就避免了 Observable 被污染的问题，这是开发库函数的通用做法。

提
示　RxJS 的源代码是用 TypeScript 编写的，截止本书撰写之时，TypeScript 并不支持绑定操作符 (::)，所以 RxJS 源代码中看不见绑定操作符的使用。在上面的代码示例中使用了绑定操作符，需要用 babel 来转译才能执行。

3.3.4　lettable/pipeable 操作符

使用 bind 和 call 的方法，Observable 类本身不会被影响，但是每一个操作符的函数体内依然需要访问 this，之前已经说过，访问 this 的函数不是纯函数，所以，所有非纯函数的问题在这些操作符的实现中都有可能出现。

另外，使用 call 也会让 RxJS 源代码失去类型检查的优势。RxJS 的源代码是使用 TypeScript 编写的，使用 TypeScript 的主要原因就是利用其类型检查的特性，以此克服 JavaScript 语言本身没有类型检查的缺点，TypeScript 代码中对标识符可以指定类型，这样可以避免很多低级 bug，但是，call 的返回结果是无法确定类型的，在 TypeScript 中只能用 any 来表示，这样，使用 call 来调用操作符也就部分丧失了 TypeScript 的这一点好处。

虽然 bind 和 call 的方式是一个大进步，明显还不是最优的结果，需要进一步改进。

从 RxJS v5.5.0 开始，加入了一种更先进的操作符定义和使用方式，称为 pipeable 操作符，也曾经被称为 lettable 操作符，但是因为字面上太难理解，所以改成 pipeable [⊖]。不过，为了理解这个概念，还是要从 lettable 讲起，更准确地说，从 let 讲起。

1. let：让它来做

在 lettable 操作符概念提出之前，let 操作符就存在了，而且是用最传统的方式，也就是从 rxjs/add/operator 目录下的 let.js 导入，下面是一段示例代码：

```
import {Observable} from 'rxjs/Observable';
import 'rxjs/add/observable/of';
import 'rxjs/add/operator/map';
import 'rxjs/add/operator/let';

const source$ = Observable.of(1, 2, 3);
const double$ = obs$ => obs$.map(x => x * 2);
const result$ = source$.let(double$);

result$.subscribe(console.log);
```

从上面的代码可以看出，let 的参数是一个函数，在这个例子中函数参数名为 double$，这个函数名也以 $ 为后缀，代表它返回的是一个 Observable 对象，double$ 同样接受一个 Observable 对象作为输入参数，也就是说，double$ 的功能就是根据一个 Observable 对象产生一个新的 Observable 对象。

当 let 被调用时，实际上就是把上游的 Observable 对象作为参数传递给 double$，然后把返回的 Observable 交给下游来订阅。

注意观察一下 double$ 的实现，虽然 map 的使用是通过给 Observable 打补丁导入的，但是 map 是直接作用于参数 obs$，而不是作用于 this，所以，double$ 是一个纯函数。这就满足了函数式编程的要求，用纯函数来表示操作符，不过上面毕竟还是用打补丁的方式导入了 map，如果不想打补丁，那就可以换一个方式来实现 map，代码如下，注意这里 map 是一个可以作为 let 参数的函数：

```
function map(project) {
  return function(obs$) {
    return new Observable(observer => {
      return obs$.subscribe({
        next: value => observer.next(project(value)),
        error: err => observer.error(error),
        complete: () => observer.complete(),
      });
```

⊖　关于 pipeable 的概念可参考：goodbye lettable, hello pipeable https://github.com/ReactiveX/rxjs/pull/3224。

```
    });
  };
}

const result$ = source$.let(map(x => x * 2));
```

上面的代码看起来可能显得很繁杂，利用 ES6 的语法，上面 map 的实现方式可以更加简洁，使用 ES6 语法的代码如下：

```
const map = fn => obs$ => new Observable(observer => (
  obs$.subscribe({
    next: value => observer.next(fn(value)),
    error: err => observer.error(error),
    complete: () => observer.complete(),
  })
));
```

图 3-2 展示了 let 的工作方式，let 的作用是把 map 函数引入到链式调用之中，let 起到连接上游下游的作用，真正的工作完全由函数参数 map 来执行。这里 map 函数的实现较之前的实现方式有很大区别，函数执行不再是返回一个 Observable 对象，而是返回一个新的函数，这个新的函数才返回 Observable 对象。

图 3-2　let 的工作方式

map 的实现部分也看不到对 this 的访问，而是用一个参数 obs$ 代替了 this，这样，在数据管道中上游的 Observable 是以参数形式传入，而不是靠 this 来获得，让 map 彻底成了一个纯函数。

map 执行返回的结果是一个函数，接受一个 Observable 对象返回一个 Observable 对象，正好满足 let 的参数要求。

使用 map 要借助 let 这个操作符的力量，能够被 let 当做参数来使用，凡是满足这样特性的操作符实现，就叫做 lettable 操作符，翻译过来就是 "可以被 let 的操作符"，所以称为 lettable 也十分形象。

2. lettable 和 pipeable

RxJS 从 v5.5.0 版本起引入了 lettable 操作符，大部分操作符都有 pipeable 操作符实现，注意是"大部分"而不是全部，这是因为：

❑ 静态类型操作符没有 pipeable 操作符的对应形式。

❑ 拥有多个上游 Observable 对象的操作符没有 pipeable 操作符的对应形式。

存在 lettable 形式的操作符，虽然依然保留"打补丁"和使用 call 的形式，但最终调用的都是 lettable 操作符的实现。

以 RxJS 中的 map 实现为例，如果用"打补丁"的方法，导入的是 rxjs/add/operator/map.js，这个文件实际上从 rxjs/operator/map.js 导入 map 函数实现，挂在 Observable.prototype 上；而支持 call 方法的 rxjs/operator/map.js，其实也只不过从 rxjs/operators/map.js（注意路径里的 operators 是复数）文件中导入真正的 lettable 操作符，然后把 this 作为参数传递进去，从而得到常用的 map 操作符。

RxJS 在引入 lettable 操作符之后依然保留打补丁和 call 方法的操作符模块，完全是为了向后兼容，让之前使用 RxJS 的代码依然能够正常工作，但是，从长远趋势来看，lettable 操作符是方向，在未来的 RxJS v6 中，lettable 操作符可能是唯一支持的操作符。

lettable 操作符有不同于其他形式操作符的导入和使用方式，现在我们用 RxJS 官方的 map 的 lettable 操作符重写上面的代码，如下所示：

```
import {of} from 'rxjs/observable/of';
import {map} from 'rxjs/operators';

const source$ = of(1, 2, 3);
const result$ = source$.pipe(
  map(x => x * x)
);

source$.subscribe(console.log);
```

代码 3-1　使用 lettable 操作符

首先，导入静态操作符，这里是从 rxjs/observable/ 目录下的同名模块导入，在这段代码中使用了 of，所以导入的模块就是 rxjs/observable/of。所有的静态操作符都没有对应的 lettable 操作符，导入静态操作符和之前并没有什么不同。

然后，导入 map，从 rxjs/operators 导入，因为 rxjs/operators 是一个目录，所以实际导入的是 rxjs/operators/index 这个文件模块，其中汇聚了所有的 lettable 操作符，包括 map。

细心的读者可能会问，为什么不用下面这种方式导入 map？

```
import {map} from 'rxjs/operators/map';
```

当然可以，但是没有必要，因为这两种方式都可以导入 lettable 操作符形式的 map。

你可能又会有疑问，从 rxjs/operators 里面导入，也就是从 rxjs/operators/index 模块导入，这个模块里面包含了所有的 lettable 操作符，但是我们这段代码里面只用到了 map，那样岂不是很浪费？而且如果要把代码打包在浏览器端下载执行，那会让打包文件平白无故多出很多没用的代码吗？

只要使用 lettable 操作符，就不需要有这样的顾虑了，因为 Tree Shaking 技术可以对 lettable 操作符产生删除死代码的效果。

之前介绍过，如果 RxJS 用给 Observable 打补丁的方式导入操作符，无论代码里是否使用这些操作符，Tree Shaking 都认为这些操作符会被引用，不会判定为死代码；不过，现在每一个 lettable 操作符都是纯函数，而且也不会被作为补丁挂在 Observable 上，Tree Shaking 就能够找到根本不会被使用的操作符，开发者也就可以放心地从目录 rxjs/operators（注意是复数）下导入 lettable 操作符模块。在代码 3-1 中，只要打包工具支持 Tree Shaking，除了 map 之外其他的 lettable opeartor 代码都不会进入最终的打包文件中。

接下来看如何使用 lettable 操作符形式的 map，既然名字叫做 lettable，那毫无疑问可以通过 let 来使用 map，但是，要导入 let 这个操作符，又得不用传统的打补丁或者使用 call 的方式，就像下面的代码这样：

```
import 'rxjs/add/operator/let';
```

继续使用 let，感觉就像"革命"不彻底一样。

正因为如此，RxJS 让 Observable 类自带了一个新的操作符，名叫 pipe，可以满足 let 具备的功能。使用 pipe 无需像使用 let 一样导入模块，任何 Observable 对象都支持 pipe，可以如下使用 map：

```
const result$ = source$.pipe(
  map(x => x * x)
);
```

因为 source$ 的数据序列是 1、2、3，所以上面的代码利用 map 把 source$ 的所有数据都乘以 2，输出结果如下：

```
2
4
6
```

pipe 不只是具备 let 的功能，还有"管道"功能，可以把多个 lettable 操作符串接起来，形成数据管道。

下面的代码示例通过 pipe 串接了 filter 和 map 两个 lettable 操作符：

```
import {of} from 'rxjs/observable/of';
import {map, filter} from 'rxjs/operators';
```

```
const source$ = of(1, 2, 3);

const result$ = source$.pipe(
  filter(x => x % 2 === 0),
  map(x => x * 2)
);

result$.subscribe(console.log);
```

因为 Tree Shaking 可以保证没被使用的 lettable 操作符不进入打包文件，所以，可以放心从 rxjs/operators 中导入任何 lettable 操作符，在上面的代码中用一行指令就导入了 map 和 filter，这让导入操作符的代码更加简洁。

在 pipe 的使用部分，传入了两个参数，分别是 filter 和 map 函数的调用，这段代码相当于之前这样的链式调用：

```
const result$ = source$.filter(x => x % 2 === 0).map(x => x * 2);
```

因为 filter 过滤掉了所有的奇数，所以最后的运行结果如下：

4

在上面的例子中，pipe 只包含了两个 lettable 操作符参数，实际上可以包含任意个数的参数，这样依然保持了链式调用的表达方式。

当然，如果不想用 pipe 而想用 let 来调用 lettalbe 操作符的话，也可以，代码如下：

```
const result$ = source$
  .let(filter(x => x % 2 === 0)
  .let(map(x => x * 2));
```

很显然，使用 let 来调用多个 lettable 操作符并没有用 pipe 那么简洁明了。

在 RxJS v5.5 中引入 lettable 操作符是 RxJS 发展的一大步，同时也带来了很多的麻烦，因为对于不了解 RxJS 发展史的开发者，看到"lettable"这个词会一头雾水，使用的函数是 pipe，但是参数操作符却叫 lettable，这非常让人难以理解。正因为这个原因，RxJS 官方在发布 v5.5 之后几个月将文档中关于 lettable 操作符的文字全部改为 pipeable 操作符，但是，互联网上很多教材依然以 lettable 称呼这种操作符。

读者们只需要知道，lettable 操作符和 pipeable 操作符是同一种东西在不同阶段的称呼而已。

3. 被迫改名的 pipeable 操作符

传统方式使用 RxJS 的代码迁移到 pipeable 操作符也很简单，假如以前用打补丁的方式是从 rxjs/add/operator/ 下面导入某个模块，现在就只要从另一个目录 rxjs/operators/ 下导入同名的模块就行，例如，以前导入 map 的代码如下：

```
import 'rxjs/add/operator/map';
```

现在导入 pipeable 操作符 map 的代码就是如下这样：

```
import {map} from 'rxjs/operators/map';
```

或者下面这样：

```
import {map} from 'rxjs/operators';
```

> **提示** 在还未正式发布的 RxJS v6 中，很有可能只支持第二种方式的 pipeable 操作符导入方式，所以，为了代码在未来方便迁移到 v6 版本，最好现在就只用从 rxjs/operators 导入的方式。

有四个操作符比较特殊，传统的操作符名称和 pipeable 操作符名称不同，它们是：

❏ do

❏ catch

❏ switch

❏ finally

这四个操作符的名称都是 JavaScript 的关键字，以打补丁的方式赋值为 Observable.prototype 的某个属性值没问题，但是不能作为变量或者函数的标识符出现。

比如，对于 do，如果新开发的 lettable 操作符依然叫做 do，那么在代码中就要这样导入：

```
import {do} from 'rxjs/operators/do';
```

这样一来，这个导入的 do 函数就和 JavaScript 的关键字产生了语义冲突，JavaScript 无法区分两个 do。同样的道理，catch、switch 和 finally 都不再是合适的 lettable 操作符名称，所以，在 RxJS 中，这几个操作符对应的 lettable 操作符实现有如下的名称变化：

❏ do 改为 tap

❏ catch 改为 catchError

❏ switch 改为 switchAll

❏ finally 改为 finalize

后三个操作符的新名字好理解，do 改为 tap，是因为 do 并不改变流进它的数据和事件，只是有机会引入一个函数来对流经 do 的数据做一些操作，比如记录日志，而 tap 也有"窃听"的意思，非常形象。在 RxJS v4 中，tap 实际上是 do 的别名，所以给 do 功能的 pipeable 操作符实现命名为 tap 也不奇怪。

当你需要一个 do 功能的 lettable 操作符时，正确的导入代码是这样的：

```
import {tap} from 'rxjs/operators/tap';
```

如果要实现新的 lettable 操作符，也需要注意不要命名为 JavaScript 的关键字或者保留字，毕竟，简洁、易懂而且通用的单词也不多，很可能已经被 JavaScript 看中了。

4. 管道操作符

无独有偶，有一个让 JavaScript 语言支持"管道操作符"（pipe operator）[⊖]的 JavaScript 语法改进提议，管道操作符是一个竖杠和大于号的组合，也就是 |>，用来连接两个值，前一个值没有任何要求，后一个值必须是函数，管道操作符的作用就是把前面的值作为参数来调用后面的函数。

例如，下面是一个使用管道操作符的代码示例：

```
666 |> foo
```

上面的代码等同于下面的代码：

```
foo(666)
```

管道操作符的威力还是体现在对一个值连续进行多次函数操作，比如下面这样：

```
666 |> foo |> bar
```

相当于就是下面这样的代码：

```
bar(foo(666))
```

请注意 bar 和 foo 的前后顺序反过来了，先执行 foo，执行结果才是 bar 的参数，执行顺序和语法上函数的位置相反，这样不利于理解，但是用管道操作符的话，执行顺序和函数出现的前后顺序一致，这就是发明管道操作符的意义。

管道操作符的想法和 RxJS 中的 pipe 函数用法是一致的，只是，目前管道操作符还只是一个提议，但是可以看得出来，RxJS 的设计与时俱进，紧跟 JavaScript 的语法发展。

当这种语法改进的提议被采纳之后，可以用下面这种形式来使用 pipeable 操作符：

```
const result$ = source$
  |> filter (x => x % 2 === 0)
  |> map(x => x * 2)
```

使用 pipeable 操作符，RxJS 才真正算得上实践了函数式编程，使用 pipeable 操作符才是未来的趋势。不过，在本书中，为了照顾还在使用 RxJS v5.5.0 之前版本的读者，介绍各个操作符时，依然使用传统的方式，读者在实际应用 RxJS 时，如果使用的是 v5.5.0

⊖ TC39 的管道操作符提案参见：https://github.com/tc39/proposal-pipeline-operator。

之后的版本，就可以改为使用 pipeable 操作符。

3.4 本章小结

本章介绍了 RxJS 中操作符的分类，根据不同维度，操作符可以做不同的区分。

无论是为了扩展 RxJS 功能，还是为了深刻理解 RxJS 核心操作符的用法，开发者都应该明白操作符的各种实现方式。最简单也最传统的操作符实现方式是给 Observable 类打补丁，但是这种方式会污染全局的 Observable 类，弊端很多；使用改进的 bind/call 方式，可以部分解决打补丁方式的问题，常用于 RxJS 库的开发；最理想的方式是使用 RxJS v5.5 引入的 pipeable 操作符，这种方式不仅让代码更加简洁，而且可以让 Tree Shaking 发挥作用。

RxJS 的未来必定要普遍使用 pipeable 操作符。

第 4 章 *Chapter 4*

创建数据流

除了上帝，一切皆有起源。——谚语

在 RxJS 的世界中，一切都以数据流为中心，在代码中，数据流以 Observable 类的实例对象形式存在，创建 Observable 对象就是数据流处理的开始。

在本章中，我们会介绍 RxJS 中用于创造 Observable 对象的操作符，这些操作符是 RxJS 中数据流的源头，下面列出了对应不同功能需求所适用的操作符：

功 能 需 求	适用的操作符
直接操作观察者	create
根据有限的数据产生同步数据流	of
产生一个数值范围内的数据	range
以循环方式产生数据	generate
重复产生数据流中的数据	repeat 和 repeatWhen
产生空数据流	empty
产生直接出错的数据流	throw
产生永不完结的数据流	never
间隔给定时间持续产生数据	interval 和 timer
从数组等枚举类型数据产生数据流	from
从 Promise 对象产生数据流	fromPromise
从外部事件对象产生数据流	fromEvent 和 fromEventPattern
从 AJAX 请求结果产生数据流	ajax
延迟产生数据流	defer

一个好的开始等于成功的一半，让我们在数据流的创建过程中开一个好头吧。

4.1 创建类操作符

在前面章节的代码中，大多都是通过 new 关键词来创建 Observable 对象，这种创建方法的定制性很高，通过传递一个函数给 Observable 构造函数，可以完全控制一个 Observable 的行为，不过，就像任何一个领域的问题都有模式，Observable 对象的创建也有固定的若干种模式，如果把这些模式抽象出来，那就可以重复利用，根据这些可以重复利用的创建模式，RxJS 提供了很多创建类操作符。

所谓创建类操作符，就是一些能够创造出一个 Observable 对象的方法，所谓"创造"，并不只是说返回一个 Observable 对象，因为任何一个操作符都会返回 Observable 对象，这里所说的创造，是指这些操作符不依赖于其他 Observable 对象，这些操作符可以凭空或者根据其他数据源创造出一个 Observable 对象。

创建类操作符并不是不需要任何输入，很多创建型的操作符都接受输入参数，有的还需要其他的数据源，比如浏览器的 DOM 结构或者 WebSocket。重要的是，创建类操作符往往不会从其他 Observable 对象获取数据，在数据管道中，创建类操作符就是数据流的源头。

正因为创建类操作符的这个特性，创建类操作符大部分（并不是全部）都是静态操作符。

对于应用开发工程师，应该尽量使用创建类操作符，避免直接利用 Observable 的构造函数来创造 Observable 对象，RxJS 提供的创建类操作符覆盖了几乎所有的数据流创建模式，没有必要重复发明轮子。在很多场景下，开发者自己用构造函数创造 Observable 对象可能需要写很多代码，使用 RxJS 提供的创建类操作符可能只需要一行就能搞定。

接下来，让我们来熟悉各种创建类操作符，从同步数据流和异步数据流两个方面分别介绍。

 本章中出现的所有示例代码，都可以在配套 GitHub 代码库的 chapter-04/creation 目录下找到。

4.2 创建同步数据流

同步数据流，或者说同步 Observable 对象，需要关心的就是：

❏ 产生哪些数据。

❑ 数据之间的先后顺序如何。

对于同步数据流，数据之间的时间间隔不存在，所以不需要考虑时间方面的问题。

4.2.1　create：毫无神奇之处

create 是最简单的一个操作符，因为它的功能很简单，就是直接调用 Observable 的构造函数，逻辑代码如下：

```
Observable.create = function (subscribe) {
    return new Observable(subscribe);
};
```

上面的代码就在 Observable 类的定义之中，所以，create 不需要导入任何其他模块就可以直接使用。

 提示　还记得另一个不需要导入任何模块就可以直接使用的操作符是哪个吗？就是在 lettable 操作符部分介绍过的 pipe 操作符。

---

create 这个操作符并没有给我们带来任何神奇的功能，使用它和直接使用 Observable 构造函数没什么区别，所以，绝大部分情况用不上它。

在本书的代码示例中，偶尔会用上 create，应用场景往往是简单直观地创造 Observable 对象。当读者逐渐熟悉所有的操作符之后，会发现用 RxJS 提供的操作符组合起来就能够创造绝大部分需要的数据流，而用不上 create。

4.2.2　of：列举数据

利用 of 这个操作符可以轻松创建指定数据集合的 Observable 对象，比如，为了产生包含三个正整数的 Observable 对象，如果利用 Observable 的构造函数，需要写一大堆的代码，但是如果使用 of，产生数据流的代码可以简化为一行，代码如下：

```
import {Observable} from 'rxjs/Observable';
import 'rxjs/add/observable/of';

const source$ = Observable.of(1, 2, 3);

source$.subscribe(
  console.log,
  null,
  () => console.log('complete')
);
```

代码 4-1　of 使用示例

或者不使用打补丁方式，从 rxjs/observable 目录下导入，如下所示：

```
import {of} from 'rxjs/observable/of';
const source$ = of(1, 2, 3);
```

产生的 Observable 对象 source$，在被 subscribe 之后，就会把参数依次吐出来，在代码 4-1 中，of 有三个参数 1、2、3，于是 source$ 被订阅时就会吐出三个数据，然后调用 Observer 的 complete 函数。

需要注意的是，source$ 被订阅时，吐出数据的过程是同步的，也就是没有任何时间上的间隔，比如，假如有下面这样创建的数据源：

```
const source$ = Observable.of(1);
```

对应的弹珠图如图 4-1 所示，数据 1 出现在数据流最开始的位置，有一个竖杠和唯一的数据重合，也就是说吐出唯一的数据之后，这个数据流立刻终结了。

图 4-1　一个参数的 of 弹珠图

在代码 4-1 中，传递给 of 三个数据 1、2、3，那么对应的弹珠图如图 4-2 所示，可以看到，1、2、3 按照在参数列表中出现的顺序吐出，但是它们之间没有时间间隔，挤在一起，数据产生完毕之后，对应的 Observable 对象也就完结了。

图 4-2　多个参数的 of 弹珠图

of 产生的是 Cold Observable，对于每一个 Observer 都会重复吐出同样的一组数据，所以可以反复使用。

> 🎯 提示　在 RxJS v4 中，实现 of 功能的操作符叫做 just，如果要把基于 v4 的代码迁移到 v5，就需要替换所有的 just 函数调用为 of。

适合使用 of 的场合是已知不多的几个数据，想要把这些数据用 Observable 对象来封装，然后就可以利用 RxJS 强大的数据管道功能来处理，而且，也不需要这些数据的处理要有时间间隔，这就用得上 of 了。

在现实项目中使用这种操作符的机会并不多，但是，在示例代码中使用 of 来创造数据源倒是挺方便，本书的示例代码中大量使用了 of。

4.2.3　range：指定范围

of 能够简化 Observable 对象的产生，但假如需求是这样：产生一个从 1 到 100 的所有正整数构成的数据流。

满足这样的需求，用 of 显然不合适，要是给 of 一个长度为 100 的参数序列，从 1 到 100，不要说这样的代码写出来很累，就算写出来也根本没法看。

对需要产生一个很大连续数字序列的场景，就用得上 range 这个操作符了，range 的含义就是"范围"，只需要指定一个范围的开始值和长度，range 就能够产生这个范围内的数字序列。

产生包含上面所说从 1 到 100 所有正整数的 Observable 对象，代码如下：

```
const source$ = Observable.range(1, 100);
```

range 第一个参数是数字序列开始的数字，第二个参数是数字序列的长度，产生的 Observable 对象首先产生数字 1，每次递增 1，依次产生 100 个数字，然后完结。

对应的弹珠图如图 4-3 所示。

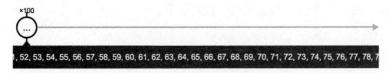

图 4-3　range 的弹珠图

和 of 一样，range 以同步的方式吐出数据，也就是 100 个数据依次无时间间隔一口气全推给 Observer，然后调用 Observer 的 complete 函数。

range 的第一个参数不仅可以是整数，还可以是任何数字，像下面这样使用：

```
const source$ = Observable.range(1.5, 3);
```

这样产生的数字序列是从 1.5 开始，每次递增 1，一共吐出 3 个数据，产生的数据序列就是：1.5、2.5、3.5。

读者这时候可能会问，如果我想要的是每次递增 2 的数字序列呢？range 有没有参数可以定制每次递增的大小呢？

很遗憾，range 并不支持这样的参数，RxJS 提供的每个操作符都包含尽量简洁的功能，但是通过多个操作符的组合，就可以提供复杂的功能，特定于上述的需求，虽然 range 不支持递增序列的定制，但是我们通过 range 和 map 的组合来实现，代码如下：

```
const source$ = Observable.of(1, 2, 3).map(x => x * 2);
```

虽然上面的代码事实上产生了我们想要的结果,但是读者可能还是觉得不满意,那么,我们就来看一个定制性更强的操作符,名为 generate。

4.2.4　generate:循环创建

利用 range 能够很方便地产生连续的数字序列,但是,现实中很多问题没这么简单,有时候需要的是不连续的数字序列,甚至需要的序列不局限于数字,对于这种需要能够更方便定制的数据流,就可以利用 generate 这个操作符。

generate 类似一个 for 循环,设定一个初始值,每次递增这个值,直到满足某个条件的时候才中止循环,同时,循环体内可以根据当前值产生数据。比如,想要产生一个比 10 小的所有偶数的平方,用 for 循环实现的代码如下:

```
const result = [];
for (let i=2; i<10; i+=2) {
  result.push(i*i);
}
```

最后的结果就在 result 变量中,在这里,因为需要不断修改循环变量 i 的值,所以 i 不能用 const 定义,而只能用 let 或者 var。

使用 generate 产生类似的数据系列,代码如下:

```
const source$ = Observable.generate(
  2, // 初始值,相当于for循环中的i=2
  value => value < 10, //继续的条件,相当于for中的条件判断
  value => value + 2, //每次值的递增
  value => value * value // 产生的结果
);
```

使用 generate,四个参数分别对应了 for 循环中的不同表达式,其中,除了第一个参数是一个值之外,其余三个参数都是函数,应该保持这三个参数都是纯函数,这样才符合函数式编程的原则。

用 generate 可以有很大的自由度,可以通过 generate 产生需求复杂的数据,实际上,可以通过 generate 来实现 range 的功能,代码如下:

```
const range = (start, count) => {
  const max = start + count;
  return Observable.generate(
    start,
    value => value < max,
    value => value + 1,
    value => value
  );
};
```

也可以用 generate 产生不限于数值序列的数据流，这一点 range 是望尘莫及的。

在下面的代码中，我们产生的 Observable 对象产生的数据不是数字，而是字符串，依次产生 x、xx 和 xxx 字符串：

```
const source$ = Observable.generate(
  'x',
  value => value.length <= 3,
  value => value + 'x',
  value => value
);
```

在传统的 JavaScript 编程中，如果某个问题的解决方法是用一个 for 循环产生的数据集合，那么搬到 RxJS 的世界，就适合于使用 generate 来产生一个 Observable 对象。

4.2.5　repeat：重复数据的数据流

上面我们介绍的操作符都是静态操作符，现在来介绍一个实例操作符，名叫 repeat。

> 提示　如果你翻回本章的开始，就会看到书中说"创建类操作符大部分（并不是全部）都是静态操作符"，repeat 就是这样一个例外。

可以通过打补丁的方式导入 repeat，代码如下：

```
import 'rxjs/add/operator/repeat';
```

也可以使用 lettable 操作符，代码如下：

```
import {repeat} 'rxjs/operators/repeat';
```

repeat 的功能是可以重复上游 Observable 中的数据若干次。

假如有这样一个需求，需要重复的 1、2、3 正整数序列 10 次，也就是 1、2、3、1、2、3、1、2、3……这样的序列。

当然可以使用 of，然后参数是 3 个正整数，从 1 到 3，然后重复 10 次，但是这样写实在很拙劣。也可以使用 range，不过这不是简单的递增，对于 range 的各个参数需要巧妙安排才能完成这个任务，读者有兴趣可以尝试用 range 来实现，不过，即使写出能够工作的代码，也并不容易让另外一个开发者读懂。既然 RxJS 本来就有 repeat 这种语义清晰的操作符，解决这个问题就应该使用 repeat，对应的代码如下：

```
const source$ = Observable.of(1, 2, 3);
const repeated$= source$.repeat(10);
```

在上面的代码中，source$ 产生的 Observable 对象会产生 1、2、3 三个数据，这个 Observable 对象是 repeated$ 的上游，利用 repeat 这个操作符，repeated$ 会重复

source$ 中的内容 10 遍，一共产生 30 个数据之后才完结。

repeated$ 是一个全新的 Observable 对象，它并没有改变 source$，source$ 自始至终还是只产生 1、2、3 然后就结束的数据流，在 repeat 的作用下，source$ 实际上被 subscribe 了 10 次，这 10 次 source$ 吐出的数据全部都变成了 repeated$ 吐出的数据。

为了清楚展示 repeat 的工作过程，我们利用 create 定制一个在 subscribe 和 unsubscribe 时有日志输出的 Observable 对象，代码如下：

```
import {Observable} from 'rxjs/Observable';
import 'rxjs/add/operator/repeat';

const source$ = Observable.create(observer => {
  console.log('on subscribe');
  setTimeout(() => observer.next(1), 1000);
  setTimeout(() => observer.next(2), 2000);
  setTimeout(() => observer.next(3), 3000);
  setTimeout(() => observer.complete(), 4000);

  return {
    unsubscribe: () => {
      console.log('on unsubscribe');
    }
  }
});
const repeated$ = source$.repeat(2);

repeated$.subscribe(
  console.log,
  null,
  () => console.log('complete')
);
```

source$ 利用 setTimeout 来延时向下游传递事件，间隔 1 秒钟推送一个数据，在推送 3 个数据之后，在第 4 秒调用下游的 complete 函数。

为了防止输出日志太多，上面的 repeat 参数是 2，只重复 source$ 两遍，程序运行会输出下面的内容。

```
on subscribe
1
2
3
on unsubscribe
on subscribe
1
2
```

```
3
complete
on unsubscribe
```

当 source$ 被 subscribe 或者 unsubscribe 的时候会有 console.log 日志输出，可以清楚地看到，source$ 被订阅两次，也被退订了两次。

repeat 订阅上游的 Observable 对象，把上游的数据传给下游，如此这般，抽取上游的所有数据，然后再重新订阅上游 Observable 对象，就这样重复参数指定的次数。图 4-4 是 repeated$ 的弹珠图。

图 4-4　repeat 结果的弹珠图

期间 source$ 被订阅了两次，图 4-4 的弹珠图，可以认为是连续两个 source$ 弹珠图的结合，如图 4-5 所示。

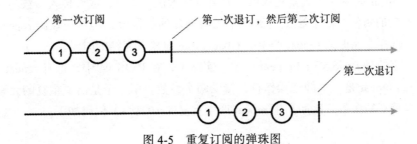

图 4-5　重复订阅的弹珠图

值得注意的是，repeat 只有在上游 Observable 对象完结之后才会重新订阅，因为在完结之前，repeat 也不知道会不会有新的数据从上游被推送下来。在上面的例子中，虽然 3 是 source$ 吐出的最后一个数据，但是 repeat 依然是在 3 吐出 1 秒钟之后接收到 complete 事件时才做退订并重新订阅的动作。

针对上面的代码，尝试去掉对 complete 函数的调用，也就是让 source$ 的定义改成如下代码：

```
const source$ = Observable.create(observer => {
  console.log('on subscribe');
  setTimeout(() => observer.next(1), 1000);
  setTimeout(() => observer.next(2), 2000);
  setTimeout(() => observer.next(3), 3000);

  return {
    unsubscribe: () => {
```

```
        console.log('on unsubscribe');
      }
    }
});
```

再次运行这个程序，会发现，程序输出如下结果就终止。

```
on subscribe
1
2
3
```

并没有重复 2 遍，就是因为 repeat 只有在上游 Observable 对象完结之后才会再次去 subscribe 这个对象，如果上游 Observable 对象永不完结，那 repeat 也就没有机会去 unsubscribe。

因为 repeat 的 "重复" 功能依赖于上游的完结时机，所以，使用 repeat 很重要的一点，就是保证上游 Observable 对象最终一定会完结，不然使用 repeat 就没有意义。

此外，repeat 的参数代表重复次数，如果不传入这个参数，或者传入参数为负数，那就代表无限次的重复，除非预期得到一个无限循环的数据流，不然应该给 repeat 一个正整数参数，这样才能保证 repeat 产生的 Observable 对象有完结的时候。

上面介绍的是 RxJS v5 的 repeat 语法，实际上，在 RxJS v4 中，也有 repeat 操作符，但是 v4 中的 repeat 是一个静态操作符，接受两个参数，第一个是需要重复的元素，第二个参数代表重复的次数，比如利用 repeat 产生重复的 10 个 1，代码如下：

```
const $ = Rx.Observable.repeat(1, 10);
```

很显然，RxJS v4 这样只能重复一个元素的操作符，功能很受限制，意义不大；RxJS v5 中将 repeat 改为可以重复一个 Observable，能够适用于更多场景。

4.2.6　三个极简的操作符：empty、never 和 throw

empty、never 和 throw 是比较有意思的三个操作符，它们产生的 Observable 对象十分简单，简单得看起来似乎没有什么价值，不过，当需要默认立刻完结、立刻出错或者永不完结的数据流对象时，这三个操作符可以直接使用。

1. empty

empty 就是产生一个直接完结的 Observable 对象，没有参数，不产生任何数据，直接完结，下面是示例代码：

```
import 'rxjs/add/observable/empty';
```

```
const source$ = Observable.empty();
```

对应的弹珠图如图 4-6 所示。

图 4-6　empty 的弹珠图

2. throw

throw 产生的 Observable 对象也是什么都不做，直接出错，抛出的错误就是 throw 的参数，下面是使用 throw 的示例代码：

```
import 'rxjs/add/observable/throw';

const source$ = Observable.throw(new Error('Oops'));
```

上面的代码中，source$ 代表的 Observable 对象不会产生任何数据，一开始就会直接给下游传递一个 Error 对象。

对应的弹珠图如图 4-7 所示。

图 4-7　throw 的弹珠图

值得一提的是，throw 是 JavaScript 的关键字，如果直接导入独立的 throw 函数，也就是用打补丁的方式把 throw 挂在 Observable 类上，那就会引起冲突，所以，如果不用打补丁的方式，那么导入的不是 throw，而是 _throw，下面是示例代码：

```
import {_throw} from 'rxjs/observable/throw';

const source$ = _throw(new Error('Oops'));
```

3. never

好歹 empty 和 throw 产生的对象还做了一个动作，而 never 产生的 Observable 对象就真的是什么都不做，既不吐出数据，也不完结，也不产生错误，就这样待着，一直到永远。示例代码如下：

```
import 'rxjs/add/observable/never';

const source$ = Observable.never();
```

从图 4-8 可以看到，never 的弹珠图上什么动作都没有。

图 4-8　never 的弹珠图

> 📖 **注意**　never、empty 和 throw 单独使用没有意义，但是，在组合 Observable 对象时，如果需要这些特殊的 Observable 对象，这三个操作符可以直接使用，例如，根据条件是否产生出错的数据流如下：
>
> ```
> $source.concat(shouldEndWell? Observable.empty() : Observable.throw(new Error()))
> ```
>
> 后续章节会介绍 concat 的用法。

4.3　创建异步数据的 Observable 对象

异步数据流，或者说异步 Observable 对象，不光要考虑产生什么数据，还要考虑这些数据之间的时间间隔问题，RxJS 提供的操作符就是要让开发者在日常尽量不要考虑时间因素。

4.3.1　interval 和 timer：定时产生数据

到目前为止介绍的创建类操作符产生的数据流都是同步产生数据，无论是简单列举数据的 of，还是可以产生复杂组合的 range，最后产生的 Observable 对象都是一口气把数据传给下游，每个数据之间没有时间间隔，不过，就像官方网站宣传的那样，RxJS 的最大的卖点是擅长处理异步操作，也就是擅长处理在一个时间段上间歇性产生数据的数据流，接下来，我们就介绍两种最简单的产生异步数据流的操作符：interval 和 timer。

在 JavaScript 中要模拟异步的处理，惯常的做法就是用 JavaScript 自带的两个函数 setInterval 和 setTimeout，通过指定时间，让一些指令在一段时间之后再执行。可以说，在 RxJS 中，interval 和 timer 这两个操作符的地位就等同于原生 JavaScript 中的 setInterval 和 setTimeout。注意，只是说地位等同，功能上并不完全一样，我们接下来就会看到区别。

interval 接受一个数值类型的参数，代表产生数据的间隔毫秒数，返回的 Observable 对象就按照这个时间间隔输出递增的整数序列，从 0 开始。比如，interval 的参数是 1000，那么，产生的 Observable 对象在被订阅之后，在 1 秒钟的时刻吐出数据 0，在 2 秒钟的时刻吐出数据 1，在 3 秒钟的时刻吐出数据 2……对应的实例代码如下：

```
import 'rxjs/add/observable/interval';
```

```
const source$ = Observable.interval(1000);
```

上面代码产生的数据流的弹珠图如图 4-9 所示，注意到这个弹珠图中没有完结符号，表示这个数据流不会完结，因为 interval 不会主动调用下游的 complete，要想停止这个数据序列，就必须要做退订的动作。

图 4-9　interval 产生的数据流

读者可能会有问题，interval 产生的异步数据序列总是从 0 开始递增，但是实际中的需求未必局限于此，比如需要从 1 开始递增的异步数据序列，那该怎么办？

在 RxJS 中，每个操作符都尽量功能精简，所以 interval 并没有参数用来定制数据序列的起始值，要解决复杂问题，应该用多个操作符的组合，而不是让一个操作符的功能无限膨胀。

解决上面问题对应的代码如下：

```
const source$ = Observable.interval(1000);
const result$ = source$.map(x => x + 1);
```

在上面的代码中，借助 interval 和 map 的组合，最终 result$ 产生的就是从 1 开始的递增异步数据序列。

从上面的描述可以看到，interval 就是 RxJS 世界中的 setInterval，区别只是 setInterval 定时调用一个函数，而 interval 返回的 Observable 对象定时产生一个数据。

除了有对应于 setInterval 的 interval，RxJS 还有对应于 setTimeout 的名为 timer 的操作符。timer 的第一个参数可以是一个数值，也可以是一个 Date 类型的对象。如果第一个参数是数值，代表毫秒数，产生的 Observable 对象在指定毫秒之后会吐出一个数据 0，然后立刻完结。

下面是使用 timer 的示例代码：

```
import 'rxjs/add/observable/timer';

const source$ = Observable.timer(1000);
```

产生的 Observable 对象弹珠图如图 4-10 所示。

图 4-10　一个参数的 timer 的弹珠图

上面的功能也可以通过传递一个 Date 对象给 timer 来实现，代码如下：

```
const now = new Date();
const later = new Date(now.getTime() + 1000);
const source$ = Observable.timer(later);
```

使用数值参数还是使用 Date 对象作为参数，应该根据具体情况确定，如果明确延时产生数据的时间间隔，那就应该用数值作为参数，如果明确的是一个时间点，那用 Date 对象毫无疑问是最佳选择。

timer 还支持第二个参数，如果使用第二个参数，那就会产生一个持续吐出数据的 Observable 对象，类似 interval 的数据流。第二个参数指定的是各数据之间的时间间隔，从被订阅到产生第一个数据 0 的时间间隔，依然由第一个参数决定。

在下面的示例代码中，source$ 被订阅之后，2 秒钟的时刻吐出 0，然后 3 秒钟的时刻吐出 1，4 秒钟的时刻吐出 2……依次类推：

```
const source$ = Observable.timer(2000, 1000);
```

对应的弹珠图如图 4-11 所示。

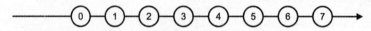

图 4-11　两个参数的 timer 的弹珠图

timer 支持产生持续的数据序列，这和 setTimeout 就很不一样了，setTimeout 只能支持一次异步操作，从这个角度看，timer 的功能是 setTimeout 的超集。

如果 timer 的第一个参数和第二个参数一样，那就和 interval 的功能完全一样了，下面两个数据流 source1$ 和 source2$ 产生的结果完全一样：

```
const source1$ = Observable.interval(1000);
const source2$ = Observable.timer(1000, 1000);
```

可以认为 interval 是间隔时间参数相同时 timer 的一种简写的方法，在本书的其他示例代码中，可以看到大量使用 interval 和 timer。

4.3.2　from: 可把一切转化为 Observable

from 可能是创建类操作符中包容性最强的一个了，因为它接受的参数只要"像" Observable 就行，然后根据参数中的数据产生一个真正的 Observable 对象。

"像" Observable 的对象很多，一个数组就像 Observable，一个不是数组但是"像"数组的对象也算，一个字符串也很像 Observable，一个 JavaScript 中的 generator 也很像 Observable，一个 Promise 对象也很像，所以，from 可以把任何对象都转化为 Observable 对象。

利用 from 来转化数组，实例代码如下：

```
import 'rxjs/add/observable/from';
const source$ = Observable.from([1, 2, 3]);
```

其中，source$ 会产生 3 个数据，也就是 from 输入数组参数的 3 个元素：1、2、3。这很好了解，一个数组本身就代表一个数据序列，转换成 Observable 是很自然的事情。

神奇的是，一个对象即使不是数组对象，但只要表现得像是一个数组，一样可以被 from 转化，下面是示例代码：

```
function toObservable() {
  return Observable.from(arguments);
}

const source$ = toObservable(1, 2, 3);
```

在 JavaScript 中，任何一个函数体中都可以通过 arguments 访问所有的调用参数，arguments 其实并不是一个数组，但是它也支持 length 属性，也支持根据下标访问某个具体的参数，所以表现得"像"是一个数组，一样能够被 from 处理。

在上面的代码中，调用 toObservable 的三个参数都会成为返回的 Observable 对象吐出的数据。

在 ES6 的语法中，有一个 generator 的概念，一个 generator 表面上看像是一个函数，但是通过 yield 语句可以在"函数"结束之前就返回阶段性结果，并把控制权交还给调用者，是否继续执行这个"函数"由调用者决定。generator 实际上实现了一种 Iterable 的类型，这种类型也能够被 from 消化，示例代码如下：

```
function * generateNumber(max) {
  for (let i=1; i<=max; ++i) {
    yield i;
  }
}

const source$ = Observable.from(generateNumber(3));
```

在上面的例子中，generateNumber 就是一个 generator，如果迭代读取 generate-Number(3) 的结果，就会得到 1、2、3，from 就是利用这一点，把 generator 的结果塞给了产生的 Observable 对象。

from 还可以接受一个字符串作为参数，不过结果可能有点出乎你的意料，示例代码如下：

```
const source$ = Observable.from('abc');
```

直观上，你可能会觉得最后 source$ 包含一个数据，就是字符串 abc，事实上，并不是这样，source$ 包含三个数据，依次是字符 a、字符 b 和字符 c，这是因为在 from 的眼里，把输入参数都当做一个 Iterable 来看待，字符串 abc 在 from 看来就和数组 ['a', 'b', 'c'] 没有区别。

既然 from 可以把一切长得像 Observable 的物体都变成 Observable，对于真正的 Observable 自然也不会放过，实例代码如下：

```
const another$ = Observable.of(1, 2, 3);
const source$ = Observable.from(another$);
```

在上面的代码中，source$ 的数据流和 another$ 完全一样，当然，这没有什么意义，既然我们有了 another$ 这个 Observable，为什么还要转化为 source$ 呢。

最后，from 还可以接受 Promise 对象，行为和 fromPromise 完全一样，接下来，就来介绍 fromPromise。

4.3.3　fromPromise：异步处理的交接

如果 from 的参数是 Promise 对象，那么这个 Promise 成功结束，from 产生的 Observable 对象就会吐出 Promise 成功的结果，并且立刻结束，示例代码如下：

```
const promise = Promise.resolve('good');
const source$ = Observable.from(promise);

source$.subscribe(
  console.log,
  error => console.log('catch', error),
  () => console.log('complete')
);
```

上面的代码运行结果如下：

```
good
complete
```

Promise 对象虽然也支持异步操作，但是它只有一个结果，所以当 Promise 成功完成的时候，from 也知道不会再有新的数据了，所以立刻完结了产生的 Observable 对象。

在上面的代码中，如果我们修改产生 promise 变量的代码如下，让它成为一个失败的 Promise 对象：

```
const promise = Promise.reject('oops');
```

那么，程序输出结果如下：

```
catch oops
```

当 Promise 对象以失败而告终的时候，from 产生的 Observable 对象也会立刻产生失败事件。

📷 注
意　在 RxJS v4 中，fromPromise 不光支持 Promise 类型的对象作为参数，还支持返回 Promise 对象的函数作为参数，在 RxJS v5 中，这个功能取消了，fromPromise 只能接受 Promise 对象作为参数。

4.3.4　fromEvent

如果从事网页开发，fromEvent 是最可能会被用到的操作符，因为网页应用总是要获取用户在网页中的操作事件，而 fromEvent 最常见的用法就是把 DOM 中的事件转化为 Observable 对象中的数据。

fromEvent 的第一个参数是一个事件源，在浏览器中，最常见的事件源就是特定的 DOM 元素，第二个参数是事件的名称，对应 DOM 事件就是 click、mousemove 这样的字符串。

我们用一个例子来说明 fromEvent 这个操作符在网页应用中的用法，假设网页中包含下面一段 HTML：

```html
<div>
  <button id="clickMe">Click Me</button>
  <div id="text">0</div>
</div>
```

我们希望点击 id 为 clickMe 的按钮时，id 为 text 的 div 中的数字会增加 1，连续点击那个按钮，对应数字会持续增加。

为了实现这个功能，对应的 RxJS 代码如下：

```javascript
let clickCount = 0;
const event$ = Rx.Observable.fromEvent(document.querySelector('#clickMe'),
'click');
event$.subscribe(
  () => {
    document.querySelector('#text').innerText = ++clickCount
  }
);
```

event$ 由 fromEvent 产生，fromEvent 的第一个参数选中的就是 id 为 clickMe 的元素，第二个参数为字符串 click，这样，所有对这个 clickMe 的点击事件，就是 fromEvent 产生的 Observable 对象会吐出的数据。

fromEvent 是 DOM 和 RxJS 世界的桥梁，产生 Observable 对象之后，就可以完全按照 RxJS 的规则来处理数据，在这个例子中，因为 event$ 中的数据类型十分单一，所以并没有特殊的处理，在后面的章节中可以看到对 fromEvent 产生 Observable 的处理。

fromEvent 除了可以从 DOM 中获得数据，还可以从 Node.js 的 events 中获得数据，下面是一段示例代码：

```
import {Observable} from 'rxjs/Observable';
import EventEmitter from 'events';
import 'rxjs/add/observable/fromEvent';

const emitter = new EventEmitter();
const source$ = Observable.fromEvent(emitter, 'msg');

source$.subscribe(
  console.log,
  error => console.log('catch', error),
  () => console.log('complete')
);

emitter.emit('msg', 1);
emitter.emit('msg', 2);
emitter.emit('another-msg', 'oops');
emitter.emit('msg', 3);
```

上面的代码运行结果如下：

```
1
2
3
```

在上面的代码中，从 events 模块导入的 EventEmitter 就是 Node.js 自带的事件发生器类型，通过 EventEmitter 可以构造具体的事件发生器实例 emitter，可以通过 emitter 的 emit 函数发送任何名称的事件，第一个参数就是事件名称，第二个参数是事件对象。

在代码中，emitter 发送的事件名称为 msg，事件对象是数字，可以认为 msg 就相对于 DOM 事件中的 click 事件名称，事件对象就是具体某个 click 事件。可见，Node.js 的 EventEmitter 和 DOM 中的事件源很像，正因为很像，所以 fromEvent 能够一视同仁地处理。

可以注意到，emitter 还发出了一个名为 another-msg 的事件，这个事件并没有计入 source$，因为 fromEvent 的第二个参数明确指定只接受 msg 类型的事件。

还有一个有意思的地方，我们必须在 source$ 添加了 Observer 之后再去调用 emitter. emit，否则 Observer 什么都接受不到，为什么会这样呢？

因为 fromEvent 产生的是 Hot Observable，也就是数据的产生和订阅是无关的，如果在订阅之前调用 emitter.emit，那有没有 Observer 这些数据都会立刻吐出来，等不到订阅的时候，当添加了 Observer 的时候，自然什么数据都获得不到。

这是 fromEvent 和之前介绍的其他创建类操作符的重大区别，对 fromEvent 而言，数据源在 RxJS 的世界之外，数据的产生也完全不受 RxJS 控制，这就 Hot Observable 对象的特点。

4.3.5　fromEventPattern

fromEvent 能够从事件源产生 Observable，但是要求数据源表现得像是浏览器的 DOM 或者 Node.js 的 EventEmitter，在某些情况下，事件源可能并不按照这样的方式产生数据，对于这种情况，就需要用一个灵活度更高的操作符叫做 fromEventPattern。

fromEventPattern 接受两个函数参数，分别对应产生的 Observable 对象被订阅和退订时的动作，因为这两个参数是函数，具体的动作可以任意定义，所以可以非常灵活。

下面是一段使用 fromEventPattern 的示例代码：

```
import {Observable} from 'rxjs/Observable';
import EventEmitter from 'events';
import 'rxjs/add/observable/fromEventPattern';

const emitter = new EventEmitter();

const addHandler = (handler) => {
  emitter.addListener('msg', handler);
};
const removeHandler = (handler) => {
  emitter.removeListener('msg', handler);
}
const source$ = Observable.fromEventPattern(addHandler, removeHandler);

const subscription = source$.subscribe(
  console.log,
  error => console.log('catch', error),
  () => console.log('complete')
);

emitter.emit('msg', 'hello');
emitter.emit('msg', 'world');

subscription.unsubscribe();
emitter.emit('msg', 'end');
```

代码运行结果如下：

```
hello
world
```

fromEventPattern 提供的就是一种模式，不管数据源是怎样的行为，最后的产出都是一个 Observable 对象，对一个 Observable 对象交互的两个重要操作就是 subscribe 和 unsubscribe，所以，fromEventPattern 设计为这样，当 Observable 对象被 subscribe 时第一个函数参数被调用，被 unsubscribe 时第二个函数参数被调用。在上面的例子中，两个函数参数分别为 addHandler 和 removeHandler。

addHandler 和 removeHandler 被调用时，都有一个参数 handler，如果调用这个 handler，相当于调用产生 Observable 的 next。

在上面的代码中，数据源实际上是一个 Node.js 的 EventEmitter 实例，addHandler 做的事情就是去监听 EventEmitter 实例的 msg 事件，因为 addListener 的回调函数在事件发生时会被调用，所以可以直接把 handler 传递给 addListener。

removeHandler 所做的事情正相反，把 handler 参数通过 removeListener 从 Event-Emitter 实例中删除掉就可以了。正因为如此，代码中最后一个 end 事件是不会出现在 Observable 对象中的，因为在此之前，unsubscribe 被调用了，引发了 removeHandler 被调用。

fromEventPattern 并不是一个常用的操作符，实际上，它的功能也并不完备。在上面的例子中，通过调用 addHandler 的参数 handler，可以触发对应 Observable 对象的 next，可是，有没有办法触发对应 Observable 对象的 error 或者 complete 呢？

很遗憾，fromEventPattern 并不支持这种功能，到 RxJS v5.5.0 为止，没有任何办法可以通过 fromEventPattern 这个操作符给产生的 Observable 对象传递一个 error 或者 complete 事件。也许将来会增加这个功能，但是如果这个操作符使用率依然不高的话，自然不会有很强烈的增加功能的需求。

4.3.6　ajax

网页应用主要数据源有两个：一个是网页中的 DOM 事件，另一个就是通过 AJAX 获得的服务器资源。我们已经知道 fromEvent 这个操作符可以根据 DOM 事件产生 Observable 对象，相应的，RxJS 还提供了另一个名为 ajax 的操作符，根据 AJAX 请求的返回结果产生 Observable 对象。

我们用一个简单的例子来演示 ajax 的用法，假设有下面这样的网页结构：

```
<div>
  <button id="getStar">Get RxJS Star Count</button>
  <div id="text"></div>
</div>
```

当 id 为 getStart 的 button 被点击时，希望能够发送一个 AJAX 请求去获取 GitHub

上 RxJS 项目获得的 Start 的数量，我们就可以使用 ajax 这个操作符来访问 GitHub 提供的 API，对应代码如下：

```
Rx.Observable.fromEvent(
  document.querySelector('#getStar'),
  'click'
).subscribe(
  () => {
    Rx.Observable.ajax('https://api.github.com/repos/ReactiveX/rxjs',
      {responseType: 'json'}).
    subscribe(value => {
      const starCount = value.response.stargazers_count;
      document.querySelector('#text').innerText = starCount;
    });
  }
);
```

在上面代码中，通过 fromEvent 捕捉到 getStar 按钮的点击事件，产生一个 Observable 对象，然后在事件响应处理时，通过 ajax 访问 GitHub 提供的 API，返回的结果中有很多信息，其中的 stargazers_count 字段就是对应代码库的 Star 数量。

在网页中点击按钮，ajax 请求返回之后，界面显示如图 4-12 所示。

Get RxJS Star Count

9557

图 4-12　获取 Github 上 Star 数界面

在本书写作的时候，RxJS v5 的代码库获得了 9557 个 Star，相信当读者看到这本书的时候，这个数量一定更高。

虽然 ajax 这个操作符能够把 AJAX 请求和 RxJS 的数据流串接起来，但是从上面这个例子看来，代码冗长，相比于其他 AJAX 请求的处理方式真的没有什么优势，这是因为这个例子实在太过简单，简单的应用场景应用 RxJS 都会显得用力过度。

只有当处理复杂的逻辑时，通过操作符组合实现数据流处理才能彰显威力，现在接触的还是创建类操作符，当接触到其他类型的操作符之后，会看到 ajax 的巧妙用法。

4.3.7　repeatWhen

repeat 能够反复订阅上游的 Observable，但是并不能控制订阅的时间，比如希望在接收到上游完结事件的时候等待一段时间再重新订阅，这样的功能 repeat 无法做，但是 repeatWhen 可以满足上面描述的需求。

repeatWhen 接受一个函数作为参数，这个函数在上游第一次产生异常时被调用，然后这个函数应该返回一个 Observable 对象，这个对象就是一个控制器，作用就是控制 repeatWhen 何时重新订阅上游，当控制器 Observable 吐出一个数据的时候，repeatWhen 就会做退订上游并重新订阅的动作。

用一个 Observable 对象来控制另一个 Observable 对象中数据的产生，这是 RxJS 中的一个常见模式，在后面的章节中我们会看到其他使用这种模式的操作符。

下面是一个利用 repeatWhen 的代码示例：

```
const notifier = () => {
  return Observable.interval(1000);
};

const source$ = Observable.of(1, 2, 3);
const repeated$ = source$.repeatWhen(notifier);
```

虽然 of 是同步吐出数据，但是 repeatWhen 的参数 notifer 返回的是 interval 产生的 Observable 对象，所以每隔 1 秒钟，repeat$ 会重复订阅上游 source$，吐出的数据虽然是 1、2、3 序列的循环，但是每次循环之间间隔 1 秒钟。

如果 repeatWhen 的上游并不是同步产生数据，完结的时机也完全不能确定，如果想要每次在上游完结之后重新订阅，那使用 interval 来控制重新订阅的节奏就无法做到准确了，这时候就需要用到 notifier 函数的参数，示例代码如下：

```
const notifier = (notification$) => {
  return notification$.delay(2000);
};

const repeated$ = source$.repeatWhen(notifier);
```

如上所示，repeatWhen 的函数参数 notifier，实际上被调用的时候有一个参数，在代码中我们把这个参数命名为 notification$，这个参数也是一个 Observable 对象，每当 repeatWhen 上游完结的时候，这个 notificaton$ 就会吐出一个数据。

> 🎯提示　notifier 的参数实际上一种特殊的 Observable 对象，它既是 Observable 也是 Observer，在 RxJS 中被称为 Subject，在第 10 章会详细介绍 Subject，目前，读者只要知道这个参数是一个 Observable 对象就足够了。

利用 notification$，就可以做精确的延时重新订阅，在上面的代码中，我们使用了 delay 这个操作符，顾名思义，delay 的作用就是把上游传下来的数据延时一段时间再转手给下游，在上面的代码中 delay 的参数是 2000，代表 2000 毫秒，最终效果就是，每次 repeatWhen 的上游完结的时候，2000 毫秒之后再重新订阅上游。

有意思的是，repeatWhen 中我们用 notifier 返回的 Observable 对象来控制节奏，但是，其实这个 Observable 里每次吐出来的数据是什么值没什么关系，因为这个 Observable 控制的是时间节奏，吐出来的值是什么不重要，什么时候吐出值来才重要。

4.3.8　defer

数据源头的 Observable 需要占用资源，像 fromEvent 和 ajax 这样的操作符，还需要外部资源，所以在 RxJS 中，有时候创建一个 Observable 的代价不小，所以，我们肯定希望能够尽量延迟对应 Observable 的创建，但是从方便代码的角度，我们又希望有一个 Observable 预先存在，这样能够方便订阅。

一方面我们希望 Observable 不要太早创建，另一方面我们又希望 Observable 尽早创建，这是一个矛盾的需求，解决这个矛盾需求的方式，就是依然创建一个 Observable。但这个 Observable 只是一个代理（Proxy），在创建之时并不会做分配资源的工作，只有当被订阅的时候，才会去创建真正占用资源的 Observable，之前产生的代理 Observable 会把所有工作都转交给真正占用资源的 Observable。

这种推迟占用资源的方法是一个惯用的模式，在 RxJS 中，defer 这个操作符实现的就是这种模式。

defer 接受一个函数作为参数，当 defer 产生的 Observable 对象被订阅的时候，defer 的函数参数就会被调用，预期这个函数会返回另一个 Observable 对象，也就是 defer 转嫁所有工作的对象。因为 Promise 和 Observable 的关系，defer 也很贴心地支持返回 Promise 对象的函数参数，当参数函数返回 Promise 对象的时候，省去了应用层开发者使用 fromPromise 转化一次的劳动。

下面是使用 defer 的代码示例：

```
import 'rxjs/add/observable/defer';
import 'rxjs/add/observable/of';

const observableFactory = () => Observable.of(1, 2, 3);
const source$ = Observable.defer(observableFactory);
```

source$ 被创建出来的时候，并没有任何有实际数据的 Observable 产生，只有当它被订阅的时候，observableFactory 就会被调用，这时候通过 of 产生的数据流才被创造出来作为真正的数据源。

因为 of 本身也不占用多少内存资源，上面的例子并不能看出 defer 带来的好处，当需要从外部资源获得数据的时候，defer 就有了用武之地。

比如，我们希望通过 AJAX 来获取服务器端的数据，可是并不想在程序启动阶段就把 AJAX 请求发送出去，就可以利用 defer 产生一个 Observable 对象，当这个 Observable 对象被订阅的时候才发送 AJAX 请求，代码如下：

```
const observableFactory = () => Observable.ajax(ajaxUrl);
const source$ = Observable.defer(observableFactory);
```

上面的代码执行完之后产生了 source$，但是 AJAX 请去并没有发送出去，只有当 source$ 订阅的时候才发送 AJAX 请求，这归功于 defer 产生了 source$ 这样一个代理 Observable 对象。

4.4 本章小结

本章介绍了 RxJS 中创建数据流的各种操作符，对于创建数据流应该明确区分同步数据流和异步数据流的创建。对于同步数据流，关心的只是产生什么样的数据，已经产生数据的顺序关系，数据之间没有时间间隔，所以不需要考虑异步的情况。对于异步数据流，除了要考虑产生什么样的数据，还要考虑产生数据之间的间隔，也就是产生数据的节奏。

当然，对于数据源在 RxJS 之外的场景，例如 AJAX 请求、外部事件对象、Promise 对象，RxJS 的创建类操作符也只是数据的搬运工，产生数据内容和节奏都由外部数据源控制。

数据流的创建是使用 RxJS 数据管道的第一步，只有获得数据流之后，才可以发挥 RxJS 其他操作符的强大功能。

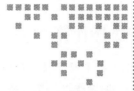

第 5 章 Chapter 5

合并数据流

前一章介绍了如何创造一个 Observable 对象，Observable 对象就是一条河流，不过单独一条河流或者一条小溪的流域不会很大，影响力也不会很大，真正有影响力的大江、大河必定是有多条河流汇聚而成，比如中华文明中非常重要的长江和黄河，而长江就有437 条支流。

同样，在 RxJS 的世界中，为了满足复杂的需求，往往需要把不同来源的数据汇聚在一起，把来自多个 Observable 对象的数据合并到一个 Observable 对象中，这就是本章介绍的内容。

RxJS 提供了众多操作符支持数据流合并，具体使用哪种操作符，要根据待解决的问题决定，下面列举了各种场景下适用的合并类操作符：

功 能 需 求	适用的操作符
把多个数据流以首尾相连方式合并	concat 和 concatAll
把多个数据流中数据以先到先得方式合并	merge 和 mergeAll
把多个数据流中数据以一一对应方式合并	zip 和 zipAll
持续合并多个数据流中最新产生的数据	combineLatest、combineAll 和 withLatestFrom
从多个数据流中选取第一个产生内容的数据流	race
在数据流前面添加一个指定数据	startWith
只获取多个数据流最后产生的那个数据	forkJoin
从高阶数据流中切换数据源	switch 和 exhaust

5.1 合并类操作符

RxJS 提供了一系列可以完成 Observable 组合操作的操作符，这一类操作符称为合并类（combination）操作符，这类操作符都有多个 Observable 对象作为数据来源，把不同来源的数据根据不同的规则合并到一个 Observable 对象中。

不少合并类操作符都有两种形式，既提供静态操作符，又提供实例操作符。当我们合并两个数据流，假设分别称为 source1$ 和 source2$，也就可以说 source2$ 汇入了 source1$，这时候用一个 source1$ 的实例操作符语义上比较合适；在某些场景下，两者没有什么主次关系，只是两个平等关系的数据流合并在一起，这时候用一个静态操作符更加合适。

前面我们用江河的汇流来比喻数据流的组合，实际上，在 RxJS 的世界里，数据流的组合并不像现实世界中两条河流在一起这么简单。不同 Observable 的数据如何汇合到一个 Observable 对象有各种规则，有的汇合的确就像是两条河流在一起；有的汇合就像是两条车道上的车流汇合必须要遵守规矩依次交替通行；有的汇合就像是排队登机，头等舱乘客登机完毕经济舱的乘客才能开始登机。

合并类操作符的基本功能如图 5-1 所示，把多个数据流中的数据汇合到一个数据流中，途中只展示了两个上游数据流，实际上，大部分合并类操作符都能够汇合超过两个以上的上游数据流。

接下来，我们就来介绍实现各种组合规则的操作符。

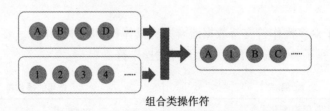

组合类操作符

图 5-1 合并数据流示意图

5.1.1 concat：首尾相连

concat 是 concatenate 的缩写，意思就是"连锁"，各种语言各种库中都支持名为 concat 方法。在 JavaScript 中，数组就有 concat 方法，能够把多个数组中的元素依次合并到一个数组中，如下代码所示：

```
const a1 = [1, 2, 3];
const a2 = [4, 5, 6];
a1.concat(a2); // [1, 2, 3, 4, 5, 6]
```

Observable 的 concat 方法和数组类似，能够把多个 Observable 中的数据内容依次合并，类似上面的代码，在 RxJS 中是这样写的：

```
import 'rxjs/add/observable/of';
import 'rxjs/add/operator/concat';

const source1$ = Observable.of(1, 2, 3);
const source2$ = Observable.of(4, 5, 6);
const concated$ = source1$.concat(source2$);
```

有意思的是，concat 既有实例操作符方式，也有静态操作符方式，上面使用的是 concat 的实例函数方式，我们也可以使用 concat 的静态函数方式，代码如下：

```
import 'rxjs/add/observable/of';
import 'rxjs/add/observable/concat';

const source1 = Observable.of(1, 2, 3);
const source2 = Observable.of(4, 5, 6);
const concated$ = Observable.concat(
  source1,
  source2
);
```

可以看到，要使用 Observable.concat 这样的静态函数用法，导入的语句就会有不同，是从 rxjs/add/observable/ 下的 concat 导入，而不是从 rxjs/add/operator/ 下的 concat 导入。

因为导入的文件不同，所以虽然同为 concat 这个名称，实际上这是两个不同的操作符函数。

concat 的工作方式是这样：

1）从第一个 Observable 对象获取数据，把数据传给下游。对于实例操作符用法，第一个 Observable 就是调用 concat 的那个对象；对于静态操作符用法，第一个 Observable 是 concat 第一个参数。

2）当第一个 Observable 对象 complete 之后，concat 就会去 subscribe 第二个 Observable 对象获取数据，把数据同样传给下游。

3）依次类推，直到最后一个 Observable 完结之后，concat 产生的 Observable 也就完结了。

上面的例子中，concat 合并了两个 Observable 对象，实际上，concat 没有限制参数的个数，可以把任意数量的 Observable 对象合并，下面就是合并 3 个 Observable 对象的代码示例：

```
const source1$ = Observable.of(1, 2, 3);
const source2$ = Observable.of(4, 5, 6);
```

```
const source3$ = Observable.of(7, 8, 9);
const concated$ = source1$.concat(source2$, source3$);
```

接下来我们看 concat 功能的弹珠图展示，和之前的创建类操作符不同，合并类操作符都有上游 Observable，所以描述 concat 功能的弹珠图都包含多条数据流的横轴，最后一条横轴代表操作符返回的 Observable 对象，其余的都是操作符输入的 Observable 对象。

图 5-2 展示了 concat 的功能，假设 concat 有两个输入，分别称为 source1\$ 和 source2\$。source1\$ 产生的所有数据全都被 concat 直接转给了下游，当 source1\$ 完结的时候，concat 会调用 source1\$.unsubscribe，然后调用 source2\$.subscribe，继续从 source2\$ 中抽取数据传给下游。

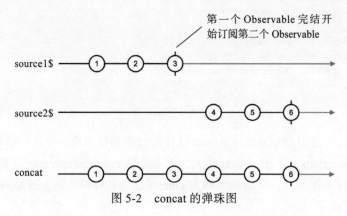

图 5-2　concat 的弹珠图

因为 concat 开始从下一个 Observable 对象抽取数据只能在前一个 Observable 对象完结之后，所以参与到这个 concat 之中的 Observable 对象应该都能完结，如果一个 Observable 对象不会完结，那排在后面的 Observable 对象永远没有上场的机会，比如下面的代码：

```
const source1$ = Observable.interval(1000);
const source2$ = Observable.of(1);
const concated$ = source1$.concat(source2$);
```

其中，source2\$ 中的数据永远不会被获取到，因为 source1\$ 由 interval 产生，是一个永不终结的数据流，既然 source1\$ 不完结，就永远轮不到 source2\$ 上场。

5.1.2　merge：先到先得快速通过

merge 和 concat 的用法很相似，同样有静态和实例两种形式的操作符，同样可以支持两个以上的 Observable 对象合并，用法虽然相似，但是功能却很不一样。

1. 数据汇流

通过代码分析来看区别，下面是利用 merge 的静态操作符形式合并两个 Observable 对象的代码示例：

```
import {Observable} from 'rxjs/Observable';
import 'rxjs/add/observable/timer';
import 'rxjs/add/operator/map';
import 'rxjs/add/observable/merge';

const source1$ = Observable.timer(0, 1000).map(x => x+'A');
const source2$ = Observable.timer(500, 1000).map(x => x+'B');
const merged$= Observable.merge(source1$, source2$);

merged$.subscribe(
  console.log,
  null,
  () => console.log('complete')
);
```

代码会每隔 500 毫秒输出一行结果，永不停歇，输出的前几行如下：

```
0A
0B
1A
1B
2A
2B
```

merge 与 concat 不同，merge 会第一时间订阅所有的上游 Observable，然后对上游的数据采取"先到先得"的策略，任何一个 Observable 只要有数据推下来，就立刻转给下游 Observable 对象。

source1$ 从第 0 毫秒开始，每隔 1000 毫秒产生一个数据，依次是 0A、1A、2A……

source2$ 从第 500 毫秒开始，每隔 1000 毫秒产生一个数据，依次是 0B、1B、2B……

这样，通过 merge 组合之后，下游的数据就是 source1$ 和 source2$ 的数据交叉出现，通过弹珠图 5-3 可以更清楚地理解 merge 的功能。

因为 merge 在第一时刻就订阅上游的所有 Observable 对象，所以，如果某个上游 Observable 对象不能完结，并不影响其他 Observable 对象的数据传给 merge 的下游。merge 只有在所有的上游 Observable 都完结的时候，才会完结自己产生的 Observable 对象，在上面的例子中，source1$ 和 source2$ 都不会完结，所以由 merge 组合产生的新数据流也不会完结。

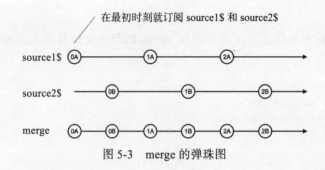

图 5-3　merge 的弹珠图

一般来说，merge 只对产生异步数据的 Observable 才有意义，用 merge 来合并同步产生数据的 Observable 对象没什么意义，看下面的代码示例：

```
const source1 = Observable.of(1, 2, 3);
const source2 = Observable.of(4, 5, 6);
const merged$= Observable.merge(source1, source2);
```

上面的代码通过 merge 合并了两个 of 产生的 Observable 对象，你可能会以为合并产生的 merged$ 中数据序列会是这样：

1 4 2 5 3 6

实际上，merged$ 中的数据并不是上游数据交替组合而成，效果却是和 concat 一样，如下所示：

1 2 3 4 5 6

这是因为，merge 做的事情很简单：依次订阅上游 Observable 对象，把接收到的数据转给下游，等待所有上游对象 Observable 完结。因为 of 产生的是同步数据流，当 merge 订阅 source1$ 之后，还没来得及去订阅 source2$，source1$ 就一口气把自己的数据全吐出来了，所以实际上产生了 concat 的效果。

所以，应该避免用 merge 去合并同步数据流，merge 应该用于合并产生异步数据的 Observable 对象，一个常用场景就是合并 DOM 事件。

2. 同步限流

merge 可以有一个可选参数 concurrent，用于指定可以同时合并的 Observable 对象个数。假设现在有 3 个 Observable 对象，而 concurrent 参数的值为 2，如下面的代码所示：

```
const source1$ = Observable.timer(0, 1000).map(x => x+'A');
const source2$ = Observable.timer(500, 1000).map(x => x+'B');
const source3$ = Observable.timer(1000, 1000).map(x => x+'C');
const merged$ = source1$.merge(source2$, source3$, 2);
```

其中，source3$ 中的数据永远不会获得进入 merged$ 的机会，因为 merge 最后一个参数是 2，也就限定了同时只能同步合并两个 Observable 对象的数据，source1$ 和 source2$ 排在前面，所以优先合并它们两个，只有 source1$ 和 source2$ 其中之一完结的时候，才能空出一个名额来给 source3$，可是 source1$ 和 source2$ 又不会完结，所以 source3$ 没有出头之日。

3. merge 的应用场景

我们知道 fromEvent 可以从网页中获取事件，只可惜，fromEvent 一次只能从一个 DOM 元素获取一种类型的事件。比如，我们关心某个元素的 click 事件，同时也关心这个元素上的 touchend 事件，因为在移动设备上 touchend 事件出现得比 click 更早，这两个事件的处理是一模一样的，但是 fromEvent 不能同时获得两个事件的数据流，这时候就要借助 merge 的力量了，代码如下：

```
const click$ = Rx.Observable.fromEvent(element, 'click');
const touchend$ = Rx.Observable.fromEvent(element, 'touchend');
Rx.Observable.merge(click$, touchend$).subscribe(eventHandler);
```

我们用 fromEvent 分别获得给定 DOM 元素的 click 和 touchend 事件数据流，然后用 merge 合并，这之后，无论是 click 事件发生还是 touchend 事件发生，都会流到 merge 产生的 Observable 对象中，这样就可以统一用一个事件处理函数 eventHandler 来处理。

5.1.3 zip: 拉链式组合

zip 在这里的含义就是"拉链"，这个操作符的名字非常直观，相信读者一定用过拉链，拉链主要由拉片和两条有链齿的布带组成，当我们想要闭合拉链的时候，拉动拉片，两边的链齿被牵动，一对一咬合，拉链的一对链齿就合并上了，如图 5-4 所示。

如果链齿错位，通过拉片的时候一边进了一个，另一边进了两个，那这个拉链肯定坏了。所以，拉链合并两条链齿的关键，就是链齿必须一一对应，这也是 zip 这个操作符的工作方式。zip 就像是一个拉条，上游的 Observable 对象就像是拉链的链齿，通过拉条合并，数据一定是一一对应的。

图 5-4 zip 的工作方式就像是拉链

1. 一对一的合并

和 concat、merge 一样，zip 既有静态形式也有实例形式，功能完全相同，只是导入方式和用法不同而已，下面是静态操作符形式的 zip 示例代码：

```
import {Observable} from 'rxjs/Observable';
import 'rxjs/add/observable/of';
import 'rxjs/add/observable/zip';

const source1$ = Observable.of(1, 2, 3);
const source2$ = Observable.of('a', 'b', 'c');
const zipped$ = Observable.zip(source1$, source2$);

zipped$.subscribe(
  console.log,
  null,
  () => console.log('complete')
);
```

代码运行输出如下：

```
[ 1, 'a' ]
[ 2, 'b' ]
[ 3, 'c' ]
complete
```

可以看到，在产生的数据形式上，zip 又和 concat、merge 很不同，concat、merge 会保留原有的数据传给下游，但是 zip 会把上游的数据转化为数组形式，每一个上游 Observable 贡献的数据会在对应数组中占一席之地。

当 zip 执行的时候，它会立刻订阅所有的上游 Observable，然后开始合并数据，在上面的例子中，source1$ 产生的数据序列会和 source2$ 产生的数据序列配对，1 配上 a，2 配上 b，3 配上 c，所以产生 3 个数组传递给下游。

不过上面的例子中，source1$ 和 source2$ 产生的是同步数据流，而且数据个数相同，那对于异步数据流情况如何？如果 source1$ 和 source2$ 的完结时间不同又会如何？我们修改上面代码中 source1$ 和 source2$ 的定义来看一下表现，代码如下：

```
const source1$ = Observable.interval(1000);
const source2$ = Observable.of('a', 'b', 'c');
```

这样修改之后，source1$ 每隔 1 秒钟吐出一个从 0 开始的递增整数序列，source2$ 则是同步产生三个字符串，最后程序的运行结果如下，但是前三行的输出都有 1 秒钟的间隔：

```
[ 0, 'a' ]
[ 1, 'b' ]
[ 2, 'c' ]
complete
```

之所以输出出现时间间隔，是因为 zip 要像拉链一样做到一对一咬合。虽然 source2$ 第一时间就吐出了字符串 a，但是 source1$ 并没有吐出任何数据，所以字符串 a 只能等着，直到 1 秒钟的时候，source1$ 吐出了 0 时 zip 就把两个数据合并为一个数据传给下游。这时候 source2$ 的第二个数据字符串 b 已经跃跃欲试，但是还是不该它上场，因为 source1$ 并不会立刻吐出数据，又要等待 1 秒钟，才有数据 1 吐出来，这时候字符串才能找到配对的对象。如此这般，字符串 c 也要再等 1 秒钟才能被配对。

另外请注意，source1$ 是由 interval 产生的数据流，是不会完结的，但是 zip 产生的 Observable 对象却在 source2$ 吐完所有数据之后也调用了 complete，也就是说，只要任何一个上游的 Observable 完结。zip 只要给这个完结的 Observable 对象吐出的所有数据找到配对的数据，那么 zip 就会给下游一个 complete 信号。图 5-5 展示了 zip 的弹珠图，可以更清楚地展示这个功能。

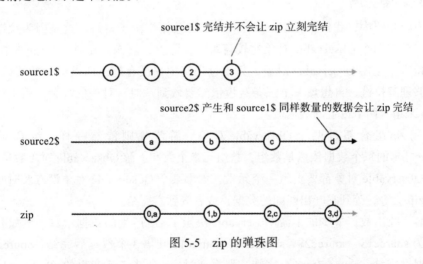

图 5-5 zip 的弹珠图

弹珠图的示例中，source1$ 吐出数据节奏更快，而且更早完结，但是当它完结的时候，source2$ 才总共吐出两个数据，zip 按照 source2$ 的节奏产生了 [0,a] 和 [1,b] 两个数组，但是 source1$ 还有 2、3 两个数据没有配对。这时候，zip 知道自己产生的 Observable 可以完结了，但是不是现在，它要等到 source2$ 再吐出两个数据和 source1$ 吐出的 2 和 3 配对之后才能收工，所以，直到产生了 [2,c] 和 [3,d] 两个数据之后，zip 产生的 Observable 才完结。

在这个示例中，似乎 source2$ 在产生 d 之后会持续产生数据，实际上，zip 在完结的时候，会退订所有的上游数据，所以 source2$ 的生命也会被终结。

2. 数据积压问题

从上面的弹珠图示例中可以发现一个问题，如果某个上游 source1$ 吐出数据的速度很快，而另一个上游 source2$ 吐出数据的速度很慢，那 zip 就不得不先存储 source1$ 吐出的数据，因为 RxJS 的工作方式是"推"，Observable 把数据推给下游之后自己就没有责任保存数据了。被 source1$ 推送了数据之后，zip 就有责任保存这些数据，等着和 source2$ 未来吐出的数据配对。假如 source2$ 迟迟不吐出数据，那么 zip 就会一直保存 source1$ 没有配对的数据，然而这时候 source1$ 可能会持续地产生数据，最后 zip 积压的数据就会越来越多，占用的内存也就越来越多。

对于数据量比较小的 Observable 对象，这样的数据积压还可以忍受，但是对于超大量的数据流，使用 zip 就不得不考虑潜在的内存压力问题，zip 这个操作符自身是解决不了这个问题的，在后续的章节中我们会介绍如何处理这种情况。

3. zip 多个数据流

在上面的介绍中，我们都是以 zip 有两个上游数据为例子讲解，这是因为拉链只有两条链齿，对应两个 Observable 对象比较直观。实际上，就像 concat、merge 一样，zip 也可以支持多个上游 Observable 对象，只不过现实中并没有超过两条链齿的拉链存在，如果你能够理解拉链，再想象一下三条链齿依然要做到一对一对一的咬合，就不难理解如何用 zip 来组合两个以上的数据流。

如果用 zip 组合超过两个 Observable 对象，游戏规则依然一样，组合而成的 Observable 吐出的每个数据依然是数组，数组元素个数和上游 Observable 对象数量相同，每个上游 Observable 对象都要贡献一个元素，如果某个 Observable 对象没有及时吐出数据，那么 zip 会等，等到它吐出匹配的数据，或者等到它完结。

很明显，吐出数据最少的上游 Observable 决定了 zip 产生的数据个数。例如有三个上游分别为 source1$、source2$、source3$，source1$ 吐出 3 个数据后完结，source2$ 吐出 4 个数据后完结，source3$ 永不完结，那么通过 zip 合并三者产生的 Observable 对象也就只产生 3 个数据。假如 source2$ 在时间上要比 source1$ 早完结，这种情况下 zip 会等待 source1$ 吐出数据，但是最终 source1$ 没有产生数据而是完结，那么只不过 zip 白等了而已，最后就丢弃 source2$ 产生的最后一个数据。

5.1.4　combineLatest：合并最后一个数据

combineLatest 合并数据流的方式是当任何一个上游 Observable 产生数据时，从所有输入 Observable 对象中拿最后一次产生的数据（最新数据），然后把这些数据组合起来传给下游。注意，这种方式和 zip 不一样，zip 对上游数据只使用一次，用过一个数据之后就不会再用，但是 combineLatest 可能会反复使用上游产生的最新数据，只要上游不产生新的数据，那 combineLatest 就会反复使用这个上游最后一次产生的数据。

打个比方，combineLatest 就像实时气象播报员，只要有新的天气变化情况，他就要把消息广播出去。简单起见，假如天气情况只包含气温和风向风级，但是测量气温和测量风向风级是两个不同的设备，所以有两个信息源。每当气温变化的时候，或者风向风级发生变化的时候，气象播报员（也就是 combineLatest）就会收到一个通知，这时候气象播报员有责任发出综合的天气情况。如果是气温变化了，他应该在发出的天气情况中包含最新的气温，可是风向和风级这时候还没有变化呢，气象播报员有责任在每次播报中都包含气温和风向风级的信息，这时候他当然把上一次的风向风级信息一起播报出去。

这就是 combineLatest 的基本工作方式，组合（combine）最新的（latest）的数据。combineLatest 同样有静态操作符和实例操作符两种形式，下面是使用实例操作符的代码：

```
import {Observable} from 'rxjs/Observable';
import 'rxjs/add/observable/timer';
import 'rxjs/add/operator/combineLatest';
import 'rxjs/add/operator/map';

const source1$ = Observable.timer(500, 1000);
const source2$ = Observable.timer(1000, 1000);
const result$ = source1$.combineLatest(source2$);

result$.subscribe(
  console.log,
  null,
  () => console.log('complete')
);
```

我们使用了 timer 这个操作符，让 source1$ 和 source2$ 虽然都是间隔 1000 毫秒产生数据，起跑的时间却相差了 500 毫秒，这样产生的数据正好从时间上错开。

上面的程序运行每隔 500 毫秒会产生一行输出，如下所示：

```
[ 0, 0 ]
[ 1, 0 ]
[ 1, 1 ]
[ 2, 1 ]
[ 2, 2 ]
[ 3, 2 ]
```

可以看到，combineLatest 产生的 Observable 对象会生成数组数据。每个数组中元素的个数和上游 Observable 数量相同，每个元素的下标和对应数据源在 combineLatest 中的参数位置一致。在上面的代码中，我们使用的是 combineLatest 的实例操作符，所以，第一个数组元素来自于调用了 combineLatest 的 Observable 对象，第二个元素来自于 combineLatest 的第一个参数；如果使用静态操作符，那么第一个数组元素就会来自于

combineLatest 的第一个参数，第二个元素就会来自 combineLatest 的第二个参数。

值得注意的是，并不是说上游产生任何一个数据都会引发 combineLatest 给下游传一个数据，只要有一个上游数据源还没有产生数据，那么 combineLatest 也没有数据输出，因为凑不齐完整的数据集合，只能等待。

图 5-6 展示了 combineLatest 的弹珠图，当 source1$ 产生第一个数据 0 时，source2$ 还没有产生数据，所以这个数据 0 不会引发 combineLatest 给下游的数据。但是，当 source2$ 产生第一个数据之后，所有上游都有"最新数据"了，这时候无论 source1$ 还是 source2$ 产生数据，都会让 combineLatest 给下游传递一个数据。

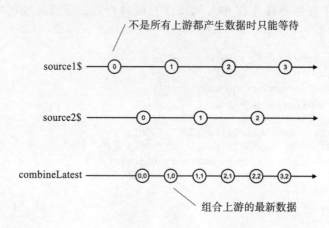

图 5-6　combineLatest 的弹珠图

combineLatest 产生的 Observable 何时完结呢？这一点上 combineLatest 又和 zip 不一样，单独某个上游 Observable 完结不会让 combineLatest 产生的 Observable 对象完结，因为当一个 Observable 对象完结之后，它依然有"最新数据"啊，就是它在完结之前产生的最后一个数据，combineLatest 记着呢，还可以继续使用这个"最新数据"。只有当所有上游 Observable 对象都完结之后，combineLatest 才会给下游一个 complete 信号，表示不会有任何数据更新了。

对上面的代码做一点修改，让 source2$ 只吐出一个数据就完结，可以看到 combineLatest 对单个上游 Observable 完结的处理，代码如下：

```
const source1$ = Observable.timer(500, 1000);
const source2$ = Observable.of('a');
const result$ = source1$.combineLatest(source2$);
```

这样修改之后，程序的输出结果是这样。

```
[ 0, 'a' ]
```

```
[ 1, 'a' ]
[ 2, 'a' ]
[ 3, 'a' ]
```

虽然 source2$ 早早就完结了，但是 combineLatest 产生的 result$ 不会完结，因为由 timer 产生的 source1$ 不会完结，只要 source1$ 持续产生数据，那 combineLatest 就会持续拿 source2$ 的最后一个数据字符串 a 去和 source1$ 产生的新数据组合传给下游。

上面的代码例子中，上游都有包含异步产生数据的 Observable 对象，如果上游全部都是同步产生数据的 Observable 对象会怎样呢？结果可能会和你想象的不大一样。

我们修改 source1$ 和 source2$ 的定义，代码如下：

```
const source1$ = Observable.of('a', 'b', 'c');
const source2$ = Observable.of(1, 2, 3);
const result$ = source1$.combineLatest(source2$);
```

然后，程序会不带延迟地输出如下内容：

```
[ 'c', 1 ]
[ 'c', 2 ]
[ 'c', 3 ]
complete
```

因为 source1$ 和 source2$ 最终都是完结的，所以上面的程序最终会输出 complete，代表 result$ 最终也会完结。不过，更有意思的是，我们看到虽然 source1$ 和 source2$ 各产生了 6 个数据，但是最终 result$ 只产生了 3 个数据，看起来并不是上游每个数据都触发 combineLatest 下游的一个数据，而且，source1$ 只有最后一个数据字符串 c 被使用，而 source2$ 则是 3 个数据都进入了下游，为什么会这样呢？

这是由 combineLatest 的工作方式决定的。combineLatest 会顺序订阅所有上游的 Observable 对象，只有所有上游 Observable 对象都已经吐出数据了，才会给下游传递所有上游"最新数据"组合的数据。在上面的例子中，combineLatest 的工作步骤如下：

1）combineLatest 订阅 source1$，不过，因为 source1$ 是由 of 产生的同步数据流，在被订阅时就会吐出所有数据，最后一个吐出的数据是字符串 c。

2）combineLatest 订阅 source2$。

3）source2$ 开始吐出数据，当吐出 1 时，和 source1$ 的最后一个数据 c 组合传给下游。

4）source2$ 吐出 2 时，依然和 source1$ 的最后一个数据 c 组合传给下游。

5）source2$ 吐出 3 时，还是和 source1$ 的最后一个数据 c 组合传给下游。

可以注意到，source1$ 是同步数据流，当它产生数据时，combineLatest 还没来得及去订阅 source2$ 呢，所以，当 combineLatest 接下来去订阅 source2$ 时，source1$ 的"最新数据"就是字符串 c，这时候 source2\$ 虽然依然是同步数据流，但它每产生一个数据，都会有准备好的 source1\$ "最新数据"。因此，source2\$ 产生的每个数据都会引发下游一个数据的产生。

combineLatest 和之前介绍的其他合并类操作符一样，可以支持超过两个 Observable 对象的合并。如果用 combineLatest 合并三个同步数据流会怎样呢？读者在往下看的时候可以先想一想。

下面是合并三个 of 产生的 Observable 对象的代码：

```
const source1$ = Observable.of('a', 'b', 'c');
const source2$ = Observable.of(1, 2, 3);
const source3$ = Observable.of('x', 'y');
const result$ = source1$.combineLatest(source2$, source3$);
```

程序的输出结果如下：

```
[ 'c', 3, 'x' ]
[ 'c', 3, 'y' ]
complete
```

没错！实际上只有最后一个参数 source3\$ 的所有数据进入了 combineLatest 的下游，排在前面的 source1\$ 和 source2\$ 都只有最后一个数据有幸进入下游，最终下游 Observable 对象的数据个数也是由 source3\$ 决定。归根结底，是因为 source1\$ 和 source2\$ 被订阅得早，它们吐出最后一个数据之前 combineLatest 都凑不齐所有参与 Observable 对象的"最新数据"。

了解 combineLatest 的工作原理，不难理解 combineLatest 所产生数据流的行为。

1. 定制下游数据

如果 combineLatest 的输入只有 Observable 对象，那么传递给下游的数据就是一个包含所有上游"最新数据"的数组，但是，有时候这样并不方便，我们可能希望下游接收到的不是数组而是已经被真正"组合"过的数据。这时候，可以利用 combineLatest 的一个可选参数 project。

combineLatest 的最后一个参数可以是一个函数，这里我们称之为 project，project 的作用是让 combineLatest 把所有上游的"最新数据"扔给下游之前做一下组合处理，这样就可以不用传递一个数组下去，可以传递任何由"最新数据"产生的对象。project 可以包含多个参数，每一个参数对应的是上游 Observable 的最新数据，project 返回的结果就是 combineLatest 塞给下游的结果。

下面是使用 project 的示例代码：

```
const source1$ = Observable.timer(500, 1000);
```

```
const source2$ = Observable.timer(1000, 1000);
const project = (a, b) => `${a} and ${b}`;
const result$ = source1$.combineLatest(source2$, project);
```

其中，使用的 project 函数把两个参数组合为一个字符串，使用了 ES6 的字符串模板语法，最终程序输出如下：

```
0 and 0
1 and 0
1 and 1
2 and 1
```

可以看到，combineLatest 输出不再是数组形式，而是由 project 决定的字符串。

上面的代码实际上等同于下面的代码：

```
const source1$ = Observable.timer(500, 1000);
const source2$ = Observable.timer(1000, 1000);
const project = (a, b) => `${a} and ${b}`;
const result$ = source1$.combineLatest(source2$)
  .map(arr => project(...arr));
```

其中，没有在 combineLatest 的参数列表中直接使用 project，而是利用 map，配合 ES6 的扩展操作符，让 combineLatest 产生的数据根据 project 映射为我们想要的结果。

顺道提一下，zip 和 combineLatest 一样默认输出的数据是数组形式，因此，zip 也和 combineLatest 一样，可以利用最后一个函数参数来订制输出数据的形式。

2. 多重依赖问题

在所有合并类操作符中，combineLatest 有一个很特殊的问题，当上游数据来源有相互依赖时会产生意料不到的结果。

combineLatest 产生的 Observable 对象数据依赖于上游的多个 Observable 对象，如果上游的多个 Observable 对象又共同依赖于另一个 Observable 对象，这就是多重（chong第 2 声）依赖问题，如图 5-7 所示。

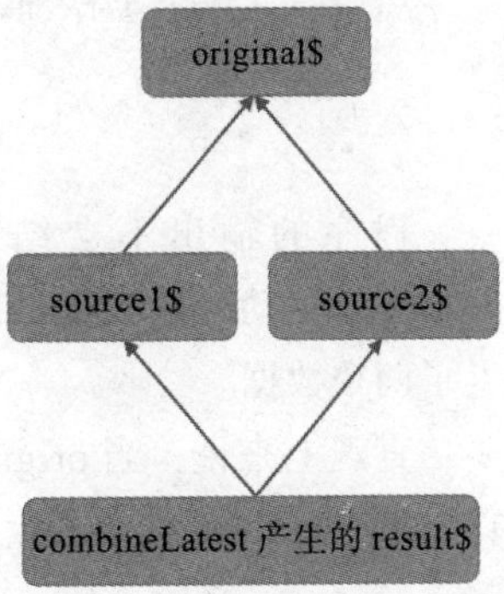

图中箭头方向代表的是 Observable 对象的依赖方向，和数据的流向正好相反。

如果读者对 C++ 编程语言有一些了解，看到这张图可能会觉得眼熟，因为 C++ 支持多重继承，也就是一个类可以继承多个类，而这多个类又可能有共同的父类，这样类之间就有可能出现像上面一样的菱形依赖关系。多重继承可能会导致一些很反常识的问题，因为一个属性很难说清楚是从哪条关系继承下来的，所以在其他编程语言中往往放弃多重继承

图 5-7　多重依赖关系示意图

的功能。

和 C++ 的多重继承容易引来麻烦一样,RxJS 中这样数据流的多重依赖也会引来麻烦,让我们通过一个实际的例子来看这个问题, 代码如下:

```
import {Observable} from 'rxjs/Observable';
import 'rxjs/add/observable/timer';
import 'rxjs/add/operator/combineLatest';
import 'rxjs/add/operator/map';

const original$ = Observable.timer(0, 1000);
const source1$ = original$.map(x => x+'a');
const source2$ = original$.map(x => x+'b');
const result$ = source1$.combineLatest(source2$);

result$.subscribe(
  console.log,
  null,
  () => console.log('complete')
);
```

其中, orginal\$ 利用 timer 每隔 1000 毫秒产生一个递增数值序列, 然后 source1\$ 和 source2\$ 利用 map 产生对应的字符串, 其中 source1\$ 会产生 0a、1a、2a 这样的序列, source2\$ 会产生 0b、1b、2b 这样的序列。

看这段程序会有什么样的执行结果, 程序启动的时候就会输出如下一行:

```
[ '0a', '0b' ]
```

这不难理解, 因为 combineLatest 两个上游产生的数据就是这两个字符串。

接着, 1 秒钟之后, 程序接着会输出下面两行:

```
[ '1a', '0b' ]
[ '1a', '1b' ]
```

然后, 又过了 1 秒钟, 程序又会输出下面两行:

```
[ '2a', '1b' ]
[ '2a', '2b' ]
```

程序的输出不会结束, 但是读者可能看到问题在哪了, 整个数据管道都由 original\$ 驱动, 而 original\$ 每一秒钟只产生一个数据, 但是在 combineLatest 之后却产生了两个数据。

直观上来说, 当 original\$ 吐出数据 1 的时候, source1\$ 会吐出 1a, source2\$ 会吐出 1b, 那么 result\$ 就会产生这样一个输出:

```
[ '1a', '1b' ]
```

当然，实际上我们得到了两个输出，虽然后一个输出和预期的一样，但是之前的那个输出却不是我们想要的，这就是多重依赖暴露出 combineLatest 的问题。

这种现象称为小缺陷（glitch），指的是 combineLatest 这样的操作符输出的不一致情况，glitch 发生是因为多个上游 Observable "同时" 吐出一个数据，当然，并不是真正的 "同时"，几个事件之间可能会间隔几纳秒的时间，但是因为它们是由同一个数据源（在上面的例子中就是 original$）引发的，所以逻辑上算是 "同时"。

图 5-8 展示的就是 glitch 现象的弹珠图。

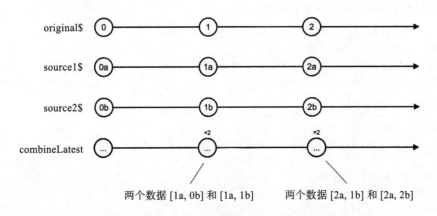

图 5-8　combineLatest 的 glitch 现象

这种 glitch 现象被认为是 RxJS 的一个缺陷，函数响应式编程的原教旨主义由此认定 RxJS 不能算是真正的函数响应式编程[⊖]，按照完全正统的 FRP 的定义，那么上面的输出应该是这样：

```
[ '0a', '0b' ]
[ '1a', '1b' ]
[ '2a', '2b' ]
```

我们在这里不再去纠结 RxJS 算不算 FRP，我们只说怎样解决这个问题，combineLatest 只是按照它的职责在工作，如果想要有上面那样纯正的输出，我们只不过用错了操作符，这就需要引入 RxJS 中 combineLatest 的另一个兄弟 withLatestFrom。

5.1.5　withLatestFrom

withLatestFrom 的功能类似于 combineLatest，但是给下游推送数据只能由一个上游

⊖　参见《Functional Reactive Programming》Section 6.4.1 Glitches in combineLatest。

Observable 对象驱动。

之前介绍的合并类操作符，包括 concat、merge、zip 和 combineLatest，都有静态操作符和实例操作符两种形式，而且作为输入的 Observable 对象地位都是对等的；到了 withLatestFrom 这里，不再是这样了，withLatestFrom 只有实例操作符的形式，而且所有输入 Observable 的地位并不相同，调用 withLatestFrom 的那个 Observable 对象起到主导数据产生节奏的作用，作为参数的 Observable 对象只能贡献数据，不能控制产生数据的时机。

下面是使用 withLatestFrom 的代码示例：

```
import {Observable} from 'rxjs/Observable';
import 'rxjs/add/observable/timer';
import 'rxjs/add/operator/withLatestFrom';
import 'rxjs/add/operator/map';

const source1$ = Observable.timer(0, 2000).map(x => 100 * x);
const source2$ = Observable.timer(500, 1000);
const result$ = source1$.withLatestFrom(source2$, (a,b)=> a+b);

result$.subscribe(
  console.log,
  null,
  () => console.log('complete')
);
```

其中，source1$ 每隔 2 秒钟产生一个数据，通过 map 的映射，实际产生的数据序列为 0、100、200……

source2$ 从第 500 毫秒时刻开始，每隔 1 秒钟产生一个从 0 开始的递增数字序列。

result$ 由 source1$ 调用 withLatestFrom 产生，第一个参数是 source2$，这样 source2$ 的数据会是 result$ 的一个输入。注意，withLatestFrom 第二个函数，功能和 zip 以及 combineLatest 的可选参数一样，用于定制产生的数据对象形式。在这里，我们把 source1$ 和 source2$ 产生的数据相加，可以方便展示。

产生下游数据流 result$ 中数据的步骤如下：

1）在第 0 毫秒时刻，source1$ 吐出数据 100，source2$ 没有吐出数据，所以没有给下游产生数据。

2）在第 500 毫秒时刻，source2$ 吐出数据 0，但是 source2$ 并不直接触发给下游传递数据，所以依然没有给下游产生产生数据。

3）在第 1500 毫秒时刻，source2$ 吐出数据 1，同样不会给下游产生数据。

4）在第 2000 毫秒时刻，source1$ 吐出数据 100，这个数据会加上 source2$ 吐出的最后一个数据 1，产生传给下游的数据 101。

　　5）在第 2500 毫秒时刻，source2$ 吐出数据 2，不会给下游产生数据。

　　6）在第 3500 毫秒时刻，source2$ 吐出数据 3，不会给下游产生数据。

　　7）在第 4000 毫秒时刻，source1$ 吐出数据 200，这个数据加上 source2$ 吐出的最后一个数据 3，产生传给下游的的数据 203。

　　依此类推。

　　上面程序的输出结果如下，每隔 2 秒钟输出一行：

```
101
203
305
407
```

　　在输出中，所有输出的百位数由 source1$ 贡献，个位数由 source2$ 贡献。可以看到，source2$ 虽然产生的是连续递增的整数序列，但并不是所有数据都进入了最终结果，很明显 2 和 4 就没有出现在最终结果的个位；而 source1$ 产生的数据，除了第一个 0，其余全部出现在了最终结果的百位。

　　通过图 5-9 展示的弹珠图可以更清楚地看到这个过程。

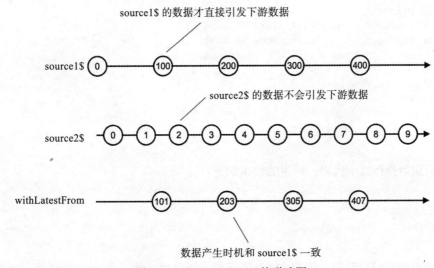

图 5-9　withLatestFrom 的弹珠图

　　当 source1$ 产生第一个数据 0 时，withLatestFrom 的另一个输入 Observable 对象 source2$ 还没有产生数据，所以这个 0 也被忽略了。

　　随后 source2$ 产生了 0 和 1，但是 source2$ 产生的数据并不会让 withLatestFrom

产生数据，只不过更新了 source2$ 的"最新数据"；当 source1$ 产生数据 100 时，withLatestFrom 发现所有输入的 Observable 对象都有"最新数据"了，这时候就会吐出合并的数据 100+1，也就是 101。

依此类推，source2$ 产生的 2 和 3 也不会引发 withLatestFrom 产生数据，而且，在 source1$ 的下一个数据 200 产生之前，3 会盖过 2 成为 source2$ 的"最新数据"，所以 2 根本没有机会出现在 withLatestFrom 的输出结果中。

5.1.6 解决 glitch

回到前面介绍 combineLatest 时遇到的 glitch 问题，如果我们用 withLatestFrom，那么对应的多重依赖问题可以得到解决，因为产生的下游 Observable 对象中数据生成节奏只由一个输入 Observable 对象决定。

我们用 withLatestFrom 来处理同样的多重依赖问题，代码如下：

```
import {Observable} from 'rxjs/Observable';
import 'rxjs/add/observable/timer';
import 'rxjs/add/operator/withLatestFrom';
import 'rxjs/add/operator/map';

const original$ = Observable.timer(0, 1000);
const source1$ = original$.map(x => x+'a');
const source2$ = original$.map(x => x+'b');
const result$ = source1$.withLatestFrom(source2$);

result$.subscribe(
  console.log,
  null,
  () => console.log('complete')
);
```

我们重新执行这个代码，产生的输出如下：

```
[ '0a', '0b' ]
[ '1a', '1b' ]
[ '2a', '2b' ]
[ '3a', '3b' ]
```

从输出结果可以看出，没有 glitch 的问题，所以说，并不是 combineLatest 本身有问题，只是 combineLatest 并不适合于解决某些问题。

一般来说，当要合并多个 Observable 的"最新数据"，要从 combineLatest 和 withLatest-From 中选一个操作符来操作，根据下面的原则来选择：

❑ 如果要合并完全独立的 Observable 对象，使用 combineLatest。

❑ 如何要把一个 Observable 对象"映射"成新的数据流，同时要从其他 Observable
对象获取"最新数据"，就是用 withLatestFrom。

combineLatest 会为输入 Observable 对象的每个 next 动作产生一个数据，很多情况下
这是最理想的一种方式，但是，如果输入 Observable 对象之间有依赖关系，就会发生多
个输入 Observable 对象同时产生数据的情况，这就是 glitch 现象。

glitch 现象虽然存在，但是并不一定会造成 bug，比如，在网页应用中，用
combineLatest 来合并用户操作事件产生的数据流，就可能发生 glitch 现象，但是从用户
感知角度，可能完全注意不到。

 下面是一个 combineLatest 产生 glitch 的网页应用例子，在网页中显示当前鼠标的
位置。在本书代码库的 chapter-05/combination/src/combineLatest/glitch/glitch.html
文件中可以找到完整代码。

网页中包含如下的 HTML 和 CSS，id 为 text 的元素用来展示鼠标位置坐标，CSS 让
body 占满整个浏览器空间：

```
    <style type="text/css">
html, body {
  width: 100%;
  height: 100%;
  min-height: 100%;
}
    </style>
  <body>
    <div>
      <div id="text"></div>
    </div>
  </body>
```

接下来是 JavaScript 部分代码，利用 combineLatest 合并同样都衍生自鼠标点击事件
的 Observable 对象：

```
const event$ = Rx.Observable.fromEvent(document.body, 'click');
const x$ = event$.map(e => e.x);
const y$ = event$.map(e => e.y);
const result$ = x$.combineLatest(y$, (x, y) => `x: ${x}, y: ${y}`);
result$.subscribe(
    (location) => {
      console.log('#render', location);
      document.querySelector('#text').innerText = location;
    }
);
```

当然，实际上我们要获得鼠标事件的 x 和 y 坐标值，并不是非得用上 combine-Latest，这个例子只是用来展示 glitch 的实际效果。

当用户在网页中点击鼠标的时候，id 为 text 的 div 元素中会显示最新的坐标位置，功能一切正常。但是，如果我们打开浏览器的 console，可以看到实际上有点问题，如下所示：

```
#render x: 191, y: 119
#render x: 135, y: 119
#render x: 135, y: 165
#render x: 137, y: 165
#render x: 137, y: 82
```

我在网页中三个不同位置点击 3 次产生的日志输出，却产生了 5 条日志，这是因为第二次和第三次点击都分别产生了 2 条日志，原因就是 event\$ 被 x\$ 和 y\$ 共同依赖，而 x\$ 和 y\$ 又是 combineLatest 的输入，所以最终就产生了 glitch。

在上面的例子中，当用户在坐标 x 为 135、y 为 165 的位置点击时，combineLatest 会先产生一个数据，x 为 135 但是 y 却是之前的值，随后，立刻再产生一个 x 为 135 而且 y 为 165 的数据，这个过程几乎没有间隔，所以从用户感知角度，根本感觉不到这一次数据的闪烁。

对于这个简单例子，这可能不算一个 bug，如果对于渲染复杂的应用，glitch 即使会让最终结果正确，但是因为产生多余的数据，可能引起太多不必要的渲染，从而影响性能，这时候就需要改进一下代码了，也就是要用 withLatestFrom 来解决。

使用 withLatestFrom，前提是我们知道输出数据的节奏只需要和其中一个输入 Observable 对象一致就足够。在这个网页应用例子中，x\$ 和 y\$ 都依赖于 event\$，当 event\$ 产生数据的时候，x\$ 和 y\$ 都会产生数据，所以只需要从 x\$ 和 y\$ 中任意挑选一个作为控制数据的源头就可以了。

下面是改进的代码，只需要把 combineLatest 换成 withFromLatest。

提
示　完整的网页应用代码可以在本书代码库 chapter-05/combination/src/withLatest-From/glitch/no_glitch.html 文件中找到：

```
const result$ = x$.withLatestFrom(y$, (x, y) => `x: ${x}, y: ${y}`);
```

有了这个修改之后，在网页中三个不同位置点击鼠标三次，产生了三次日志输出：

```
#render x: 119, y: 39
#render x: 120, y: 106
#render x: 111, y: 72
```

这样，就减少了不必要的网页渲染。

5.1.7　race：胜者通吃

race 就是"竞争"，多个 Observable 对象在一起，看谁最先产生数据，不过这种竞争是十分残酷的，胜者通吃，败者则失去所有机会。

第一个吐出数据的 Observable 对象就是胜者，race 产生的 Observable 就会完全采用胜者 Observable 对象的数据，其余的输入 Observable 对象则会被退订而抛弃。不过，竞争还是公平的，所有的输入 Observable 对象地位都是平等的，所以参数的顺序没有关系，也因为这个原因，race 既有静态操作符的形式，也有实例操作符的形式。

下面是使用 race 的实例操作符的代码示例：

```
import {Observable} from 'rxjs/Observable';
import 'rxjs/add/observable/timer';
import 'rxjs/add/operator/race';
import 'rxjs/add/operator/map';

const source1$ = Observable.timer(0, 2000).map(x => x+'a');
const source2$ = Observable.timer(500, 1000).map(x => x+'b');
const winner$ = source1$.race(source2$);

winner$.subscribe(
  console.log,
  null,
  () => console.log('complete')
);
```

其中 source1$ 以 2 秒钟的间隔产生包含 a 的字符串，source2$ 以 1 秒种的间隔产生包含 b 的字符串，从产生数据的频率上看，source2$ 似乎更"快"一些，不过，race 看的可不是产生数据的频率快慢，而是看哪一个 Observable 对象最先产生第一个数据。虽然 source2$ 产生数据的频率快，但是它产生第一个数据要比 source1$ 晚 500 毫秒，就因为这 500 毫秒，source2$ 失去了先机，race 就会退订 source2$，完全从 source1$ 中拿数据。

图 5-10 中的弹珠图展示了这个过程。

可见，source2$ 中吐出数据比较晚，所以输掉了比赛。实际上，source2$ 都没有机会吐出数据，因为 race 一旦确定了胜者，就会退订其他输入的 Observable 对象。

5.1.8　startWith

startWith 只有实例操作符的形式，其功能是让一个 Observable 对象在被订阅的时候，总是先吐出指定的若干个数据。下面是使用 startWith 的示例代码：

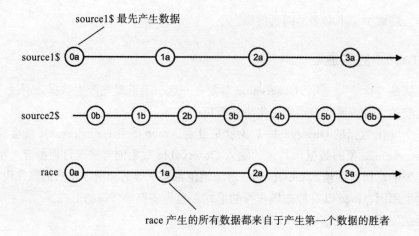

图 5-10 race 的弹珠图

```
import {Observable} from 'rxjs/Observable';
import 'rxjs/add/observable/timer';
import 'rxjs/add/operator/startWith';

const original$ = Observable.timer(0, 1000);
const result$ = original$.startWith('start');

result$.subscribe(
  console.log,
  null,
  () => console.log('complete')
);
```

上面的代码运行会产生如下结果：

```
start
0
1
```

其中，start 会立刻输出，然后每隔 1 秒钟输出一个数字。很明显，对于 startWith 产生的 Observable 对象，当被订阅的时候会立刻吐出 startWith 的参数，然后就该上游 Observable 对象上场产生数据了。

startWith 还支持多个参数，这样就可以让产生的 Observable 对象一开始就吐出多个数据，当然，这些数据也是同步产生的。

其实，startWith 的功能完全可以通过 concat 来实现，比如上面的代码，可以用下面的方式实现：

```
const original$ = Observable.timer(1000, 1000);
const result$ = Observable.of('start').concat(original$);
```

也可以看出，为什么 concat 可以实现同样功能但是 RxJS 还是提供了一个 startWith
的原因，这是因为如果使用 concat，那无论用静态操作符或者实例操作符的形式，
original$ 都只能放在参数列表里，不能调用 original$ 的 concat 函数，这样一来，也就没
有办法形成连续的链式调用。

总之，startWith 满足了需要连续链式调用的要求，像下面这样：

```
original$.map(x => x * 2).startWith('start').map(x => x + 'ok');
```

这同样解释了为什么 RxJS 提供了 startWith 这个操作符，却没有提供 endWith，因为
真的需要 endWith 的功能的话，直接使用 concat 就好了，代码如下：

```
original$.map(x => x * 2).concat(Observable.of('end')).map(x => x + 'ok');
```

startWith 的一点不足是所有参数都是同步吐出的，如果需要异步吐出参数，那还是
只能利用 concat。

5.1.9　forkJoin

forkJoin 只有静态操作符的形式，可以接受多个 Observable 对象作为参数，forkJoin
产生的 Observable 对象也很有特点，它只会产生一个数据，因为它会等待所有参数
Observable 对象的最后一个数据，也就是说，只有当所有 Observable 对象都完结，确定
不会有新的数据产生的时候，forkJoin 就会把所有输入 Observable 对象产生的最后一个
数据合并成给下游唯一的数据。

所以说，forkJoin 就是 RxJS 界的 Promise.all，Promise.all 等待所有输入的 Promise
对象成功之后把结果合并，forkJoin 等待所有输入的 Observable 对象完结之后把最后一
个数据合并。

下面是使用 forkJoin 的示例代码：

```
import {Observable} from 'rxjs/Observable';
import 'rxjs/add/observable/of';
import 'rxjs/add/observable/interval';
import 'rxjs/add/observable/forkJoin';
import 'rxjs/add/operator/map';
import 'rxjs/add/operator/take';

const source1$ = Observable.interval(1000).map(x => x + 'a').take(1);
const source2$ = Observable.interval(1000).map(x => x + 'b').take(3);
const concated$ = Observable.forkJoin(source1$, source2$);

concated$.subscribe(
```

```
  console.log,
  err => console.log('Error: ', err),
  () => console.log('complete')
);
```

上面的程序会在等待 3 秒钟之后输出以下结果：

```
[ '0a', '2b' ]
complete
```

虽然 source1$ 在第 1 秒钟就产生了 0a 字符串，但是 forkJoin 依然会等到 source2$ 完结才会产生数据，而且 forkJoin 抛弃了 source2$ 产生的其他数据，只选取了最后一个数据字符串 2b。

5.2　高阶 Observable

在本章前面的部分，我们介绍了各种组合式操作符，对于数据流的各种组合方式已经覆盖得非常全面，但是，这才刚刚开始，接下来，我们要介绍 RxJS 中一个十分特殊的概念，叫做"高阶 Observable"(Higher Order Observable，也可以称为高阶数据流)。

需要强调所谓"高阶"，并不是"高级"的意思，高阶 Observable 依然是一个 Observable，只不过数据的形式比较特殊。如果读者对"高阶函数"这个概念有了解，应该知道高阶函数也不过是函数，只是这种函数以其他函数为参数，返回的结果也是函数。换句话说，高阶函数就是产生函数的函数；类似，所谓高阶 Observable，指的是产生的数据依然是 Observable 的 Observable。

相对于高阶 Observable，以前介绍的普通的 Observable，称为一阶 Observable (First Order Observable)。

用一个实际例子来看看高阶 Observable 是怎么回事，代码如下：

```
const ho$ = Observable.interval(1000)
  .take(2)
  .map(x => Observable.interval(1500).map(y => x+':'+y).take(2));
```

上面的代码产生了一个高阶 Observable 对象 ho$ (ho 就是 Higher Order 的缩写)，首先通过 interval 和 take 产生间隔 1 秒钟的两个数据 0 和 1，但是 ho$ 要的不是这两个数据，因为接下来又通过 map 把 0 和 1 映射为新的 Observable 对象，这样，ho$ 这个 Observable 对象中产生的数据依然是 Observable 对象，这就是高阶 Observable 对象。

 提示　take 从上游数据流拿指定数量的数据之后就完结，在第 7 章会详细介绍 take 的用法。

通过图 5-11 中展示的弹珠图，对于上面代码的逻辑可以理解得更清楚。

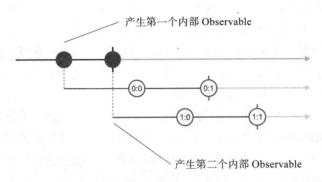

图 5-11　高阶 Observable 的弹珠图

高阶 Observable 的弹珠图和之前见识过的一阶 Observable 的弹珠图表示方式会有不同，因为其中实际上涉及多个数据流，所以会展示多条横轴。最上面的一条横轴肯定表示的就是主要角色高阶 Observable 本身，下面的多条横轴代表的就是高阶 Observable 的某个 Observable 形式的具体数据。

高阶 Observable 产生的数据，一般称为内部 Observable(Inner Observable)，因为它们一般也不展示在外。

在包括 RxJS 官方文档在内的一些文献中，内部 Observable 用从高阶 Observable 里延展出来的斜线时间轴表示，我个人觉得这样表达得并不是很清楚，所以，在本书中，只要是涉及高阶 Observable 的弹珠图，内部 Observable 全部用横向时间轴表示，利用从高阶 Observable 的主时间轴上向下延伸出的虚线表示生成关系。

从弹珠图上可以看到一些关于 Observable 有趣的特点。高阶 Observable 完结，不代表内部 Observable 完结。弹珠图中最上面的横轴，也就是高阶 Observable 的时间轴，在第 2 秒的时刻就已经完结，但是两个内部 Observable 却并不会随主干 Observable 的完结而完结，因为作为独立的 Observable，它们有自己的生命周期。

5.2.1　高阶 Observable 的意义

高阶 Observable 打开了一扇大门，用 Observable 来管理多个 Observable 对象。

RxJS 擅长处理复杂的数据操作问题，这些问题往往需要涉及多个数据流，对于数据流内中流动的数据，使用 RxJS 提供的各种操作符配合处理当然得心应手，但是，怎么操作协调多个数据流呢？

当然，我们可以用最土的办法，把这些数据流赋值给不同的变量名，然后操作这些变量名，如果这么做，多处理几个问题之后，你就会发现这些问题都有共同之处，会有一些重复的工作，这些重复的工作完全可以抽象出来，如何抽象呢？

不用再发明新的抽象方法了，RxJS 的数据流概念本身就可以用来管理数据流。

数据流虽然管理的是数据，数据流自身也可以认为是一种数据，既然数据可以用 Observable 来管理，那么数据流本身也可以用 Observable 来管理，让需要被管理的 Observable 对象成为其他 Observable 对象的数据，用现成的管理 Observable 对象的方法来管理 Observable 对象，这就是高阶 Observable 的意义。

高阶 Observable 并不是什么玄幻的概念，但是一下子接受可能会有点困难，所以，我们最好采用循序渐进的方式。在这一章中，我们介绍处理高阶 Observable 的合并类操作符，这一类操作符最好理解，在后面的章节，我们会介绍其他类型处理高阶 Observable 的操作符。

最重要的是要明白，高阶 Observable 的本质是用管理数据的方式来管理多个 Observable 对象，它的存在意义就在于此。

让我们先来了解合并类操作符如何管理多个 Observable 吧。

5.2.2　操作高阶 Observable 的合并类操作符

如果你阅读了本章之前的部分，而不是直接翻到这一页，那么应该已经了解最基本的合并类操作符，包括 concat、merge、zip、combineLatest，RxJS 提供对应的处理高阶 Observable 的合并类操作符，名称就是在原有操作符名称的结尾加上 All，如下所示：

❑ concatAll

❑ mergeAll

❑ zipAll

❑ combineAll（这个是个例外，因为 combineLatestAll 显得有点啰嗦）

All 代表"全部"，这些操作符的功能有差异，但都是把一个高阶 Observable 的所有内部 Observable 都组合起来，所有这类操作符全部都只有实例操作符的形式。

接下来分别介绍各个操作符的特点。

1. concatAll

还记得 concat 吗？ concat 是把所有输入的 Observable 首尾相连组合在一起，concatAll 做的事情也一样，只不过 concatAll 只有一个上游 Observable 对象，这个 Observable 对象预期是一个高阶 Observable 对象，concatAll 会对其中的内部 Observable 对象做 concat 的操作。

下面是使用 concatAll 的代码示例：

```
const ho$ = Observable.interval(1000)
```

```
    .take(2)
    .map(x => Observable.interval(1500).map(y => x+':'+y).take(2));
const concated$ = ho$.concatAll();
```

我们使用了和前面一样的 ho$ 的定义，可以看到，concatAll 没有任何参数，一切输入都来自上游的 Observable 对象。在上面的代码中，concat$ 的弹珠图如图 5-12 所示。

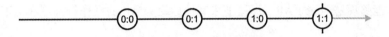

图 5-12　concat$ 数据流的弹珠图

对比图 5-11 和图 5-12，可以看到差异，第二个内部 Observable 会产生 1:0 和 1:1 两个数据，但是 1:0 这个数据在第一个内部 Observable 的 0:1 之前就产生了，但在经过 concatAll 之后 1:0 出现在 0:1 之后，为什么？

这是因为 concatAll 首先会订阅上游产生的第一个内部 Observable 对象，抽取其中的数据，然后，只有当第一个 Observable 对象完结的时候，才会去订阅第二个内部 Observable 对象。也就是说，虽然高阶 Observable 对象已经产生了第二个 Observable 对象，不代表 concatAll 会立刻去订阅它，因为这个 Observable 对象是懒执行，所以不去订阅自然也不会产生数据，最后生成 1:0 的时间也就被推迟到产生 0:1 之后。

图 5-13 中的弹珠图展示了完整过程。

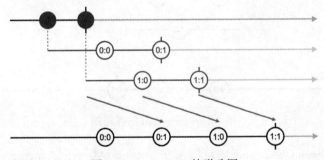

图 5-13　concatAll 的弹珠图

和 concat 一样，如果前一个内部 Observable 没有完结，那么 concatAll 就不会订阅下一个内部 Observable 对象，这导致一个问题，如果上游的高阶 Observable 对象持续不断产生 Observable 对象，但是这些 Observable 对象又异步产生数据，以至于 concatAll 合并的速度赶不上上游产生新的 Observable 对象的速度，这就会造成 Observable 的积压。

在上面的例子中，高阶 Observable 对象每隔 1 秒钟产生一个内部 Observable，

而每个内部 Observable 对象产生完整数据要 3 秒钟时间，所以 concatAll 消耗内部
Observable 的速度永远追不上产生内部 Observable 对象的速度。如果无限产生这样的内
部 Observable，就会造成数据积压，注意，这里积压的数据并不是 0:0、1:0 这样的数据，
而是内部 Observable 对象的积压，最终这样的积压就是内存泄露。如何处理这样的数据
积压问题，在后续的章节会有介绍。

如果你能够理解 concatAll，那接下来其他后缀为 All 的操作符都不在话下。

2. mergeAll

mergeAll 就是处理高阶 Observable 的 merge，只是所有的输入 Observable 来自于上
游产生的内部 Observable 对象。

使用 mergeAll 的示例代码如下：

```
const ho$ = Observable.interval(1000)
  .take(2)
  .map(x => Observable.interval(1500).map(y => x+':'+y).take(2));
const concated$ = ho$.mergeAll();
```

上面的代码产生的弹珠图如图 5-14 所示。

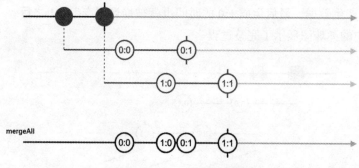

图 5-14　mergeAll 的弹珠图

mergeAll 对内部 Observable 的订阅策略和 concatAll 不同，mergeAll 只要发现上游
产生一个内部 Observable 就会立刻订阅，并从中抽取收据，所以在上图中，第二个内部
Observable 产生的数据 1:0 会出现在第一个内部 Observable 产生的数据 0:1 之前。

3. zipAll

在 RxJS 的官方文档中，这个操作符几乎没有文档，实际上，如果你能够理解 zip，
也能够理解前面介绍的 concatAll 和 mergeAll，那么自然就能够理解 zipAll。

我们使用 zipAll 来合并之前反复使用过的高阶 Observable，修改之后的示例代码
如下：

```
const ho$ = Observable.interval(1000)
  .take(2)
  .map(x => Observable.interval(1500).map(y => x+':'+y).take(2));
const concated$ = ho$.zipAll();
```

产生的输出结果如下：

```
[ '0:0', '1:0' ]
[ '0:1', '1:1' ]
complete
```

和期望的一样，两个内部 Observable 产生的数据一对一配对出现，如果我们愿意，还可以给 zipAll 一个函数类型的参数，就和 zip 的 project 参数一样定制产出的数据形式。

现在我们修改高阶 Observable 对象，让它不要完结，代码如下：

```
const ho$ = Observable.interval(1000).take(2).concat(Observable.never())
  .map(x => Observable.interval(1500).map(y => x+':'+y).take(2));
const concated$ = ho$.zipAll();
```

主要的代码改变是在 take 之后用 concat 附加了一个 Observable 对象，这是一个很好的组合使用多个操作符例子，先用 interval 产生多个异步数据流，用 take 只取前两个数据，然后用 concat 在尾部补充一个 Observable 对象的数据，但是，我们补充的 Observable 对象是用 never 产生的，也就是一个不产生数据而且永不完结的数据流。一个只有 2 个数据会完结的数据流 concat 了一个永不完结的数据流，就形成了一个只有 2 个数据的永不完结的数据流。

现在，zipAll 的上游是一个永不完结的 Observable，当它拿到 2 个内部 Observable 的时候，无法确定是不是还有新的内部 Observable 产生，而根据"拉链"的工作方式，来自不同数据源的数据要一对一配对，这样一来，zipAll 就只能等待，等待上游高阶 Observable 完结，这样才能确定内部 Observable 对象的数量。如果上游的高阶 Observable 不完结，那么 zipAll 就不会开始工作。

4. combineAll

combineAll 就是处理高阶 Observable 的 combineLatest，可能是因为 combine-LatestAll 太长了，所以 RxJS 选择了 combineAll 这个名字。

使用 combineAll 的示例代码如下：

```
const ho$ = Observable.interval(1000)
  .take(2)
  .map(x => Observable.interval(1500).map(y => x+':'+y).take(2));

const concated$ = ho$.combineAll();
```

上面的代码会产生如下的输出：

```
[ '0:0', '1:0' ]
[ '0:1', '1:0' ]
[ '0:1', '1:1' ]
complete
```

combineAll 和 zipAll 一样，必须上游高阶 Observable 完结之后才能开始给下游产生数据，因为只有确定了作为输入的内部 Observable 对象的个数，才能拼凑出第一个传给下游的数据。

如果 combineAll 的上游高阶 Observable 永不完结，即使部分内部 Observable 已经产生了数据，combineAll 也不会有机会产生任何数据。

5. 为什么没有 withLatestFromAll

读者可能会有疑问，有没有 withLatestFrom 对应的高阶 Observable 处理操作符呢？

实际上，你找不到 withLatestFromAll 这样的操作符，因为 RxJS 真的没有这样的功能。

在上面所有后缀为 All 的操作符中，所有的内部 Observable 对象都是平等的，可能内部 Observable 对象出现的先后顺序会决定最终数据的产生顺序，但是，彼此之间的地位是平等的。可是，对于 withLatestFrom，只有一个输入 Observable 控制产生数据的节奏，其余的 Observable 只提供数据。

假设我们做一个支持高阶 Observable 和 withLatstFrom 功能一样的操作符，按照后缀带 All 的模式，就叫做 withLatestFromAll 吧，那么，这个 withLatestFromAll 必须特殊处理产生的第一个内部 Observable 对象，因为第一个内部 Observable 对象控制给 withLatestFromAll 下游数据的节奏，从第二个内部 Observable 对象开始就只提取数据。

要实现上面所说的 withLatestFromAll 的功能，理论上当然完全可行，但是这样一来就要对高阶 Observable 产生的内部 Observable 做区分对待，对一个 Observable 中的数据做区分对待，这样看起来并不是很好的选择，所以 RxJS 并没有提供 withLatestFromAll 这样的操作符。

5.2.3　进化的高阶 Observable 处理

现在读者应该体会到支持高阶 Observable 的合并类操作符的作用，concat 对于 concatAll，merge 对于 mergeAll，zip 对于 zipAll，combineLatest 对于 combineAll，主要的区别只是作为输入的 Observable 对象的形式变化。不带 All 的操作符输入 Observable 对象是以操作符调用主体对象或者函数参数形式出现，带 All 的操作符输入 Observable 对象是以上游高阶 Observable 对象产生的内部 Observable 对象形式出现。

不过，高阶 Observable 对象还有一个特点，就是产生的内部 Observable 对象可以是异步的，换句话说，当订阅高阶 Observable 对象的时候，并不确定何时会有内部 Observable 对象会产生，一切只能走着瞧。

这样一来，就给处理高阶 Observable 对象带来一个新的需要，某些场景下上面介绍的带 All 的操作符都不满足要求。

前面已经介绍过，concatAll 存在一个问题，当上游高阶 Observable 产生 Observable 对象的速度过快，快过内部 Observable 产生数据的速度，因为 concatAll 要做无损的数据流连接，就会造成数据积压。实际上，很多场景下并不需要无损的数据流连接，也就是说，可以舍弃掉一些数据，至于怎么舍弃，就涉及另外两个合并类操作符，分别是 switch 和 exhaust，这两个操作符是 concatAll 的进化版本。

1. switch：切换输入 Observable

switch 的含义就是"切换"，总是切换到最新的内部 Observable 对象获取数据。每当 switch 的上游高阶 Observable 产生一个内部 Observable 对象，switch 都会立刻订阅最新的内部 Observable 对象上，如果已经订阅了之前的内部 Observable 对象，就会退订那个过时的内部 Observable 对象，这个"用上新的，舍弃旧的"动作，就是切换。

还是用上面用过的高阶 Observable 例子来演示 switch 的用法，修改代码如下：

```
const ho$ = Observable.interval(1000)
  .take(2)
  .map(x => Observable.interval(1500).map(y => x+':'+y).take(2));
const result$ = ho$.switch();
```

代码的输出如下：

```
1:0
1:1
complete
```

switch 的功能有点复杂，真的需要弹珠图才能帮助理解，如图 5-15 所示。

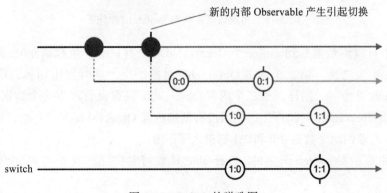

图 5-15　switch 的弹珠图

switch 首先订阅了第一个内部 Observable 对象，但是这个内部对象还没来得及产生第一个数据 0:0，第二个内部 Observable 对象就产生了，这时候 switch 就会做切换动作，切换到第二个内部 Observable 上，因为之后没有新的内部 Observable 对象产生，switch 就会一直从第二个内部 Observable 对象获取数据，于是最后得到的数据就是 1:0 和 1:1。

注意，这和 race 有区别，并不是和 race 一样抢到第一个输出数据就赢了，switch 更像是抢山头的游戏，谁抢到了山头，就一直占着山头，直到山头被其他对手抢占。

我们对代码做一些修改，让它产生 3 个内部 Observable 对象，就会把这个过程看得更清楚，示例代码如下：

```
const ho$ = Observable.interval(1000)
  .take(3)
  .map(x => Observable.interval(700).map(y => x+':'+y).take(2));
const result$ = ho$.switch();
```

每个内部 Observable 产生的间隔是 1 秒钟，每个内部 Observable 产生数据的间隔是 700 毫秒，这样几个内部 Observable 产生的数据在时间上会有重叠。图 5-16 是对应的弹珠图。

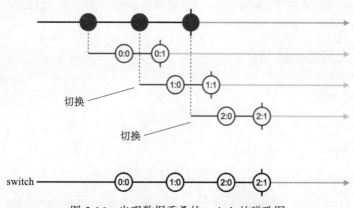

图 5-16　出现数据重叠的 switch 的弹珠图

从图中可以清楚地看到，第一个 Observable 对象有机会产生数据 0:0，但是在第二个数据 0:1 产生之前，第二个内部 Observable 对象产生，这时发生切换，第一个内部 Observable 就退场了。同样，第二个内部 Observable 只有机会产生一个数据 1:0，然后第三个内部 Observable 对象产生，之后没有新的内部 Observable 对象产生，所以第三个 Observable 对象的两个数据 2:0 和 2:1 都进入了下游。

值得注意的是 switch 产生的 Observable 对象何时完结，这个对象完结基于两个条件：

❑　上游高阶 Observable 已经完结。

❑　当前内部 Observable 已经完结。

只满足上面其中一个条件，并不会让 switch 产生的 Observable 对象完结：如果上游高阶 Observable 对象没有完结，意味着可能会有新的内部 Observable 产生；如果内部 Observable 没有完结，毫无疑问应该继续产生数据。

2. exhaust

exhaust 的含义就是 "耗尽"，这个操作符的意思是，在耗尽当前内部 Observable 的数据之前不会切换到下一个内部 Observable 对象。

同样是连接高阶 Observable 产生的内部 Observable 对象，但是 exhaust 的策略和 switch 相反，当内部 Observable 对象在时间上发生重叠时，情景就是前一个内部 Observable 还没有完结，而新的 Observable 又已经产生，到底应该选择哪一个作为数据源？ switch 选择新产生的内部 Observable 对象，exhaust 则选择前一个内部 Observable 对象。

下面是使用 exhuast 的示例代码：

```
const ho$ = Observable.interval(1000)
  .take(3)
  .map(x => Observable.interval(700).map(y => x+':'+y).take(2));
const result$ = ho$.exhaust();
```

图 5-17 是对应的弹珠图。

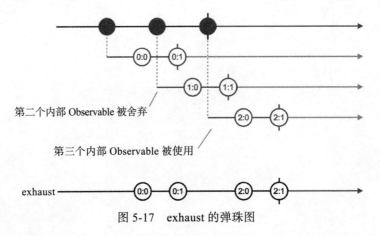

图 5-17　exhaust 的弹珠图

对于这个例子，exhaust 首先从第一个内部 Observable 对象获取数据，然后再考虑后续的内部 Observable 对象。第二个内部 Observable 生不逢时，当它产生的时候第一个内部 Observable 对象还没有完结，这时候 exhaust 会直接忽略第二个 Observable 对象，甚至不会去订阅它;第三个内部 Observable 对象会被订阅并提取数据,是因为在它出现之前,第一个内部 Observable 对象已经完结了。

和 switch 一样,exhaust 产生的 Observable 对象完结前提是,最新的内部 Observable 对象完结而且上游高阶 Observable 对象完结。

5.3   本章小结

本章介绍了 RxJS 中合并多个 Observable 对象的方法。不同合并方法的区别在于用何种策略把上游多个 Observable 对象中数据转手给下游,例如,concat 的策略是让上游 Observable 对象的数据依次首尾相连,merge 是任何数据先来先进入下游,zip 则要保证所有上游 Observable 对象公平,数据要一一对应。

本章涉及了 combineLatest 的 glitch 问题,但是这个问题可以通过使用 withLatest-From 克服。

产生的数据依然是 Observable 对象的 Observable,称为高阶 Observable,RxJS 提供了合并高阶 Observable 对象中数据的操作符,实际上只是把多个 Observable 对象参数改成了一个高阶 Observable 对象。

辅助类操作符

本章介绍 RxJS 中一些比较特殊的操作符，这些操作符并没有其他种类操作符那么风光，实际上，本章介绍的这些操作符都可以用其他操作符来实现，但是在合适的场合，直接使用这些操作符无疑更加省事。

下面列举了各种场景下适用的辅助类操作符：

功 能 需 求	适用的操作符
统计数据流中产生的所有数据个数	count
获得数据流中最大或者最小的数据	max 和 min
对数据流中所有数据进行规约操作	Reduce
判断是否所有数据满足某个判定条件	every
找到第一个满足判定条件的数据	find 和 findIndex
判断一个数据流是否不包含任何数据	isEmpty
如果一个数据流为空就默认产生一个指定数据	defaultIfEmpty

6.1 数学类操作符

数学类操作符是体现数学计算功能的一类操作符，RxJS 自带的数学类操作符只有四个，分别是：

❑ count
❑ max
❑ min

❑ reduce

所有这些操作符都是实例操作符，还有一个共同特点，就是这些操作符必定会遍历上游 Observable 对象中吐出的所有数据才给下游传递数据，也就是说，它们只有在上游完结的时候，才给下游传递唯一数据。

6.1.1　count：统计数据个数

count 的作用是统计上游 Observable 对象吐出的所有数据个数。比如下面的代码中，count 的上游的就是 of 和 concat 产生的 Observable 对象：

```
import {Observable} from 'rxjs/Observable';
import 'rxjs/add/observable/of';
import 'rxjs/add/operator/concat';
import 'rxjs/add/operator/count';

const source$= Observable.of(1, 2, 3).concat(Observable.of(4, 5, 6));
const count$ = source$.count();
```

其中，count$ 会吐出一个，也是唯一的一个数据 6，因为 source$ 通过 concat 组合而成的数据流里总共有 6 个数据。

如果修改 source$ 的代码如下：

```
const source$= Observable.timer(1000).concat(Observable.timer(1000));
const count$ = source$.count();
```

那么 count$ 产生的数据就是 2，值得注意的是 count$ 只有在 2 秒钟之后才产生这个数据 2，因为 timer 延迟了 source$ 的完结时间。

count 的弹珠图如图 6-1 所示。

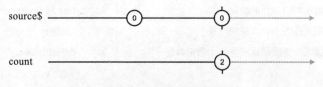

图 6-1　count 的弹珠图

要想统计一个 Observable 对象中产生的所有数据个数，只能等到它结束，非常合理。

6.1.2　max 和 min：最大最小值

max 和 min 的用法相同，唯一区别就是 max 是取得上游 Observable 吐出所有数据的"最大值"，而 min 是取得"最小值"。

要取得"最大值"或者"最小值",需要能够判断任意两个值的大小关系。如果Observable 吐出的数据类型为数值类型,"最大值"或者"最小值"的定义很清楚,就是通过数值比较判断出最大的那一个数,但是,如果 Observable 吐出的数据类型是复杂数据类型,比如一个对象,那必须指定一个比较这种复杂类型大小的方法,所以,max 和min 这两个操作符都可以接受一个比较函数作为参数。

在所有语言中,几乎都使用同样的比较大小函数的样式,像下面这样:

```
function(a, b) {
    //如果a和b相同返回0;如果a>b返回正数;如果a<b返回负数
}
```

所以,可以利用 max 和 min 的函数参数获得任何一个 Observable 对象中的"最大值"或者"最小值"。

利用 min 来找到三个著名前端框架 RxJS、React 和 Redux 诞生最早的那一个,代码如下:

```
const intialReleaseS$ = Observable.of(
  {name: 'RxJS', year: 2011},
  {name: 'React', year: 2013},
  {name: 'Redux', year: 2015}
);
const min$ = intialRelease$.min((a, b) => a.year - b.year);
```

上面代码中的 min$ 会吐出唯一的一个数据,也就是根据对象中 year 字段的数字大小比对出的"最小值",发布年份最小的那一个框架就是最早发布的框架。胜者就是——RxJS:

```
{ name: 'RxJS', year: 2011 }
```

RxJS 的第一版在 2011 年年终发布⊖,早于 React 和 Redux。如今再来看当年第一版RxJS,可以发现虽然代码有差别,主要的 API 模式依然类似,让人感叹。

和 count 在上游 Observable 完结之前不知道数据总个数一样,max 和 min 也只有等到上游的 Observable 对象完结才能产生结果,因为不走到最后,谁也不知道是不是会有更大或者更小的数据产生。

6.1.3 reduce:规约统计

如果需要对上游 Observable 吐出的所有数据进行更加复杂的统计运算,就该用

⊖ RxJS v1 的发布公告 https://social.msdn.microsoft.com/Forums/en-US/b4c6511d-132d-430e-9a5c-b345465bad83/
reactive-extensions-for-javascript-v1010621-sp1-available-now。

reduce 这个操作符了。reduce 的意思是 "规约"，这是一种十分强大的运算方式，在 JavaScript 中的数组也有 reduce 这个函数，和 RxJS 中的 reduce 功能类似，只是处理的对象变成了 Observable。

无论是 JavaScript 数组原生支持的 reduce，还是 RxJS 中的 reduce 操作符，都接受一个函数参数，这个函数参数就是 "规约函数"，规约函数的形式如下：

```
function(accumulation, current) {
  //accumulation是当前累计值，current是当前数据
  //函数应该返回最新的累计值
}
```

reduce 的功能就是对一个集合中所有元素依次调用这个规约函数，这个规约函数可以返回一个 "累积" 的结果，然后这个 "累积" 的结果会作为参数和数据集合的下一个元素一起成为规约函数下次被调用的参数，如此遍历集合中所有的元素，因为规约函数可以任意定义，所以最后得到的 "累积" 结果也就完全可定制。

除了规约函数，reduce 还有一个可选参数 seed，这是规约过程中 "累计" 的初始值，如果不指定 seed 参数，那么数据集合中的第一个数据就充当初始值，当然，这样第一个数据不会作为 current 参数调用规约函数，而是直接作为 accumulation 参数传递给规约函数的第一次调用。

比如，我们可以利用 reduce 来计算从 1 到 100 的正整数之和，代码如下：

```
import 'rxjs/add/observable/range';
import 'rxjs/add/operator/reduce';

const source$ = Observable.range(1, 100)
const reduced$ = source$.reduce(
  (acc, current) => acc + current,
  0
);
```

其中，reduce 有两个参数，第一个参数是规约函数，第二个参数是 "累积" 值的初始值，也叫 "种子值"，这里种子值当然为 0。规约函数的第一个参数 acc 代表当前的 "累积"，第二个参数 current 是当前吐出的元素值。

以上面的代码为例，上游 Observable 由 range 吐出的数值是从 1 到 100 的正整数，reduce 会为每个正整数调用一次规约函数。

1）第一次规约函数被调用时，参数 acc 的值为种子（seed）值 0，参数 current 为上游 Observable 吐出来的第一个数 1，这个规约函数做的工作就是把 acc 与 current 的和返回，这一次返回的是 0+1，也就是 1。

2）第二次规约函数被调用时，current 的参数为 2，参数 acc 是上一次规约函数被调

用时返回的结果 1，所以规约函数返回 3。

3）第三次规约函数被调用时，current 为 3，acc 为 3，规约函数返回 6。

4）第四次规约函数被调用时，current 为 4，acc 为 6，规约函数返回 10。

……

第 100 次规约函数被调用时，也就是最后一次被调用时，current 为 100，acc 为 4950，规约函数返回 5050，这是最后一次规约函数的返回结果，也就是 reduce 产生的 Observable 对象吐出的唯一的一个数据结果。

对于上面这个例子，也可以给 reduce 传递第二个参数 seed，产生的结果也是一样。

实际上，数学类操作符有一个 reduce 就足够了，因为上面说的 count、max 和 min 的功能都可以通过 reduce 来实现，比如，实现 max 功能的代码如下：

```
const maxReducer = comparer => {
  return (typeof comparer === 'function')
    ? function (x, y) { return comparer(x, y) > 0 ? x : y; }
    : function (x, y) { return x > y ? x : y; };
};
Observable.prototype.max = function (comparer) {
  return this.reduce(maxReducer(comparer));
}
```

还可以利用 reduce 来实现其他需要遍历所有 Observable 吐出数据的功能，比如，实现计算平均数，代码如下：

```
Observable.prototype.average = function () {
  return this.reduce(
    (acc, current) => ({sum: acc.sum + current, count: acc.count + 1 }),
    {sum: 0, count: 0}
  ).map(acc => acc.sum / acc.count);
}
```

其中，每一次规约产生的累积结果是一个对象，包含一个字段 sum 代表当前遍历到的数值之和，还有一个字段 count 代表当前遍历的个数，当上游 Observable 对象完结的时候，得到的最终规约结果中，sum 就是所有数值之和，count 就是所有数值的个数。

最后，使用一个 map 函数，将 sum 除以 count，就是平均数。在 RxJS v4 版中，存在名为 average 的操作符，在 v5 版中，去掉了 average 操作符，因为就像上面代码展示的，很容易通过 reduce 实现 average 功能，没有必要在核心操作符中包含一个 average。

6.2 条件布尔类操作符

这一类操作符根据上游 Observable 对象的某些条件产生一个新的 Observable 对象，

涉及一个概念"判定函数"（predicate function）。

　　一个判定函数有一个参数，返回一个布尔类型的结果，所以，实际上一个判定函数的功能就是判定输入参数是否满足某个条件，比如下面的 isEven 函数：

```
function isEven(value) {
  return value % 2 === 0;
}
```

isEven 就是一个判定函数，通过模 2 运算，判断参数 value 是否是一个偶数。

　　在 RxJS 中，应用于操作符的"判定函数"还有一些特殊性，因为每一个被判定的值都是上游 Observable 传下来的，所以还有一个序号属性，也就是这个数据是上游 Observable 吐出的第几个数；另外，有时候判定的功能还需要依赖于上游 Observable 本身的属性，所以，在 RxJS 中的"判定函数"实际上有三个参数，除了第一个参数代表被判定的数据，还有序号参数和上游 Observable 参数。

　　还是以 isEven 函数为例，代码如下：

```
function isEven(value, index, source$) {
  return value % 2 === 0;
}
```

当然，isEven 这个简单功能，还用不上 index 和 source$ 这两个参数。

接下来看一看条件布尔类的各种操作符，包括：

- ❑ every
- ❑ find
- ❑ findIndex
- ❑ defaultIfEnpty

6.2.1　every

　　every 要求一个判定函数作为参数，上游 Observable 吐出的每一个数据都会被这个判定函数检验，如果所有数据的判定结果都是 true，那么在上游 Observable 对象完结的时候，every 产生的新 Observable 对象就会吐出一个而且是唯一的布尔值 true；反之，只要上游吐出的数据中有一个数据检验为 false，那么也不用等到上游 Observable 完结，every 产生的 Observable 对象就会立刻吐出 false。

　　无论最后吐出的是 true 或者 false，every 产生的 Observable 对象在吐出这个唯一结果之后立刻完结。

　　先看一个结果是吐出 true 的例子，代码如下：

```
import 'rxjs/add/operator/every';
```

```
const source$ = Observable.of(3, 1, 4, 1, 5, 9);
const every$ = source$.every(x => x > 0);
```

因为上游 source$ 吐出的每一个数都是大于 0 的，所以全部能通过 every 的判定函数检验，最后 every$ 会吐出 true，然后完结。

再来看一个吐出 false 的例子，代码如下：

```
import 'rxjs/add/operator/every';

const source$ = Observable.interval(1000);
const every$ = source$.every(x => x < 3);
```

注意，source$ 实际上是一个永不完结的数据流，每一秒钟吐出一个递增的整数，在吐出 3 的时候，every 就会发现 source$ 吐出的数据不满足判定条件，也就没必要再检查其他吐出的数据了，所以立刻吐出 false 并且完结。

如果对上面的代码做一些调整，修改 every 的判定函数，代码如下：

```
const every$ = source$.every(x => x >= 0);
```

那么，every$ 永远不会吐出数据，因为 source$ 是一个永不完结的数据流，而且它吐出的每一个数据都满足大于等于 0 的判定条件，那么 every$ 也就永远没有计算结束的机会。

由此可见，通常不要对一个永不完结的 Observable 对象使用 every 这个操作符，因为很可能产生的新 Observable 对象也是永不完结的，而我们使用 every 的语义往往是想要有一个明确结果，这就带来了麻烦。

6.2.2　find 和 findIndex

有人说，RxJS 就是异步处理世界的 lodash [⊖]，lodash 是一个具有一致接口、模块化、高性能等特性的 JavaScript 工具库，lodash 中有很多方法，在 RxJS 中都有对应的操作符，比如 find 和 findIndex。RxJS 和 lodash 的不同之处是，lodash 处理的都是一个内容确定的数据集合，比如一个数组或者一个对象，既然数据集合已经有了，所以对应的函数都是同步操作；对于 RxJS，数据可能随着时间的推移才产生，所以更适合于异步数据处理。

find 和 findIndex 的功能都是找到上游 Observable 对象中满足判定条件的第一个数据，产生的 Observable 对象在吐出数据之后会立刻完结，两者不同之处是，find 会吐出找到的上游数据，而 findIndex 会吐出满足判定条件的数据序号。

在下面的代码中，就是通过 find 来找到 source$ 中的第一个偶数：

　⊖　参见 http://lodashjs.com/docs/。

```
import 'rxjs/add/observable/of';
import 'rxjs/add/operator/find';

const source$ = Observable.of(3, 1, 4, 1, 5, 9);
const find$ = source$.find(x => x % 2 === 0);
```

最后，find$ 会吐出 4，然后完结。

如果我们更关心的是 source$ 吐出的第几个元素是偶数，就用下面的代码：

```
import 'rxjs/add/observable/of';
import 'rxjs/add/operator/findIndex';

const source$ = Observable.of(3, 1, 4, 1, 5, 9);
const findIndex$ = source$.findIndex(x => x % 2 === 0);
```

这样，find$ 吐出的数字是 2，因为序号（Index）是从 0 开始，第三个数字的序号是 2。

如果在上游 Observable 中始终没有出现满足判定条件的数据，find 会吐出 undefined 后完结，findIndex 则会吐出 -1 后完结。

当然，如果上游 Observable 始终不完结，而且没有吐出满足判定条件的数据，那么 find 和 findIndex 产生的 Observable 对象也就永远不会完结。

在某些情况下，如果既希望获得满足判定条件的数据，同时也获得这个数据的序号，也就是把 find 和 findIndex 的功能合在一起，该怎么做呢？

最简单粗暴的方法就是对同一个上游 Observable 对象同时使用 find 和 findIndex，当然要用一样的判定函数参数。比如对于找到第一个偶数的例子，代码如下：

```
import 'rxjs/add/observable/of';
import 'rxjs/add/operator/find';
import 'rxjs/add/operator/findIndex';
import 'rxjs/add/operator/zip';

const source$ = Observable.of(3, 1, 4, 1, 5, 9);
const isEven = x => x % 2 === 0;
const find$ = source$.find(isEven);
const findIndex$ = source$.findIndex(isEven);
const zipped$ = find$.zip(findIndex$);
```

其中，find 和 findIndex 有共同的上游 source$，产生不同的 find$ 和 findIndex$，因为使用了同样的判定函数 isEven 作为参数，所以这两个数据流肯定是同时吐出数据，也就是 source$ 吐出第一个偶数的时候，我们用 zip 来合并 find$ 和 findIndex$，这样 zipped$ 中吐出的数据就包含满足判定条件的数据和序号。

最终，zipped$ 中吐出唯一的一个数据，值为数组 [4, 2]，然后立刻完结。

上面说的方法虽然可行，但是动用了 find、findIndex 和 zip 三个操作符，感觉还是有些笨拙，在后面 7.1 节介绍 first 这个操作符的时候，我们会介绍一种更简单的方法。

6.2.3　isEmpty

isEmpty 用于检查一个上游 Observable 对象是不是"空的"，所谓"空的"Observable 是指没有吐出任何数据就完结的 Observable 对象。

比如，interval 产生的 Observable 对象就绝对不是空的，代码如下：

```
import 'rxjs/add/observable/interval';
import 'rxjs/add/operator/isEmpty';

const source$ = Observable.interval(1000);
const isEmpty$ = source$.isEmpty();
```

其中，isEmpty$ 会在 source$ 吐出第一个数据时吐出一个 true，然后完结。

我们已经知道创建类操作符中有三个看起来没啥用的 empty、throw 和 never，现在，这三个操作符至少可以用来验证 isEmpty 的行为。

将 empty 产生的 Observable 对象作为 isEmpty 的上游，得到的会是 true，代码如下：

```
import 'rxjs/add/observable/empty';
import 'rxjs/add/operator/isEmpty';

const source$ = Observable.empty();
const isEmpty$ = source$.isEmpty();
```

然而对于 throw，就是上游 Observable 直接吐出 error 的情况，isEmpty 并不会处理 error，而是直接把这个 error 丢给了下游。

对于 never 产生的上游 Observable 对象，isEmpty 将不会产生任何结果，因为它的上游 Observable 对象既不会吐出任何数据证明它不是"空的"，也不会完结，所以 isEmpty 也就会一直等待下去。

值得注意的是，只有上游 Observable 对象吐出一个数据的时候，isEmpty 才能知道它"不空"，所以 isEmpty 产生的 Observable 对象吐出 true 的时机，要延迟到上游吐出数据的时刻，比如下面的代码：

```
const source$ = Observable.create(observer => {
  setTimeout(() => observer.complete(1), 1000);
});
const isEmpty$ = source$.isEmpty();
```

其中，isEmpty$ 不会立刻吐出 true，而是要等到 1 秒钟之后。

6.2.4　defaultIfEmpty

在了解 empty 之后，再理解 defaultIfEmpty 就容易了。defaultIfEmpty 做的事情比 empty 更进一步，除了检测上游 Observable 对象是否为"空的"，还要接受一个默认值（default）作为参数，如果发现上游 Observable 对象是"空的"，就把这个默认值吐出来给下游；如果发现上游 Observable 不是"空的"，就把上游吐出的所有东西原样照搬转交给下游。

比如下面的代码：

```
const new$ = source$.defaultIfEmpty('this is default');
```

new$ 到底会产生什么样的数据，完全由上游 source$ 决定，如果 source$ 是一个空数据流，那么 new$ 就会吐出 this is default 字符串作为默认值；如果 source$ 吐出任何一个数据，就证明它不是空的，那么 new$ 就表现得和 source$ 一模一样，吐出的数据也一模一样。

如果使用 defaultIfEmpty 不给任何参数，像下面的代码这样：

```
const new$ = source$.defaultIfEmpty();
```

那么遇到上游 source$ 为空的情况，new$ 就吐出一个 null。

但是，笔者个人认为吐出一个 undefined 更好，因为，在 JavaScript 中默认值为 undefined 感觉很自然。RxJS 让 defaultIfEmpty 在这种情况下吐出 null 而不是 undefined，可能是为了和其他 Rx 实现一致，比如在 Rx.NET 和 RxJava 中，语言层面都有 null 的概念，却没有 undefined 概念。

defaultIfEmpty 还有一个缺点，是只能产生包含一个值的 Observable 对象，假如我们希望在上游为空的情况下产生一个包含多个数据的 Observable 对象，defaultIfEmpty 做不到。

6.3　本章小结

本章介绍了 RxJS 提供的一些辅助类操作符，包括数学类和条件布尔类，这些操作符在 RxJS 中并不处于核心地位，而且对于开发者来说又不难实现，但是有的场景中直接使用这些操作符可以避免重复发明轮子。

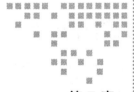
过滤数据流

本章介绍 RxJS 中过滤数据的方法。

很多时候，上游 Observable 对象吐出的数据，并不都是下游关心的，这时我们需要过滤掉下游不关心的数据，只保留下游感兴趣的数据，实现这类功能的工具就是过滤类操作符。

下面列举 RxJS 提供的各种场景下适用的过滤类操作符：

功 能 需 求	适用的操作符
过滤掉不满足判定条件的数据	filter
获得满足判定条件的第一个数据	first
获得满足判定条件的最后一个数据	last
从数据流中选取最先出现的若干数据	take
从数据流中选取最后出现的若干数据	takeLast
从数据流中选取数据直到某种情况发生	takeWhile 和 takeUntil
从数据流中忽略最先出现的若干数据	skip
从数据流中忽略数据直到某种情况发生	skipwhile 和 skipUntil
基于时间的数据流量筛选	throttleTime、debounceTime 和 auditTime
基于数据内容的数据流量筛选	throttle、debounce 和 audit
基于采样方式的数据流量筛选	sample 和 sampleTime
删除重复的数据	distnct
删除重复的连续数据	distnctUntilChanged 和 distinctUntilKeyChanged
忽略数据流中的所有数据	ignoreElements
只选取指定出现位置的数据	elementAt
判断是否只有一个数据满足判定条件	single

7.1　过滤类操作符的模式

　　过滤类操作符最基本的功能就是对一个给定的数据流中每个数据判断是否满足某个条件，如果满足条件就可以传递给下游，否则就抛弃掉。

　　过滤类操作符就像是一个过滤功能的漏斗，它会产生一个新的 Observable 对象，新产生的 Observable 对象中数据源自上游 Observable，但并不是所有上游 Observable 中的数据都能有机会进入新产生的 Observable 对象，如图 7-1 所示。

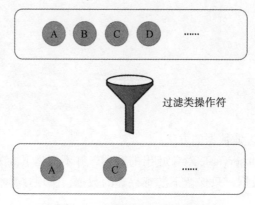

图 7-1　过滤类操作符示意图

　　判断一个数据是否有资格进入下游，用的就是"判定函数"，"判定函数"返回 true 代表可以进入下游，否则就会被淘汰。

　　几乎所有的过滤类操作符都有判定函数参数，此外，有的过滤类操作符还可以接受一个函数"结果选择器"（result selector），这个"结果选择器"的作用是定制传给下游的数据，下面是一个"结果选择器"函数的例子：

```
function resultSelector(value, index) {
  return [value, index];
}
```

　　如果把上面的 resultSeletor 函数传递给某个过滤类操作符，每次调用 resultSelector 时，参数 value 会是被选中的上游 Observable 的值，而 index 就是这个值在上游 Observable 中的序号，这个 resultSelector 只是简单地把 value 和 index 组成一个数组返回，那么使用这个 resultSelector 的过滤类操作符吐出的就会是这样的一个一个数组。

　　如果不指定"结果选择器"函数，可以认为过滤类操作符使用了一个默认的"结果选择器"，代码如下：

```
function defaultResultSelector(value, index) {
```

```
    return value;
  }
```

上面这个 defaultResultSelector 就完全忽视 index 参数，直接把 value 返回，这样，使用默认"结果选择器"的过滤类操作符传给下游的数据就没有做任何转化。

因为选择类操作符接受"结果选择器"参数，所以实际上这类操作符不只是做"过滤"的工作，也可以做数据转化的工作。当然，这种数据转化并不是最强大，关于数据转化会在第 8 章详细介绍。

下面先从最名副其实的 filter 来介绍过滤类操作符。

7.1.1　filter

过滤类操作符怎么可能少得了名字就叫 filter（过滤）的操作符，filter 是最简单最常用的一个过滤类操作符。使用 filter 很简单，使用一个判定函数，比如，我们要获得 1 到 5 之间所有的偶数，代码如下：

```
import 'rxjs/add/observable/range';
import 'rxjs/add/operator/filter';

const source$ = Observable.range(1, 5);
const even$ = source$.filter(x => x % 2 === 0);

even$.subscribe(
  console.log,
  null,
  () => console.log('complete')
);
```

在上面的代码中，首先利用 range 产生 1 到 5 之间所有的正整数，然后通过 filter 来过滤掉不满足偶数判定条件的数字，最后，even$ 吐出的就只有偶数数字，输出如下：

```
2
4
complete
```

使用 filter 产生的 Observable 对象，产生数据的时机和上游是一致的，当上游产生数据的时候，只要这个数据满足判定条件，就会立刻被同步传给下游。

我们对上面的代码做一些修改，体现产生时间的跨度，可以看得更清楚，代码如下：

```
const source$ = Observable.interval(1000);
const even$ = source$.filter(x => x % 2 === 0);
```

上面 filter 对数据流操作的弹珠图如图 7-2 所示。

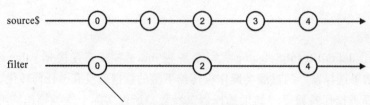

下游产生数据的时机和上游一致

图 7-2　filter 的弹珠图

从弹珠图上看到，当上游 source$ 产生 0、2、4 这些数据的时候，因为满足判定条件，会立刻出现在 filter 产生的 Observable 对象中，当然，filter 也只有当上游产生数据的时候才有料可以传递给下游。

filter 并不支持"结果选择器"参数，所以，真的只能做"过滤"功能，不能做结果转化。接下来，我们看一个支持"结果选择器"参数的操作符，叫 first。

7.1.2　first

在第 6 章我们介绍过 find 和 findIndex，first 的功能和这两个操作符很相似，但是也有明显的区别。

主要区别是，first 可以没有判定函数参数，但 find 和 findIndex 必须要有判定函数作为参数。当使用 first 不给任何判定函数时，就相当于找上游 Observable 吐出的第一个数据，比如下面的代码：

```
import 'rxjs/add/observable/of';
import 'rxjs/add/operator/first';

const source$ = Observable.of(3, 1, 4, 1, 5, 9);
const first$ = source$.first();
```

first$ 吐出数据 3 之后就完结，因为 3 就是上游 source$ 吐出的第一个数据。

如果修改上面的代码，给 first 一个判定函数参数，得到的结果就会不一样，比如作如下修改：

```
const first$ = source$.first(x => x % 2 === 0);
```

这样修改之后，first$ 就会吐出 4 之后完结，因为 source$ 中第一个偶数就是 4。

在介绍 find 和 findIndex 的时候，我们提出一个问题，如果想要获得第一个满足判定条件的值和序号怎么办？

当时我们使用了 zip 这个操作符来合并 find 和 findIndex 的结果，实际上，只使用 first 这一个操作符就能完成这个功能，方法就是借助 first 的第二个参数，first 的第二个参数是可选参数，如果使用，发挥的就是"结果选择器"的作用。

比如，我们要找上游 Observable 吐出的第一个偶数，还有这第一个偶数在数据流中的序号，使用 first 的代码如下：

```
import 'rxjs/add/observable/of';
import 'rxjs/add/operator/first';

const source$ = Observable.of(3, 1, 4, 1, 5, 9);
const first$ = source$.first(
  x => x % 2 === 0,
  (value, index) => [value, index]
);
```

在上面的代码中，first 的第二个参数就是一个"结果选择器"函数，把代表满足条件的值和序号合并为一个数组，传递给下游，最后吐出的就是 [4, 2] 这个数组。

first 和 find/findIndex 对于没找到满足判定条件的情况处理也有区别，如果 first 的上游 Observable 到完结时依然没有满足判定条件的数据，那么 first 会向下游抛出一个 error；而 find 与 findIndex 没有匹配的数据就会吐出一个 undefined。

比如，修改上面的 first 使用代码如下：

```
const first$ = source$.first(x => x < 0);
```

因为 source$ 没有小于 0 的数据，所以 first 找不到满足判定条件的值，当 source$ 完结时，first$ 就会向下游传一个 EmptyError，如下所示：

```
EmptyError: no elements in sequence
```

当然，很多情况下抛出 error 不是我们想要的结果，抛出 error 意味着发生了无法处理的情况，但是，事实上很多情况下，上游 Observable 没有我们想要的数据，向下游传递一个"默认值"可能是更合理的方法。

比如，当上游 Observable 没有小于 0 的数时，我们就向下游传递一个 -1，代码如下：

```
const first$ = source$.first(
  x => x < 0,
  f => f,
  -1
);
```

第三个参数 -1，就是当 source$ 没有满足判定条件时会传给下游的数据。不过，要使用第三个参数，就必须要使用第二个参数，如果根本不需要对选中的数据进行转化，那就像上面代码一样，给一个把传入数据原样返回的函数就行了。

从上面 first 和 find/findIndex 的比较可以看出来，first 具备的功能更加强大，但一些简单场景还是可以使用 find 和 findIndex。

7.1.3 last

last 这个操作符做的事情和 first 正相反，找的是一个 Observable 中最后一个判定条件的数据。

下面是一个简单的例子：

```
import 'rxjs/add/observable/of';
import 'rxjs/add/operator/last';

const source$ = Observable.of(3, 1, 4, 1, 5, 9, 2, 6);
const last$ = source$.last();
```

上面代码中，last$ 会吐出 6 然后完结，因为 6 是 source$ 最后一个数据。

虽然官方文档上只说 last 支持一个判定函数参数，实际上 last 和 first 一样，也可以接受第二个"结果选择器"参数，第三个默认值参数。

下面是一个使用上三个参数的 last 使用例子：

```
import 'rxjs/add/observable/of';
import 'rxjs/add/operator/last';

const source$ = Observable.of(3, 1, 4, 1, 5, 9);
const last$ = source$.last(
  x => x < 0,
  f => f,
  -1
);
```

因为 source$ 中不包含任何小于 0 的数据，所以最后 last$ 吐出的数据是 -1。

和 first 不同的是，last 无论如何都要等到上游 Observable 完结的时候才吐出数据，因为上游 Observable 完结之前，last 也无从知道是不是拿到了"最后一个"数据。

如果上游代码的数据在一段时间上产生，可以很清楚地看出这一点特性，示例如下：

```
const source$ = Observable.interval(1000).take(5);
const last$ = source$.last(x => x % 2 === 0);
```

在上面的代码中，last$ 要在第 4 秒钟才能产生唯一的数据 2，可是数据 2 是上游 source$ 在第 3 秒的时刻就产生的，因为 last 只有在 source$ 完结的时候才能确定，上游不会再有偶数产生，这时候才把 2 传给下游。

图 7-3 展示的是 last 的弹珠图。

在熟悉了 first 和 last 之后，可能你也发现了一个问题，那就是这两个操作符，还有之前提到的 find 和 findIndex，都只能找到一个数据，如果想要从上游 Observable 中找到满足判定条件的多个数据，这几个操作符就帮不上忙了。对于需要过滤出多个数据的场景，就需要 take 一族的操作符了，下一节介绍。

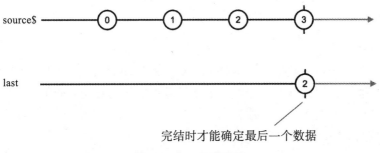

完结时才能确定最后一个数据

图 7-3　last 的弹珠图

7.1.4　take 一族操作符

take 就是"拿"，从上游 Observable 拿数据，拿够了就完结，至于怎么算"拿够"，由 take 的参数来决定，take 只支持一个参数 count，也就是限定拿上游 Observable 的数据数量。

下面是一个使用 take 的例子：

```
import 'rxjs/add/observable/interval';
import 'rxjs/add/operator/take';

const source$ = Observable.interval(1000);
const last$ = source$.take(3);
```

在上面的代码例子中，上游 source$ 每隔一秒钟吐出一个递增整数，source$ 每吐出一个数据，last$ 都会立刻吐出同样的数据，但是，只吐出 3 次。

虽然 source$ 是一个永不完结的数据流，但是 take 的参数 3 限定了它只拿 3 个，三秒之后，take 产生的 last$ 就完成任务，立刻完结，弹珠图如图 7-4 所示。

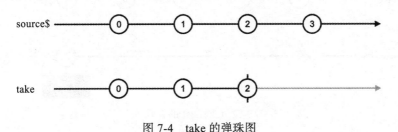

图 7-4　take 的弹珠图

单独一个 take 的功能平淡无奇，只是从上游拿指定数量的数据，但是 take 还有很多兄弟，满足各种需求。下面介绍这一族兄弟，包括：

❑ takeLast
❑ takeWhile
❑ takeUntle

1. takeLast

take 相当于一个可以获取多个数据的 first，那么 takeLast 相当于一个可以获取多个数据的 last。和 last 一样，takeLast 只有在上游数据完结的时候才能决定"最后"的数据是哪些，在吐出这些数据之后立刻完结。

下面是使用 takeLast 的示例代码：

```
import 'rxjs/add/observable/of';
import 'rxjs/add/operator/takeLast';

const source$ = Observable.of(3, 1, 4, 1, 5, 9);
const last3$ = source$.takeLast(3);
```

last3$ 会吐出 source$ 最后吐出的三个数 1、5、9，然后完结。

如果上游在一段时间范围内产生的数据，那么就必须要等到上游完结 takeLast 产生的 Observable 对象才产生数据，示例代码如下：

```
const source$ = Observable.interval(1000);
const take$ = source$.take(5);
const last3$ = take$.takeLast(3);
```

上面的代码既使用了 take，也使用了 takeLast，从弹珠图上可以看出两个操作符的差别，如图 7-5 所示。

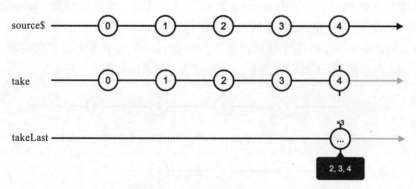

图 7-5　takeLast 的弹珠图

take 的作用是获取上游的数据，只要没有超过给定的数量限制，上游产生一个数据，take 都会立刻转手给下游。所以，弹珠图上 take 产生的 Observable 对象数据产生时刻和 source$ 是一致的；takeLast 只有确定上游数据完结的时候才能产生数据，而且是一次性产生所有数据，即 takeLast 在 take 产生的 Observable 对象完结时把 2、3、4 数据一次性传给下游。

在上面的代码中，如果不使用 take，直接让 source$ 成为 takeLast 的上游，那么 takeLast 产生的 Observable 对象永远不会产生数据，也永远不会完结，因为它等不到上游的"最后数据"。

2. takeWhile

take 虽然能够获取上游的多个数据，但是不支持判定函数作为参数，只能简单地取上游 Observable 中排在前面的指定个数数据。takeWhile 弥补了这个缺点，takeWhile 接受一个判定函数作为参数，这个判定函数有两个参数，分别代表上游的数据和对应的序号，takeWhile 会吐出上游数据，直到判定函数返回 false，只要遇到第一个判定函数返回 false 的情况，takeWhile 产生的 Observable 就完结。

下面是一个使用 takeWhile 的例子：

```
import 'rxjs/add/observable/range';
import 'rxjs/add/operator/takeWhile';

const source$ = Observable.range(1, 100);
const takeWhile$ = source$.takeWhile(
  value => value % 2 === 0
);
```

在上面的例子中，takeWhile$ 一个数据都不吐出就完结，因为上游 source$ 吐出的第一个数据是 1，不满足判定条件。

因为 takeWhile 的判定函数支持第二个序号参数，所以实际上可以利用 takeWhile 来实现 take，代码如下：

```
Observable.prototype.take = function (count) {
  return this.takeWhile((value, index) => index < count);
};
```

在上面的代码中，takeWhile 的参数判定函数支持两个参数，第一个参数 value 是上游数据的值，第二个参数 index 是数据对应的编号（从 0 开始编号），所以只需要对比 index 和 count 就可以实现 take 的功能。

虽然可以用 takeWhile 实现 take 的功能，但是 take 这个操作符并不显得多余，因为 take 提供了一种简洁的获取上游若干个数据的方法，在本书的示例代码中也大量使用了 take。

3. take 和 filter 的组合

如果想要获得上游 Observable 满足条件的前 N 个数据，怎么办呢？ take 只能接受数值参数，takeWhile 只能接受判定条件参数，RxJS 并没有提供一个类似 take 的操作符既支持数值参数又支持判定条件参数。为了解决这个问题，就需要用上操作符的组合。

```
Observable.prototype.takeCountWhile = function (count, predicate) {
  return this.filter(predicate).take(count);
}
```

在上面的代码中，创造了一个新的操作符叫做 takeCountWhile，它接受两个参数 count 和 predicate，兼具 take 和 takeWhile 的参数功能。

在操作符的函数体部分，先用 filter 来过滤所有满足判定函数 predicate 的数据，然后用 take 只取前 count 个。

值得一提的是，filter 并不是抽干上游 Observable 才传递数据给 take，而是对上游每个数据都在用 predicate 判定通过之后，立刻传递给 take。

下面的代码可以清楚地看到这个特点：

```
const source$ = Observable.interval(1000);
const even$ = source$.takeCountWhile(
  2,
  value => value % 2 === 0
);
```

在上面的代码运行结果，就是每隔一秒 even$ 吐出 0、2，然后就完结了，这个过程的弹珠图如图 7-6 所示。

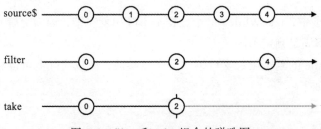

图 7-6　filter 和 take 组合的弹珠图

source$ 是一个永不完结的 Observable 对象，经过 filter 的过滤之后，依然是一个永不完结的 Observable 对象，但是 take 只取满足判定条件的前 2 个数据，所以在获得数据 2 之后，take 就会向下游传递完结信号。

4. takeUntil

在 RxJS 中，takeUntil 是一个里程碑式的过滤类操作符，因为 takeUntil 让我们可以用 Observable 对象来控制另一个 Observable 对象的数据产生。

takeUntil 的神奇特点就是其参数是另一个 Observable 对象 notifier，由这个 notifier 来控制什么时候结束从上游 Observable 拿数据，因为 notifier 本身又是一个 Observable，吐出数据可以非常灵活，这就意味着可以利用非常灵活的规则用 takeUntil 产生下游 Observable。

在介绍创建类操作符时，repeatWhen 就利用了类似的 notifier 参数，现在同样的模式应用到了过滤类操作符中。

使用 takeUntil，上游的数据直接转手给下游，直到（Until）参数 notifier 吐出一个数据或者完结，这个 notifier 就像一个水龙头开关，控制着 takeUntil 产生的 Observable 对象，一开始这个水龙头开关是打开状态，上游的数据像水一样直接流到下游，但是 notifier 只要一有动静，水龙头开关立刻关闭，上游通往下游的通道也就关闭了。

因为 Observable 对象吐出数据或者完结可以是异步的，所以利用 takeUntil 可以灵活操控上下游通道的关闭时机，如下面的代码所示：

```
import 'rxjs/add/observable/interval';
import 'rxjs/add/observable/timer';
import 'rxjs/add/operator/takeUntil';

const source$ = Observable.interval(1000);
const notifier$ = Observable.timer(2500);
const takeUntil$ = source$.takeUntil(notifier$);
```

这个例子中，source$ 是利用 interval 产生的 Observable，每隔一秒钟吐出一个递增整数，不过 interval 没有提供任何参数来控制什么时候这个 Observable 对象完结，所以 interval 产生的 Observable 会永远不停地向下游推送数据。

但是，假如我们有这样的需求：每隔一秒钟输出一个递增整数，三秒钟之后结束。面对这种需求，单独一个 interval 是搞不定的，因为无法控制 interval 产生的 Observable 对象在未来完结，这就需要组合操作符，就用得上 takeUntil 了。

在上面的代码中，notifier$ 的作用就是在未来给 source$ 一个"通知"，切断水龙头的开关，所以使用 timer 这个操作符，在 2.5 秒之后动手。选择 2.5 秒而不是 3 秒是故意错开时间。

最后实际运行的结果为，下游 Observable 对象 takeUntil$ 会每隔一秒钟吐出一个递增整数，在 2.5 秒之后完结。整个过程的弹珠图如图 7-7 所示。

注意，作为 takeUntil 的 notifier 参数如果在吐出数据或者完结之前抛出了错误，那 takeUntil 也会把这个错误抛给下游，从而关闭了上下游之间的通道，下面是示例代码：

```
const source$ = Observable.interval(1000);
```

```
const notifier$ = Observable.throw('custom error');
const takeUntil$ = source$.takeUntil(notifier$);
```

在上面的代码中，takeUntil$ 会向下游传递 notifier$ 产生的那个错误。

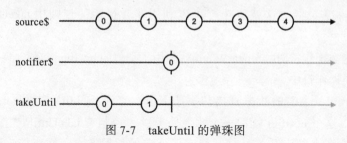

图 7-7 takeUntil 的弹珠图

7.1.5 计时的点击计数网页程序

在介绍 fromEvent 的时候，我们利用 fromEvent 来统计用户鼠标点击网页元素的数量，如果增加一个需求，只统计 5 秒之内的鼠标点击次数，问题就更加复杂了。

最直观的方法就是用 setTimeout 在 5 秒之后利用 unsubsribe 断开事件源（一个 Observable 对象）和 Observer（更新点击计数到 DOM 上）的联系，或者，让事件源完结。因为类似的应用场景在现实中太多了，完全应该利用一个通用模式来解决，RxJS 提供的 takeUntil 就是这样一种模式，可以解决所有类似问题。

用 takeUntil 来控制点击计数时间的代码如下：

```
let clickCount = 0;
const event$ = Rx.Observable.fromEvent(document.querySelector('#clickMe'), 'click');
const countDown$ = Rx.Observable.timer(5000);
const filtered$ = event$.takeUntil(countDown$);

const showEnd = () => {
  document.querySelector('#end').innerText = '时间结束';
};
const updateCount = () => {
  document.querySelector('#text').innerText = ++clickCount
};

countDown$.subscribe(showEnd);
filtered$.subscribe(updateCount);
```

在这个例子中，countDown$ 扮演两个角色，首先，它是一个 Observable 对象，有自己的 Observer 名为 showEnd，当 5 秒钟之后吐出数据时，showEnd 被调用，在网页中显示"时间结束"；其次，countDown$ 的第二个角色也是 takeUntil 的参数，在 5 秒钟时，完结了 filtered$。

在后面的例子中，我们会继续了解 takeUntil 的应用实例。

7.1.6　skip

从上游 Observable 获取多个数据，除了"只拿满足条件的前 N 个"这种方式，还有"跳过前 N 个之后全拿"这种场景，满足这种场景要求的就是 skip 一族操作符，我们首先来介绍最简单的 skip。

skip 接受一个 count 参数，会默默忽略上游 Observable 吐出的前 count 个数据，然后，从第 count+1 个数据开始，就和上游 Observable 保持一致了，上游 Observable 吐出什么数据，skip 产生的 Observable 就吐出什么数据，上游 Observable 完结，skip 产生的 Observable 跟着完结。当然，如果上游吐出的数据不够 count 个，那 skip 产生的 Observable 就会在上游 Observable 完结的时候立刻完结。

下面的代码展示了 skip 的功能：

```
import 'rxjs/add/observable/interval';
import 'rxjs/add/operator/skip';

const source$ = Observable.interval(1000);
const skip$ = source$.skip(3);
```

在等待 3 秒之后，skip$ 会吐出 3、4、5……每隔一秒吐出一个递增的正整数，至于 source$ 吐出的前 3 个数据 0、1、2，就是被 skip 掉了。

这个过程的弹珠图如图 7-8 所示。

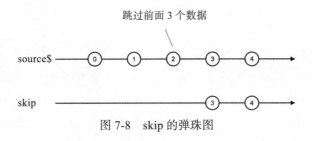

图 7-8　skip 的弹珠图

可以看到，skip 产生的 Observable 对象会抛弃最初的 3 个数据，在等待第 4 个数据的过程中，静静消耗了 4 秒钟时间。

7.1.7　skipWhile 和 skipUntil

skip 和 take 采用的是正好相反的两种过滤策略，和 take 一样，skip 也有两个兄弟，分别是 skipWhile 和 shipUntil。

如果能够理解 takeWhile 和 takeUntil，也就容易理解 skipWhile 和 skipUntil，这两组操作符是一一对应的关系。

下面是使用 skipWhile 的示例代码：

```
const source$ = Observable.interval(1000);
const skipWhile$ = source$.skipWhile(value => value % 2 === 0);
```

其中，skipWhile 的参数可以判断一个数据是否为偶数，所以 skipWhile 会跳过数据流前面的偶数数据，注意，只是跳过数据流前面的偶数数据，而不是跳过数据流中所有的偶数数据。对应的弹珠图如图 7-9 所示。

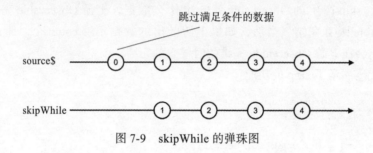

图 7-9　skipWhile 的弹珠图

可以看到，skipWhile 会跳过第一个数据 0，因为 0 是偶数，接下来，会把下一个数据 1 传给下游，再接下来，source$ 产生的其他偶数 2、4 都照常传递给下游，也就是说，skipWhile 只会跳过数据流前面的偶数数据。只要某个数据让判定函数返回 false，之后 skipWhile 就不做跳过的动作，所有的上游数据都转手给下游。

7.2　回压控制

"回压"（Back Pressure）也称为"背压"，是一个源自于传统工程中的概念，在一个传输管道中，液体或者气体应该朝某一个方向流动，但是前方管道口径变小，这时候液体或者气体就会在管道中淤积，产生一个和流动方向相反的压力，因为这个压力的方向是往回走的，所以称为回压。

在 RxJS 的世界中，数据管道就像是现实世界中的管道，数据就像是现实中的液体或者气体，如果数据管道中某一个环节处理数据的速度跟不上数据涌入的速度，上游无法把数据推送给下游，就会在缓冲区中积压数据，这就相当于对上游施加了压力，这就是 RxJS 世界中的"回压"。

在前面 5.13 节介绍 zip 的时候，就涉及了回压的问题。当 zip 合并两个 Observable

对象，其中一个 A 产生数据速度快，另一个 B 产生数据速度慢，因为每一个来自 A 的数据都要一个 B 中的数据一对一配对，那么 zip 就不得不缓存 A 推送的数据，时间一长，zip 需要缓存的 A 产生的数据就会越来越多，这就是回压的问题，如图 7-10 所示。

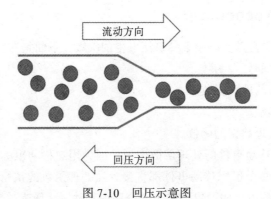

图 7-10　回压示意图

回压这种现象的根源是数据管道中某个环节数据涌入的速度超过了处理速度，那么，既然处理不过来，干脆就舍弃掉一些涌入的数据，这种方式称为"有损回压控制"(Lossy Backpressure Control)，通过损失掉一些数据让流入和处理的速度平衡，剩下来的问题就是决定舍弃掉哪些数据？

RxJS 提供了一系列操作符来实现有损的回压控制，因为涉及只让部分上游数据流入下游，所以功能上这些操作符也属于过滤类操作符的范围。

回压控制操作符包含以下这些：

❑ throttle

❑ debounce

❑ audit

❑ sample

还有对应上面四个操作符的带 Time 后缀的简化版操作符：

❑ throttleTime

❑ debounceTime

❑ auditTime

❑ sampleTime

之所有说带 Time 后缀的是简化版操作符，是因为在 RxJS 中 Observable 是一等公民，地位很高，所以，不带 Time 后缀的操作符是利用另一个 Observable 对象来控制如何抛弃来自上游 Observable 对象的数据，简单利用时间做回压控制的操作符就只能带上 Time 后缀了。不过，为了方便理解，从带 Time 后缀的操作符开始可能更好。

> **注意** 有损回压控制并不是唯一的回压控制方式，在下一章转化数据部分，我们会介绍无损回压控制（Loseless Backpressure Control）。

7.2.1 throttle 和 debounce

在实际应用中，经常需要限制某种事情发生的次数，下面是一些具体例子：

❑ 鼠标移动事件的处理函数。

❑ 屏幕滚动事件的处理函数。

❑ 渲染网页的函数。

❑ 数据管道中处理数据的函数。

就拿网页中鼠标移动事件的处理函数来说，因为用户移动鼠标的时候会持续产生鼠标移动事件，如果让每个鼠标移动事件都直接触发处理函数的执行，往往非常浪费。比如，在处理拖拽的过程中，假设鼠标在 100 毫秒内移动了 2 厘米，期间引发了 20 个鼠标移动事件，但是从应用的角度，真没有必要把被拖拽的网页元素重新渲染 20 次，只要几个关键帧能够渲染出来，计算量很少，而且给用户的感知性能一样会十分顺滑。

像这样过滤大量事件只留下关键事件的方法，在前端开发中非常常见，传统上有 throttle 和 debounce 两种方法。

throttle 可以翻译成"节流"，debounce 勉强可以翻译成"去抖动"，但是这样的翻译不够信达雅，所以本书中直接使用这两个概念的英文名称。

包括 jQuery 和 lodash 在内的很多库有 throttle 和 debounce 这两个函数，但是，这些库的这两个函数名功能上对应的是 RxJS 中的 throttleTime 和 debounceTime 这两个操作符，和在 RxJS 中名称是 throttle 和 debounce 的两个操作符很不一样。

为了理解 RxJS 的 throttle 和 debounce，让我们先理解 throttleTime 和 debounceTime。

1. 基于时间控制流量：throttleTime 和 debounceTime

这两个操作符名字包含 Time，参数也就是代表毫秒数的时间。对于 throttle，这个时间参数称为 duration；对于 debounceTime，这个时间参数称为 dueTime。

throttleTime 的作用是限制在 duration 时间范围内，从上游传递给下游数据的个数；debounceTime 的作用是让传递给下游的数据间隔不能小于给定的时间 dueTime。

第一眼看上面的描述，你可能会觉得这两个操作符的功能是一模一样的，但是其实有很大差别，我们用实际代码来看看差别在哪里。

使用 throttleTime 的示例代码如下所示：

```
import {Observable} from 'rxjs/Observable';
```

```
import 'rxjs/add/observable/interval';
import 'rxjs/add/operator/throttleTime';

const source$ = Observable.interval(1000);
const result$ = source$.throttleTime(2000);

result$.subscribe(
  console.log,
  null,
  () => console.log('complete')
);
```

其中，throttleTime 的参数 duration 是 2000，代表上游 source$ 中产生的数据，2000毫秒之内只有一个数据会传给下游，程序的执行结果如下：

```
0
2
4
```

虽然 source$ 会产生 0 开始递增的序列，但是 1、3、5 这些数据会被过滤掉。

当 source$ 产生数据 0 时，因为这是第一个数据，所以完全不受任何影响被throttleTime 传给了下游，但是 throttleTime 同时开始计时，在给下游传递了一个数据之后的 2000 毫秒范围内，所有来自上游 source$ 的数据都被抛弃，通过这种方式保证在2000 毫秒范围内只给下游唯一的一个数据。

于是，source$ 在第 1000 毫秒时刻产生的数据 1 就被 throttleTime 抛弃了，但是source$ 产生的数据 2 正好赶上 2000 毫秒的时限到期，所以数据 2 被 throttleTime 传给了下游，但是 throttleTime 会立刻又开始计时，重复上面的步骤，在接下来的 2000 毫秒时间范围内抛弃所有上游传递下来的数据，所以数据 3 又被抛弃了。

图 7-11 展示了 throttleTime 的弹珠图。

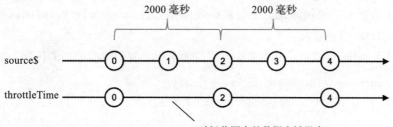

图 7-11　throttleTime 的弹珠图

最终，throttleTime 产生的 Observable 对象中数据都是在偶数秒时刻产生的 source$ 数据。

对上面的代码做一点点修改，把 throttleTime 换成 debounceTime，看看什么结果，修改的代码部分如下：

```
import {Observable} from 'rxjs/Observable';
import 'rxjs/add/observable/interval';
import 'rxjs/add/operator/debounceTime';

const source$ = Observable.interval(1000);
const result$ = source$.debounceTime(2000);
```

运行这样的代码不会产生任何结果，为什么会这样呢？

因为 debounceTime 要等上游在 dueTime 毫秒范围内不产生任何其他数据时才把这个数据传递给下游，如果在 dueTime 范围内上游产生了新的数据，那么 debounceTime 就又要重新开始计时。

对于上面代码中的例子，在第 1000 毫秒时刻，source$ 产生了数据 0，这时候 debounceTime 会记住这个 "最新数据"，然后开始计时，如果 2000 毫秒范围内上游没有新的数据产生，就会把这个 "最新数据" 传给下游。很可惜，还没等到 2000 毫秒计时结束，source$ 就产生了数据 1，这时候 debounceTime 就会抛弃之前记录的数据 0，改为记住 1 作为 "最新数据"，然后开始全新的 2000 毫秒计时，如果 2000 毫秒范围内上游没有新的数据产生，就会把这个 "最新数据"1 传给下游，很可惜，source$ 又产生了数据 2……

如此周而复始，source$ 不断以比 debounceTime 的参数 dueTime 更小的时间间隔产生数据，那么 debounceTime 的计时就不断重新启动，也就永远不会有机会往下游传递数据。

可以把 debounceTime 的动作想象为向上拍一个气球，气球往下坠落，但是我们每隔一段时间朝上拍打气球，只要气球一次上升下降花费的时间比我们拍气球的间隔时间长，那么气球就永远不会有落地的机会，气球要落地，唯一的机会就是能在我们出手拍它之前就降落下来，换句话说，上游数据要能够通过 debouceTime，时间间隔就必须要比 debounceTime 的参数大。

为了展示 debounceTime 也能够让数据传给下游，我们修改上面的代码，如下所示：

```
const source$ = Observable.interval(1000);
const filter$ = source$.filter(x => x % 3 === 0);
const result$ = filter$.debounceTime(2000);
```

现在数据源 source$ 依然是间隔 1000 毫秒产生数据，但是我们利用 filter 过滤掉一些数据，只让能够整除 3 的数据通过，然后使用 debounceTime 来做流量控制。

修改之后，程序的输出如下：

```
0
3
6
```

通过弹珠图可以看清楚所有数据的时机，如图 7-12 所示。

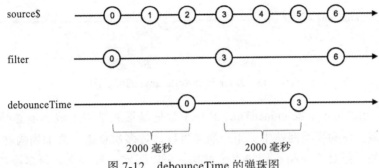

图 7-12　debounceTime 的弹珠图

从上面的弹珠图可以看出，因为 filter 的作用，过滤掉了一些让 debounceTime 不断重置计时的数据。

当 source$ 产生数据 0 之后，经过 filter 的过滤，对 debounceTime 来说上游 2000 毫秒范围内都没有数据产生，所以在接收到数据 0 之后的 2000 毫秒时刻，debounceTime 会把数据 0 传给下游。之后，debounceTime 还会接收到数据 3，同样的处理，在延时 2000 毫秒确认上游不会在这个时间范围内产生新的数据前提下，debounceTime 再把数据 3 传给下游。

上面的代码如果把 debounceTime 改为 throttleTime，会是怎样的结果？代码如下：

```
const source$ = Observable.interval(1000);
const filter$ = source$.filter(x => x % 3 === 0);
const result$ = filter$.throttleTime(2000);
```

这样修改之后，程序的输出依然是这样，如下所示：

```
0
3
6
```

但是，输出产生的时机和使用 debounceTime 不同了，从图 7-13 中可以看出差异。

从弹珠图上可以看出，throttleTime 产生的数据流和通过 filter 过滤产生的数据流一致，因为 throttleTime 获得上游数据之后先扔给下游，然后开始计时；而 debounceTime 获得上游数据之后先开始计时，只有计时范围内没有新的数据产生，才把缓存了的数据传给下游。

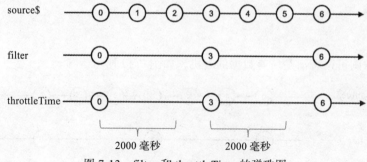

图 7-13　filter 和 throttleTime 的弹珠图

使用 throttleTime 和 debounceTime 的一个常见场景就是用来减少不必要的 DOM 事件处理。例如，在购物类网站中，用户当然可以通过多次点击"添加到购物车"来购买多个同一商品，但是为了防止用户点击过快，可以限定一秒钟之内最多添加一次商品，这时候就用得上 throttleTime，示例代码如下：

```
const click$ = Rx.Observerable.fromEvent(addToCartButton, "click");
click$.throttleTime(1000).subscribe(addToCardHandler);
```

上面使用 throttleTime 是从保证功能正确上考虑。还有一些场景使用 throttleTime 可以提高运行性能，比如对鼠标移动事件的处理，因为当鼠标移动时，会有持续不断的 mousemove 事件产生，并没有必要对每一个事件进行处理，这时候就可以用 throttleTime 来过滤一遍鼠标移动事件。

当数据流中可能有大量数据产生，我们希望一段时间内爆发的数据只有一个能够被处理到，这时候就应该使用 throttleTime。

对于 debounceTime，适用情况是，只要数据在以很快的速度持续产生时，那就不去处理它们，直到产生数据的速度降下来。一个常用 debounceTime 的场景是对网页 scroll 事件的处理，当一个网页上下滚动的时候，可能需要动态加载一些图片，可能需要发出一些 AJAX 请求获得更多资源，但是，只要 scroll 事件持续产生，说明用户滚动网页的动作没有停下来。用户可能快速往下滚动，那么，中间一闪而过的模块中图片用户也不会看到，没有必要去加载；用户可能滚到网页底部不停然后又快速滚回网页顶部，这样也没有必要去发送 AJAX 获取更多资源。对于 scroll 的处理，就适合用 debounceTime，只要用户还在滚动网页没停下来，就没有必要引发事件处理，示例代码如下：

```
const scroll$ = Rx.Observerable.fromEvent(window, "scroll");
scroll$.debounceTime(200).subscribe(scrollHandler);
```

其中，只有当用户滚动网页然后停下来 200 毫秒之后，才会触发 scrollHandler 函数。

被 throttleTime 和 dobounceTime 处理的 Observable 对象肯定不会像上面一样都是规规矩矩一个频率产生数据，比如通过 fromEvent 获取浏览器 DOM 事件的数据流，完全无法预期数据什么时候产生。为了展示不固定频率下的过滤行为，我们利用 interval、concat 和 take 组合出一个产生数据频率比较"错乱"的 Observable 对象，然后用 debounceTime 来过滤，代码如下：

```
const source$ = Observable.interval(500).take(2).mapTo('A')
  .concat(Observable.interval(1000).take(3).mapTo('B'))
  .concat(Observable.interval(500).take(3).mapTo('C'));
const result$ = source$.debounceTime(800);
```

其中，source$ 的数据流可以分为三个阶段：

第一阶段，以 500 毫秒间隔产生 2 个数据 A；

第二阶段，以 1000 毫秒间隔产生 3 个数据 B；

第三阶段，持续以 500 毫秒产生 3 个数据 C。

通过图 7-14 可以看到 debounceTime 会产生什么样的数据流。

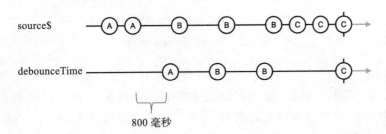

图 7-14　debounceTime 的弹珠图

从图中可以看见，第一阶段只有最后一个 A 才有机会进入下游，因为产生数据之间的时间间隔小于 debounceTime 的参数；第二阶段除了最后一个 B 之外，其余 B 都可以进入下游，因为产生数据之间的时间间隔大于 debounceTime 的参数；第三阶段的数据只有完结前的最后一个 C 进入了下游，因为最后一个数据的计时不会被打断。

总的看来很清楚，debounceTime 只有在上游的数据产生的时间间隔大于参数 dueTime 的时候才会给下游传递数据，而且，上游完结的时候，最后一个数据总是会进入 debounceTime 的下游。

把上面代码中的 debounceTime 换成 throttleTime，又会是怎样呢？代码如下：

```
const source$ = Observable.interval(500).take(2).mapTo('A')
  .concat(Observable.interval(1000).take(3).mapTo('B'))
  .concat(Observable.interval(500).take(3).mapTo('C'));
```

```
const result$ = source$.throttleTime(800);
```

对应的弹珠图如图 7-15 所示。数据流的传输过程如下：

❑ 第一阶段，第一个产生的 A 进入了下游，但是第二个 A 因为和第一个 A 的时间间隔没有超过 throttleTime 的参数 800 毫秒，就被丢弃掉了。

❑ 第二阶段，所有数据的时间间隔都超过 800 毫秒，所以全部都进入了下游。

❑ 第三阶段，第一个 C 落在了第二阶段最后一个 B 的阴影之下，被丢弃了，第二个 C 在最后一个 B 的阴影之外，得以进入了下游，但是它的阴影让最后一个 C 被丢弃。

现在我们清楚了 throttleTime 和 debounceTime 的功能，在实际中，具体到选择 throttleTime 还是 debounceTime，也需要根据应用特点来判断。

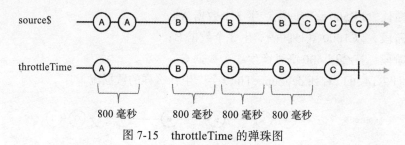

图 7-15 throttleTime 的弹珠图

举一个例子，对于一个网页中的具备自动保存的文字编辑器功能，需要定时把正在编辑的内容通过 AJAX 请求存储到服务器，无论从节省带宽还是提高性能的角度，都需要控制发送 AJAX 请求的频率，那么，应该使用 throttleTime 还是使用 debounceTime 呢？

❑ 如果选择 debounceTime，假设参数 dueTime 为 200，那么只要用户不停地在文字编辑器中敲打键盘，每次按键之间的间隔不超过 200 毫秒，那么，就一直不会引发 AJAX 请求，直到用户停止敲打之后 200 毫秒，才有一个 AJAX 发给服务器端存储内容。这种做法可以有效地减少不必要的 AJAX 请求，不过，假如用户才思泉涌一口气写了几千字，不停地敲打键盘，但是写着写着浏览器突然崩溃了，那么因为 debounceTime 一直让保存内容的 AJAX 请求发不出去，用户输入的内容也就全丢了，如果考虑这种情况，使用 debounceTime 看起来就不是一个好的选择。

❑ 如果选择 throttleTime，那就可以保证一段时间总是会有一个 AJAX 保存当前用户输入，当然，使用 throttleTime 绝对不能使用 200 参数，不然用户只要在持续输入，每 200 毫秒就会发送一次 AJAX 请求，实在太频繁了。

无论是用 throttleTime 还是用 debounceTime，都要根据应用场景选择合适的时间参数。比如，上面利用 debounceTime 来减少 scroll 事件的处理本来是为了提高性能，因为正常人的感知特点，200 毫秒延时是一个比较恰当的值；但是如果把参数改为 1000，那样虽然可能减少更多的 scroll 事件处理，但是对用户感知性能却有伤害。

2. 用数据流来控制流量

了解了 throttleTime 这 debounceTime 之后，再来了解 throttle 和 debounce 就不难了。throttle 和 debounce 和不带 Time 后缀的兄弟操作符的区别是，这两个操作符不是用时间来控制流量，而是用 Observable 中的数据来控制流量。

先来看 throttle，throttle 的参数是一个函数，这个函数应该返回一个 Observable 对象，这个 Observable 对象可以决定 throttle 如何控制上游和下游之间的流量。使用 throttle 的示例代码如下：

```
import {Observable} from 'rxjs/Observable';
import 'rxjs/add/observable/interval';
import 'rxjs/add/observable/timer';
import 'rxjs/add/operator/throttle';

const source$ = Observable.interval(1000);
const durationSelector = value => {
    console.log(`# call durationSelector with ${value} & ${index}`);
  return Observable.timer(2000);
};
const result$ = source$.throttle(durationSelector);

result$.subscribe(
  console.log,
  null,
  () => console.log('complete')
);
```

其中，throttle 的上游 source$ 每隔 1 秒钟产生一个数据，throttle 的参数是一个叫 durationSelector 的函数，这个 duorationSelector 返回一个在 2000 毫秒之后产生 0 的 Observable 对象。

这段代码会产生如下的输出。

```
# call durationSelector with 0
0
# call durationSelector with 2
2
# call durationSelector with 4
4
```

throttle 还真的很难用弹珠图来表示，使用文字来介绍这个过程可能更合适。

当 source$ 产生第一个数据 0 的时候，throttle 就和 throttleTime 一样，毫不犹豫地把这个数据 0 传给了下游，在此之前会用这个数据 0 作为参数调用 durationSelector，然后订阅 durationSelector 返回的 Observable 对象，在这个 Observable 对象产生第一个对象之前，所有上游传过来的数据都会被丢弃，于是，source$ 产生的数据 1 就被丢弃了，因为 durationSelector 返回的 Observable 对象被订阅之后 2000 毫秒才会产生数据。

这个过程，相当于 throttle 每往下游传递一个数据，都关上了上下游之间闸门，只有当 durationSelector 产生数据的时候才打开这个闸门。到了 2000 毫秒的时刻，durationSelector 第一次被调用产生的 Observable 对象终于产生了一个数据，闸门被打开，source$ 产生的第二个数据 2 正好赶上，被传递给了下游，同时关上闸门，这时候 throttle 会立刻退订上一次 durationSelector 返回的 Observable 对象，重新用数据 2 作为参数调用 durationSelector 来获得一个新的 Observable 对象，这个新的 Observable 对象产生数据的时候，闸门才会再次打开。

可见，durationSelector 产生 Observable 对象只有第一个产生的数据会有作用，而且这个数据的产生时机是关键，至于这个数据是个什么值反而不重要，在上面的例子中，使用 timer 来产生只有一个数据的 Observable 对象，当然也可以使用 interval 来产生多个数据的 Observable 对象，但是依然只有第一个数据起到作用。

如果 durationSelector 只是返回固定延时产生数据的 Observable 对象，那么 throttle 的功能就和 throttleTime 没有两样，不过，durationSelector 有参数，就是当前传给下游的数据，所以完全可以根据这个参数来产生更灵活的操作。

例如，可以把上面代码中的 durationSelector 改为如下的实现：

```
const durationSelector = value => {
  return Observable.timer(value % 3 === 0 ? 2000 : 1000);
};
```

返回的 Observable 对象产生数据的时间和参数相关，这样就可以有施加更多控制的可能，不像 throttleTime 那样只能使用固定时间。使用上面定义的 durationSelector 之后，对应的弹珠图如图 7-16 所示。

从弹珠图中可以看出，throttle 通过 durationSelector 可以对不同的数据设定不同的节流时间。

对于 debounce，和 debounceTime 相比一样是用一个函数参数代替了数值参数，这样就可以产生更灵活的时间控制。我们可以修改上面的代码，使用 debounce 来进行回压控制，如下所示：

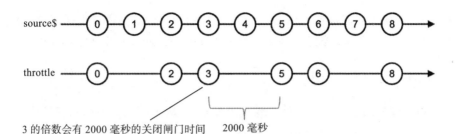

图 7-16　throttle 的弹珠图

```
const source$ = Observable.interval(1000);
const durationSelector = value => {
  return Observable.timer(value % 3 === 0 ? 2000 : 1000);
};
const result$ = source$.debounce(durationSelector);
```

这个过程的弹珠图如图 7-17 所示。

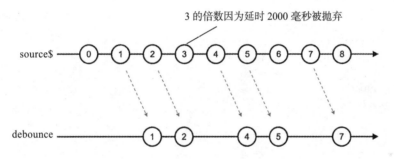

图 7-17　debounce 的弹珠图

durationSelector 函数返回的 Observable 第一个数据产生时间延迟取代了 debounce-Time 的 dueTime 参数，决定了上游一个数据会被延迟多久传给下游，因为 3 的倍数延时 2000 毫秒，总是会被下一个数据"打断"，所以 3 的倍数总是进入不了下游。

throttle 和 debounce 虽然提供了一个灵活的回压控制方式，但是对于大部分场景，使用低配版的 throttleTime 和 debounceTime 足够，只有当固定时间的回压控制不满足要求的时候，才有必要用上 throttle 和 debounce。

throttle 和 debounce 的参数 durationSelector 还有一个缺点，就是参数只有上游的数据，却没有数据出现的序号，假如 durationSelector 的参数包含序号，代码可以这样写。

```
const durationSelector = (value, index) => {
  return Observable.timer(index * 2);
};
```

很可惜，上面的代码形式 RxJS 并不支持，但有时候，就是需要根据序号 index 来决定延时的时间，不得不说，没有 index 参数是 durationSelector 一个小小的遗憾。

7.2.2　auditTime 和 audit

audit 翻译过来的意思是"审计"或者"查账"，从字面上看不出它的具体含义。但实际上，可以认为 audit 是做 throttle 类似的工作，不同的是在"节流时间"范围内，throttle 把第一个数据传给下游，audit 是把最后一个数据传给下游。

和 throttle 有两个相关的操作符一样，也有两个"审计"相关的操作符，分别是 auditTime 和 audit，先来看一看 auditTime 是怎么回事，然后就容易理解 audit 了。

下面是使用 auditTime 的示例代码：

```
import {Observable} from 'rxjs/Observable';
import 'rxjs/add/observable/interval';
import 'rxjs/add/observable/timer';
import 'rxjs/add/operator/auditTime';

const source$ = Observable.interval(1000);
const result$ = source$.auditTime(2000);

result$.subscribe(
  console.log,
  null,
  () => console.log('complete')
);
```

这段程序的输出如下：

```
1
3
5
```

对比同样 duration 参数的 throttleTime 的输出，从图 7-18 可以看到区别。

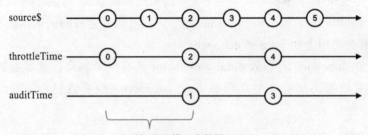

throttleTime 取时间段内第一个数据 0，
auditTime 取最后一个数据！

图 7-18　auditTime 的弹珠图

一开始 throttleTime 和 auditTime 都不处于"节流状态"，当上游 source$ 产生数据 0 的时候，节流的动作开始了，节流的时间就是参数 duration 的毫秒数，对应上面的例子，节流的时间就是 2000 毫秒，在这 2000 毫秒时间里产生的所有数据，无论对于 throttleTime 还是 auditTime，都只会放一个数据进入下游，问题就是选择放哪一个数据？

throttleTime 的选择是放节流时间窗口中第一个数据，也就是引发节流开始的那一个数据，在上面的例子中就是 0、2、4 这些数据；auditTime 的选择和 throttleTime 相反，选择节流时间窗口里最后一个数据，在上面的例子中就是 1、3、5 这些数据。

理解了 throttleTime 和 auditTime 的区别，加上理解 throttleTime 和 throttle 的区别，很自然就能知道 throttle 和 audit 的区别。

audit 也接受 durationSelector 这样的函数参数，下面是示例代码：

```
const source$ = Observable.interval(500).take(2).mapTo('A')
  .concat(Observable.interval(1000).take(3).mapTo('B'))
  .concat(Observable.interval(500).take(3).mapTo('C'));
const durationSelector = value => {
  return Observable.timer(800);
};
const result$ = source$.audit(durationSelector);
```

audit 的参数 durationSelector 和 throttle 一样，可以根据数据产生一个 Observable 对象来决定节流的时间，在上面的例子里，我们只用固定的 800 毫秒延时。

图 7-19 展示了 audit 的弹珠图，通过弹珠图对比，可以进一步看出 throttle 和 audit 产生数据流的区别。

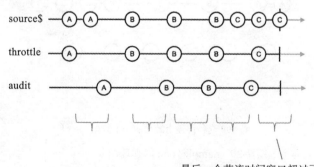

最后一个节流时间窗口超过了完结时间

图 7-19　audit 的弹珠图

值得注意的是，throttle 向下游传递了 5 个数据，audit 只传递了 4 个数据，这是因为最后一个节流时间窗口超过了完结时间。根据 audit 的定义，它要取出节流时间窗口中最后一个产生的数据，但是如果节流时间窗口范围内上游就完结了，那么 audit 也就不传递数据了，直接把完结的信号传给下游。

7.2.3 sampleTime 和 sample

sample 的含义就是"采样"，从字面上就看得出来，sample 是要根据规则在一个范围内取一个数据，抛弃其他数据。

RxJS 同样提供 sample 和 sampleTime 两个操作符，为了便于理解，还是从 sampleTime 入手，下面是使用 sampleTime 的示例代码：

```
import {Observable} from 'rxjs/Observable';
import 'rxjs/add/observable/interval';
import 'rxjs/add/operator/concat';
import 'rxjs/add/operator/mapTo';
import 'rxjs/add/operator/take';
import 'rxjs/add/operator/sampleTime';

const source$ = Observable.interval(500).take(2).mapTo('A')
  .concat(Observable.interval(1000).take(3).mapTo('B'))
  .concat(Observable.interval(500).take(3).mapTo('C'));
const result$ = source$.sampleTime(800);
```

介绍 sampleTime 我们直接上一个比较复杂的上游数据，是因为简单的数据流还真的无法体现 sampleTime 与 throttleTime、auditTime 的区别。

上面代码实例对应的弹珠图如图 7-20 所示。

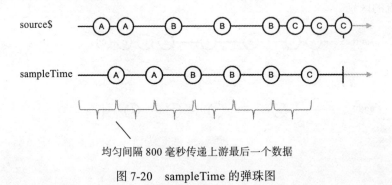

均匀间隔 800 毫秒传递上游最后一个数据

图 7-20 sampleTime 的弹珠图

可以看到，sampleTime 不管上游 source$ 产生数据的节奏怎样，完全根据自己参数指定的毫秒数间隔节奏来给下游传递数据，上面的例子中 sampleTime 的参数是 800，所以，sampleTime 实际上把时间分为 800 毫秒长度的时间块，sampleTime 会记录每一个时间块上游推下来的最后一个数据，到了每个时间块结尾，就把这个时间块上游的最后一个数据推给下游。

表面上看 sampleTime 和 auditTime 非常像，auditTime 也会把时间块中最后一个数据推给下游，但是对于 auditTime 时间块的开始是由上游产生数据触发的，而 sampleTime 的时间块开始则和上游数据完全无关，所以，可以看到 sampleTime 产生的数据序列分布十分均匀。

注意，如果 sampleTime 发现一个时间块内上游没有产生数据，那在时间块结尾也不会给下游传递数据，比如，修改上面代码中 sampleTime 的参数如下：

```
const result$ = source$.sampleTime(500);
```

那么对应的弹珠图如图 7-21 所示。

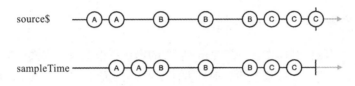

图 7-21　sampleTime 在参数为 500 时的弹珠图

sampleTime 传递给下游的数据间隔虽然不均匀，但是依然是参数 500 毫秒的整数倍。

然后来看 sampleTime 的高级形式 sample，和之前介绍的 throttle、debounce 和 audit 不同，sample 的参数并不是一个返回 Observable 对象的函数，而就是一个简单的 Observable 对象。sample 之所以这样设计，是因为对于"采样"这个动作，逻辑上可以认为和上游产生什么数据没有任何关系，所以不需要一个函数来根据数据产生 Observable 对象控制节奏，直接提供一个 Observable 对象就足够了。

通常 sample 的参数被称为 notifier，当 notifier 产生一个数据的时候，sample 就从上游拿最后一个产生的数据传给下游。

sample 在网页应用中有非常实际的应用，比如，在网页中用 DOM 事件取样当前的状态，假设 HTML 有下面的结构：

```
<button id="sample">Sample</button>
<div id="text">0</div>
```

我们希望点击 Sample 按钮的时候，id 为 text 的 div 中会显示逝去的时间，这种方式可以有很多实现方式，利用 sample 的实现方式如下：

```
const notifer$ = Rx.Observable.fromEvent(document.querySelector('#sample'),
  'click');
const tick$ = Rx.Observable.timer(0, 10).map(x => x*10);
const sample$ = tick$.sample(notifer$);
```

```
sample$.subscribe(value => {
  document.querySelector('#text').innerText = value
});
```

在上面的代码中，tick$ 以 10 毫秒的间隔产生递增数据，产生的结果再乘以 10 基本上近似于从被订阅到现在的毫秒数，当然也可以直接用 timer(0, 1)，这样就用不上 map 了，但是那样产生的数据过多，而且没有必要达到那样的精度。

tick$ 产生的数据经过 sample 过滤，并不会全部都被下游接收到，只有当参数 notifer$ 产生一个数据的时候，sample 就会从上次产生数据到现在的时间段里提取最后一个数据传给下游，这个数据肯定就是订阅以来逝去的毫秒数。

7.2.4　根据数据序列做回压控制

前面介绍的回压控制操作符，带 Time 后缀的操作符根据时间来选取数据并抛弃一些上游数据，可是，很多实际场景下，时间并不是唯一的因素；不带 Time 后缀的 throttle、debounce 和 audit 可以根据数据来决定回压控制的节奏，但是，这三个操作符的函数参数只有一个数据参数，无法综合考虑多个上游数据。所以，上面提到的操作符都无法解决一个很实际的应用场景问题：不希望处理重复的上游数据。

比如，上游的数据序列是 0、0、1、1、1、1、2、2、2、2，某些场景下，我们只需要处理 0、1、2 分别一次就行，当某个数据连续出现的时候，我们没必要处理，而且这种数据序列的出现和时间又没有关系，所以前面介绍的回压控制操作符都帮不上忙，这时候就需要用上名字里包含 distinct 的操作符了。

1. distinct

distinct 的含义就是"不同"，RxJS 中这个操作符的作用就是只返回从没出现过的数据，上游同样的数据只有第一次产生时会传给下游，其余的都被舍弃掉了。

下面是使用 distinct 的示例代码：

```
import {Observable} from 'rxjs/Observable';
import 'rxjs/add/observable/of';
import 'rxjs/add/operator/distinct';

const source$ = Observable.of(0, 1, 1, 2, 0, 0, 1, 3, 3);
const distinct$ = source$.distinct();

distinct$.subscribe(
  console.log,
  null,
  () => console.log('complete')
);
```

这段代码产生的输出如下：

```
0
1
2
3
complete
```

虽然 0、1、3 都在 source$ 中出现了多次，但是在下游中都只出现了一次。

distinct 判断两个数据是否相同就是用 JavaScript 的 === 操作符，对于普通的数值和字符串数据，distinct 默认的比较方式足够，但是对于普通 JavaScript 对象，=== 操作符就没有什么意义了，所以，distinct 提供了一个函数参数 keySelector，用于定制 distinct 应该比对什么样的属性。

 提示　RxJS 中曾经有一个名为 distinctKey 的操作符，从 v5.5.0 开始被删除掉了，利用 distinct 就可以实现 distinctKey 的功能。

假设上游的输入像这样定义：

```
const source$ = Observable.of(
  {name: 'RxJS', version: 'v4'},
  {name: 'React', version: 'v15'},
  {name: 'React', version: 'v16'},
  {name: 'RxJS', version: 'v5'}
);
```

而我们认为数据中只要 name 字段相同就是相同数据，那么就可以这么使用 distinct：

```
const distinct$ = source$.distinct(x => x.name);
```

这样一来，最终 distinct$ 产生的数据就只会有下面两个对象：

```
{ name: 'RxJS', version: 'v4' }
{ name: 'React', version: 'v15' }
```

distinct 还有一个潜在的问题需要注意，如果上游产生的不同数据很多，那么可能会造成内存泄露。可以想象一下 distinct 的实现方式，它肯定先订阅上游的 Observable 对象，然后自己维护一个"唯一数据集合"记录上游推送下来的所有唯一的数据，每当上游产生一个数据，distinct 就查看一下这个数据是否在"唯一数据集合"中，如果存在，那就直接舍弃掉；如果不存在，就把这个数据添加到"唯一数据集合"中，然后把这个数据传给下游。这样一种实现方式下，如果上游不同的数据有多少，那么 distinct 需要维护的"唯一数据集合"也就有多大，如果上游 Observable 对象不同的数据很多而且总不完结，那么 distinct 就要持续维持庞大的数据集合，这就会造成不必要的数据压力。

　　为了克服这个缺点，distinct 还提供第二个可选的参数 flush，第二个参数可以是一个 Observable 对象，每当这个 Observable 对象产生数据时，distinct 就清空"唯一数据集合"，一切重来，这样就避免了内存泄露。

　　下面是使用 distinct 第二个可选参数的示例代码：

```
const source$ = Observable.interval(100).map(x => x % 1000);
const distinct$ = source$.distinct(null, Observable.interval(500));
```

　　source$ 中会产生 1000 个唯一的数据，distinct 的第二个参数每 500 毫秒就会产生一个数据，这个数据是什么值不重要，重要的是它会清空 distinct 以前积压的所有唯一数据。

　　使用了 distinct 的第二个参数，distinct 表现出来的行为就会和以前不一样，传递给下游的数据并不是在整个上游所有数据中唯一的，而只是在一段时间范围内是唯一的，是否使用这个参数要根据实际应用需求来判断。

2. distinctUntilChanged

　　distinctUntilChanged 的工作和 distinct 类似，也是淘汰掉重复的数据，但 distinctUntilChanged 拿到一个数据不是和一个"唯一数据集合"比较，而是直接和上一个数据比较，也就是说，这个操作符要保存上游产生的上一个数据就足够，当然，也就没有了 distinct 潜在的内存泄露问题。

　　修改上面 distinct 的示例代码，使用 distinctUntilChanged，如下所示：

```
const source$ = Observable.of(0, 1, 1, 2, 0, 0, 1, 3, 3);
const distinct$ = source$.distinctUntilChanged();
```

　　产生的输出结果如下：

```
0
1
2
0
1
3
complete
```

　　可以看到，结果中出现了重复数据，比如 1，出现了两次，但是在上游连续出现 1 的部分，都只有一个数据 1 进入了下游，出现了两处 1，是因为这两处 1 之间有其他数据产生而已。

　　对于数据是普通对象的情景，distinctUntilChanged 提供了一个可选的参数用来定制比较两个对象是否相等的逻辑，示例代码如下：

```
const source$ = Observable.of(
  {name: 'RxJS', version: 'v4'},
  {name: 'React', version: 'v15'},
  {name: 'React', version: 'v16'},
  {name: 'RxJS', version: 'v5'}
);
const compare = (a, b) => a.name === b.name;
const distinct$ = source$.distinctUntilChanged(compare);
```

其中，最终 distinct$ 会包含 source$ 中的所有数据，因为两个 name 为 RxJS 的数据并不连续，所以都会进入下游。

有意思的是，distinct 的可选参数是 keySelector，keySelector 接受一个参数，返回一个能够确定这个参数唯一性的值；distinctUntilChanged 的可选参数是 compare，compare 接受两个参数，返回 bool 类型结果。这两个操作符其实可以算是兄弟，但是对于定制数据比较方法的函数参数定义却不同，应该说是 RxJS 设计的一个失误，完全应该保持一致的方法。

3. distinctUntilKeyChanged

RxJS 还提供一个 distinctUntilKeyChanged，这个操作符可以认为是 distinctUntil-Changed 的一个简化写法，直接根据数据的某些字段来进行比较。

比如，上面使用 distinctUntilChanged 的代码可以这样用 distinctUntilKeyChanged 实现：

```
const source$ = Observable.of(
  {name: 'RxJS', version: 'v4'},
  {name: 'React', version: 'v15'},
  {name: 'React', version: 'v16'},
  {name: 'RxJS', version: 'v5'}
);
const distinct$ = source$.distinctUntilKeyChanged('name');
```

这个操作符只能指定一个用来比较的字段，如果想要比较两个数据字段，还是只能够利用 distinctUntilChanged 加上 compare 参数。

distinctUntilKeyChanged 并没有增加什么必不可少的功能，既然 RxJS 能够去掉很鸡肋的 distinctKey，其实也完全可以去掉这个 distinctUntilKeyChanged。

7.3 其他过滤方式

在过滤类的范畴内还有几个操作符很有趣，这几个操作符不一定实用，但是有它们之后过滤类操作符就是很完整了，这些操作符是：

❑ ignoreElement
❑ elementAt
❑ single

7.3.1 ignoreElements

顾名思义，ignoreElments 就是要忽略所有的元素，这里的元素是指上游产生的数据，忽略所有上游数据，只关心 complete 和 error 事件。下面是使用 ignoreElements 的示例代码：

```
const source$ = Observable.interval(1000).take(5);
const result$ = source$.ignoreElements();
```

对应的弹珠图如图 7-22 所示。

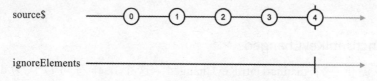

图 7-22　ignoreElements 的弹珠图

在 RxJS 中，Observable 中的数据是关键，只有对于不关心数据只关心 Observable 完结和出错的场景，ignoreElements 才有意义，实话说这样的场景还真不多。

其实，ignoreElments 完全可以用 filter 来实现，如下所示：

```
Observable.prototype.ignoreElements = function() {
  return this.filter(x => false);
};
```

在将来的 RxJS 版本中，很可能 ignoreElments 也会像 distinctKey 一样被删除掉。

7.3.2 elementAt

elementAt 把上游数据当数组，只获取指定下标的那一个数据，就这个简单功能，使用 first 配合函数参数也一样能够实现。不过 elementAt 还有一个附加功能体现了自己的存在价值，它的第二个参数可以指定没有对应下标数据时的默认值。

下面是使用 elementAt 第二个参数的示例代码：

```
const source$ = Observable.of(3, 1, 2);
const result$ = source$.elementAt(3, null);
```

其中，上游 source$ 只有三个数据，elementAt 想要获得下标为 3 的数据，因为下标从 0 开始，实际上是要获得第 4 个数据。

如果不使用 elementAt 的第二个参数，那么因为找不到第 4 个数据，result$ 会产生一个出错事件；如果 elementAt 有第二个参数，那么在找不到对应数据的情况下，就把第二个参数当做默认数据传递给下游。

7.3.3　single

single 这个操作符用来检查上游是否只有一个满足对应条件的数据，如果答案为"是"，就向下游传递这个数据；如果答案为"否"，就向下游传递一个异常。

下面是使用 single 的示例代码：

```
const source$ = Observable.interval(1000).take(2);
const result$ = source$.single(x => x % 2 === 0);
```

对于这个例子，因为 source$ 只产生 0 和 1 两个数据，所以 result 会找到唯一满足偶数条件的数据 0。

对于下面的例子：

```
const source$ = Observable.interval(1000);
const result$ = source$.single(x => x % 2 === 0);
```

source$ 会持续产生递增整数，当 source$ 产生数据 2 时，single 就发现 source$ 中产生了两个偶数，这时候就会立刻向下游传递下面的错误：

```
Sequence contains more than one element
```

7.4　本章小结

本章介绍 RxJS 中过滤数据的方法，在数据管道中，对数据很重要的一部分操作就是把不相关的数据清理掉，这就是过滤类操作符的工作。

在数据管道中，当数据产生的速度过快，超过下游处理能力时，就会产生回压现象。数据过滤是进行回压控制的最简单方法，通过抛弃一些数据来缓解压力。但是具体抛弃哪些数据，需要根据不同应用场景来决定使用什么样的过滤类操作符。

第 8 章

转化数据流

在前面章节中介绍的操作符都只是 Observable 对象中数据的搬运工，并没有修改数据流中的数据。合并类操作符把多个数据流汇合为一个数据流，但是汇合之前数据是怎样，在汇合之后还是那样；过滤类操作符可以筛选掉一些数据，其中回压控制的过滤类操作符还可以改变数据传递给下游的时间，但是数据本身不会变化，怎么进就怎么出。这一章会介绍 RxJS 对于数据的转化处理，也就是让数据管道中的数据发生变化。RxJS 中提供了一系列操作符支持转化的功能，统称为转化类（transformation）操作符。

在这一章中，我们还会再次研究回压控制的另一种方式，无损（lossless）的回压控制。

下面列举了各种场景下适用的转化类操作符：

功 能 需 求	适用的操作符
将每个元素用映射函数产生新的数据	map
将数据流中每个元素映射为同一个数据	mapTo
提取数据流中每个数据的某个字段	pluck
产生高阶 Observable 对象	windowTime、windowCount、windowWhen、windowToggle 和 window
产生数组构成的数据流	bufferTime、bufferCount、bufferWhen、bufferToggle 和 buffer
映射产生高阶 Observable 对象然后合并	concatMap、mergeMap、switchMap、exhaustMap
产生规约运算结果组成的数据流	scan 和 mergeScan

8.1 转化类操作符

转化类和过滤类操作符都对数据做一些处理，但是过滤类做的处理是筛选，决定哪些数据传递给下游，并不对数据本身做处理；而转化类操作符不做过滤，会对每个具体数据做一些转化。

对数据的转化可以分为两种：

❑ 对每个数据做转化。上游的数据和下游的数据依然是一对一的关系，只不过传给下游的数据已经是另一个数据，比如上游传下来的是数据 A，传给下游的是数据 f(A)，其中 f 是一个函数，以 A 为输入返回一个新的数据，下节介绍的"映射数据"就是这一种方法。

❑ 不转化单个数据，而是把数据重新组合。比如上游传下来的是 A、B、C 三个数据，传给下游的是一个数组数据 [A, B, C]，并没有改变上游数据本身，只是把它们都塞到了一个数组对象中传给下游。本章后面介绍的无损回压控制操作符就是这种转化方式。

在 RxJS 中，创建类操作符是数据流的源头，其余所有操作符最重要的三类就是合并类、过滤类和转化类。不夸张地说，使用 RxJS 解决问题绝大部分时间就是在使用这三种操作符，所以，一定要掌握这一章的知识，同时要及时复习一下前面的章节内容。

8.2　映射数据

映射数据是最简单的转化形式，如图 8-1 所示。

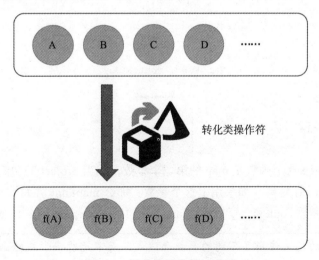

图 8-1　转化类操作符示意图

假如上游的数据是 A、B、C、D 的序列，那么可以认为经过转化类操作符之后，就会变成 f(A)、f(B)、f(C)、f(D) 的序列，其中 f 是一个函数，作用于上游数据之后，产生的就是传给下游新的数据。

这样的过程并不难理解，因为 JavaScript 的数组就提供这样的功能，在著名的 JavaScript 工具库 lodash 中也有类似的函数支持。这一类操作符只有三个 map、mapTo 和 pluck 而已。

8.2.1　map

这是最简单的一个转化类操作符，JavaScript 的数组类型就包含同名的这个函数，同样也是接受一个函数作为参数，这个函数通常称为 project，指定了数据映射的逻辑。

在 RxJS 中，不同之处是 map 这个操作符可以映射一段时间上异步产生的数据。因为 RxJS 的数据处理方式是"推"，每当上游推下来一个数据，map 就把这个数据作为参数传给 map 的参数函数，然后再把函数执行的返回值推给下游。

在本书前面章节的示例代码中，已经多次使用了 map，在这里唯一需要多介绍的就是，map 除了必须要有的函数参数 project，还有一个可选参数 thisArg，用于指定函数 project 执行时的 this 值，下面是示例代码：

```
import {Observable} from 'rxjs/Observable';
import 'rxjs/add/observable/of';
import 'rxjs/add/operator/map';

const source$ = Observable.of(3, 1, 4);
const mapFunc = function(value, index) {
  return `${value} ${this.separator} ${index}`;
};
const context = {separator: ':'};
const result$ = source$.map(mapFunc, context);
result$.subscribe(
  console.log,
  null,
  () => console.log('complete')
);
```

其中，mapFunc 这个函数是 map 的第一个参数，充当 project 的功能，同时，map 还有第二个参数 context 对象，如果用上这个参数，那么 mapFunc 在每次执行的时候，this 就是 map 的这个参数 context，所以，在 mapFunc 中 this.separator 的值就是冒号 (:)。

> 注意　mapFunc 的定义使用了不同的函数表达式，而不是箭头形式的函数定义，因为箭头形式的函数定义里，this 是绑定于定义环境的，map 的第二个参数也就不会起到任何作用。

上面的代码执行结果如下：

```
3 : 0
1 : 1
4 : 2
complete
```

这是 map 的一个小的功能细节，但是，并不建议使用，因为按照函数式编程的原则，应该尽量让函数成为纯函数，如果一个函数的执行依赖于 this，那么就难以预料这个函数的执行结果，并不是什么好事。所以，虽然我们知道 map 有这个功能，但要尽量避免使用它。实际上，几乎所有需要用上 thisArg 的场合都可以用其他方式解决，比如上面代码可以改成这样：

```
const source$ = Observable.of(3, 1, 4);
const context = {separator: ':'};
const mapFunc = (function (separator) {
  return function(value, index) {
    return `${value} ${separator} ${index}`;
  };
})(context.separator)
const result$ = source$.map(mapFunc);
```

利用一个立即执行的函数产生一个新的函数 mapFunc，这样既定制了 mapFunc 中使用的 separator，又保持了函数体内代码的纯洁。

map 是映射操作之母，下面介绍的 mapTo 和 pluck 都可以基于 map 实现。

8.2.2　mapTo

mapTo 在本书前面的章节中也多次用到，mapTo 这个函数完全可以用 map 来实现，如下所示：

```
Observable.prototype.mapTo = function (value) {
  return this.map(x => value);
};
```

如果不嫌麻烦，可以不用 mapTo 而直接使用 map，就像下面这样把上游所有数据都映射为 A：

```
const result$ = source$.map(() => 'A');
```

如果觉得这样不大好看，就像下面这样用 mapTo：

```
const result$ = source$.mapTo('A');
```

无论上游产生什么数据，传给下游的都是同样的数据，RxJS 保留了 mapTo 这样一个单独的操作符，当然是因为相信实际工作中这样的场景不少。

8.2.3　pluck

pluck 的含义是"拔"，可以这么理解，pluck 就是把上游数据中特定字段的值"拔"出来，所以 pluck 的参数就是字段的名字，示例代码如下：

```
import {Observable} from 'rxjs/Observable';
import 'rxjs/add/observable/of';
import 'rxjs/add/operator/pluck';

const source$ = Observable.of(
  {name: 'RxJS', version: 'v4'},
  {name: 'React', version: 'v15'},
  {name: 'React', version: 'v16'},
  {name: 'RxJS', version: 'v5'}
);
const result$ = source$.pluck('name');
result$.subscribe(
  console.log,
  null,
  () => console.log('complete')
);
```

这段代码的功能就是把 source$ 中每个数据的 name 值取出来，传给 result$，代码的执行结果如下：

```
RxJS
React
React
RxJS
complete
```

pluck 的一个常用场景是在网页应用中获取 DOM 事件中的值，比如，想要获得网页中被点击元素名称的数据流，代码如下：

```
const click$ = Rx.Observable.fromEvent(document, 'click');
const clickedTagName$ = click$.pluck('target', 'tagName');
```

可以看到，pluck 可以包含多个参数，用于访问嵌套的属性，比如上面的参数是 target 和 tagName，那么对于每一个数据 event，"拔"出来的值就是 event.target.tagName。

pluck 的缺点就是只能"拔"出一个值，如果想要获得 event.target.tagName 同时也要获得 event.type，那用 pluck 就做不到了，只能用 map。

pluck 也有优点，就是能够自动处理字段不存在的情况，比如，如果访问并不存在的嵌套属性，如下所示：

```
const result$ = source$.pluck('nosuchfield', 'foo');
```

每一个上游数据并没有 nosuchfield 这个字段，直接访问 nosuchfield.foo 的话肯定会出错，如果用 map 来实现就必须要考虑到 nosuchfield 为空的情况，但是如果使用 pluck 则不用考虑，pluck 发现某一层字段为空，对应就会给下游传递 undefined，不会出错。

8.3　缓存窗口：无损回压控制

在前一章，我们介绍了利用过滤类操作符进行回压控制，不过过滤类操作符的回压控制都是"有损"的，因为过滤就是要舍弃掉一些数据。有了转化类操作符，"无损"的回压控制成为可能。归根结底，无损的回压控制就是把上游在一段时间内产生的数据放到一个数据集合里，然后把这个数据集合一次丢给下游。在这里所说的"数据集合"，可以是一个数组，也可以是一个 Observable 对象，RxJS 有两组操作符对两种数据集合类型分别提供支持，支持数组的以 buffer 开头，支持 Observable 对象的以 window 开头。

在这个回压控制的过程中，并没有像 map 和 mapTo 那样映射产生新的数据，只是把多个上游数据缓存起来，当时机合适时，把缓存的数据汇聚到一个数组或者 Observable 对象传给下游，所以也算是转化类操作符的范畴。

很显然，如果数据管道中使用了这样的转化类操作符，下游必须要做对应的处理，原本下游预期的是一个一个独立的数据，现在会接收到数组或者 Observable 对象，至于如何处理这些类型数据，决定权完全在下游，可能下游会选择只处理第一个元素，也可能选择只处理最后一个元素，也可能处理随机选择的一个元素，也可能在处理能力足够的时候选择处理所有的元素；无论怎么处理，不是转化类操作符要操心的事情。所以，从某种意义上说，无损的回压控制，实际上就是把数据取舍的决策权交给了下游。

对于回压控制，如果使用过滤类操作符，虽然是有损的回压控制，但是好处就是对下游来说是透明的，有没有使用过滤类操作符不影响下游的处理方式；如果使用转化类操作符，代价就是下游需要对应改变，好处就是对数据无损。如果并不确定该如何对数据做取舍，那就适合用转化类操作符。

接下来介绍 RxJS 提供的无损回压控制操作符，将上游数据放在数组中传给下游的操作符都包含 buffer 这个词，包括：

❑ bufferTime
❑ bufferCount

❏ bufferWhen

❏ bufferToggle

❏ buffer

此外，将上游数据放在 Observable 中传给下游的操作符都包含 window 这个词，
包括：

❏ windowTime

❏ windowCount

❏ windowWhen

❏ windowToggle

❏ window

这两组操作符完全意义对应，所以只要理解了其中一组，就可以明白另一组的功能，
区别只在于传给下游的数据集合形式。

8.3.1 windowTime 和 bufferTime

windowTime 和 bufferTime 根据时间来缓存上游的数据，基本用法就是用一个参数
来指定产生缓冲窗口的间隔，示例代码如下：

```
import {Observable} from 'rxjs/Observable';
import 'rxjs/add/observable/timer';
import 'rxjs/add/operator/windowTime';

const source$ = Observable.timer(0, 100);
const result$ = source$.windowTime(400);
```

其中，windowTime 的参数是 400，也就会把时间划分为连续的 400 毫秒长度区块，
在每个时间区块中，上游传下来的数据不会直接送给下游，而是在该时间区块的开始就
新创建一个 Observable 对象推送给下游，然后在这个时间区块内上游产生的数据放到这
个新创建的 Observable 对象中。

windowTime 产生结果用简单的输出无法清晰展示，需要用弹珠图才能看出发生了什
么样的转化，如图 8-2 所示。

从弹珠图中可以看到，windowTime 产生的 Observable 对象中每个数据依然是
Observable 对象，也就是一个高阶 Observable 对象。在每个 400 毫秒的时间区间内，上
游的每个数据都被传送给对应时间区间的内部 Observable 对象中，当 400 毫秒时间一到，
这个区间的内部 Observable 对象就会完结。

如果使用 bufferTime，代码会是这样：

```
const result$ = source$.bufferTime(400);
```

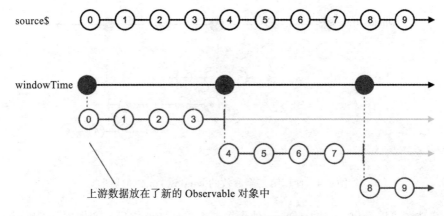

图 8-2　windowTime 的弹珠图

产生的结果 result$ 会不大一样，弹珠图如图 8-3 所示。

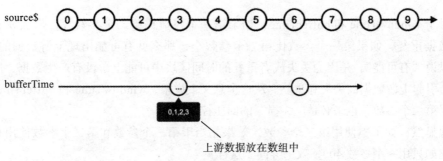

图 8-3　bufferTime 的弹珠图

bufferTime 产生的是普通的 Observable 对象，其中的数据是数组形式，bufferTime 会把时间区块内的数据缓存，在时间区块结束的时候把所有缓存的数据放在一个数组里传给下游。很明显，windowTime 把上游数据传递出去是不需要延迟的，而 bufferTime 则需要缓存上游的数据，这也就是其名字中带 buffer（缓存）的原因。

windowTime 和 bufferTime 还支持可选的第二个参数，如果使用第二个参数，等于指定每个时间区块开始的时间间隔，修改上面的代码如下：

```
const result$ = source$.windowTime(400, 200);
```

产生的弹珠图如图 8-4 所示。

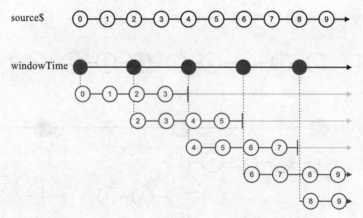

图 8-4　使用第二个参数的 windowTime 弹珠图

从弹珠图可以看出，windowTime 使用第二个参数 200 之后，产生内部 Observable 的频率更高了，每 200 毫秒就会产生一个内部 Observable 对象，而且各内部 Observable 对象中的数据会产生重复，比如数据 2 和 3 就同时出现在第一个和第二个内部 Observable 对象中。

对于 windowTime 和 bufferTime，如果第一个参数比第二个参数大，那么就有可能出现数据重复，如果第一个参数比第二个参数小，那么就有可能出现上游数据的丢失。之所以说"有可能"，是因为丢失或者重叠的时间区块中可能上游没有产生数据，所以也就不会引起上游数据的丢失和重复。从这个意义上说来，windowTime 和 bufferTime 如果用上了第二个参数，也未必是"无损"的回压控制。

很显然，如果不使用第二个参数，效果相当于第一个参数和第二个参数使用相同的值，比如只用一个参数 400，效果等同于这样：

```
const result$ = source$.windowTime(400, 400);
```

对于 bufferTime，因为需要缓存上游数据，不管参数设定的数据区间有多短，都无法预期在这段时间内上游会产生多少数据，如果上游在短时间内爆发出很多数据，那就会给 bufferTime 很大的内存压力，为了防止出现这种情况，bufferTime 还支持第三个可选参数，用于指定每个时间区间内缓存的最多数据个数。

对于 windowTime，因为它其实并不缓存数据，所以并不会有 bufferTime 一样的内存压力问题，但是 RxJS 为了让这两个操作符对应上，让 windowTime 也支持同样功能的第三个可选参数，示例代码如下：

```
const result$ = source$.windowTime(400, 200, 2);
```

产生的弹珠图如图 8-5 所示。

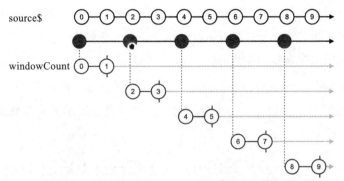

图 8-5 使用第三个参数的 windowTime 弹珠图

在 windowTime 具有两个参数分别为 400 和 200 的情况下，产生高阶 Observable 对象的每个内部 Observable 本来应该有 4 个数据，但是因为第三个参数限定最多数据为 2，所以实际上每个内部 Observable 对象的数据个数减少为 2。只要一个时间区间内消费的上游数据个数达到第三个参数设的上限，对应的内部 Observable 对象立刻完结。

bufferTime 是一样的功能，只是产生的结果是 2 个元素组成的数组而已。

8.3.2 windowCount 和 bufferCount

RxJS 提供了根据时间参数来界定区间的 windowTime 和 bufferTime，也很贴心地提供了根据数据个数来界定区间的 windowCount 和 bufferCount。

使用 windowCount 的示例代码如下：

```
const source$ = Observable.timer(0, 100);
const result$ = source$.windowCount(4);
```

windowCount 和 windowTimer 一样产生高阶 Observable 对象，弹珠图如图 8-6 所示。

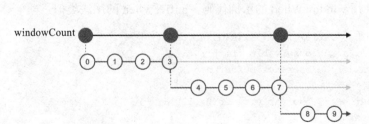

图 8-6 windowCount 的弹珠图

windowCount 还支持可选的第二个参数 startWindowEvery，如果不使用第二个参数，那么所有的时间区间没有重叠部分；如果使用了第二个参数，那么第一个参数依然是时间区间的长度，但是每间隔第二个参数 startWindowEvery 的毫秒数，就会新开一个时间区间。

下面是使用第二个参数 startWindowEvery 的示例代码：

```
const result$ = source$.windowCount(4, 5);
```

我们故意让第二个参数比第一个参数更大，这样就会展示丢弃部分上游的数据，弹珠图如图 8-7 所示。

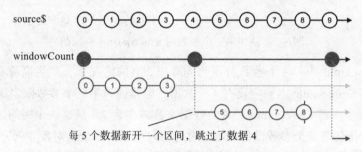

图 8-7　第二个参数大于第一个参数的 windowCount 弹珠图

对于 bufferCount，和 windowCount 一样，区别只是传给下游的是缓存数据组成的数组。

8.3.3　windowWhen 和 bufferWhen

RxJS 提供了根据时间和数据个数划分上游数据的操作符，当然也少不了最具有 RxJS 特色的操作符：用 Observable 对象来控制 Observable 对象的生成。windowWhen 和 bufferWhen 就是这样最具有 RxJS 特色的操作符，它们接受一个函数作为参数，这个参数名为 closingSelector，closingSelector 应该返回一个 Observable 对象，用于控制上游的数据分割，每当返回的 Observable 对象产生数据或者完结时，windowWhen 就认为是一个缓冲区块的结束，重新开启一个缓冲窗口。

下面是使用 windowWhen 的示例代码，bufferWhen 的用法类似：

```
import {Observable} from 'rxjs/Observable';
import 'rxjs/add/observable/timer';
import 'rxjs/add/operator/bufferWhen';

const source$ = Observable.timer(0, 100);
const closingSelector = () => {
  return Observable.timer(400);
};
const result$ = source$.windowWhen(closingSelector);
```

当 result$ 被订阅的时候，windowWhen 就开始工作，首先开启一个缓冲窗口，然后立刻调用 closingSelector 获得一个 Observable 对象，在这个 Observable 对象输出数据的时候，当前的缓冲窗口就关闭，同时开启一个新的缓冲窗口，然后再次调用 closingSelector 获得一个 Observable 对象。

这段代码产生的弹珠图和之前 windowTime 和 windowCount 产生的弹珠图没有什么区别，但是 closingSelector 函数是没有参数的，所以没有办法通过参数控制灵活地变化。

closingSelector 之所以没有参数，是因为调用 closingSelector 的时机和上游数据的产生没有任何关系，windowWhen 并不是在上游产生数据的时候调用 closingSelector，而是在被订阅的那个时刻或者缓冲区间结束时就调用 closingSelector。因为 closingSelector 没有参数，所以，这种灵活性其实并不容易真正实现。如果让 closingSelector 是纯函数，因为没有参数，就只能通过访问外部变量来获得变化因素，这显然违背函数式编程的原则；或者，保持 closingSelector 为纯函数，但是返回一个数据源在外部的 Observable 对象，下面是一个例子：

```
const closingSelector = () => {
  return Observable.fromEvent(document.querySelector("#click", "click"));
};
```

其中的 closingSelector 依然是一个纯函数，但是返回的 Observable 对象中的数据却是可以变化，以此实现了灵活的控制，但是这种灵活本身并不好应用，所以，windowWhen 和 bufferWhen 属于挺鸡肋的两个操作符，更加实用的可能是下面要介绍的 windowToggle 和 bufferToggle。

8.3.4 windowToggle 和 bufferToggle

toggle 的含义就是两个状态之间的切换，windowToggle 和 bufferToggle 也是利用 Observable 来控制缓冲窗口的开和关。相比于 windowWhen 和 bufferWhen 靠一个无参数 closingSelector 函数来控制开关，windowToggle 和 bufferToggle 提供更加简单的功能。

windowToggle 和 bufferToggle 需要两个参数，第一个参数 opening$ 是一个 Observable 对象，每当 opening$ 产生一个数据，代表一个缓冲窗口的开始，同时，第二个参数 closingSelector 也会被调用，用来获得缓冲窗口结束的通知。

windowToggle 和 bufferToggle 的 closingSelector 函数参数是有参数的，参数就是 openings$ 产生的数据，如此一来，由 opening$ 控制每个缓冲窗口的开始时间，由 closingSelector 来控制每个缓冲窗口的结束时间，就可以完全控制产生高阶 Observable 对象的节奏。

使用 windowToggle 的示例代码如下：

```
const source$ = Observable.timer(0, 100);
const openings$ = Observable.timer(0, 400);
const closingSelector = value => {
  return value % 2 === 0 ? Observable.timer(200) : Observable.timer(100);
};
const result$ = source$.windowToggle(openings$, closingSelector);
```

其中，opening$ 每 400 毫秒产生一个数据，所以每 400 毫秒就会有一个缓冲区间开始。每当 opening$ 产生一个数据时，closingSelector 就会被调用返回控制对应缓冲区间结束的 Observable 对象，如果参数为偶数，就会延时 200 毫秒产生一个数据，否则就延时 100 毫秒产生一个数据。最终的弹珠图如图 8-8 所示。

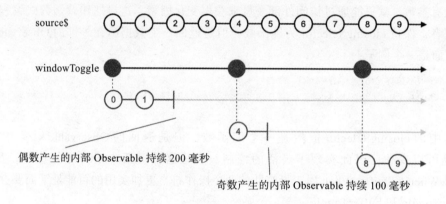

图 8-8　windowToggle 的弹珠图

如果 closingSelector 产生的 Observable 对象产生数据的延时超过了 opening$ 产生数据的延迟，windowToggle 产生的内部 Observable 之间有可能产生数据重叠。bufferToggle 功能和 windowToggle 一样，区别只是产生的是数组数据而已，无需多言。

8.3.5　window 和 buffer

如果能够理解前面的无损回压控制操作符，那么理解 window 应该就不成问题，因为相对于 windowToggle 和 windowWhen，window 还是很简单的，它只支持一个 Observable 类型的参数，称为 notifier$，每当 notifer$ 产生一个数据，既是前一个缓存窗口的结束，也是后一个缓存窗口的开始。

使用 window 的示例代码如下：

```
const source$ = Observable.timer(0, 100);
const notifer$ = Observable.timer(400, 400);
```

```
const result$ = source$.window(notifer$);
```

其中，window 的参数 notifer$ 每隔 400 毫秒产生一个数据，也就是每 400 毫秒一个缓存窗口，对应的弹珠图如图 8-9 所示。

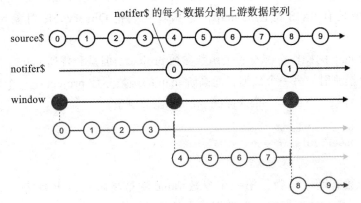

图 8-9 window 的弹珠图

上面的例子中 notifer$ 是一个永不完结的数据流，如果 notifer$ 会完结，那会怎样呢？修改上面的代码如下：

```
const notifer$ = Observable.timer(400); //400毫秒后产生一个数据之后完结
```

对应的弹珠就会是图 8-10 这样。

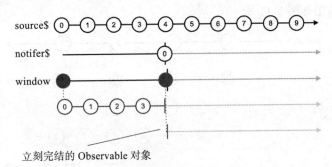

图 8-10 notifer$ 会完结的 window 弹珠图

可以看到，notifer$ 产生唯一的数据之后立刻完结，会导致 window 产生的第二个内部 Observable 对象立刻完结，同时 window 产生的高阶 Observable 对象也会完结。

buffer 有类似行为，对应于上面的例子，notifer$ 完结时，buffer 产生的 Observable 对象会立刻完结。

8.4 高阶的 map

在前面已经介绍了 map，map 是 RxJS 中很好懂的一个操作符，因为有 JavaScript 原生的 map 来对应，接下来就介绍真正有 RxJS 特色的高阶 map。你没有猜错，既然这些高阶 map 是有 RxJS 特色的 map，意味着它们把 Observable 对象玩得更加出神入化。

所有高阶 map 的操作符都有一个函数参数 project，但是和普通 map 不同，普通 map 只是把一个数据映射为另一个数据，而高阶 map 的函数参数 project 把一个数据映射为一个 Observable 对象。下面是一个这样的 project 函数例子：

```
const project = (value, index) => {
  return Observable.interval(100).take(5);
}
```

project 函数有两个参数，第一个参数 value 就是高阶 map 上游传下来的数据，第二个参数 index 是对应数据在上游数据流中的序号。在这个例子中，为了简单起见，并没有使用这两个参数，而是直接返回一个 interval 和 take 产生的 Observable 对象，间隔 100 毫秒依次产生数据 0、1、2、3、4。

先来看普通的 map 使用这个 project 会产生什么样的结果，代码如下：

```
const source$ = Observable.interval(200);
const result$ = source$.map(project);
```

对应的弹珠图如图 8-11 所示。

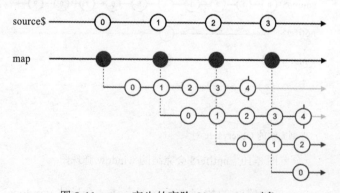

图 8-11　map 产生的高阶 Observable 对象

可以看到，在这里 map 产生的是一个高阶 Observable 对象，project 返回的结果成为这个高阶 Observable 对象的每个内部 Observable 对象。

所谓高阶 map，所做的事情就是比普通的 map 更进一步，不只是把 project 返回的结果丢给下游就完事，而是把每个内部 Observable 中的数据做组合，通俗一点说就是"砸平"，最后传给下游的依然是普通的一阶 Observable 对象。

RxJS 提供的高阶 map 操作符有如下几个：

❑ concatMap

❑ mergeMap

❑ switchMap

❑ exhaustMap

这四个高阶 map 操作符的命名读者一定觉得眼熟，没错，它们的前缀 concat、merge、switch 和 exhaust 在第 5 章介绍合并类操作符的时候已经见识过，在介绍合并类操作符时，还介绍过 concatAll 和 mergeAll（没有 switchAll 和 exhaust），这两个操作符所做的事情就是把高阶 Observable 对象中的内部 Observable 组合起来，而 switch 和 exhaust 本身处理的也是高阶 Observable。

所以，可以认为高阶 map 就是合并类操作符和 map 的完美结合，关系可以用下面的公式表示：

```
concatMap = map + concatAll
mergeMap = map + mergeAll
switchMap = map + switch
exhaustMap = map + exhaust
```

所有 xxxxMap 名称模式的操作符，都是一个 map 加上一个"砸平"操作的组合，理解这样的本质之后，就容易理解高阶 map 了，其实就是把图 8-11 中 map 产生的高阶 Observable 利用对应的组合操作符合并为一阶的 Observable 对象。

8.4.1　concatMap

把上面使用 map 的代码改为使用 concatMap，如下所示：

```
const source$ = Observable.interval(200);
const result$ = source$.concatMap(project);
```

产生的弹珠图如图 8-12 所示，我们加上了隐藏在 concatMap 过程中产生高阶 Observable 对象的部分，这样更容易看清楚发生了什么。

可以看到，第一个内部 Observable 对象中的数据被完整传递给了 concatMap 的下游，但是，第二个产生的内部 Observable 对象没有那么快处理，只有到第一个内部 Observable 对象完结之后，concatMap 才会去订阅第二个内部 Observable，这样就导致第二个内部 Observable 对象中的数据排在了后面，绝不会和第一个内部 Observable 对象中的数据交叉。实际上，第二个内部 Observable 对象的数据在图 8-12 弹珠图中只显示了 0

和 1, 后面的数据都挤在弹珠图之外了。

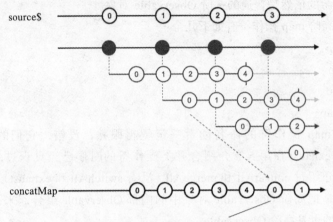

图 8-12　concatMap 的弹珠图

concatMap 适合处理需要顺序连接不同 Observable 对象中数据的操作, 有一个特别适合使用 concatMap 的应用例子, 就是网页应用中的拖拽操作。

在网页应用中, 拖拽操作就是用户的鼠标在某个 DOM 元素上按下去, 然后拖动这个 DOM 元素, 最后松开鼠标这整个过程, 而且用户在一个网页可以做完一个拖拽动作之后再做一个拖拽动作, 这个过程是重复的, 拖拽涉及的事件包括 mousedown、mousemove 和 mouseup, 所以拖拽功能控制得好的关键, 就是要做好这几个事件的处理。

使用传统的方式, 基本上就是这么实现拖拽, 当 mousedown 事件发生的时候, 用一个状态变量标识现在开始进入"拖拽状态", 然后监听 mousemove 事件和 mouseup, 每一个 mousemove 事件引发一个事件处理函数, 当 mouseup 事件发生时, 改变状态变量标记现在离开"拖拽状态", 等待下一次 mousedown 事件的发生。

各个事件的顺序如图 8-13 所示。

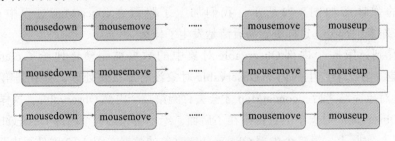

图 8-13　拖拽动作中的时间顺序

在图 8-13 中，每一行代表一次完整的拖拽过程，以 mousedown 开始，以 mouseup 结束，中间全是 mousemove。如果把 mousemove 的序列看作是一个 Observable 对象，整个过程可以看作是一个高阶 Observable 对象，其中每一个内部 Observable 对象由 mousedown 事件引发，每一个内部 Observable 对象就是以 mouseup 结束的 mousemove 数据序列，而且，每一行都是首尾相接的，不存在数据的交叉。

这么看来，这个问题用 concatMap 来解决实在太完美了，接下来就介绍用 concat-Map 来实现对 DOM 元素的拖拽。

网页中存在一个 id 为 box 的元素，这就是被拖拽的对象，如下所示：

```
<div id="box"></div>
```

我们想要实现的就是用户可以在 box 元素上用鼠标拖动它，这个过程中需要涉及一些多 box 元素的事件处理，以 RxJS 的思维方式，不要只看到一个个独立的事件，而是要把相关所有事件作为一个 Observable 对象来看待，对应的代码如下：

```
const box = document.querySelector('#box');
const mouseDown$ = Rx.Observable.fromEvent(box, 'mousedown');
const mouseUp$ = Rx.Observable.fromEvent(box, 'mouseup');
const mouseOut$ = Rx.Observable.fromEvent(box, 'mouseout');
const mouseMove$ = Rx.Observable.fromEvent(box, 'mousemove');
```

可以看到，除了获得 mousedown、mousemove 和 mouseup 的事件数据流，我们也获得了 mouseout 的事件数据流，这是因为实际中用户完全有可能鼠标的动作太快，box 元素没来得及移动鼠标就移出去了，所以 mouseout 事件也需要考虑。

接下来利用 concatMap 来实现拖拽的数据流控制，如下所示：

```
const drag$ = mouseDown$.concatMap((startEvent)=> {
  const initialLeft = box.offsetLeft;
  const initialTop = box.offsetTop;
  const stop$ = mouseUp$.merge(mouseOut$);

  return mouseMove$.takeUntil(stop$)).map(moveEvent => {
    return {
      x: moveEvent.x - startEvent.x + initialLeft,
      y: moveEvent.y - startEvent.y + initialTop,
    };
  });
});
```

其中，drag$ 利用 concatMap 产生拖拽事件的数据流，最终 drag$ 产生的数据都是包含 x 和 y 字段的对象，代表 box 应该移动到的坐标位置。

每当用户在 box 元素上按下鼠标时，mouseDown$ 就产生一个元素，对应触发 concatMap 的函数参数，在这个函数中，首先记录下当前 box 元素的位置，存在 initialLeft 和 initialTop 变量中；然后，concatMap 的函数参数返回的是 mouseMove$ 中的数据；最后，利用 takeUntil，实际上只返回了从这一次 mousedown 开始到下一次 mouseup 之间的 mousemove 事件，然后对每一个 mousemove 事件进行计算，产生 box 移动位置的 x 和 y。

在这里可以看到转化类 concatMap 和过滤类 takeUntil 的组合，双剑合璧，威力无穷。

最后，只需要订阅 drag$，根据 drag$ 产生的数据修改 box 元素的位置就可以了，如下所示：

```
drag$.subscribe(event => {
  box.style.left = event.x + 'px';
  box.style.top = event.y + 'px';
});
```

这个拖拽的功能，使用 RxJS 来编写代码量很少，可以看出，对于适合用数据流来思考的问题，RxJS 是非常简洁的解决办法。

8.4.2　mergeMap

因为 mergeMap 是 map 和 mergeAll 的组合，concatMap 是 map 和 concatAll 的组合，所以，只要理解 mergeAll 和 concatAll 的区别，就可以明白 mergeMap 和 concatMap 的区别，如果对这个区别还不了解，可以翻回第 5 章看一看。

 提示　mergeMap 在 RxJS v4 中曾经叫 flatMap，很多 Rx 实现都有 flatMap 的名称，但是后来 RxJS 社区觉得 flatMap 这个词从字面上不好理解，所以从 v5 开始改名为 mergeMap，为了向后兼容，flatMap 作为 mergeMap 的一个别名（alias）存在，所有对 mergeMap 的使用也可以用 flatMap 替代。

mergeMap 和 concatMap 不同之处，在于对 project 参数函数产生的 Observable 对象的处理，mergeMap 对于每个内部 Observable 对象直接合并，也就是任何内部 Observable 对象中的数据，来一个给下游传一个，不做任何等待。

使用 mergeMap 的示例代码如下：

```
const source$ = Observable.interval(200).take(2);
const result$ = source$.mergeMap(project);
```

对应的弹珠图如图 8-14 所示。

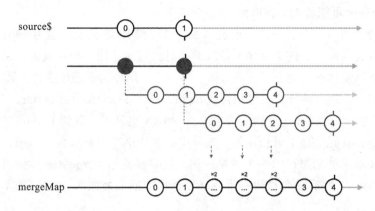

图 8-14　mergeMap 的弹珠图

可以看到 mergeMap 就是把 project 产生的内部 Observable 中的数据直接映射给下游，这就是一个"砸平"的动作。

mergeMap 能够解决异步操作的问题，最典型的应用场景就是对于 AJAX 请求的处理。在一个网页应用中，一个很典型的场景，每点击某个元素就需要发送一个 AJAX 请求给服务器端，同时还要根据返回结果更新网页中的状态，AJAX 的处理当然是一个异步过程，使用传统的方法来解决这样的异步过程代码会十分繁杂。

但是，如果把用户的点击操作看作一个数据流，把 AJAX 的返回结果也看作一个数据流，那么这个问题的解法就是完全另一个样子，可以非常简洁，下面是示例代码：

```
const sendButton = document.querySelector('#send');
Rx.Observable.fromEvent(sendButton, 'click').mergeMap(() => {
  return Rx.Observable.ajax(apiUrl);
}).subscribe(result => {
    // 正常处理AJAX返回的结果
});
```

其中，mergeMap 的函数参数部分只需要考虑如何调用 AJAX，然后返回一个包含结果的 Observable 对象，剩下来如何将 AJAX 结果传递给下游，交给 mergeMap 就可以了。虽然是一个异步操作，但是整个代码依然是同步的感觉，这就是 RxJS 的优势。

8.4.3　switchMap

上面介绍的 mergeMap 适合处理 AJAX 请求，但是使用 mergeMap 存在一个问题，就是每一个上游的数据都会引发调用 AJAX 而且把 AJAX 结果传递给下游，在某些场景下，这样的处理未必合适。比如，当用户点击某个按钮时获取 RxJS 项目在 GitHub 上当前的 star 个数，用户可能快速点击这个按钮，但是他们肯定是希望获得最新的数据，如果使用 mergeMap 可能就不会获得预计的结果。

用户点击按钮，一个 AJAX 请求发出去，这时候 RxJS 的 star 数为 9907，不过因为网络速度比较慢的原因，这个 AJAX 请求的延时比较大，用户等不及了，又点了一次按钮，又一个 AJAX 请求发出去了。这时候，第一个 AJAX 请求已经获得了数据 9907，而恰在此时世界某个地方的开发者也很喜欢 RxJS，点击了 RxJS 项目的 star，于是 RxJS 的 star 数变成了 9908，然后，用户触发的第二个 AJAX 也到了，拿到了 9908 的数据。只要涉及输入输出，延时就是不可预期的，先发出去的 AJAX 未必就会先返回，完全有可能第二个 AJAX 请求的结果比第一个更早返回，这时候使用 mergeMap 就会出问题了，用户会先看到 9908，然后又会被第一个 AJAX 请求的返回修改为 9907，毫无疑问，9907并不是最新的数据。

上面只是一个简单的场景说明，一个开源软件的 star 数有点偏差并不是什么要命的问题，但是现实中，很多应用对数据的准确度要求非常高，如果开发者没有处理好，会造成很大的经济损失，所以，对这样的应用需要一个比 mergeMap 更加合适的操作符，那就是 switchMap。

switchMap 依然在上游产生数据的时候去调用函数参数 project，但它和 concatMap 和 mergeMap 都不一样的是，后产生的内部 Observable 对象优先级总是更高，只要有新的内部 Observable 对象产生，就立刻退订之前的内部 Observable 对象，改为从最新的内部 Observable 对象拿数据。就像 switch 的含义一样，switchMap 做的是一个"切换"，只要有更新的内部 Observable 对象，就切换到最新的内部 Observable 对象，示例代码如下：

```
const source$ = Observable.interval(200).take(2);
const result$ = source$.switchMap(project);
```

对应的弹珠图如图 8-15 所示。

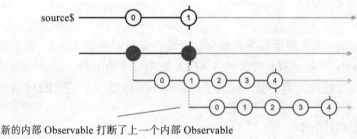

图 8-15　switchMap 的弹珠图

switchMap 这个特点适用于总是要获取最新 AJAX 请求返回的应用，只需要把上面使用 mergeMap 来合并 AJAX 请求的代码中改为用 switchMap 就可以了。

提示　在 RxJS v4 中没有 switchMap，有一个 flatMapLatest 是同样的功能，在 RxJS v5 中用 switchMap 取代了 flatMapLatest，但是没有保留 flatMapLatest 作为 switchMap 的别名。

8.4.4　exhaustMap

exhaustMap 对数据的处理策略和 switchMap 正好相反，先产生的内部 Observable 优先级总是更高，后产生的内部 Observable 对象被利用的唯一机会，就是之前的内部 Observable 对象已经完结。

需要注意的是，exhaustMap 的实现是，前一次 project 调用返回的内部 Observable 对象完结之前，上游推送下来一个数据，这时候 exhaustMap 根本不会去调用 project 函数，因为 project 会同步产生 Observable 对象，既然这时候 exhaustMap 根本不会订阅这个 Observable 对象，干脆根本不去调用 project 函数。

特定于网页中 AJAX 请求这种场景，如果某种 AJAX 请求要维持现存的 AJAX 请求，那就用得上 exhaustMap，这种喜欢"旧"请求胜过"新"请求的例子不多，但并不是不存在。比如，如果利用 AJAX 建立服务器和浏览器之间的长连接，让服务器可以沿着 AJAX 通道推送消息下来，那么只要有这样长连接的 AJAX 存在，就没有必要建立新的 AJAX 连接，exhaustMap 适合这样的场景。

提示　在 RxJS v4 中，没有 exhaustMap，有一个叫 flatMapFirst 的操作符具备同样的功能，在 RxJS v5 中用 exhaustMap 取代了 flatMapFirst，在 v5 中不能再使用 flatMapFirst。

8.4.5　高阶的 MapTo

RxJS 也提供了处理高阶 Observable 的 mapTo 一族操作符，这些操作符都以 MapTo 为后缀，包括以下这些：

❑ concatMapTo
❑ mergeMapTo
❑ switchMapTo

以 concatMapTo 为例，参数直接就是一个 Observable 对象，而不是一个返回

Observable 对象的函数，实例代码如下：

```
const source$ = Observable.interval(200);
const result$ = source$.concatMapTo(Observable.interval(100).take(5));
```

读者可能注意到一个问题，RxJS 提供的高阶 MapTo 中没有 exhaustMapTo，官方并没有任何解释为什么没有 exhaustMapTo，但是可以自行定义这个操作符，代码如下：

```
Observable.prototype.exhaustMapTo = function (inner$) {
  return this.exhaustMap(() => inner$);
};
```

其余高阶 MapTo 的实现方式也是用类似方法。

8.4.6　expand

RxJS 还提供一个叫 expand 的操作符，这个操作符类似于 mergeMap，但是，所有 expand 传递给下游的数据，同时也会传递给自己，就像是逐层“展开”所有的数据。

很明显，expand 构成了一个逻辑死循环，除非发生异常，或者 expand 的函数参数 project 代码中限定在某些情况下不再产生数据，否则 expand 产生的绝对是一个永远不会完结的 Observable 对象，而且产生的数据量也很容易产生爆炸性增长。

下面代码通过 expand 产生 2 的 N 次方序列：

```
import {Observable} from 'rxjs/Observable';
import 'rxjs/add/observable/interval';
import 'rxjs/add/observable/of';
import 'rxjs/add/operator/delay';
import 'rxjs/add/operator/expand';

const source$ = Observable.of(1);
const result$ = source$.expand(
  (value, index) => Observable.of(value * 2).delay(10)
);
```

看看 result$ 的结果很快就产生天文数字，就可以体会 expand 造成的“爆炸性”数据增长。

8.5　数据分组

在有些场景下，需要对数据进行分组，根据数据的特点放到不同的 Observable 对象中，这样方便下游对不同的 Observable 对象区别处理。数据分组的过程和合并类操作符的工作正好相反，合并类操作符（比如 merge）是把多个数据流合并为一个数据流，而数据分组是把一个数据流拆分为多个数据流。

回压控制类的操作符也提供数据分组的功能，比如 window 这个操作符，也是把上游的数据放到不同的内部 Observable 对象中，但是 window 传给一个数据流的总是连续的数据。实际情况中，需要分组的数据可能是交叉出现的，比如对于随机的整数序列，需要把奇数放在一个分组，把偶数放在另一个分组，这样 window 就是肯定做不到的。

为了支持数据分组，RxJS 提供如下的操作符：

❑ groupBy

❑ partition

接下来就分别介绍这两个操作符。

1. groupBy

groupBy 的输出是一个高阶 Observable 对象，每个内部 Observable 对象包含上游产生的满足某个条件的数据，即某个分组的数据。

可以把 groupBy 看作一个分发器，对于上游推送下来的任何数据，检查这个数据的 key 值，如果这个 key 值是第一次出现，就产生一个新的内部 Observable 对象，同时这个数据就是内部 Observable 对象的第一个数据；如果 key 值已经出现过，就直接把这个数据塞给对应的内部 Observable 对象。

至于一个数据的 key 值如何确定，由 groupBy 第一个函数参数来定制，下面是使用 groupBy 的示例代码：

```
const intervalStream$ = Observable.interval(1000);
const groupByStream$ = intervalStream$.groupBy(
  x => x % 2
);
```

对应的弹珠图如图 8-16 所示。

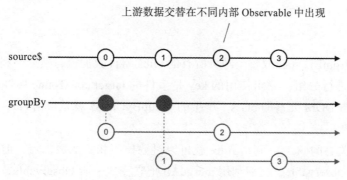

图 8-16　groupBy 的弹珠图

在上面的例子中，groupBy 的函数参数取的是参数除以 2 的余数，所以会产生两个 key 值：0 和 1。从弹珠图中可以看到，0 和 2 属于第一个内部 Observable 对象，第一个内部 Observable 对象收纳所有 key 值为 0 的数据，1 和 3 属于第二个内部 Observable 对象，因为它们对应的 key 值为 1。

groupBy 和回压控制类操作符有一个大区别就是，上游的数据可以交叉传递给下游的内部 Observable 对象，而对 window 和 buffer 来说，上游的数据肯定是连续地归属于下游的某个内部 Observable 对象或者数组，不会出现交叉的情况。

groupBy 返回的高阶 Observable 中，每个内部 Observable 对象实际上是 Grouped-Observable 类型的实例，这个 GroupedObservable 类的实例对象有一个属性 key，这个 key 属性的值就是分组的 key 值。

在网页应用中，可以用 groupBy 来对 DOM 事件进行分组，例如，我们需要对不同 class 的元素的点击事件做不同处理，HTML 中可能包含下面的结构：

```
<button class="foo">Button One</button>
<button class="foo">Button Two</button>
<button class="bar">Button Three</button>
```

因为每一种 class 的元素可能都有多个，如果对每一个元素都用 fromEvent 获取一次数据流，那就太麻烦了。一个比较好的方法是利用 DOM 事件的冒泡功能，也就是对所有 DOM 元素的点击事件，同时也是对这些 DOM 元素的父元素的点击事件，也是父元素的父元素的点击事件，依次往上，当然也是对 document 的点击事件，于是，代码可以这么写：

```
const click$ = Rx.Observable.fromEvent(document, 'click');
const groupByClass$ = click$.groupBy(event => event.target.className);
groupByClass$.filter(value => value.key === 'foo')
  .mergeAll()
  .subscribe(fooEventHandler);
groupByClass$.filter(value => value.key === 'bar')
  .mergeAll()
  .subscribe(barEventHandler);
```

首先利用 fromEvent 获取整个网页所有的 click 事件数据流，然后，利用 groupBy 来对所有的事件进行分组，分组使用的 key 是事件的 target.className 属性，这个属性代表的就是被点击 DOM 元素的 class，产生的 groupByClass$ 就是根据 class 来分组的高阶 Observable 对象。

对于我们关心的 class，利用 filter 就可以过滤掉不相关的数据流，但是过滤之后依然是一个高阶 Observable，我们利用 mergeAll 把它变成一阶 Observable，然后就可以像普通 Observable 对象一样处理了。

2. partition

对于很多具体问题，使用 groupBy 显得是牛刀杀鸡，比如上游数据是整数序列，需要把奇数和偶数分组处理，如果用 groupBy 的话，产生的高阶 Observable 中也无法确定第一个 Observable 是代表奇数还是第二个 Observable 是代表奇数，因为这完全取决于上游是先出现奇数还是偶数，而且，实际上我们只需要产生两个 Observable 对象，但是却不得不去处理一个高阶 Observable 对象。RxJS 提供的 partition 就能简化这样问题的处理，对于需要把一个 Observable 对象分为两个 Observable 对象的操作，partition 比 groupBy 更直观更易用。

partition 接受一个判定函数作为参数，对上游的每个数据进行判定，满足条件的放一个 Observable 对象，不满足条件的放到另一个 Observable 对象，就这样一分二。有意思的是，partition 是 RxJS 提供的操作符中唯一的不返回 Observable 对象的操作符，它返回的是一个数组，包含两个元素，第一个元素是容纳满足判定条件的 Observable 对象，第二个元素自然是不满足判定条件的 Observable 对象。

下面是使用 partition 的示例代码：

```
import {Observable} from 'rxjs/Observable';
import 'rxjs/add/observable/timer';
import 'rxjs/add/operator/partition';

const source$ = Observable.timer(0, 100);
const [even$, odd$] = source$.partition(x => x % 2 === 0);

even$.subscribe(value => console.log('even:', value));
odd$.subscribe(value => console.log('odd:', value));
```

其中，利用了 ES6 的语法把 partition 的返回值直接赋值给两个变量 even$ 和 odd$，even$ 包含上游所有的偶数数据，odd$ 包含所有的奇数数据；然后就可以对 even$ 和 odd$ 分别进行处理。

因为 partition 返回的结果不是 Observable 对象，所以如果把 partition 放在链式调用中会有点奇怪，代码会像是这样：

```
source$.partition(predicatFunc)[0].subscribe(...);
```

这段代码中只取了 partition 返回结果的第一个 Observable 对象，虽然像是一个链式调用，但是返回的第二个 Observable 对象也就丢了，如果不需要第二个 Observable 对象，那这个功能用 map 也可以实现。所以，使用 partition 一般也不会在后面直接使用链式调用，需要把结果用变量存储，然后分别处理结果中的两个 Observable 对象。

8.6　累计数据

前面介绍的所有操作符，上游的数据之间不会产生任何影响。比如，上游产生一个数据 A，经过操作符处理，可能变成了另一个数据 f(A)，也可能被放到了另一个 Observable 对象中或者一个数组中，这个数据 A 被操作符处理完之后也就完了，不会对后续的数据产生什么影响；如果上游再产生一个数据 B，传给下游的是一个 f(B)，或者 B 被放到一个 Observable 对象或者数组中，就好像之前并不曾有一个数据 A 存在过一样，因为各个数据之间是独立的。

当然，像上面这样各个数据之间毫无关系的处理，非常符合函数式编程的原则，各个数据之间纠葛越少，程序的逻辑也就越简单清晰，产生 bug 的可能性也就越少。但是，某些应用场景下，传给下游的数据依赖于之前产生的所有数据。对应上面的例子，当上游产生数据 B 时，希望传给下游的不是 f(B)，而是 f(A, B)，也就是希望传给下游的数据是一个综合了之前上游数据 A 的函数 f 执行结果，当然，如果上游再产生了一个数据 C，希望由此给下游传递一个综合之前所有数据的结果 f(A,B,C)。

为了实现这种功能，RxJS 提供了能够累计所有上游数据的操作符，例如 scan 和 mergeScan。

8.6.1　scan

scan 的参数和用法很像在第 6 章介绍的叫 reduce 的数学类操作符，也有一个规约函数参数和一个可选的 seed 种子参数作为规约初始值。scan 和 reduce 的区别在于 scan 对上游每一个数据都会产生一个规约结果，而 reduce 是对上游所有数据进行规约，reduce 最多只给下游传递一个数据，如果上游数据永不完结，那 reduce 也永远不会产生数据，而 scan 完全可以处理一个永不完结的上游 Observable 对象。

下面是使用 scan 的示例代码：

```
import {Observable} from 'rxjs/Observable';
import 'rxjs/add/observable/interval';
import 'rxjs/add/operator/scan';

const source$ = Observable.interval(100);
const result$ = source$.scan((accumulation, value) => {
  return accumulation + value;
});
```

其中，source$ 间隔 100 毫秒产生一个数值序列，scan 的规约函数参数把之前规约的值加上当前数据作为规约结果，每一次上游产生数据的时候，这个规约函数都会被调用，结果会传给下游，同时结果也会由 scan 保存，作为下一次调用规约函数时的 accumulation 参数。对应的弹珠图如图 8-17 所示。

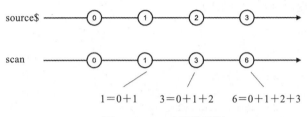

图 8-17 scan 的弹珠图

scan 可能是 RxJS 中对构建交互式应用程序最重要的一个操作符，因为它能够维持应用的当前状态，一方面可以根据数据流持续更新这些状态，另一方面可以持续把更新的状态传给另一个数据流用来做必要处理。

看一下你的电脑和你的手机，你能看到所有应用需要维护状态，你的代码编辑器需要维护当前打开代码文件的内容，这是应用状态，每一次按键都需要更新这个应用状态；你玩的手机游戏需要维护你扮演的英雄人物的位置和当前生命值，这也是应用状态，在游戏中各种操作和环境变化都可能影响这些应用状态；最简单的应用，比如一个计算器，也需要维持当前用户的输入和计算结果，同样也是应用状态。

可见，真正的应用不可避免地要维持状态，但是，RxJS 中绝大部分的操作符都不能保存状态，无论是合并类、过滤类还是转化类操作符，它们只是数据的搬运工，数据如流水一般通过，并不会留下什么痕迹。那怎么维持状态呢？最简单的方法就是用一个全局变量来维持状态，使用 RxJS 的操作符来操作数据，然后数据存到这个全局变量上，但是这肯定不是一个好的办法，所以，RxJS 提供了 scan 来解决这个问题。

scan 实际上实现了一个看不见的累计值变量，每一个上游数据都会更新这个累计值，这个累计值就可以用来保存应用中的状态，有了 scan，我们就不需要一个全局变量来维持应用状态，因为状态隐藏在每一次调用 scan 之中，一个应用中如果使用了多个 scan，这些内部状态也绝对不会互相干扰。

在使用 RxJS 的应用中，如果需要维持应用的状态，scan 是首选。在后面的章节中，我们会用实例来展示如何用 scan 维护应用状态。

8.6.2　mergeScan

mergeScan 类似于 scan，不过规约函数返回的是 Observable 对象而不是一个数据，官方文档对 mergeScan 的介绍极少，也没有举出像样的用例，以至于有人提议删除掉这个操作符得了⊖。在将来的 RxJS 版本中，可能 mergeScan 这个操作符真的会被删除，但是，至少在 v5 版本中这个操作符会还保留着。

下面是使用 mergeScan 的示例代码：

```
import {Observable} from 'rxjs/Observable';
import 'rxjs/add/observable/of';
import 'rxjs/add/observable/interval';
import 'rxjs/add/operator/mergeScan';

const source$ = Observable.interval(1000);
const result$ = source$.mergeScan((accumulation, value) => {
  return Observable.of(accumulation + value);
},
0); // mergeScan必须要有seed参数
```

可以看到，如果 mergeScan 的函数参数用 of 来返回只包含一个数据的 Observable 对象，真的看不出使用 mergeScan 有啥意义，上面的代码完全可以用 scan 来实现。而且，mergeScan 要求必须包含第二个 seed 参数，使用 scan 可以省略这个参数，如果省略 seed 参数，那么上游的第一个数据就是 seed，mergeScan 不能省略 seed 参数，用来实现这样的功能实在显得没有任何必要。

在官方文档中，对 mergeScan 的功能也缺乏详细明确的描述，如果要使用 mergeScan，有两个问题首先要搞清楚：

❑ 规约函数返回的 Observable 对象如果返回多个数据如何处理？

❑ 规约函数的 accumulation 参数会是什么值？

实际上，mergeScan 的功能可以这样描述：每当上游推送一个数据下来，mergeScan 就调用一次规约函数，并且订阅返回的 Observable 对象，之后，这个 Observable 对象返回的任何数据都会传给下游。mergeScan 会记住传给下游的最后一个数据，当上游再次推送数据下来的时候，就把最后一次传递给下游的数据作为规约函数的 accumulation 参数。

因为规约函数返回的 Observable 对象可能在上游再次推送数据下来的时候还没有完结，而 mergeScan 以类似 merge 的方式组合所有的 Observable 对象，导致各个 Observable 对象的数据可能会交叉传递给下游。这种交叉情况发生的时候，到底哪个 Observable 对象的数据是"最后一次传递给下游的数据"很难确定，所以下一次调用规约函数的 accumulation 参数也很难确定。因此，最好不要让 mergeScan 的规约函数返回包含多个数据的 Observable 对象，不然很容易失控。

⊖　https://github.com/ReactiveX/rxjs/issues/2737.

如果涉及多个 AJAX 请求之间的依赖关系，比如第一个 AJAX 请求的结果决定第二个 AJAX 请求的参数，那么 mergeScan 可能帮得上忙，在这个场景下，mergeScan 的规约函数会返回 Observable 对象，但是这个 Observable 对象也最好只包含一个数据。

能够想象得到的最适合 mergeScan 的应用场景就是无限向下扩展功能，类似于微博和 Twitter 的界面，当用户滚动到网页底部，网页会发送一个 AJAX 请求获取更多的内容，从而让网页中的内容向下扩展，下面是示例代码：

```
const result$ = throttledScrollToEnd$.mergeScan((allTweets, value) => {
  return getTweets(allTweets[allTweets.length-1]).map(
    newTweets => allTweets.concat(newTweets)
  );
}, []);
```

其中，throttleScrollToEnd$ 是一个使用回压控制处理过的滚动到网页底部的事件数据流，每当用户界面滚动到底部，mergeScan 就产生作用。每一次规约，都会通过 getTweets 函数发送一个 AJAX 请求，为了获得向下扩展的内容，需要知道当前获得的最后一条 tweet，所以要把 allTweets 最后一个元素作为参数传递给 getTweets，getTweets 也应该返回一个 Observable 对象元素，内容是从服务器端获得的新内容 newTweets，通过 map，把 allTweets 和 newTweets 合并，就是 mergeScan 规约的结果。

总之，实际应用中如果使用 mergeScan，最好让规约函数返回的 Observable 对象不要太复杂，即最好只包含一个数据，如果只是要维持应用状态，绝大部分情况使用 scan 就足够。

8.7　本章小结

本章介绍了用 RxJS 对数据进行转化的方法，除了数据流的合并和过滤，数据转化也是数据管道中最重要的操作之一。

最简单的数据转化只是把上游的某个数据转化为对应的一个下游数据，但是数据转化不限于单个数据的转化，还包括把上游的多个数据合并为一个数据传给下游。这种合并转化操作不同于合并类操作符的操作，因为合并类操作符只是搬运上游数据，并不会改变数据自身。

转化类操作符也可以用来控制回压，这是一种无损的回压控制方法，本质上是把如何过滤掉无关信息的决策权交给了下游。

本章还介绍了转化类操作符对高阶 Observable 的支持，本质上，可以认为是 map 和某个合并类操作符的组合，比如 concatMap 就是 map 和 concatAll 的组合。

第 9 章

异常错误处理

在这一章中，我们会介绍 RxJS 中的异常错误处理。我们会了解用 try/catch 方法（JavaScript 中的传统方法）处理异常错误的局限，在异步处理中，try/catch 方法派不上用场，使用回调函数或者 Promise 来处理异常虽然能够解决问题，但是依然存在诸多缺点。RxJS 实践的是函数式编程，函数式编程有不同于传统命令式编程的特点，这就要求我们用一种全新的思维方式来进行异常错误处理。

下面列举了各种场景下适用的异常错误处理操作符：

功能需求	适用的操作符
捕获并处理上游产生的异常错误	catch
当上游产生错误时进行重试	retry 和 retryWhen
无论是否出错都要进行一些操作	finally

9.1 异常处理不可避免

本书到目前为止，讨论的大部分场景中数据流转没有错误异常发生，也就是数据在管道中从上游流到下游，期间经过各种操作符的过滤或者转换，最后触发 Observer 的 next 方法，整个过程一帆风顺。然而，在真实的应用中，数据的流转未必就这么顺利，异常错误往往是不可避免的。

产生错误异常的一个典型因素就是外界环境。程序自身的代码在我们的控制中，程序的运行过程也可以把控，但是，和程序相关的外界环境因素不在我们的控制范围之内，这些外界环境可能由于各种各样的原因产生错误异常，从而导致程序运行时产生异常错误。

最常见的外界环境导致程序异常错误的例子就是输入输出操作，例如，一个写入文件的操作，即使只是写入一个字节的操作，也可能在写到一半的时候硬盘的磁道坏了，或者硬盘满了，这个写入操作就会出错。

对于网页应用，由于浏览器的限制，JavaScript 代码不能读取本地文件，所以输入输出操作往往是通过 AJAX 请求访问服务器资源。一个最简单的 AJAX 请求也很有可能会失败，导致失败的原因很多，可能浏览器一端的网络突然中断，可能是运营商的路由器着火了，可能是目标服务器的机房突然断电，可能是服务器上运行的代码有 bug，也可能是机房的网线被一个工程师不小心踢断了……这一切都可能发生，而且对于我们写程序的人来说，完全不能阻止这些异常事故的发生。

而且，这些异常错误可能发生在任何一个时间，可能创建 TCP 连接的时候就失败，可能读取了 HTTP 响应的报文头部却没有内容，可能数据读取了一半的时候连接中断……正常的情况也许只有一种，但是异常的情况却千奇百怪。

所以说，程序之外的一切都不是百分之百靠得住，开发者的责任之一，就是要预料到这些异常可能发生，在代码中做出对应的预防措施。

程序中产生异常还有可能是代码自身造成的，比如访问一个可能是 null 或者 undefined 的对象的属性，就会导致一个异常发生。如下面的代码：

```
Const x = getSomeValue();
cosole.log(x.noSuchProp);
```

这段代码看似没什么问题，但是如果 getSomeValue 函数返回一个 null，那么运行时，第二行就会抛出一个 TypeError 异常：

```
TypeError: Cannot read property 'noSuchProp' of null
```

如果你是一个有经验的开发者，相信你一定遇到过类似上面的问题。

这些代码导致的异常往往间接和外部环境有关，在大部分情况下不会暴露出来，但是，当外界环境变化时，就会触发对应的异常。

例如，下面直接利用 XmlHttpRequest 调用 API 的代码：

```
Const req = new XMLHttpRequest();
req.onload = function(){
  const data = JSON.parse(this.responseText);
  console.log(data);
}
req.open('get', 'https://api.github.com/repos/ReactiveX/rxjs', true);
req.send();
```

这段代码通过 XMLHttpRequest 调用 GitHub 的 API，获取 RxJS 这个代码库的基本信息，正常情况下，返回的结果，也就是 this.responseText 会是一个 JSON 格式的字符串，通过 JSON.parse 函数可以解析为一个 JavaScript 对象。

但是，如果因为某种原因，最后 this.responseText 得到的并不是一个 JSON 格式的对象，比如因为服务器的原因，返回的结果只是一个字符串 Not Found，那么 JSON.parse 调用就会抛出一个 SyntaxError 异常：

```
SyntaxError: Unexpected token N in JSON at position 0
```

所以，要对这些可能抛出异常的 API 调用进行特殊处理，JavaScript 中处理异常的方式就是 try/catch。

上面的代码可以改进为如下这样：

```
Req.onload = function(){
  try {
    const data = JSON.parse(this.responseText);
    console.log(data);
  } catch (error) {
    console.log('访问API失败');
  }
}
```

当服务器返回的结果不正确时，JSON.parse 虽然依然会抛出异常错误，但是，因为这个指令存在于 try 区块，所以抛出的异常错误会被随后的 catch 区块捕获，在 catch 区块中可以用代码来尽力弥补由于异常造成的麻烦。

在上面的代码中，我们对异常错误的处理只是简单地在 console 中输出提示，实际应用中，在界面上显示一个用户能够看到的提示，比如"网络故障，请重试"，让用户知道发生了什么状况，要比出错后没有任何解释的用户体验要强，这也就是处理错误异常的意义。

在浏览器中的 JavaScript 程序，如果没有捕获到异常，那么对应的事件处理就会中断，之后的指令不会执行；对于在 Node.js 环境中运行的 JavaScript 程序，如果异常没有被捕获，那么默认情况下会让 Node.js 应用崩溃退出。可见，异常处理是真实应用开发中必须要考虑的方面。

9.2 异常处理的难点

异常处理虽然必要，但是有一个很不好的影响，就是让代码更加复杂，因为需要考虑各种可能的情况，所以程序代码中就会出现各种分支。为了做到更好的异常处理，最好先让异常处理的方式不要太麻烦。

9.2.1 try/catch 只支持同步运算

很可惜，JavaScript 自带的 try/catch 方式就很麻烦。当错误发生的时候，JavaScript 运行环境会中止当前指令，创建一个指向产生错误指令的栈跟踪信息 (Stack Trace)，包含错误信息、代码行号和代码所在文件名，把这些信息封在 Error 对象中，然后沿着执行栈一层一层往上找 catch 区块，如果找不到，那就只能交给 JavaScript 运行环境用默认方法处理。

很明显，try/catch 方式只适用于同步代码指令，对于异步操作，try/catch 就完全无用武之地了，例如下面的代码：

```
Const invalidJsonString = 'Not Found';
try {
  setTimeout(() => {
    JSON.parse(invalidJsonString);
  }, 1000);
} catch (error) {
  console.log('catch error');
}
```

在上面的代码中，setTimeout 第一个参数是一个函数，这个函数会被异步执行，将 setTimeout 函数调用放在一个 try/catch 区块之中，根本捕捉不到 JSON.parse 抛出的错误异常。

因为包住 setTimeout 的 try/catch 是同步执行的，在上面的代码中，setTimeout 引发的异步操作一秒钟之后才运行，到那个时候，try/catch 部分早就同步执行完了，根本没有可能让 setTimeout 引发的错误异常交给 catch 来处理。

9.2.2 回调函数的局限

在 JavaScript 中异步操作都需要使用回调函数，要传递异步操作中产生的错误异常，一般就要借助于回调函数的参数。

我们改进上面异步调用 JSON.parse 的代码，如下所示：

```
const invalidJsonString = 'Not Found';

const delayParse = (jsonString, callback) => {
  setTimeout(() => {
    try {
      const result = JSON.parse(jsonString);
      callback(null, result);
    } catch (error) {
      callback(error);
```

```
    }
  }, 1000);
};

delayParse(invalidJsonString, (error, result) => {
  if (error) {
    console.log('catch error: ', error);
    return;
  }
  console.log(result);
});
```

为了让代码结构清楚，我们定义了一个函数 delayParse，这个函数接受一个 callback 作为回调函数参数，在 setTimeout 部分，利用 try/catch 同步捕获 JSON.parse 可能抛出的异常错误，然后通过调用 callback 函数把异常错误传递给 delayParse 的调用者。

在这里我们采用了 Node.js 的回调函数定义风格，也就是回调函数的第一个参数代表可能的错误，从第二个参数开始才是无错误和异常情况下需要传递给调用者的真实结果，所以，如果一切顺利，JSON.parse 没有抛出异常，那么调用 callback 的第一个参数就是 null，第二个参数是解析的结果；反之，如果解析错误，第一个参数就是错误异常，因为解析失败了，第二个参数当然也就不存在了。

使用回调函数的参数能够解决 try/catch 只能支持同步操作的问题，但是也有自己的局限，最臭名昭著的一点，就是嵌套使用会造成"回调函数地狱"（callback hell）。

如果异步操作之间存在依赖关系，只有前一个异步操作结束了，才可以进行下一个异步操作，那么就会造成异步操作的嵌套。

就以上面定义的 delayParse 函数为例，代码如下：

```
const nestedDelay = (callback) => {
  delayParse(jsonString1, (error, result) => {
    if (error) return callback(error);
    delayParse(jsonString2, (error, result) => {
      if (error) return callback(error);
      delayParse(jsonString3, (error, result) => {
        if (error) return callback(error);
        // do something
        callback(null, result);
      });
    });
  });
};
```

在上面的代码中，nestedDelay 函数嵌套调用了三次 delayParse，这当然没有什么实际的应用意义，但是这个例子足够说明嵌套调用异步操作的问题。

"回调函数地狱"指的就是因为嵌套调用异步函数，每个函数都要给一个回调函数，在回调函数中再调用其他的回调函数，造成代码极其复杂难懂，最明显的症状就是因为每一层回调函数都要因为缩格，代码要向右缩进一段，最后最里层的函数已经相当偏右，以至于在代码编辑器里不得不向右滚动才能看到代码的全貌。

当然，缩格只是表象，解决"回调函数地狱"问题的方法并不是去掉缩格，本质原因还是异步操作的方式需要改进。

"回调函数地狱"也暴露除了用回调函数参数传递异常错误的局限，在上面的代码中，可以注意到每一个回调函数的第一行都长得像下面这样：

```
if (error) return callback(error);
```

这是 Node.js 异步函数调用的套路，所以通常使用只有一行的简洁写法，不过，展开看会更加清楚：

```
if (error) {
  callback(error);
  return;
}
```

这段代码的含义是，如果发现上一个异步函数调用以错误收场，那当前这一层的异步函数也没有必要继续了，所以可以立即使用 return 结束，在使用 return 之前，通过调用 callback 把 error 传递给调用者。

可以看到，每一个回调函数的第一行都需要写这样一行，非常麻烦，将异常一层一层往外传递的任务落在了应用层程序的开发者身上。

有没有办法能够解决这个问题呢？有，使用 Promise 就能够大大简化代码。

9.2.3　Promise 的异常处理

顾名思义，Promise 就是一个"承诺"，交给 Promise 一件事情，它一定会有一个结果的，要么成功要么失败，而且绝对只会有一个结果，不会三心二意有了一个结果之后变卦改为另一个结果。

一个标准的 Promise 对象有三种状态，预备状态（pending）、成功状态（fulfilled）和失败状态（rejected），如图 9-1 所示。

所有的 Promise 对象都从预备状态开始，可以立即进入成功状态或者失败状态，也可以在某个异步操作完成之后再决定变为成功状态或者失败状态。

从 Promise 对象的外部使用者角度只需要关心两个函数：then 和 catch。

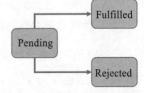

图 9-1　Promise 对象的状态转换图

利用 then 函数和 catch 函数可以往 Promise 对象上挂函数，不同的是 then 挂的是成功状态下调用的函数，而 catch 挂的是失败状态下调用的函数。

Promise 这种模式十分清晰，对应的代码也简单易懂，所以，Web API 用于发送 AJAX 请求的标准函数 fetch 返回的就是 Promise 对象。

> 📷注
> 意 jQuery 的 ajax 函数返回的是一个类似 Promise 行为的对象，但是并没有 catch 函
> 数，其次 then 函数和标准的 Promise 也有差别，所以，在这里我们不用 jQuery
> 的 ajax 举例。

我们利用 fetch 来实现读取 RxJS 在 GitHub 上代码库的基本信息功能，代码如下：

```
fetch('https://api.github.com/repos/ReactiveX/rxjs')
.then((data) => {
  console.log('got result: ', data)
})
.catch((error) => {
  console.log('catch error: ', error);
});
```

fetch 函数调用返回一个 Promise 对象，所以可以直接调用 then 函数，传入一个回调函数，用来接收处理 API 调用成功的结果。

then 这个函数调用也会返回一个 Promise 对象，所以支持链式调用，在 then 函数调用之后调用另一个 Promise 的标准函数 catch。

当 fetch 调用 API 失败的时候，catch 传入的回调函数被调用，同样，catch 函数调用也会返回一个 Promise 对象，所以可以继续链式调用下去。

实际上，fetch 返回的 Promise 对象并不是获得完整的 API 调用结果就进入成功状态，只要服务器返回的结果是一个合法的 HTTP 协议报头，即使还没有拿到 API 的全部结果，也就认为进入了成功状态，对应的 then 函数所注册的回调函数就会被调用，回调函数的参数是一个 response 对象，要从这个 response 对象中得到具体的 API 返回内容，还需要调用 response.json 函数，而 response.json 函数返回的是另一个 Promise 对象。

假如我们真正想要的是 RxJS 在 GitHub 上代码库的标了星的人数，就应该访问返回的 JSON 结果中的 stargazers_count 字段。

为了获得真正有意思的 stargazers_count，代码需要改进成下面这样：

```
fetch('https://api.github.com/repos/ReactiveX/rxjs')
.then((response) => {
  if (response.status === 200) {
    return response.json();
  }
```

```
  throw new Error('Invalid status: ', response.status);
})
.catch((error) => {
  console.log('catch response error: ', error);
})
.then((data) => {
  console.log(data.stargazers_count);
})
.catch((error) => {
  console.log('catch data error: ', error);
});
```

在上面的代码中，分别新增了一个 then 和一个 catch 函数调用，then 添加的函数从上游的 Promise 对象中提取 stargazers_count 字段。

之前说过，程序之外的一切都是靠不住的，即使这是享誉全球的 GitHub 的 API 返回结果，没准哪天 GitHub API 出了 bug，返回的结果就是一个 null 呢，所以，调用 data. stargazers_count 有可能也会产生错误异常，这就是再添加一个 catch 函数的意义。

新添加的 catch 就是为了捕捉新添加的 then 可能引发的错误异常。

所以，代码结构顺序是这样：then、catch、then、catch。

实际上，在这个链式调用过程中，产生的任何错误异常都会沿着调用顺序向下游传递，直到遇到第一个 catch，所以，实际上，我们完全可以只使用一个 catch 来捕捉多个 then 产生的异常。

 看到 Promise 的使用也有上游下游，也有链式调用，是不是觉得 Promise 和 RxJS 的 Observable 很类似？两者在范畴论中都属于 Monad 类型，本书不会详细介绍 Monad，有兴趣的读者可以参考相关文档⊖。

进一步改进代码，如下所示：

```
fetch('https://api.github.com/repos/ReactiveX/rxjs')
.then((response) => {
  if (response.status === 200) {
    return response.json();
  }
  throw new Error('Invalid status: ', response.status);
})
.then((data) => {
  console.log(data);
})
.catch((error) => {
```

⊖　可参考 Monad 资料 https://en.wikipedia.org/wiki/Monad(category_theory)。

```
    console.log('catch error: ', error);
})
```

现在，整个链式调用中只使用了一个 catch，但是这一个 catch 能够捕捉整个调用链上产生的所有错误异常，更重要的是，链式调用上可以有异步操作，却不会出现"回调函数地狱"那样难以维护的代码，也不需要每一层都显式地往外传递异常。

实际上，每一个 then 所注册的函数中，只需要专心地处理业务逻辑就可以了，错误异常都交给一个 catch 来处理就足够。

看起来，Promise 是异步操作下异常处理的完美解决方案。

但是，真是这样吗？

Promise 的异常处理依然存在不足之处。最主要的缺点就是，Promise 不能够重试。实际应用中，遇到一个失败的情况，重试是一个不错的选择。比如一个对服务器的 API 调用，第一次访问失败，可能只是网络临时发生故障，或者服务器临时出错，如果过一会儿自动重新调用一次，可能就能返回正确的结果了，这比不做重试直接显示给用户一个出错提示更好，要知道，用户看到出错提示之后，很可能也会选择重试，既然这样，还不如让这个重试的工作由代码来做。

前面已经说过，Promise 一旦进入成功状态或者失败状态，就再不能改变状态，这是一个简单而有效的设计，但是却也带来了缺陷。还是以调用服务器的 API 为例，当 fetch 函数返回一个 Promise，如果这次调用失败了，这个 Promise 对象也就走到头了，不可能让它重新尝试一次。

换句话说，根本不可能有下面这样的代码。

```
fetch('https://api.github.com/repos/ReactiveX/rxjs').retry(3);
```

不能重试是 Promise 的一个缺陷，另外，Promise 还有一个缺点是，并不强制要求异常被捕获。

在上面使用 fetch 的代码中，如果没有添加任何 catch 函数调用，那么如果真的发生了错误异常，那这些错误异常就真的丢失掉了，这不是我们想要的，我们想要的是发现这些错误之后进行必要的处理。忽略异常之后，虽然程序还在运行，但是程序的状态已经不对了，这会带来不可预料的后果。

可见，Promise 也并不是一个完美解决方案。

9.3 RxJS 的异常处理

我们已经知道了 try/catch 不适用于异步操作，回调函数传递错误异常的缺陷，还有 Promise 处理异常的局限。RxJS 是函数式编程的事件，上面所介绍的异步处理方法对于函数式编程尤其不适合。在函数式编程中，每个函数都应该是纯函数，也就是毫无副作用的函数，对于输入返回输出结果。

如果让一个函数可以抛（throw）出错误异常，那这个函数就不是纯函数，因为 throw 等于增加了一个新的函数出口，抛出去的异常会改变外部的状态。总之，能够抛出异常的函数违背了函数式编程的要求。

从函数调用者的角度来看，如果一个函数可能会抛出异常，那调用者不仅要关心函数的返回值如何处理，而且要用 try/catch 等方式处理函数可能抛出的东西，这加重了函数调用者的负担。

理所当然，本书是关于 RxJS 的，读者一定已经猜到了，克服上述所有方案缺点的最佳解法就是用 RxJS。

在 RxJS 中，错误异常和数据一样，会沿着数据流管道从上游向下游流动，流过所有的过滤类或者转化类操作符，最后触发 Observer 的 error 方法。

值得注意的是，错误异常只存在于自己所处的数据流管道中，不会像 try/catch 那样影响全局，在一个数据流管道中奔流的错误，绝不会影响另一个管道，至于怎么处理这个错误异常，则交给 Observer 来处理。

当然，很多情况下，并不是所有的错误异常都要由最终 Observer 的 error 函数来处理，不然 Observer 要操心的事情也太多，如果逻辑上这些错误异常不该 Observer 操心，那自然应该在数据管道中就把这些错误处理掉。

对错误异常的处理可以分为两类：

❏ 恢复（recover）

❏ 重试（retry）

恢复，就是本来虽然产生了错误异常，但是依然让运算继续下去。最常见的场景就是在获取某个数据的过程中发生了错误，这时候自然没有获得正确数据，但是用一个默认值当做返回的结果，让运算继续。

重试，就是当发生错误异常的时候，认为这个错误只是临时的，重新尝试之前发生错误的操作，寄希望于重试之后能够获得正常的结果。

在实际应用中，重试和恢复往往配合使用，因为重试往往是有次数限制的，不能无限重试，如果尝试了次数上限之后得到的依然是错误异常，还是要用"恢复"的方法获得默认值继续运算。

RxJS 中有如下四个操作符来支持异常操作：

❏ catch

❏ retry

❏ retryWhen

❏ finally

其中，catch 主要用于"恢复"工作，而 retry 和 retryWhen 就像它们的名字表示的一样，用于"重试"工作。

9.3.1 catch

上面说过，在 RxJS 数据流中产生的错误会沿着管道流动，因为大部分操作符都会忽略错误，直接转手给下游，一直传递给 Observer，但是 catch 这种操作符比较特殊，它会在管道中捕获上游传递过来的错误。

为了演示 catch 的功能，先定义一个可以产生错误异常的函数，代码如下：

```
const throwOnUnluckyNumber = value => {
  if (value === 4) {
    throw new Error('unlucky number 4');
  }
  return value;
};
```

上面定义的 throwOnUnluckNumber 函数只做一件很简单的事情，比如有些人认为 4 的谐音不吉利，所以当输入参数为 4 的时候，就抛出一个 Error 对象，对于任何其他参数，都直接返回给调用者。

然后，我们在 RxJS 中演示 catch 如何捕获异常，代码如下：

```
import 'rxjs/add/observable/range';
import 'rxjs/add/observable/of';
import 'rxjs/add/operator/map';
import 'rxjs/add/operator/catch';

const source$ = Observable.range(1, 5);
const error$ = source$.map(throwOnUnluckyNumber)
const catch$ = error$.catch((err, caught$) => Observable.of(8));
```

在上面的代码中，source$ 产生一系列递增正整数，这些正整数经过 throwOn-UnluckyNumber 之后，其中的正整数 4 会引发错误，所以 error$ 会在吐出 1、2、3 之后就吐出一个 Error 对象。

如果让一个 Observer 直接去订阅这个 error$，最后这个 Observer 的 error 函数会被调用，但是，我们不想因为这点事劳烦 Observer，所以又创建了 catch$，通过在 error$ 的下游再增加一个 catch 来捕获错误。

catch 这个操作符接受一个函数作为参数，这个函数一般命名为 selector，它有两个参数，第一个参数是 error，也就是被捕获的错误，第二个参数 caught$，代表上游紧邻的那个 Observable 对象，在上面的例子中，caught$ 应用的就是变量 error$。

注
意 在官方文档中，selector 参数的第二个参数被命名为 caught，但是，它实际上是一个 Observable 对象，在本书中为了保持命名一致，将第二个参数命名为 caught$。

selector 函数返回一个 Observable 对象，当 catch 捕获上游传来的错误时，调用参数 selector 这个函数，返回的 Observable 中吐出的数据会被当做"恢复"现场用的数据传递给下游。

在上面的例子中，selector 函数是这样定义的，代码如下：

```
(err, caught$) => Observable.of(8)
```

两个参数都没有派上用场，直接返回一个只有一个数据 8 的 Observable 对象，因为我们有人认为，8 是一个吉利的数字，用它来代替不吉利的 4 再合适不过。

所以，source$ 会吐出下面的正整数序列。

```
1 2 3 4 5
```

error$ 会在 source$ 吐出 4 的时候抛出错误，但最后 catch$ 不会往下游扔错误，而是吐出以下序列的正整数：

```
1 2 3 8
```

原本出现不吉利数字 4 的位置，被 catch$ 用 8 来替换，但是因为发生了错误，正常的序列被打断，原本 source$ 应该吐出的 5 不会有机会走到 catch$ 的下游。

值得注意的是，因为 selector 返回的是一个 Observable 对象而不是一个数据，所以，实际上在"恢复"过程中可以产生多个数据，将上面的代码改成这样：

```
const catch$ = error$.catch((err, caught$) => Observable.of(8).repeat(8));
```

上面的 selector 参数函数返回的 Observable 对象是重复 8 次 8，最后 catch$ 吐出的正整数序列就是这样：

```
1 2 3 8 8 8 8 8 8 8 8
```

对于 selector 的第一个参数 err，就和 try/catch 中的错误对象一样，可以用来判断错误类型，也可以用来记录错误日志。

selector 的第二个参数 caught$ 比较有意思，因为它代表的是上游的 Observable 对象，如果 selector 就返回 caught$ 的话，相当于让上游 Observable 重新走一遍，事实上，catch 这个操作符其实不光有"恢复"的功能，也有"重试"的功能，所以，我们不敢说 catch 只能做"恢复"工作，只能说它主要是做"恢复"工作的。

使用 catch 来做"重试"的代码如下：

```
const catch$ = error$.catch((err, caught$) => caught$).take(10);
```

在上面的代码中，selector 参数函数返回了 caught$，因为 caught$ 代表的就是上游 Observable 对象 error$，所以就是让 error$ 重来一遍，当然，error$ 依然会抛出错误，所以重试失败，于是错误又被捕获，又重来……这其实就是一个死循环，所以，在 catch 之后添加了一个 take，只拿 10 个吐出的数据，这样就避免了 catch$ 无法结束的问题。

最后，catch$ 吐出的正整数序列是这样：

```
1 2 3 1 2 3 1 2 3 1
```

重试了三次，第三次只有机会吐出 1，因为 take 产生了效果，只需要拿 10 个吐出的数据。

> 注意　在 RxJS v4 中，catch 是一个静态操作符，使用方式也和 v5 的完全不一样，所以 v4 和 v5 在异常处理上是完全不兼容的。

9.3.2　retry

上面介绍的 catch 主要用于"恢复"，但是这种恢复只是往数据流管道里塞另外的数据，让数据流得以继续，很多时候，这样还是不够的，毕竟塞进去的数据并不是真正预期的数据，这时候，如果重来一次有可能获得正确结果，就应该用上"重试"，retry 就是用来重试的操作符之一。

要注意，只有对于再来一次有可能成功的操作，才有重试的必要，比如访问服务器 API 的操作，失败的原因是服务器崩溃，那就可以重试；对于必定会失败的操作，比如上面代码例子中使用 throwOnUnluckyNumber 的 error$ 对象，无论重试多少次都是失败，就没有必要重试了。

不过，在本书的示例代码中，为了简单清晰，依然会重试必定会失败的操作，读者只需要注意在实际开发中，要根据具体场景选择是否要重试。

retry 这个操作符的作用就是让上游的 Observable 重新走一遍，达到重试的目的。

这个操作符接受一个数值参数 number，number 用于指定重试的次数，如果 number 为负数或者没有 number 参数，那么就是无限次 retry，直到上游不再抛出错误异常为止。

通常，retry 调用应该有一个正整数的参数，也就是要指定有限次数的重试，否则，很可能陷入无限循环，毕竟被重试的上游 Observable 只是"有可能重试成功"，意思就是也有可能重试不成功，如果真的运气不好就是重试不成功，也真没有必要一直重试下去。

比如，访问某个服务器 API 失败，考虑到服务器可能会偶尔不稳定，重试几次是一个很好的策略，但是，如果服务器一直返回错误但客户端程序一直重试，那就是徒耗资源，而且会给用户不好的体验。

> 🔔 **注意** 在实际应用开发中，因为外部资源导致的异常错误适合重试，如果是代码原因导致的异常错误，应该是找到代码的 bug 去修复代码，重试是没有意义的。

正因为 retry 通常要限定重试次数，所以 retry 通常也要和 catch 配合使用，重试只是增加获得成功结果的概率，当重试依然没有结果的时候，还是要 catch 上场做"恢复"的工作。

配合使用 retry 和 catch 的代码如下：

```
const source$ = Observable.range(1, 5);
const error$ = source$.map(throwOnUnluckyNumber);
const retry$ = error$.retry(2);
const catch$ = retry$.catch(err => Observable.of(8));
```

还是利用 throwOnUnlucky 来产生错误，retry 的参数是 3，也就是在第一次失败之后再重试 2 次，但是在这段代码中重试肯定是会失败的，第二次失败之后，retry 就不产生作用了，任由错误向下游传递，下游是 catch，捕获错误，向下游传递数据 8。

最终 catch$ 吐出的数据序列是这样的：

```
1 2 3 1 2 3 1 2 3 8
```

前一个 1、2、3 序列是第一次运行，第二个和第三个 1、2、3 序列是两次重试的结果，最后一个 8 就是 catch 的作用。

前面已经介绍过，Promise 不能重试，这是 Promise 的一个劣势，但是 RxJS 的 Observable 可以重试，所以能够更好地处理现实场景。

但是，retry 也有一个问题，当上游传下错误时，retry 会立即开始重试，而现实中这种处理方式未必合理，还是以访问服务器 API 为例，服务器返回一个错误，立刻重新访问这个 API，很可能还是返回一个错误，因为我们都知道服务器要是因为崩溃出问题，不大能瞬间恢复正常，最好的策略是稍微等待一段时间之后再重新尝试。

显然，retry 这个操作符还不满足延时重试的要求，所以，还需要另外一个操作符，那就是 retryWhen。

9.3.3　retryWhen

retryWhen 接受一个函数作为参数，这个参数称为 notifer，用于控制"重试"的节奏和次数，这比 retry 单纯只能控制重试次数要前进一步。

控制"重试"的节奏和次数的方式也非常符合 RxJS 的风格，notifer 有一个参数名为 error$，注意这个参数名后面有一个 $，表示它实际上代表的不是一个错误，而是由一组错误组成的 Observable 对象；notifer 返回一个 Observable 对象，当上游扔下来错误的时候，retryWhen 就会调用 notifer，然后根据 notifer 返回的 Observable 对象来决定何时重试，这个返回的 Observable 就是一个"节奏控制器"，"节奏控制器"每吐出一个数据，就会进行一次重试。

当"节奏控制器"完结的时候，retryWhen 返回的 Observable 对象也会立刻完结。

用一个例子来看 retryWhen 如何使用，代码如下：

```
const source$ = Observable.range(1, 5);
const error$ = source$.map(throwOnUnluckyNumber);
const retryWhen$ = error$.retryWhen(err$ => Observable.interval(1000));
```

retryWhen 的参数函数返回一个 interval 产生的 Observable 对象，每隔一秒钟吐出一个数据，于是，当 error$ 第一次抛出异常时，会等待一秒钟才开始重试，这样就可以控制住节奏，避免每次重试都是立即发生。

在上面的例子中，并没有用到 notifer 函数的 err$ 参数，读者可能会觉得奇怪，为什么 err$ 是一个 Observable 对象，而不是像 catch 这个操作符一样，是一个单独的错误对象？

这是因为，retryWhen 最多只会调用 notifier 一次，当上游第一次抛下错误的时候调用 notifer 一次，之后的重试过程中如果还有错误抛下来，就不会再调用 notifer 了，所以，为了访问到所有重试可能产生的错误，notifer 的第一个参数是一个 err$ 而不是 err。

retryWhen 拥有比 retry 更强大的定制功能，可以实现各种复杂的控制。

1. 延时重试

利用 err$ 是 Observable 的特性，我们可以很容易实现延时重试，代码如下：

```
const source$ = Observable.range(1, 5);
const error$ = source$.map(throwOnUnluckyNumber);
const retry$ = error$.retryWhen(err$ => err$.delay(1000));
```

在上面的代码中，retryWhen 的函数参数返回的是 err$.delay(1000)，借助 delay，每一次出错，都在 1000 毫秒之后触发重试，达到了延时的目的。

2. 用 retryWhen 实现 retry

实际上，可以利用 retryWhen 来实现 retry 一样的功能，代码如下：

```
Observable.prototype.retryCount = function (maxCount) {
  return this.retryWhen(err$ => {
    return err$.scan((errorCount, err) => {
      if (errorCount >= maxCount) {
        throw err;
      }
      return errorCount + 1;
```

```
      }, 0)
    });
  };
```

在上面的例子中，巧妙使用了 notifer 的 err$ 参数，因为 err$ 代表上游抛出的所有错误的 Observable 对象，所以，只需要统计 err$ 中吐出的数据个数，就知道已经重试了多少次，如果已经达到重试上限，把这个错误抛出来就行，RxJS 会把错误传递给下游。

为了满足上面的要求，scan 操作符是一个很好的选择，对于 err$ 中吐出的所有错误对象，scan 可以累积错误对象个数。

3. 延时并有上限的重试

我们已经知道如何用 retryWhen 实现延时重试，也知道如何用 retryWhen 控制重试次数，接下来可以把两者结合在一起同时限制次数和控制节奏，下面是实现这个功能的操作符代码，这个新的操作符名为 retryWithDelay：

```
Observable.prototype.retryWithDelay = function(maxCount, delayMilliseconds) {
  return this.retryWhen(err$ => {
    return err$.scan((errorCount, err) => {
      if (errorCount >= maxCount) {
        throw err;
      }
      return errorCount + 1;
    }, 0).delay(delayMilliseconds);
  });
};
```

在 retryWithDelay 中，我们依然使用 scan 来统计出错的次数，不过在 scan 之后接上了一个 delay，每当一个错误发生，err$ 就会吐出一个数据给 scan，scan 统计完错误之后也会立即吐出结果，但是，delay 的存在会让 scan 吐出的结果延时往下游传递，延时时间由参数 delayMilliseconds 来决定。

使用 retryWithDelay 的代码如下：

```
const source$ = Observable.range(1, 10);
const error$ = source$.map(throwOnUnluckyNumber);
const retry$ = error$.retryWithDelay(2, 1000);
```

在上面的代码中，retry$ 会先吐出 1、2、3 序列，等待一秒钟之后重试，然后再次吐出 1、2、3 序列，然后又等待一秒钟之后重试，在重试 2 次之后抛出错误。

4. 递增延时重试

我们已经实现了有延时并且有次数上限的"重试"方法，但这还不是最精妙的方法，更精妙的重试策略每次重试之间的延时间隔不是固定的，这样更加科学。

比如，访问某个服务器 API，第一次失败，可以等 100 毫秒之后再尝试，结果又失败了，这时候一个比较经验性的做法不是再等 100 毫秒之后重试，过去的 100 毫秒服务器没有恢复，那估计再等 100 毫秒恢复的概率也不高，而且访问太频繁对服务器造成压力也不大好，所以，可以选择 200 毫秒之后重试，如果再失败，就进一步增加重试延迟，400 毫秒之后重试，然后 800 毫秒后重试，以每次失败选择 2n × 100 毫秒的延时，n 为失败次数。

根据上面的策略，可以实现一个对应的操作符，名为 retryWithExpotentialDelay，代码如下：

```
Observable.prototype.retryWithExpotentialDelay = function (maxRetry,
  initialDelay) {
  return this.retryWhen(
    err$ => {
      return err$.scan((errorCount, err) => {
        if (errorCount >= maxRetry) {
          throw err;
        }
        return errorCount + 1;
      }, 0)
      .delayWhen(errorCount => {
        const delayTime = Math.pow(2, errorCount - 1) * initialDelay;
        return Observable.timer(delayTime);
      });
    });
};
```

在 retryWithExpotentialDelay 中，我们使用了 delayWhen 这个操作符，就和 retryWhen 利用 Observable 然后能力比 retry 强大很多一样，delayWhen 利用 Observable 所以能力也比 delay 强大很多。

delayWhen 从上游 scan 得到的数据是重试的次数，根据重试次数计算出延时时间，这样就让重试延时不局限于一个固定时间。

9.3.4 finally

在 JavaScript 中，除了 try 和 catch 两个关键字用来支持同步异常处理之外，还有一个 finally，用于执行无论出错还是不出错都要做的事情。下面是一个使用 finally 的代码例子：

```
let result;
try {
  result = JSON.parse(jsonString);
```

```
} catch (error) {
  result = {};
} finally {
  console.log(result);
}
```

无论 JSON.parse 有没有抛出异常，finally 区块中的代码都会被执行。

和 JavaScript 的功能对应，RxJS 中既然有一个名为 catch 的操作符，所以同样有一个名为 finally 的操作符也就不奇怪了。下面是一个在 RxJS 中使用 finally 操作符的例子：

```
const source$ = Observable.range(1, 10);
const error$ = source$.map(throwOnUnluckyNumber);
const final$= error$.retry(3)
    .catch(err => Observable.of(8))
    .finally((x) => console.log('finally'));
```

在上面的代码中，final$ 最后无论是寿终正寝正常完结，还是以抛出错误收场，finally 传入的函数都会被执行。

finally 和 do 操作符很像，它们传入的函数无法影响数据流，所以要做点事只能通过其他副作用，比如释放数据流之外的资源，输出一个日志信息之类。

finally 和 do 也有很大的不同，finally 的参数只在上游数据完结或者出错的时候才执行，一个数据流中 finally 只会发挥一次作用；而 do 是对上游吐出的每个数据均执行。

finally 和 do 这二者配合使用可以覆盖数据流上可能发生的所有事件。

9.4　重试的本质

假如 retryWhen 的参数 notifer 产生的 Observable 对象吐出数据过快会怎么样呢？比如，下面的代码：

```
const source$ = Observable.interval(600);
const error$ = source$.map(throwOnUnluckyNumber);
const retry$ = error$.retryWhen(err$ => Observable.interval(1000)));
```

数据流的最初源头是 interval 产生的 Observable 对象，每隔 600 毫秒吐出一个递增正整数，到 5*600=2400 毫秒之后会吐出引发错误的数据 4。

notifer 返回由 interval 产生的 Observable 对象，节奏为每一秒钟吐出一个数据，当第一次发生错误时，retryWhen 会在 1 秒钟之后重试，而且，之后每隔一秒 retryWhen 都会开始新一轮重试，这时候 RxJS 会有什么样的行为呢？

在上面的代码中，retry$ 会每隔 600 毫秒依次吐出 0、1、2、3，然后错误引发了重试，之后就只会每隔 1 秒钟吐出 0，不会再吐出 1、2、3。

为什么会这样呢？

因为无论是 retryWhen 还是 retry，所谓的"重试"，其实就是重新订阅（subscribe）一遍上游 Observable 对象的过程，在订阅上游的同时，会退订上一次的订阅，所以，如此一来，上面代码中上游只有 0 才有机会被吐出，之后的数据都因为退订而没有出头之日了。

理解"重试"其实就是退订加上订阅的操作非常重要，如果上游 Observable 是一个 Hot 数据流，可能结果并不是一次"重试"。

这里创造一个 Hot 数据流，代码如下：

```
const emitter = new EventEmitter();
Observable.interval(600).subscribe((value) => {
  emitter.emit('tick', value);
});

const hotSource$ = Observable.create(observer => {
  console.log('on subscribe');

  const listener = (value) => observer.next(value);
  emitter.on('tick', listener);

  return () => {
    console.log('on unsubscribe');
    emitter.removeListener('tick', listener);
  }
});
```

在上面的代码中，一个 inteval 产生的 Observable 对象是 Cold 数据流，也就是每次订阅都会产生一个全新的数据序列，为此，我们创造一个全局的 emitter，让 interval 产生的 Observable 对象每隔 600 毫秒去触发 emitter 上的 tick 事件，由此避免 interval 被重复订阅。

通过 Observable.create 产生的 hotSource$，每次被订阅和退订的时候，控制台上都会有打印输出，然后，对于所有的 observer，让 emitter 的 tick 事件来驱动 next 的调用。

显而易见，hotSource$ 是一个 Hot 数据流。

提示　上面创造 Hot 数据流的过程虽然直观，但是也显得十分繁琐，在后面的章节中，我们会介绍更加简单的创建 Hot 数据流的方法。

使用 hotSource$ 的代码如下：

```
const error$ = hotSource$.map(throwOnUnluckyNumber);
const retry$ = error$.retry(1);

retry$.subscribe(
  value => console.log('value: ', value),
  err => console.log('error: ', err),
  () => console.log('complete')
);
```

上面的代码的运行输出结果如下：

```
on subscribe
value:  0
value:  1
value:  2
value:  3
on unsubscribe
on subscribe
value:  5
value:  6
value:  7
complete
on unsubscribe
```

hotSource$ 被订阅，于是输出 subscribe，然后吐出 0、1、2、3，当吐出 4 时，这个不吉利数字引发了错误，retry 会对上游（也就是 error$）先做退订，然后再做订阅。

注意，因为上游是一个 Hot 数据流，再次订阅的时候，上游吐出来的数据不是从 0 开始，而是从 5 开始，这样就不会再遇到不吉利的数字 4，所以，接下来输出的就是 5、6、7。

在整个数据流完结之后，hotSource$ 的 unsubscribe 会再被调用一次。

从上面的例子可以很清楚地看到，对于 Hot 数据流，即使使用了 retry 和 retryWhen，也并不是"重试"，只不过是重新订阅而已。

9.5　本章小结

在这一章中，我们了解了 JavaScript 自带的异常处理方式，通过 try/catch 指令可以处理同步操作的异常，但是不能处理异步操作的异常。

使用回调函数，并在回调函数中利用参数传递错误异常，可以解决异步操作的问题，但是却可能造成"回调函数地狱"。

Promise 可以解决回调函数方式的问题，但是 Promise 自身不能够重试。

RxJS 自带的操作符比较完美地解决了所有问题，使用 catch、retry 和 retryWhen，可以方便地支持"恢复"和"重试"两类异常处理方式。

retryWhen 和 scan、delay 等操作符结合，可以非常方便定制出任意重试功能，可见 RxJS 功能的强大。

多　播

本章介绍很常用的一种 RxJS 应用方法——多播（multicast），多播就是让一个数据流的内容被多个 Observer 订阅。

为了实现多播，需要引入一种特殊的类型 Subject，在 RxJS 中除了 Subject 这个类型，还有如下几个扩充的形态：

❑ BehaviorSubject

❑ ReplaySubject

❑ AsyncSubject

同时，RxJS 还提供一系列操作符用于支持多播，下面列举了各种场景下使用的多播类操作符：

功 能 需 求	适用的操作符
灵活选取 Subject 对象进行多播	multicast
只多播数据流中最后一个数据	publishLast
对数据流中给定数量的数据进行多播	publishReplay
拥有默认数据的多播	publishBehavior

10.1　数据流的多播

在 RxJS 中，Observable 和 Observer 的关系，就是前者在播放内容，后者在收听内容。播放内容的方式可以分为三种：

❑ 单播（unicast）

❑ 广播（broadcast）

❑ 多播（multicast）

所谓单播，就是一个播放者对应一个收听者，一对一的关系，比如，你使用微信给你的朋友发送信息，这就是单播，你发送的信息只有你的朋友才能收到。

单播只有一个接受者，但是有时候我们希望所有人都知道某个消息，这就是广播，比如，有一个好消息你不想只分享给一个人，而是想告诉所有的同事或者同学，你就在办公室或者教室里大声吼出这个好消息，所有人都听见了，这就是"广播"。

当然，还有一些八卦消息，你想要分享给一群朋友，但并不想分享给所有人，或者不想在公共场合大声嚷嚷，于是你在微信上把相关朋友拉进一个群，在群里说出这个消息，只有被选中的朋友才能收到这条消息，这就叫做"多播"，如图 10-1 所示。

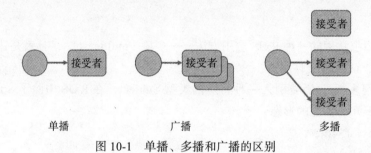

图 10-1 单播、多播和广播的区别

在 RxJS 领域，对这三种传播方式的支持如何呢？首先，单播是绝对支持的，实际上，到目前为止，书中涉及的例子大都是单播，也就是 Observable 和 Observer 都是一对一的关系。

其次，对于广播，并不是 RxJS 支持的目标，因为已有很多现成的解决方法，例如，Node.js 中的 EventEmitter 支持广播的模式，下面是一段使用 EventEmitter 实现广播的例子：

```
import EventEmitter from 'events';
const eventHub = new EventEmitter();

eventHub.on('data', (info) => console.log(info));
eventHub.emit('data', 'some data');
eventHub.emit('data', 'some other data');
```

广播的问题是，发布消息的根本不知道听众是什么样的人，于是筛选消息的责任就完全落在了接收方的身上，而且广播中容易造成频道冲突，就像无线电的共用频段，如果不同的几组人都在用一个频段交流，有的人说的是交通拥堵情况，有的人协调的是餐厅服务，这样很容易乱套。

因为广播这种方式影响全局环境，难以控制，和 RxJS 的设计初衷就违背，所以，我们不考虑用 RxJS 实现广播。

最后，来看一下多播，RxJS 是支持一个 Observable 被多次 subscribe 的，所以，RxJS 支持多播，但是，表面上看到的是多播，实质上还是单播。

下面是一个表面上看起来是"多播"的代码例子：

```
import {Observable} from 'rxjs/Observable';
import 'rxjs/add/observable/interval';
import 'rxjs/add/operator/take';

const tick$ = Observable.interval(1000).take(3);

tick$.subscribe(value => console.log('observer 1: ' + value));
setTimeout(() => {
  tick$.subscribe(value => console.log('observer 2: ' + value));
}, 2000);
```

代码清单 10-1　Cold Observable 无法实现多播

上面的代码中，利用 interval 和 take 的组合生成 Observable 对象 tick$，以间隔一秒的节奏产生递增整数序列，然后给 tick$ 添加了两个 Observer，我们有意让第二个 Observer 延时 1.5 秒钟之后才添加。

你觉得上面的代码运行结果是怎样？可能你会觉得，因为第二个 Observer 延时了 1.5 秒才添加，所以错过了 tick$ 在 1 秒时吐出的数据 0，那么，程序输出应该只输出 5 行，像下面这样。

```
observer 1: 0
observer 1: 1
observer 2: 1
observer 1: 2
observer 2: 2
```

实际上，上面不是正确的输出，这段代码的运行结果是下面这样。

```
observer 1: 0
observer 1: 1
observer 2: 0
observer 1: 2
observer 2: 1
observer 2: 2
```

第二个 Observer 依然接收到了 0、1、2 总共三个数据。

为什么会是这样的结果？

因为 interval 这个操作符产生的是一个 Cold Observable 对象。

10.2 Hot 和 Cold 数据流差异

在第 2 章 2.4 节中介绍过，所谓 Cold Observable，就是每次被 subscribe 都产生一个全新的数据序列的数据流。

在第 3 章中，介绍了 RxJS 中的创建类操作符，其中绝大部分创建的都是 Cold Observable 对象，有代表性的有下面这些。

interval，每隔指定时间吐出递增整数数据，从上面的例子我们也领教到了，对 interval 产生的 Observable 对象每 subscribe 一次，都会产生一个全新的递增整数序列。

range，这个比较容易理解，因为 range 是一次同步吐出一个范围内的数值，每次被 subscribe 都生成全新的序列。

上面的代码虽然对一个 Observable 做了多次 subscribe，但是对于每一个 Observer，其实都有一个独立的数据流在喂着，数据并不是真正来自同一个源头。

在 RxJS 的创建类操作符中，下面几个产生的是 Hot Observable：

❑ fromPromise
❑ fromEvent
❑ fromEventPattern

不难看出，这些产生 Hot Observable 对象的操作符数据源都在外部，或者是来自于 Promise，或者是来自于 DOM，或者是来自于 Event Emitter，真正的数据源和有没有 Observer 没有任何关系。

真正的多播，必定是无论有多少 Observer 来 subscribe，推给 Observer 的都是一样的数据源，满足这种条件的，就是 Hot Observable，因为 Hot Observable 中的内容创建和订阅者无关。

满足 Hot Observable 的现实例子也不少，比如浏览器中鼠标的移动事件、点击事件，浏览器中的滚动事件，来自 WebSocket 的推送消息，还有 Node.js 支持的 EventEmitter 对象消息。

Hot 和 Cold Observable 都具有"懒"的特质，不过 Cold 更"懒"一些，两者的数据管道内逻辑都是只有存在订阅者存在才执行，Cold Observable 更"懒"体现在，如果没有订阅者，连数据都不会真正产生，对于 Hot Observable，没有订阅者的情况下，数据依然会产生，只不过不传入数据管道。

所以，Cold Observable 实现的是单播，Hot Observable 实现的多播。

可是，有时候，我们也希望对 Cold Observable 实现多播。

举一个十分现实的例子，假如用 RxJS 实现"超级马里奥"（也有习惯叫做"超级玛丽"）这个游戏，游戏中需要实现动画，随着时间推进，马里奥、蘑菇、乌龟这些不同游戏元素需要移动，如图 10-2 所示。

图 10-2　超级马里奥游戏中有很多元素需要时钟控制移动

为了达到游戏的动画效果，一个很直观的方法就是用 interval 构建一个每隔 10 毫秒发出信号的 Observable 对象，这样每个部件只要 subscribe 这个 Observable 对象，就能够每 10 毫秒获得一个信号，根据这个信号的节奏来计算和移动自己的位置。

展示上述功能的代码样例如下：

```
const tick$ = Observable.interval(10);

tick$.subscribe(moveMario);
tick$.subscribe(moveTurtule);
tick$.subscribe(moveMushroom);
```

可是，上面已经说过，interval 产生的是 Cold Observable，即使所有部件都去 subscrible 同一个 interval 产生的 Observable 对象，最后得到的也是不同的数据序列，所以上面的代码实际上是不严谨的。

假如某个游戏元素创建得晚，那么就会出现节奏不一致的问题。比如，游戏中的最终大 Boss 的出场肯定无法确定什么时刻，当大 Boss 出现时，调用下面的语句：

```
tick$.subscribe(moveBigBoss);
```

这个时候，tick$ 依然会产生一个全新的数据序列，而这个序列很有可能和马里奥等其他游戏元素的数据序列不一致，这些游戏元素的移动就会不一致。

很显然，我们希望创建这样一种 tick$，它是由 interval 产生的，但是它又是一个 Hot

Observable，能够给所有 Observer 提供单一的数据源。

既然 interval 产生的是 Cold Observable，那么接下来的问题就是：如何把 Cold Observable 变成 Hot Observable 呢？

答案就是要使用 RxJS 中的 Subject。

10.3　Subject

我们知道，在函数式编程的世界里，有一个要求是保持"不可变性"（Immutable），所以，要把一个 Cold Observable 对象转换成一个 Hot Observable 对象，并不是去改变这个 Cold Observable 对象本身，而是产生一个新的 Observable 对象，包装之前 Cold Observable 对象，这样在数据流管道中，新的 Observable 对象就成为了下游，想要 Hot 数据源的 Observer 要订阅的是这个作为下游的 Observable 对象。

要实现这个转化，很明显需要一个"中间人"做串接的事情，这个中间人有两个职责：

❑ 中间人要提供 subscribe 方法，让其他人能够订阅自己的数据源。

❑ 中间人要能够有办法接受推送的数据，包括 Cold Observable 推送的数据。

上面所说的第一个职责，相当于一个 Observable，第二个工作，相当于一个 Observer。

在 RxJS 中，提供了名为 Subject 的类型，一个 Subject 既有 Observable 的接口，也具有 Observer 的接口，一个 Subject 就具备上述的两个职责。

 提示　还记得第 2 章介绍的观察者模式吗？如果按照书本上的传统说法，被观察者被叫做"主体"（Subject），但是为了避免混淆，我们把被观察者称为"发布者"（Publisher），现在你知道 RxJS 中真正的 Subject 是什么了。

10.3.1　两面神 Subject

Subject 兼具 Observable 和 Observer 的性质，就像有两副面孔，可以左右逢源。下面是一个使用 Subject 的代码例子：

```
import {Observable} from 'rxjs/Observable';
import {Subject} from 'rxjs/Subject';
import 'rxjs/add/observable/interval';
import 'rxjs/add/operator/map';

const subject = new Subject();
```

```
subject.map(x => x * 2).subscribe(
  value => console.log('on data: ' + value),
  err => console.log('on error: ' + err.message),
  () => console.log('on complete')
);

subject.next(1);
subject.next(2);
subject.next(3);
subject.complete();
```

Subject 通过下面的方法导入和创建，可以看到它在 rxjs 的一级目录下，和 Observable 是同一级别的地位：

```
import {Subject} from 'rxjs/Subject';

const subject = new Subject();
```

一个 Subject 对象是一个 Observable，所以可以在后面链式调用任何操作符，也可以调用 subscribe 来添加 Observer。

注意 虽然有习惯把 Observable 对象的变量名带上 $ 后缀，而且 Subject 其实也是一种 Observable，但是业界并没有习惯把 Subject 对象的变量名加上 $ 后缀。

一个 Subject 对象同时也是一个 Observer，所以也支持 next、error 和 complete 方法，在上面的代码中，我们通过 next 方法往 Subject 对象传递 1、2、3 三个数据，然后通过 complete 方法完结这个 Subject 对象。

最后，代码运行结果是下面这样：

```
on data: 2
on data: 4
on data: 6
on complete
```

每个送给 Subject 对象的数字，经过 map 之后，最后得到的结果都乘以 2。

从上面的例子可以看到，Subject 并不是一个操作符，它是一个和 Observable 平级的一种存在，但是，Subject 和 Observable 有一个重大区别，就是 Observable 对 Observer 是没有 "记忆" 的，但是 Subject 却记得住有哪些 Observer 订阅了自己。

回顾一下 create 这个操作符，这个操作符是所有 Observable 最基本的构造方法，接受一个 observer 参数，然后设置何时调用这个 observer 参数的 next、error、complete 方法，如下所示：

```
Observable.create(observer => {
```

```
    // 调用observer.next()或者observer.error()或者observer.complete()
});
```

但是 Observable 对象并不会去记住有哪些 observer 订阅了自己，也就是说，Observable 对所有的 observer 一视同仁，每一个 observer 来都是一样的照顾。

但是，对于 Subject 来说不一样，Subject 有状态，这个状态就是所有 Observer 的列表，所以，当调用 Subject 的 next 函数时，才可以把消息通知给所有的 Observer。

下面是 Subject 对象拥有多个 Observer 的例子：

```
const subject = new Subject();

const subscription1 = subject.subscribe(
  value => console.log('on observer 1 data: ' + value),
  err => console.log('on observer 1 error: ' + err.message),
  () => console.log('on observer 1 complete')
);

subject.next(1);

subject.subscribe(
  value => console.log('on observer 2 data: ' + value),
  err => console.log('on observer 2 error: ' + err.message),
  () => console.log('on observer 2 complete')
);

subject.next(2);
subscription1.unsubscribe();
subject.complete();
```

上面代码的工作步骤如下：

1）1 号 Observer 订阅了 subject，调用 subject 的 next 推送了数据 1，这个消息只有 1 号 Observer 响应，因为当前只有一个 Observer。

2）2 号 Observer 也订阅了 subject，这时候调用 subject 的 next 方法推送数据 2，subject 现在知道自己有两个 Observer，所以会分别推送消息给 1 号和 2 号 Observer。

3）之前订阅了 subject 的 1 号 Observer 通过 unsubscribe 方法退订，这时候 subject 知道自己只有一个 2 号 Observer，所以，当调用 complete 方法时，只有 2 号 Observer 接到通知。

程序的运行结果如下：

```
on observer 1 data: 1
on observer 1 data: 2
on observer 2 data: 2
on observer 2 complete
```

因为 next(1) 在 2 号 Observer 加入之前执行，所以 2 号 Observer 没有接收到 1。

从这个例子看得出来，后加入的观察者，并不会获得加入之前 Subject 对象上通过 next 推送的数据，这个特点，让 Subject 可以用来实现 Cold Observable 到 Hot Observable 的转换，从而实现真正的多播。

10.3.2　用 Subject 实现多播

现在考虑用 Subject 实现多播，既然 Subject 既有 Observable 又有 Observer 的特性，那么，想象一下，让一个 Subject 对象成为一个 Cold Observable 对象的下游，其他想要 Hot 数据源的 Observer 就不要去订阅那个 Cold Observable 对象了，而是去订阅这个 Subject 对象。

我们知道，Hot Observable 可以认为是"生产者"独立于订阅行为之外的 Observable，现在，以 Subject 为中心，Subject 就是这个 Hot Observable，它所订阅的 Cold Observable 对象就是那个"生产者"。

Subject 同时也是一个 Observer，作为 Observer 会接受和消化"生产者"推过来的数据，最简单的消化方法，就是把数据、错误和完结通知都一股脑原样推给 Subject 自己的 Observer。

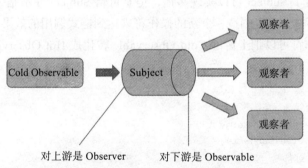

图 10-3　Subject 和上下游的关系

如此一来，就实现了多播。

在代码清单 10-1 中，我们看到了 Cold Observable 不能实现多播，可以通过使用 Subject 来改进这段代码，如下所示：

```
import {Observable} from 'rxjs/Observable';
import {Subject} from 'rxjs/Subject';
import 'rxjs/add/observable/interval';
import 'rxjs/add/operator/take';

const tick$ = Observable.interval(1000).take(3);
```

```
const subject = new Subject();
tick$.subscribe(subject);

subject.subscribe(value => console.log('observer 1: ' + value));
setTimeout(() => {
  subject.subscribe(value => console.log('observer 2: ' + value));
}, 1500);
```

需要的改变其实相当少，只要让一个 Subject 对象居于 Cold Observable 和 Observer 之间。

Subject 对象 subscribe 了由 interval 产生的 Cold Observable 对象 tick$，然后其他 Observer 都来 subscribe 这个 Subject 对象就好了。

就这么简单。

Subject 本身可以用来实现很多功能，不过在 RxJS 中，它被设计出来，主要就是为了解决多播的问题，在后面的章节可以体会到，多播其实就是以 Subject 为核心来实现的。

10.3.3 makeHot 操作符

现在我们知道了 Subject 可以实现多播，但是可惜 Subject 并不是一个操作符，所以无法链式调用，不过，可以创造一个新的操作符来达到链式调用的效果。

新创建的操作符可以把上游的 Cold Observable 转化成 Hot Observable，所以命名为 makeHot，代码如下：

```
Observable.prototype.makeHot = function () {
  const cold$ = this;
  const subject = new Subject();
  cold$.subscribe(subject);
  return subject;
}
```

有了 makeHot 之后，就可以在代码中通过链式调用的方法直接产生一个 Hot Observable 了，示例代码如下：

```
const hotTick$ = Observable.interval(1000).take(3).makeHot();

hotTick$.subscribe(value => console.log('observer 1: ' + value));
setTimeout(() => {
  hotTick$.subscribe(value => console.log('observer 2: ' + value));
}, 1500);
```

makeHot 返回的是一个 Subject 对象，这其实留下了一点漏洞，拿到 makeHot 返回的结果 hotTick$，可以直接调用 hotTick$ 的 next、error 或者 complete 方法来影响下游，比如像下面这样：

```
const hotTick$ = Observable.interval(1000).take(3).makeHot();
hotTick$.complete();
//下面的Observer不会收到任何消息
hotTick$.subscribe(value => console.log('observer 1: ' + value));
```

这样一来，下游的 Observer 收到的信息并不完全是由 hotTick$ 的上游 Cold Observable 产生的，对应用而言可能产生意想不到的结果。

如果想彻底杜绝这种可能性，可以对 makeHot 进行改进，让它返回的是一个纯粹的 Observable 对象，代码如下：

```
Observable.prototype.makeHot = function () {
  const cold$ = this;
  const subject = new Subject();
  cold$.subscribe(subject);
  return Observable.create((observer) => subject.subscribe(observer));
}
```

在上面改进的 makeHot 实现中，makeHot 不是直接返回 Subject 对象，而是返回利用 Observable.create 产生的一个新的 Observable 对象，当然，所做的事情只是把所有消息从 Subject 对象转手给 Observer，但是这样就避免了 Subject 暴露给外部。

在这里我们介绍 makeHot 是为了让大家体会利用 Subject 构建多播操作符的原理，实际项目中，我们不需要使用自己定制的 makeHot，因为 RxJS 已经提供了一套操作符来支持多播，接下来的章节会介绍这些操作符，不过，这些操作符内部其实利用的都是 Subject。

10.3.4 Subject 不能重复使用

Subject 对象也是一个 Observable 对象，但是因为它有自己的状态，所以不像 Cold Observable 对象一样每次被 subscribe 都是一个新的开始，正因为如此，Subject 对象是不能重复使用的，所谓不能重复使用，指的是一个 Subject 对象一旦被调用了 complete 或者 error 函数，那么，它作为 Observable 的生命周期也就结束了，后续还想调用这个 Subject 对象的 next 函数传递数据给下游，就如同泥牛入大海，一去不回，没有任何反应。示例代码如下：

```
import {Observable} from 'rxjs/Observable';
import {Subject} from 'rxjs/Subject';

const subject = new Subject();
```

```
subject.subscribe(
  value => console.log('on observer 1 data: ' + value),
  err => console.log('on observer 1 error: ' + err.message),
  () => console.log('on observer 1 complete')
);

subject.next(1);
subject.next(2);
subject.complete();

subject.subscribe(
  value => console.log('on observer 2 data: ' + value),
  err => console.log('on observer 2 error: ' + err.message),
  () => console.log('on observer 2 complete')
);

subject.next(3);
```

其中，首先 1 号 Observer 成为 subject 的下游，然后通过 subject 的 next 函数传递了 1 和 2，紧接着调用了 subject 的 complete 函数，结束了 subject 的生命周期。2 号 Observer 也成为 subject 的下游，但是，这时候 subject 已经等于"死"了，所以后续通过 next 传递参数 3 的调用，不会传递给 2 号 Observer，也不会传递给 1 号 Observer。

上面代码的运行结果如下：

```
on observer 1 data: 1
on observer 1 data: 2
on observer 1 complete
on observer 2 complete
```

值得一提的是，2 号 Observer 虽然没有机会从 subject 中获得任何数据，但是却可以获得 subject 的 complete 通知，可以这样认为，当一个 Subject 对象的 complete 函数被调用之后，它暴露给下游的 Observable 对象就是一个由 empty 操作符产生的直接完结的 Observable 对象。

在上面代码中，如果把调用 subject.complete 改成调用 subject.error 函数，代码如下：

```
subject.error(new Error('something wrong'));
```

那么，程序的运行输出就是下面这样：

```
on observer 1 data: 1
on observer 1 data: 2
on observer 1 error: something wrong
on observer 2 error: something wrong
```

显然，当一个 Subject 对象的 error 函数被调用之后，它暴露给下游的 Observable 对象就是一个由 empty throw 产生的直接完结的 Observable 对象，后续的订阅虽然获得不了任何数据，但是可以立即获得一个出错通知。

在 Subject 对象生命周期结束之后，调用其 next 函数没有任何反应，也不抛出任何错误，这种闷声不响的结果，很多时候不是我们想要的，我们更希望如果调用一个函数无效的时候出一个错误，这样能够起到警醒的作用，不然上游还以为所有的数据都传递成功了。

在前面介绍过，一个 Observable 对象的 subscribe 函数返回的是一个 Subscription 对象，而 Subscription 对象有 unsubscribe 方法，Subject 并不是 Subscription，但是 Subject 也有 unsubscribe 方法，如果调动 Subject 的 unsubscribe 方法，那表示这个 subject 已经不管事了，之后再调用这个 Subject 对象的 next 方法就会出错。

达到这样警醒目的，就是在合适的时间调用 Subject 对象的 unsubscribe 函数，下面是一个示例代码：

```
const tick$ = Observable.interval(1000).take(5);
const subject = new Subject();

tick$.subscribe(subject);

subject.subscribe(value => console.log('observer: ' + value));
setTimeout(() => {
  subject.unsubscribe();
}, 1500);
```

其中，tick$ 会间隔一秒钟吐出数据，调用下游 subject 的 next 函数，但是在 1.5 秒的时候 subject 的 unsubscribe 函数被调用，所以，当在 2 秒是，tick$ 还要调用 subject 的 next 就会抛出一个错误异常：

```
ObjectUnsubscribedError: object unsubscribed
```

10.3.5　Subject 可以有多个上游

Subject 的典型应用场景，就是只有一个上游 Observable 对象，作为一个 Observer，接受这个 Observable 对象的数据，转给下游，不过，Subject 没有上游 Observable 的数量限制，作为一个 Observer，一个 Subject 对象完全可以有多个上游数据流。

如果让一个 Subject 订阅多个数据流，起到的作用就是把多个数据源的内容汇聚到一个 Observable 中。

虽然 Subject 具备这样汇聚多个数据流的功能，但是这种使用方式可能有意想不到的结果，如下面的代码所示：

```
import {Observable} from 'rxjs/Observable';
import {Subject} from 'rxjs/Subject';
import 'rxjs/add/observable/interval';
import 'rxjs/add/operator/take';
import 'rxjs/add/operator/mapTo';

const tick1$ = Observable.interval(1000).mapTo('a').take(2);
const tick2$ = Observable.interval(1000).mapTo('b').take(2);
const subject = new Subject();

tick1$.subscribe(subject);
tick2$.subscribe(subject);

subject.subscribe(value => console.log('observer 1: ' + value));
subject.subscribe(value => console.log('observer 2: ' + value));
```

其中，subject 拥有两个上游数据流 tick1$ 和 tick2$，这两个数据流都是通过 interval 产生的 Cold Observable 对象，每隔一秒钟吐出一个整数，然后利用 mapTo 转化为间隔一秒钟吐出一个固定的字符串，利用 take 只从两个数据流中分别拿两个数据。

也就是说，tick1$ 每隔一秒钟吐出一个 a 字符串，吐出两个之后完结，tick2$ 同样每隔一秒钟吐出一个字符串，只不过吐出的是 b，同样是吐出两个之后完结。因为 subject 订阅了 tick1$ 和 tick2$，直观上，让人感觉上面的代码会产生下面的 8 行输出：

```
observer 1: a
observer 2: a
observer 1: b
observer 2: b
observer 1: a
observer 2: a
observer 1: b
observer 2: b
```

事实上，这段代码产生的是下面这样的 6 行输出：

```
observer 1: a
observer 2: a
observer 1: b
observer 2: b
observer 1: a
observer 2: a
```

tick2$ 吐出的第二个 b，并不会被 subject 转给下游，为什么呢？

因为 tick1$ 是由 take 产生的，也就是说在吐出 2 个数据之后就会调用下游的 complete 函数，也就是调用 subject 的 complete 函数。在上一小节 10.3.4 中我们已经知道，一个

Subject 对象是不能被重复使用的，只要 complete 函数被调用，它的生命周期也就结束了，再来调用它的 next 函数是不会有任何反应的。

tick2\$ 传给下游的第二个 b，发生在 tick\$ 完结之后，所以第二个数据 b 传给 subject 时它已经"死"了，自然不会得到任何输出。

从上面的例子可以看到，虽然 Subject 理论上可以合并多个数据流，但是，因为任何一个上游数据流的完结或者出错信息都可以终结 Subject 对象的生命，让 Subject 来做合并数据流的工作显得并不合适。

想要合并数据流，还是用 merge 这个操作符更恰当，比如，上面的代码可以改成下面这样：

```
const tick1$ = Observable.interval(1000).mapTo('a').take(2);
const tick2$ = Observable.interval(1000).mapTo('b').take(2);

const merged$ = Observable.merge(tick1$, tick2$);

merged$.subscribe(value => console.log('observer 1: ' + value));
merged$.subscribe(value => console.log('observer 2: ' + value));
```

使用 merge，只有上游所有的数据流都完结之后，产生的 Observable 对象才完结，所以最后得到的结果是预期的 8 行输出，tick2\$ 吐出的第二个 b 也能够得到处理。

10.3.6　Subject 的错误处理

Subject 可以把上游数据传递给下游的 Observer，同样也可以把自己上游的错误传递给下游的 Observer。

有意思的是 Subject 有多个 Observer 的场景，如果 Subject 的某个下游数据流产生了一个错误异常，而且这个错误异常没有被 Observer 处理，那这个 Subject 其他的 Observer 都会失败。

直观上，我们会觉得 Subject 对象的各个 Observer 是相互独立的，一个 Observer 没有处理错误异常，不应该影响其他的 Observer，但是，实际上并不是如此。

下面是一段展示这个问题的代码：

```
const tick$ = Observable.interval(1000).take(10);
const subject = new Subject();

tick$.subscribe(subject);

subject.map(throwOnUnluckyNumber).subscribe(
  value => console.log('observer 1: ' + value)
);
```

```
subject.subscribe(
  value => console.log('observer 2: ' + value),
  err => console.log('observer 2 on error: ', err.message)
);
```

其中，Cold 数据源是由 interval 和 take 产生的 tick$，每隔一秒钟产生一个递增的整数，通过 Subject，我们得到了一个 Hot Observable，然后这个 Hot Observable 有两个 Observer，2 号 Observer 直接输出结果，1 号 Observer 虽然也居于 Subject 对象的下游，但是中间经过了 map 操作，map 使用的是前面章节定义的 throwOnUnluckyNumber 函数，对于参数 4 会抛出错误异常。

所以，2 号 Observer 不会遇到任何异常，但是 1 号 Observer 却会在 Subject 对象吐出 4 的时候，遇到一个错误异常。

很可惜，1 号 Observer 并没有错误处理，而且 1 号所订阅的上游 Observable 经过 map 之后，已经出错，不可能再通过 next 接收到数据，1 号 Observer 死得其所，问题是，很无辜的 2 号 Observer，因为 1 号 Observer 没有优雅地处理错误，也被牵连，虽然它的上游并没有错误，却一样不会再收到 next 推送数据，因为 Subject 对象犹豫下游 1 号 Observer 没有处理错误被破坏了。

其实这点不难理解，可以想象，Subject 中为了给所有 Observer 推送数据，会有类似下面这样的代码：

```
for (let observer of allObservers) {
  observer.next(data);
}
```

如果某个 observer.next 函数调用抛出错误异常怎么办呢？
结果当然是其他的 Observer 也会受到牵连，无法接收到数据。

> 提示 上面代码中使用了 for…of 语法，这种语法的意思是产生一个循环变量，遍历一个可遍历的对象，比如数组类型。

为了解决这个问题，方法很简单，就是让 Subject 的所有 Observer 都具备对异常错误的处理，这样就避免异常错误的散弹枪效果，代码如下：

```
const tick$ = Observable.interval(1000).take(10);
const subject = new Subject();

tick$.subscribe(subject);

subject.map(throwOnUnluckyNumber).subscribe(
  value => console.log('observer 1: ' + value),
```

```
err => console.log('observer 1 on error: ', err.message)
);
subject.subscribe(
  value => console.log('observer 2: ' + value),
  err => console.log('observer 2 on error: ', err.message)
);
```

其中，1 号和 2 号 Observer 都增加了对错误的处理，程序运行中，任何一个 Observer 接收到错误信息都会把错误信息"吞"掉，这样就解决了这个问题。

10.4　支持多播的操作符

因为多播的需求十分广泛，实在没有理由让每一个需要应用多播的开发者重新发明一遍轮子，所以，RxJS 中提供了支持多播的一系列操作符，这些操作符中最基础的是：

❑ multicast

❑ share

❑ publish

其中，multicast 又是基础中的基础，RxJS 中其余所有支持多播的操作符都可以看作是基于 multicast 实现的增强功能，所以，我们从 multicast 开始介绍。

10.4.1　multicast

事实上，在使用 RxJS 的应用中，不大可能直接使用 multicast 这个操作符，但是为了真正理解多播在 RxJS 中的形态，必须从理解 multicast 开始。

1. 多播操作符的老大

multicast 是个实例操作符，能够以上游的 Observable 为数据源产生一个新的 Hot Observable 对象。在前面已经介绍过，RxJS 中通过 Subject 实现 Cold Observable 到 Hot Observable 的转化，所以，multicast 也毫不奇怪地利用了 Subject 类型。

最简单的使用 multicast 的形式如下：

```
const hotSource$ = coldSource$.multicast(new Subject());
```

其中，上游的 coldSource$ 是一个 Cold Observable，直接链式调用 multicast 返回的结果 hotSource$ 就是一个 Hot Observable。

在这里，multicast 接受一个 Subject 对象作为参数，这个 Subject 对象扮演的就是上游 Cold Observable 和下游之间的"中间人"角色。

读者可能有一个疑问，为什么 multicast 自己不创造一个 Subject 对象呢？为什么要调用者创造一个 Subject 对象传递给 multicast？

因为 multicast 实际上是一个很底层的操作符，RxJS 中其他支持多播的操作符都基于 multicast，所以 multicast 就设计得非常可定制化，让调用者传入 Subject 就是为了让基于 multicast 实现的其他操作符能够定制行为。

实际上，multicast 的第一个参数不光可以是一个 Subject 对象，还可以是一个返回 Subject 对象的函数，如果使用函数作为参数，就可以进一步定制 multicast 的行为，在后面的部分我们会介绍利用这一功能的操作符。

2. 可连接的 Observable

multicast 作为实例操作符，返回的是一个 Observable 对象，不过，这个 Observable 对象比较特殊，实际上是 Observable 子类 ConnectableObservable 的实例对象。

ConnectableObservable，顾 名 思 义，就 是 "可 以 被 连 接 的" Observable，这 种 Observable 对象包含一个 connect 函数，connect 的作用是触发 multicast 用 Subject 对象去订阅上游的 Observable，换句话来说，如果不调用 connect 函数，这个 Connectable-Observable 对象就不会从上游 Observable 那里获得任何数据。

下面是一段示例代码：

```
import {Observable} from 'rxjs/Observable';
import {Subject} from 'rxjs/Subject';
import 'rxjs/add/observable/interval';
import 'rxjs/add/operator/multicast';
import 'rxjs/add/operator/take';

const coldSource$ = Observable.interval(1000).take(3);
const tick$ = coldSource$.multicast(new Subject());

tick$.subscribe(value => console.log('observer 1: ' + value));
setTimeout(() => {
  tick$.subscribe(value => console.log('observer 2: ' + value));
}, 1500);
```

其中，使用了 multicast 来产生 Hot Observable，名为 tick$，tick$ 也有两个 Observer，每个 Observer 都会把接收到的数据输出打印，但是，这段程序不会有任何输出结果，因为自始至终，tick$ 的 connect 函数都没有被调用，也就是说，tick$ 始终没有订阅上游的 coldSource$，自然不会收到数据。

如果把 multicast 返回的 ConnectableObservable 比喻为一个连接多个管道的阀门，那么 connect 就是这个阀门上的开关，不调用 connect，水是不会流过阀门的。

RxJS 为什么要引入 ConnectableObservable 这个概念呢？为什么需要把事情搞复杂要求使用者主动去调用 connect 函数呢？为什么不干脆就让 multicast 直接 subscribe 上游的

Cold Observable 呢？

答案是：要控制开始多播的时机。

在一个多播场景中，到底什么时候让"中间人"Subject 开始 subscribe 上游 Cold Observable，并没有一个唯一答案，只能根据实际场景来决定。

要知道，上游的 Cold Observable 一旦被 subscribe，就会开始往 Subject 对象推送数据，这时候，如果 multicast 产生的 Hot Observable 并没有注册 Observer，这些数据没有接受者，就会被丢弃掉。

 注意 在后面的章节中，我们会介绍在没有 Observer 的情况下不丢弃掉数据的方法，这里只介绍最简单实现，最简单实现下，multicast 没有 Observer 就真的会把上游推送的数据丢弃。

假如 multicast 不需要 connect 函数，而是直接 subscribe 上游 Cold Observable，那么，不等 multicast 函数返回，上游就开始吐出数据，假如上游是由 range 操作符产生的同步数据流，不等 multicast 产生的 Observable 被添加 Observer，同步数据流中的数据一口气全都吐出就完结了，Observer 根本什么数据都获得不了。

所以，RxJS 让 multicast 的使用者自己来决定 connect 的时机。

我们改进上面的代码，如下所示：

```
const coldSource$ = Observable.interval(1000).take(3);
const tick$ = coldSource$.multicast(new Subject());

tick$.subscribe(value => console.log('observer 1: ' + value));
setTimeout(() => {
  tick$.subscribe(value => console.log('observer 2: ' + value));
}, 1500);
tick$.connect();
```

当 connect 函数被调用的时候，tick$ 拥有 1 号 Observer，这个 Observer 会持续获得所有数据，而 2 号 Observer 在 1.5 秒之后添加，所以没能拿到 1 秒钟时刻 tick$ 吐出的数据。

最终代码运行结果如下：

```
observer 1: 0
observer 1: 1
observer 2: 1
observer 1: 2
observer 2: 2
```

connect 可以控制 ConnectableObservable 去订阅上游的时机，实际上，还要考虑退订上游的时机，如果不退订的话，可能导致资源泄露。

要求 multicast 的使用者主动去调用返回 ConnectableObservable 对象的 connect，还要考虑退订，这显得很麻烦，所以，ConnectableObservable 还提供了一个解决这个问题的 refCount 函数。

3. refCount 自动计数

在很多场景下，都希望 ConnectableObservable 是这样一种行为：

当第一个 Observer 添加的时候，就让作为中间人的 Subject 对象去订阅上游 Cold Observable，之后，如果再有新的 Observer 添加，因为 Hot Observable 的特性，之前吐出的数据是收不到了，但是之后吐出的数据可以接收到。当 Observer 退订 Hot Observable 的时候，其他还在订阅的 Observer 不受影响，但是，当最后一个 Observer 退订的时候，代表上游数据源不再有人关心了，这时候就应该让中间人 Subject 退订上游 Cold Observable。

上面这种行为，显然需要对 Observer 的个数进行跟踪，当 Observer 数量大于 1 时订阅上游，当 Observer 数量减少为 0 时退订上游，而这正是 refCount 函数的作用。

refCount 也是 ConnectableObservable 对象的函数，如下所示。

```
import {Observable} from 'rxjs/Observable';
import {Subject} from 'rxjs/Subject';
import 'rxjs/add/observable/interval';
import 'rxjs/add/operator/multicast';
import 'rxjs/add/operator/take';

const coldSource$ = Observable.interval(1000).take(3);
const tick$ = coldSource$.multicast(new Subject()).refCount();

setTimeout(() => {
  tick$.subscribe(value => console.log('observer 1: ' + value));
}, 500);
setTimeout(() => {
  tick$.subscribe(value => console.log('observer 2: ' + value));
}, 2000);
```

上面的代码中，利用 multicast 产生了一个 ConnectableObservable，然后链式调用 refCount 产生了 tick$，tick$ 在 0.5 秒和 2 秒时分别添加了 1 号 Observer 和 2 号 Observer。

当 tick$ 添加 1 号 Observer 的时候，开始 subscribe 上游的 coldSource$，所以在程序运行 1.5 秒之后 1 号 Observer 接收到第一个数据 0。

在 2 秒钟的时刻，tick$ 添加 2 号 Observer，这时候 2 号 Observer 错过了第一个数据

0，但是能够接收到 2.5 秒吐出的 1。

最终程序的输出是下面这样：

```
observer 1: 0
observer 1: 1
observer 2: 1
observer 1: 2
observer 2: 2
```

因为不需要写代码调用 connect 函数，使用 refCount 之后，相对于直接使用 connect，大大简化了代码。

不过，如果使用 refCount，那么对应的 multicast 往往不能只是接受一个 Subject 对象作为参数，而是接受一个返回 Subject 对象的函数作为参数。

为什么呢？我们用一段代码来展示让 multicast 接受一个 Subject 对象作为参数的问题，代码如下：

```
const coldSource$ = Observable.interval(1000).take(3);
const tick$ = coldSource$.multicast(new Subject()).refCount();

tick$.subscribe(value => console.log('observer 1: ' + value));
setTimeout(() => {
  tick$.subscribe(value => console.log('observer 2: ' + value));
}, 5000);
```

在这段代码里，tick$ 有两个 Observer，其中 1 号 Observer 立刻添加，而 2 号 Observer 在 5 秒之后添加。

当 1 号 Observer 添加的时候，上游的 coldSource$ 被发动，间隔 1 秒钟吐出一个递增整数，一共吐出 3 个整数，加上吐出第一个整数之前等待的 1 秒，总共经历了 4 秒，然后 coldSource$ 完结。

注意，2 号 Observer 是在第 5 秒添加的，直观上，似乎 2 号 Observer 还会引发对 coldSource$ 的一次 subscribe，然而，实际上不会，上面代码的运行结果如下：

```
observer 1: 0
observer 1: 1
observer 1: 2
```

很明显，2 号 Observer 没有获得任何数据，因为添加 2 号 Observer 根本没有再次 subscribe 上游的 coldSource$，为什么会这样？

在前面我们介绍过，Subject 是不能重复使用的，一个 Subject 一旦被调用了 complete 函数，它的生命周期就终结了，不能再接受数据了。

在上面的例子中，multicast 接受的 Subject 对象就是串接 Cold Observable 和 Hot

Observable 的唯一中间人，当 1 号 Observer 引发 subscribe 了 coldSource$ 之后，4 秒钟的时候 coldSource$ 会调用下游的 complete 方法，其实调用的就是中间人 Subject 对象的 complete 方法，终结了这个唯一 Subject 对象的生命，于是，当 5 秒钟 2 号 Observer 上场的时候，这个 Subject 对象不能再执行"中间人"的任务了。

如果我们想要的是 2 号 Observer 添加的时候重新 subscribe 上游，那么就需要让 multicast 接收一个返回 Subject 的函数作为参数。

通常，这样产生一个特定类型对象的函数叫做"工厂"（Factory），修改之后让 multicast 使用工厂函数的代码如下：

```
const subjectFactory = () => {
  console.log('enter subjectFactory');
  return new Subject();
}

const coldSource$ = Observable.interval(1000).take(3);
const tick$ = coldSource$.multicast(subjectFactory).refCount();
tick$.subscribe(value => console.log('observer 1: ' + value));
setTimeout(() => {
  tick$.subscribe(value => console.log('observer 2: ' + value));
}, 5000);
```

其中，subjectFactory 函数很简单，每次被调用除了打印信息就是返回一个新的 Subject 对象，实际上，subjectFactory 可以简写成下面这样：

```
const subjectFactory = () => new Subject();
```

我们有意让 subjectFactory 包含打印信息，是为了在输出中更清楚地看到程序执行过程，实际过程如下：

1）当 1 号 Observer 被添加的时候，multicast 产生的 ConnectableObservable 对象就会去 subscribe 上游的 coldSource$，当然，这个过程需要一个 Subject 对象，可是 multicast 的参数并不是一个 Subject 对象，而是一个函数，于是 ConnectableObservable 对象就去调用这个函数，得到了一个新创造的 Subject 对象，于是就用这个 Subject 对象去联系上游的 coldSource$ 了。

2）到了 4 秒钟的时候，coldSource$ 完结，调用了刚才产生的 Subject 对象的 complete，于是这个 Subject 对象的生命也就终结了，不能再充当中间人了。

3）到了 5 秒钟的时候，2 号 Observer 被添加，这时候 multicast 产生的 Connectable-Observable 对象依然会去 subscribe 上游的 coldSource$，依然需要一个 Subject 对象，但是刚才那个 Subject 对象已经完蛋了，不能用了，于是它重新调用 multicast 的函数参数，又获得了一个新的 Subject 对象，让这个新的 Subject 对象去扮演中间人角色。

所以，上面这段代码的执行结果是这样：

```
enter subjectFactory
observer 1: 0
observer 1: 1
observer 1: 2
enter subjectFactory
observer 2: 0
observer 2: 1
observer 2: 2
```

可以看到，subjectFactory 被调用了两次，2 号 Observer 也接受了 coldSource$ 的数据。

上面的代码中，因为 1 号 Observer 和 2 号 Observer 没有时间重叠，所以实际效果就和没有 Hot Observable 没有多播一样，完完全全就是重新获取一个 Cold Observable 的数据，下面的代码更能清楚展示 refCount 的多播效果：

```
const subjectFactory = () => new Subject();

const coldSource$ = Observable.interval(1000).take(3);
const tick$ = coldSource$.multicast(subjectFactory).refCount();

tick$.subscribe(value => console.log('observer 1: ' + value));
setTimeout(() => {
  tick$.subscribe(value => console.log('observer 2: ' + value));
}, 1500);
setTimeout(() => {
  tick$.subscribe(value => console.log('observer 3: ' + value));
}, 5000);
```

上面的代码中，1 号和 2 号 Observer 有时间重叠，1 号 Observer 的添加会让 subject-Factory 产生一个 Subject 对象来 subscribe 上游的 coldSource$，2 号 Observer 添加的时候，会继续使用这个 Subject 对象，也不会再次 subscribe 上游的 coldSource$，这是真正的多播。

4 秒钟时，coldSource$ 完结，1 号和 2 号 Observer 都不再接受数据，然后 5 秒钟时，3 号 Observer 会让 subjectFactory 产生一个新的 Subject 对象，这是一个全新的开始。

最后程序执行结果如下：

```
observer 1: 0
observer 1: 1
observer 2: 1
observer 1: 2
observer 2: 2
observer 3: 0
observer 3: 1
observer 3: 2
```

现在，你应该能够理解 multicast 除了能接受 Subject 对象作为参数，还接受一个返回 Subject 对象函数作为参数的意义，就是应对这种场景。

如果希望 multicast 产生 ConnectableObservable 对象能够在 unsubscribe 了上游数据流之后还能再次 subscribe，就必须传递给 multicast 一个产生 Subject 的工厂函数。

4. 秘密参数 selector

除了第一个参数指定一个 Subject 对象或者指定一个产生 Subject 对象的工厂方法，multicast 其实还支持第二个参数，只不过这个参数是可选的，而且文档介绍很少，所以可以算是 multicast 的一个秘密参数。

multicast 这第二个秘密参数名叫 selector，在官方文档上，对 selector 的介绍是这样的⊖：" Optional selector function that can use the multicasted source stream as many times as needed, without causing multiple subscriptions to the source stream. Subscribers to the given source will receive all notifications of the source from the time of the subscription forward."

读者可以自行体会一下英文原文含义，当然，如果你感觉这段介绍晦涩难懂不知所云，也很正常，因为它本来就很难懂。

我在这里先翻译，然后再具体解释，上面这段介绍翻译就是这样：selector 是一个可选参数，它可以使用上游数据流任意多次，但不会重复订阅上游数据流，这个 selector 函数返回一个新的数据源，订阅新数据源就可以获得从订阅开始数据源发送的所有数据。

可能你看了这段翻译依然一头雾水，没关系，接着往下看，你就会明白⊜。

前面我们介绍过，multicast 会返回一个 ConnectableObservable 对象，实际上这种说法不完全准确，只有不使用第二个参数 selector 的情况下，multicast 才返回拥有 connect 和 refCount 这两个神奇方法的 ConnectableObservable 对象，一旦使用了第二个参数 selector，等于告诉 multicast：我有一个比 ConnectableObservable 更合适的 Observable，就不要返回默认的 ConnectableObservable 对象了，用我这个 selector 函数来产生 Observable 对象吧。

换句话说，只要指定了 selector 参数，就指定了 multicast 返回的 Observable 对象的生成方法。

selector 函数有一个参数，通常叫做 shared，这个 shared 参数就是 multicast 第一个参数所代表的 Subject，如果 multicast 第一个参数是 Subject 对象，shared 就是这个

⊖ 参见 http://reactivex.io/rxjs/class/es6/Observable.js~Observable.html#instance-method-multicast

⊜ 这里我实在忍不住吐槽一下 RxJS 官方文档中对多播操作符的注解，晦涩难懂，不去看源代码基本上没法理解其中的含义。

Subject 对象；如果 multicast 第一个参数是 Subject 的工厂方法，那么 shared 就是调用工厂方法产生的 Subject 对象。

通过下面的代码可以理解 selector 的用法。

```
const coldSource$ = Observable.interval(1000).take(3);
const selector = shared => {
  return shared.concat(Observable.of('done'));
}
const tick$ = coldSource$.multicast(new Subject(), selector);

tick$.subscribe(value => console.log('observer 1: ' + value));
setTimeout(() => {
  tick$.subscribe(value => console.log('observer 2: ' + value));
}, 5000);
```

我们定义了一个 selector 方法，为了简单起见，selector 的函数实现只是在参数 shared 后面用 concat 补了一个 done 字符串，这样每一个 Observer 最后都会被推送一个字符串类型数据 done。

在 multicast 函数调用时，第二个参数使用我们定义的 selector 函数，产生的 tick$ 就不再是 ConnectableObservable 类型了，意味着 tick$ 没有 connect 和 refCount 方法，tick$ 这个 Observable 对象，就是 selector 函数返回的 Observable 对象。

这段代码运行的结果如下：

```
observer 1: 0
observer 1: 1
observer 1: 2
observer 1: done
observer 2: done
```

我们来分析一下为什么会是这样的运行结果。

程序启动，当 1 号 Observer 订阅 tick$ 时，multicast 会用第一个参数的 Subject 对象去订阅 coldSource$，然后把 Subject 对象作为参数调用 selector 函数，这是 selector 函数第一次被调用，它会返回一个由 concat 产生的新的 Observable 对象。

然后，每隔 1 秒钟，coldSource$ 会吐出一个整数，到第 4 秒钟完结，因为 concat 的作用，1 号 Observer 会在 coldSource$ 完结时立刻收到一个 done 字符串，之后才结束。

在 5 秒钟时，2 号 Observer 上场，这次依然会引发 multicast 用第一个参数 Subject 去订阅 coldSource$，然后把 Subject 对象作为参数调用 selector，只可惜，Subject 对象的生命已经结束了，所以这个 Subject 对象并不能成功 subscribe 上游 coldSource$。selector 被调用的时候，shared 参数就是一个已经死掉的 Subject 对象，相当于一个已经是完结状态的 Observable，但是 concat 依然会在这个 Observable 后面补上 done，所以最后 2 号

Observer 会接收到一个 done 字符串。

上面的例子中，使用了 selector 参数之后，虽然 multicast 也用上了 Subject，返回的却并不是一个 Hot Observable，因为每一次对 multicast 返回的 Observable 对象的 subscribe，都会引发一次对上游数据流的 subscribe，下面的代码示例可以清楚地表明这一点：

```
const coldSource$ = Observable.create((observer) => {
  console.log('enter subscribe');
  Observable.interval(1000).take(2).subscribe(observer);
});
const selector = shared => {
  console.log('enter selector');
  return shared.concat(Observable.of('done'));
}
const tick$ = coldSource$.multicast(new Subject(), selector);

tick$.subscribe(value => console.log('observer 1: ' + value));
tick$.subscribe(value => console.log('observer 2: ' + value));
```

上面的代码运行结果如下：

```
enter selector
enter subscribe
enter selector
enter subscribe
observer 1: 0
observer 2: 0
observer 1: 0
observer 2: 0
observer 1: 1
observer 2: 1
observer 1: done
observer 2: done
```

在代码中，我们有意用 Observable.create 产生数据流，为的是让产生的 Observable 对象被 subscribe 时输出 enter subscribe，从而清楚看到这个订阅发生。

tick$ 有两个 Observer，两次 subscribe，引发了两次 enter subscribe 的输出，可见 multicast 使用了 selector 参数之后，不会再像没有 selector 函数一样产生一个只 subscribe 上游一次的 ConnectableObservable 对象。

实际上，我们也不大可能写出比 ConnectableObservable 更加精妙的 Observable，那么，multicast 支持这个 selector 参数来定制 Observable 到底有什么意义呢？

如果使用 selector，意义在于处理"三角关系"的数据流。

三角关系的出现，会带来一些意想不到的麻烦，我们通过代码来说明，下面是一个存在"三角关系"数据流的代码：

```
import {Observable} from 'rxjs/Observable';
import 'rxjs/add/observable/interval';
import 'rxjs/add/operator/take';
import 'rxjs/add/operator/do';
import 'rxjs/add/operator/delay';
import 'rxjs/add/operator/merge';

const coldSource$ = Observable.interval(1000).take(2)
    .do(x => console.log('source ', x));
const tick$ = coldSource$;
const delayedTicks$ = tick$.delay(500);
const mergedTick$ = delayedTicks$.merge(tick$);
mergedTick$.subscribe(value => console.log('observer : ' + value));
```

在上面的代码中，我们用一种新的方式来检查一个 Observable 是否被重复 subscribe，这个方法就是使用 do 这个操作符，do 存在于数据流管道之中，没有机会修改管道中流过的数据，但是所有的数据都会经它之手，所以 do 的意义在于可以做一些产生副作用的工作，比如，输出流过管道的数据，这也是使用 RxJS 编程一招惯用的调试方法。

我们在产生 coldSource$ 的链式调用中使用了 do，把流过 coldSuorce$ 的数据打印输出，如果 coldSource$ 对一个数据只输出一遍，那说明只有一个 Observer 订阅，如果每个输出两遍，那就说明它被 subscribe 了两遍。

tick$ 就是 coldSource$，delayTick$ 是 tick$ 的下游，对 tick$ 吐出的每个数据都延时 0.5 秒往下游传递，同时，mergeTick$ 是 delayTick$ 和 tick$ 合并而成，这三个 Observable 对象就形成了"三角关系"。

上面的代码运行结果如下：

```
source  0
source  0
observer : 0
observer : 0
source  1
source  1
observer : 1
observer : 1
```

我们看到对于 interval 和 take 产生的 0 和 1 两个数据，do 这个操作符发挥作用，输出了两遍，可见 tick$ 被订阅了两次。

这显得很浪费，因为 delayTick$ 讲道理只依赖于 tick$ 的数据，既然已经通过 interval 和 take 产生了一个数据流，实在没理由为 delayTick$ 再让 interval 和 take 再产生一遍。

特定于我们这个简单问题，只是浪费，对于复杂的问题，可能不只是浪费，而是功能的错误。

要解决这个问题，就可以用上带 selector 参数的 multicast 方法，改进上面的代码，如下所示：

```
const coldSource$ = Observable.interval(1000).take(2).do(x => console.
  log('source ', x));
const result$ = coldSource$.multicast(new Subject(), shared => {
  const tick$ = shared;
  const delayedTicks$ = tick$.delay(500);
  const mergedTick$ = delayedTicks$.merge(tick$);
  return mergedTick$;
});
result$.subscribe(value => console.log('observer : ' + value));
```

可以看到，对于 tick$、delayedTick$ 和 mergedTick$ 三者的关系没变，甚至代码都和以前一样，不同的只是搬到了 multicast 的 selector 参数里面了。

在这个代码改变之后，coldSource$ 就不会再被多次 subscribe 了，程序执行结果如下：

```
source  0
observer : 0
observer : 0
source  1
observer : 1
observer : 1
```

每个数据只有一个 source 输出，可见 coldSource$ 只被 multicast 订阅了一次。

当然，如果我们给 result$ 再添加一个 Observer，coldSource$ 还是会被多订阅一次，可见，带有 selector 参数的 multicast 用法，应对的场景不是多个 Observer 的多播，而是"三角关系"下如何避免对上游的重复订阅。

说了这么多，读者可能有一点疑惑，带 selector 的 multicast 有真正的用处吗？

当然有，有用的场景就是：上游是 Cold Observable，逻辑上有多个数据流对这个 Cold Observable 有依赖，而且要把这多个数据流组合起来传给下游 Observer，可是又不想或者不能多次 subscribe 上游 Cold Observable 的场景。

我们利用带 selector 的 multicast 来产生一个有实际价值的操作符。

在前面的章节我们知道，RxJS 自带一个操作符叫做 defaultIfEmpty，当上游数据流是空的情况下，就给下游传递一个默认数据，然后完结。这个操作符对于提供默认值非常有用，使用 defaultIfEmpty，下游就不用处理没有数据的情况，因为至少会有一个默认数据传递下来。

不过，defaultIfEmpty 也有一个缺点，那就是它只能提供一个默认数据，现在，我们想要做一个增强版的操作符，当上游数据流为空时，给下游传递的不只是一个默认数据，而是把一个默认的 Observable 对象中的数据都传递下去，这个操作符命名为 defaultObservableIfEmpty。

下面是 defaultObservableIfEmpty 的实现代码：

```
Observable.prototype.defaultObservableIfEmpty = function(default$) {
  const selector = shared => {
    return shared.merge(
      shared.isEmpty().mergeMap(
        empty => empty ? default$: Observable.empty()
      )
    );
  };
  return this.multicast(new Subject(), selector);
};
```

defaultObservableIfEmpty 的实现就用到了 multicast 的 selector 参数，在 selector 中，多次使用到了 shared，而且使用了 merge 这样的合并操作符。

显而易见，为了实现一个操作符功能，如果多次 subscribe 上游数据源，是非常不合适的，这就是 multicast 的 selector 参数的意义。

我们再回过头来看 RxJS 官方文档对 selector 的解释：selector 是一个可选参数，它可以使用上游数据流任意多次，但不会重复订阅上游数据流。

希望读者你现在对这段解释理解得更清晰了。

彻底理解了 multicast 之后，再来理解 RxJS 中其他关于多播的操作符就水到渠成了，接下来介绍两个实际应用中更常用的多播操作符：publish 和 share。

10.4.2　publish

publish 英文就是"发布"的意思，从字面意义看就是一个多播效果，其实，publish 也是完全通过使用 multicast 来实现的。

下面是 publish 的实现方法：

```
function publish(selector) {
  if (selector) {
    return this.multicast(() => new Subject(), selector);
  } else {
    return this.multicast(new Subject());
  }
}
```

可以看到 publish 的实现极其简单，也有一个可选的 selector 参数，根据是否有
selector 方法，决定调用 multicast 的时候是使用一个 Subject 对象，还是使用一个产生
Subject 对象的工厂方法。

> **注意** RxJS 的源代码是 TypeScript 编写的，在转译为纯 JavaScript 之后，代码也和上面
> 的 publish 不完全一样，为了让代码更清晰，对转译产生的 publish 代码进行了一
> 些修改，但是最终的语义和 RxJS 中的源代码是完全一样的。

当 publish 不使用任何参数的时候，简单说 publish 就相当于下面这样一个简单调用：

```
multicast(new Subject())
```

publish 相当于封装了 multicast 和创建一个新 Subject 对象这两个动作，让代码更加
简洁，最终返回的是一个 ConnectableObservable 对象。

我们已经介绍过，Subject 对象是不能重用的，而且，pubish 的简单用法中只提
供了一个 Subject 对象，一旦上游的 Observable 对象完结，会调用这个 Subject 对象
的 complete 函数，这个 Subject 就不可能再接受新的数据，所以，使用 publish 产生的
Observable 对象是不能重用的。

下面的代码示例展示了这一点：

```
import {Observable} from 'rxjs/Observable';
import 'rxjs/add/observable/interval';
import 'rxjs/add/operator/publish';
import 'rxjs/add/operator/take';

const tick$ = Observable.interval(1000).take(3);
const sharedTick$ = tick$.publish().refCount();

sharedTick$.subscribe(value => console.log('observer 1: ' + value));
setTimeout(() => {
  sharedTick$.subscribe(value => console.log('observer 2: ' + value));
}, 5000);
```

因为 publish 在不带参数情况下返回的是一个 ConnectableObservable 对象，所以我
们在后面链式调用 refCount 来让它根据下游 Observer 的个数决定对上游的连接。

上面的代码执行结果如下：

```
observer 1: 0
observer 1: 1
observer 1: 2
```

1 号 Observer 能够获得 tick$ 吐出的所有数据，但是 2 号 Observer 什么都获得不
了，因为虽然 tick$ 是一个 Cold Observable 可以重复 subscribe，但是 2 号 Observer 在

5 秒之后才添加，在 4 秒钟的时候 tick$ 已经完结过一次，把 publish 中使用的那个唯一 Subject 对象终结了，当 2 号 Observer 添加的时候，自然不可能再从这个 Subject 获得什么。

如果想要利用 publish 来解决数据流的"三角关系"问题，那就可以使用 selector 参数，如果读者还是不理解什么是"三角关系"，就需要回头去看 multicast 那一节。

当使用 selector 参数之后，publish 可以看作是下面代码的简写：

```
multicast(() => new Subject(), selector)
```

在 multicast 部分介绍过一个 defaultObservableIfEmpty 的操作符实现，也完全可以用 publish 来实现：

```
Observable.prototype.defaultObservableIfEmpty = function(default$) {
  const selector = shared => {
    return shared.merge(
      shared.isEmpty().mergeMap(
        empty => empty ? default$: Observable.empty()
      )
    );
  };
  return this.publish(selector);
};
```

其实，这个实现和最初的实现有一点不一样，最初的实现中，multicast 第一个参数就是一个 Subject 对象，但是用了 publish，传给 multicast 的第一个参数是一个产生 Subject 对象的工厂方法，这样的好处是如果上游 Cold Observable 完结之后有新的 Observer 添加，那么这个 Observer 就会使用一个新的 Subject 对象，依然能够获得数据。

综上所述，publish 没有什么神秘之处，完全就是为了简化 multicast 的使用而创造的操作符。

10.4.3　share

publish 翻译为"发布"，share 翻译为"分享"，都能够和"一对多"扯上联系，只是看操作符的名字，真的无法区分 publish 和 share 有什么区别。

所以，和 publish 一样，了解 share 具体干了什么，还不如看它的源代码是怎么写的。

根据 RxJS 的源代码，share 的功能可以看作是如下代码所示：

```
function shareSubjectFactory() {
    return new Subject();
}

function share() {
```

```
        return multicast.call(this, shareSubjectFactory).refCount();
}
```

更简洁的表示，就是这样：

```
Observable.prototype.share = function share() {
    This.multicast(() => new Subject()).refCount();
};
```

前面的章节已经详细介绍过 multicast 的使用方法，不难理解，share 返回的就是一个 ConnectableObservable 对象，而且是一个调用了 refCount 的 ConnectableObservable 对象，可以自动根据 Observer 的多少来对上游进行 subscribe 和 unsubscribe。

同时，考虑到 Observer 增加然后减少为 0 之后，新的 Observer 添加也希望获得数据的场景，传递给 multicast 的不是 Subject 对象，而是产生 Subject 对象的工厂函数。

可以说，share 是使用 multicast 和 ConnectableObservable 的最典型用例。

下面是使用 share 的代码示例：

```
import {Observable} from 'rxjs/Observable';
import 'rxjs/add/observable/interval';
import 'rxjs/add/operator/share';
import 'rxjs/add/operator/take';

const tick$ = Observable.interval(1000).take(3);
const sharedTick$ = tick$.share();

sharedTick$.subscribe(value => console.log('observer 1: ' + value));
setTimeout(() => {
  sharedTick$.subscribe(value => console.log('observer 2: ' + value));
}, 5000);
```

上面的代码的运行结果如下：

```
observer 1: 0
observer 1: 1
observer 1: 2
observer 2: 0
observer 2: 1
observer 2: 2
```

可以看到，2 号 Observer 在 5 秒钟之后依然能够获得 tick$ 的数据，这得益于 share 实现中传给 multicast 的产生 Subject 对象的工厂方法。

注意，RxJS 的官方文档一度犯了一个错误，声称 share 代表的意思是 publish().refCount() ⊖。

⊖ 参见 https://github.com/ReactiveX/rxjs/issues/2937。

这是错误的，因为 publish 在不带参数的情况下，相当于 multicast(new Subject())，没有使用产生 Subject 对象的工厂方法，直接使用了 Subject 对象，这和 share 的含义不一样。

可以试着把上面的代码，使用 publish.refCount() 来产生 sharedTick$，如下所示：

```
const sharedTick$ = tick$.publish.refCount();
```

那么程序的输出就是这样：

```
observer 1: 0
observer 1: 1
observer 1: 2
```

2 号 Observer 不会有任何输出，因为唯一的 Subject 对象在 4 秒钟时因为第一次 subscribe 的 tick$ 完结而结束生命了，而且 Subject 对象无法重复使用。

网络上很多文章无脑照搬 RxJS 的官方文档，所以 RxJS 官方文档中关于 share 的这个错误解释，也在网络上被传播开了，所以即使 RxJS 文档被修正，大家可能在其他文章中看到，请大家明辨是非，只有实践才是检验真理的唯一标准。

10.5　高级多播功能

到现在位置，我们了解了 multicast、publish 和 share 这三个支持"多播"的操作符，其中 multicast 是最底层的实现，其余两个操作符都是利用 multicast 实现的。

可能读者会这样一种感觉：多播也不过如此嘛，玩来玩去也不过就几个选择而已，使用 multicast 的时候用 Subject 对象还是用工厂函数，使用 multicast 的时候用不用第二个参数 selector，就这么几种组合，似乎没有什么更多花样。

的确，multicast 的使用方法研究透了也就这几种组合，可是，光是 multicast 的第一个参数，就可以衍生出很多高级多播功能。

读者可能会问：multicast 第一个参数不是只有两个选择吗？Subject 对象或者产生 Subject 对象的工厂函数，还能有什么高级用法？

别忘了，Subject 既然是一个类，那么它也可以有子类，它的子类可以具有比 Subject 更具体更强的功能，如果我们传递给 multicast 第一个参数的是一个 Subject 子类的对象，或者一个产生 Subject 子类对象的工厂函数，那么自然就让 multicast 产生的 Observable 对象具备更强大的功能。

我们说过，多播的核心是 Subject，增强多播功能，也就是创造更强大的 Subject。

RxJS 提供了如下三个高级的多播操作符：

❑ publishLast

❑ publishReplay

❑ publishBehavior

在这三种增强的多播操作符背后，是这三个 Subject 的子类：

❑ AsyncSubject

❑ ReplaySubject

❑ BehaviorSubject

这三个操作符和三个 Subject 子类是一一对应的关系，publishLast 使用了 AsyncSubject，publishReplay 使用了 ReplaySubject，publishBehavior 使用了 Behavior-Subject。

从命名上也容易看出它们的对应关系，publishXXX 就要用上 XXXSubject，只有 publishLast 用的是 AsyncSubject，名字几乎看不出什么关联。

接下来，我们就逐一成对介绍这些操作符和 Subject 子类。

10.5.1 publishLast 和 AsyncSubject

publishLast 多播的是上游的最后 (Last) 一个数据，它的实现方式如下面代码所示：

```
function publishLast() {
  return multicast.call(this, new AsyncSubject ());
}
```

使用 Subject 的一个子类 AsyncSubject，这个 AsyncSubject 虽然扮演的也是一个 "中间人" 角色，但是却并不会把上游 Cold Observable 的所有数据都转手给下游的 Observer，它会记录最后一个数据，当上游 Cold Observable 完结的时候，才把最后一个数据传递给 Observer。

也就是说，使用了 AsyncSubject 的 publishLast 产生的 ConnectableObservable 对象，最多只会包含一个数据，也就是上游吐出来的最后一个数据。

同时，AsyncSubject 对象表现得 "可以重用"，即使上游 Cold Observable 完结时候调用了 AsyncSubject 对象的 complete 方法，之后添加的 Observer 依然可以从 AsyncSubject 中获得数据，而且是立刻获得数据，当然，这立刻获得数据就是上游吐出的最后一个数据。

无论 Observer 是什么时候添加的，它们获得的数据都是一样的，所以看起来 AsyncSubject 是 "可重用的"。

下面的代码演示了 publishLast 的功能特性：

```
import {Observable} from 'rxjs/Observable';
import 'rxjs/add/observable/interval';
import 'rxjs/add/operator/publishLast';
import 'rxjs/add/operator/take';

const tick$ = Observable.interval(1000).take(3);
const sharedTick$ = tick$.publishLast().refCount();

sharedTick$.subscribe(value => console.log('observer 1: ' + value));
setTimeout(() => {
  sharedTick$.subscribe(value => console.log('observer 2: ' + value));
}, 5000);
```

sharedTick$ 由 publishLast 产生，因为 publishLast 返回的是 ConnectableObservable 对象，所以可以链式调用 refCount。

tick$ 总共会吐出 0、1、2 总共三个数据，但是 publishLast 只关心最后一个。

上面的代码运行结果如下：

```
observer 1: 2
observer 2: 2
```

1 号 Observer 在 4 秒的时候获得 publishLast 所产生的 Observable 吐出的第一个也是最后一个数据 2。

2 号 Observer 在 5 秒钟时添加，它会立刻获得第一个也是最后一个数据 2。

10.5.2　pubishReplay 和 ReplaySubject

为了理解 publishReplay 和 ReplaySubject，我们首先要理解 replay（重播）这个概念。

我们在电视上看某个晚会的直播，电视里看到演员在台上卖力表演，这是 play（播放），事后如果我们还想看这个晚会节目，那就看重播，看重播并不用演员在台上再表演一遍，只需要把直播的录像拿出来放就好了。

如果把电视节目制作比作 Observable 对象，那么产生最终的 Observable 对象也经历了一个数据管道，包括演员、摄影、直播支持等很多工作，才把节目图像传递到你家里的电视上，如果你要看重播，那么 replay 就是把 Observable 对象吐出的数据重新走一遍，而不是让数据管道重新产生一遍数据，如图 10-4 所示。

当然，如果你财大气粗，就是不想看录像，理论上，你也可以在节目演完之后，高薪要求演员重新为你表演一次，这样类比 RxJS 就相当于重新订阅（re-subscribe）一次数据源，让数据流管道重新运行一遍，如图 10-5 所示。

当然，re-subscribe 付出的代价是很大的，这也就是在多播中，我们多是用 replay，而不是 re-subscribe 的原因。

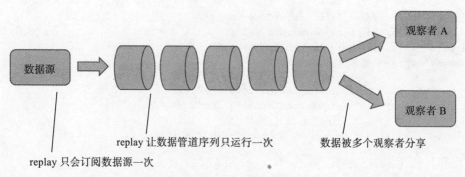

图 10-4　replay 示意图

ReplaySubject 就像是录像，它不只是支持多播，而且还能够支持"录播"，能够把上游传下的数据存储下来，当新的 Observer 添加时，让 Observer 能够接收到订阅之前产生的数据。

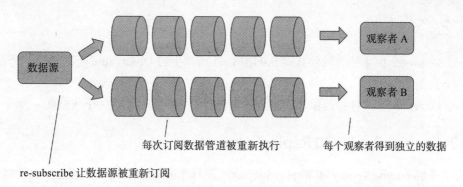

图 10-5　re-subscribe 示意图

publishReplay 的实现代码如下：

```
function publishReplay(
  bufferSize = Number.POSITIVE_INFINITY,
  windowTime = Number.POSITIVE_INFINITY
) {
  return multicast.call(this, new ReplaySubject(bufferSize, windowTime));
}
```

可以看到，和 publishLast 一样，publishReplay 也是直接调用 multicast，只不过使用的 Subject 对象不同，publishReplay 使用的是 ReplaySubject 这个类的对象。

publishReplay 有两个参数，bufferSize 和 windowTime，通常只使用第一个参数 bufferSize，代表 Replay 的缓冲区大小，如果不指定参数的话，bufferSize 就会使用默认的最大数字大小，换句话说，Replay 的缓冲区不设上限，上游有多少内容就缓存多少。

下面是使用 publishReplay 的代码示例：

```
import {Observable} from 'rxjs/Observable';
import 'rxjs/add/observable/interval';
import 'rxjs/add/operator/publishReplay';
import 'rxjs/add/operator/take';
import 'rxjs/add/operator/do';

const tick$ = Observable.interval(1000).take(3)
    .do(x => console.log('source ', x));
const sharedTick$ = tick$.publishReplay().refCount();

sharedTick$.subscribe(value => console.log('observer 1: ' + value));
setTimeout(() => {
  sharedTick$.subscribe(value => console.log('observer 2: ' + value));
}, 5000);
```

2 号 Observer 在第 5 秒钟才被添加，如果使用之前的 publish 产生 sharedTick$，2 号 Observer 肯定是不能获得数据的；如果使用 share 产生 sharedTick$，那么 2 号 Observer 可以获得数据，但是会重新 subscribe 一次上游的 tick$ 对象。

在上面的代码中，我们在 tick$ 的操作符管道中添加了 do，输出流过管道的数据，以此来判断 tick$ 是否被重复 subscribe。

上面的代码执行结果如下：

```
source  0
observer 1: 0
source  1
observer 1: 1
source  2
observer 1: 2
observer 2: 0
observer 2: 1
observer 2: 2
```

可以看到，2 号 Observer 依然获得了数据，却并没有重新 subscribe 上游的 tick$，这是因为 publishReplay 缓存了上游数据流中的数据，就像是重播录像一样。

看起来 publishReplay 的功能十分强大，但是使用起来要谨慎，如果使用 publishReplay 不带参数，可能导致内存问题。

在上面的例子中，上游数据流只有有限的 3 个数据，publishReplay 缓存起来没有问题，如果上游数据流吐出的数据很多，那么把这些数据全都缓存下来就显得很不现实。

所以，通常要给 publishReplay 一个合理的参数，限制缓存的大小。

修改上面代码中产生 sharedTick$ 的代码如下：

```
const sharedTick$ = tick$.publishReplay(2).refCount();
```

给 publishReplay 增加参数 2 之后，代码运行结果就是这样：

```
source   0
observer 1: 0
source   1
observer 1: 1
source   2
observer 1: 2
observer 2: 1
observer 2: 2
```

2 号 Observer 不会接收到数据 0，因为 bufferSize 参数为 2，只够容纳最后的两个数据，当 1 和 2 被 publishReplay 接收到的时候，之前接收到的 0 就被挤出缓冲区了。

10.5.3　publishBehavior 和 BehaviorSubject

了解了 publishLast 和 publishReplay 的本质之后，不难猜出 publishBehavior 是如何实现的，下面的代码展示的就是 publishBehavior 的实现方式：

```
function publishBehavior(value) {
  return multicast.call(this, new BehaviorSubject(value));
}
```

同样是使用 multicast，不同的是使用了另外一个 BehaviorSubject 对象作为"中间人"而已。

不过，这个名字 publishBehavior 和 BehaviorSubject 第一眼真看不出来具体含义，Behavior 就是"行为"，这个 opeartor 和 Subject 的特殊子类有什么"行为"呢？

BehaviorSubject 的行为，就是可以提供一个"默认数据"，当添加 Observer 的时候，即使上游还没有吐出数据 Observer 也会立即获得这个"默认数据"；而且，这个"默认数据"总是会被上游吐出的最新数据替代，也就是说，任何新添加的 Observer 都有一个大礼包在等着他，这个大礼包要么是指定的"默认数据"，要么就是上游吐出的最新数据。

下面的代码展示了 publishBehavior 的功能特性：

```
import {Observable} from 'rxjs/Observable';
```

```
import 'rxjs/add/observable/interval';
import 'rxjs/add/operator/publishBehavior';
import 'rxjs/add/operator/take';

const tick$ = Observable.interval(1000).take(3);
const sharedTick$ = tick$.publishBehavior(-1).refCount();

sharedTick$.subscribe(value => console.log('observer 1: ' + value));
setTimeout(() => {
  sharedTick$.subscribe(value => console.log('observer 2: ' + value));
}, 2500);
setTimeout(() => {
  sharedTick$.subscribe(value => console.log('observer 3: ' + value));
}, 5000);
```

上面代码的执行步骤如下：

1）当 1 号 Observer 被添加到 tick$ 的时候，会立刻被推送"默认数据"，这时候"默认数据"是 publish 的参数 –1。

2）在 1 秒钟的时候，tick$ 吐出数据 0，1 号 Observer 被推送 0，"默认数据"改变为 0。

3）在 2 秒钟的时候，tick$ 吐出数据 1，1 号 Observer 被推送 1，"默认数据"改变为 1。

4）在 2.5 秒的时候，2 号 Observer 被添加，它会立刻被推送当前的"默认数据"1。

5）在 3 秒钟的时候，tick$ 吐出数据 2，1 号和 2 号 Observer 会被推送 2，"默认数据"更改为 2。

6）在 4 秒中的时候，tick$ 完结。

7）在第 5 秒钟时，3 号 Observer 被添加，它不会被推送任何数据，因为 tick$ 完结时 publishBehavior 使用的 BehaviorSubject 的生命终结了。

最终程序输出是这样：

```
observer 1: -1
observer 1: 0
observer 1: 1
observer 2: 1
observer 1: 2
observer 2: 2
```

10.6　本章小结

本章介绍了 RxJS 中对多播的处理方法。本质上多播就是根据一个 Cold Observable

对象产生一个 Hot Observable 对象，从而让这个 Cold Observable 对象不需要被重复订阅，但产生的数据却可以被多个观察者消费。为了达到这个目的，RxJS 引入了 Subject，可以说，多播就是围绕着 Subject 这个核心概念展开的。

RxJS 提供了多个支持多播的操作符，这些操作符全部都是基于 multicast 这个操作符的特例用法，在不同场景中，可以选择不同的多播策略。

掌握时间的 Scheduler

在这一章中，我们会介绍 RxJS 中的一个重要概念 Scheduler，虽然 Scheduler 很不起眼，很多时候都感觉不到它的存在，但是巧妙使用 Scheduler 可以提高 RxJS 数据流处理的性能，获得更多的增强功能。

Scheduler 可以作为创造类和合并类操作符的函数使用，此外，RxJS 还提供了 observeOn 和 subscribeOn 两个操作符，用于在数据管道任何位置插入给定 Scheduler。

11.1　Scheduler 的调度作用

Scheduler 可以翻译成"调度器"，用于控制 RxJS 数据流中数据消息的推送节奏。

到目前为止，本书还没有提到过 RxJS 中的 Scheduler，然而，实际上我们已经和 Scheduler 多次擦肩而过。

在 RxJS 提供的很多操作符中都带有 Scheduler 类型的参数，在之前的章节中，为了简化问题，我们有意不提这些参数，不过，现在是时候来研究一下 Scheduler 参数的作用了。

以创建类操作符的代表 range 为例，之前我们只说 range 的函数声明是下面这样：

```
function range(start, count) {
}
```

实际上，range 的函数声明是这样：

```
function range(start, count, scheduler) {
}
```

第三个参数，也就是最后一个参数就是 scheduler，实际上，因为 scheduler 不经常使用，所以 scheduler 总是一个可选参数，如果一个操作符有 scheduler 参数，那么这个参数也肯定是最后一个参数。

如果使用操作符的时候不传递 scheduler 参数，那么 RxJS 就会使用默认的 Scheduler 实现。

在看干巴巴的 Scheduler 定义之前，我们先用代码来体会一下在创建 Observable 的时候使用 Scheduler 和不使用 Scheduler 的区别。

我们使用 range 来产生 Observable 对象，如果不指定 Scheduler 对象，代码如下：

```
import {Observable} from 'rxjs/Observable';
import 'rxjs/add/observable/range';

const source$ = Observable.range(1, 3);

console.log('before subscribe');
source$.subscribe(
  value => console.log('data: ', value),
  error => console.log('error: ', error),
  () => console.log('complete')
);
console.log('after subscribe');
```

这段代码的执行结果如下：

```
before subscribe
data:  1
data:  2
data:  3
complete
after subscribe
```

这样的执行结果应该没有任何意外，JavaScript 就是按照指令顺序来执行的，首先利用 range 这个操作符产生一个 Observable 对象 source$，不过我们都知道 Observable 对象是"懒执行"的，没有 Observer，source$ 这个数据源并不会被发动。

然后，第一个 console.log 语句输出了 before subscribe。

接着给 source$ 添加 Observer，这时候 source$ 被退订，于是开始吐出数据，从 1 到 3，每一个数据都会引发 Observer 的输出，在吐出最后一个数据 3 之后，source$ 完结，引发 Observer 输出一个 complete 字符串。

当 source$ 的所有操作都结束之后，最后一行 console.log 被执行，输出 after subscribe。

因为 range 是同步输出数据，所有当 Observer 添加之后，会一口气把所有数据全部吐出，所以上面的代码也是完全同步执行的。

现在对上面的代码稍作修改，给 range 传递一个 Scheduler 对象，代码如下：

```
import {Observable} from 'rxjs/Observable';
import 'rxjs/add/observable/range';
import {asap} from 'rxjs/scheduler/asap';

const source$ = Observable.range(1, 3, asap);

console.log('before subscribe');
source$.subscribe(
  value => console.log('data: ', value),
  error => console.log('error: ', error),
  () => console.log('complete')
);
console.log('after subscribe');
```

这段代码从 rxjs/scheduler/asap 中导入了一个叫 asap 的对象，asap 就是 As Soon As Possible 的缩写，代表"能有多快就多快"。

其余部分代码完全没有变化，然后修改后的代码执行结果如下：

```
before subscribe
after subscribe
data:  1
data:  2
data:  3
complete
```

可以看到，很有意思的是，after subscribe 这个字符串的输出抢在 Observer 输出第一个数据之前了，也就是说，在这段代码中，并没有在 subscribe 这个语句上同步等待 source$ 吐出全部结果，而是直接继续执行，执行了最后一行 console.log 之后，Observer 才有机会获得 source$ 吐出的数据。

很明显，使用了这个叫 asap 的 Scheduler，改变了 Observable 对象的数据产生方式。

现在，我们看一下 Scheduler 的官方定义，包含如下三个方面：

❑ Scheduler 是一种数据结构；

❑ Scheduler 是一个执行环境；

❑ Scheduler 拥有一个虚拟时钟（virtual clock）。

所谓 Scheduer 是一种数据结构，指的是 Scheduler 对象可以根据优先级或者其他某种条件来安排任务执行队列。

Scheduler 可以指定一个任务何时何地执行，所以它是一个执行环境。在上面使用 asap 的例子中，asap 决定了数据推送任务不是同步执行，而是用其他节奏来执行。

可以这么看待 Scheduler 和数据流的关系，当数据流吐出数据的时候，需要知道当前的时间，对于一些和时间相关的操作符这一点十分明显，比如 interval 这个操作符产生的 Observable 对象，每隔指定时间吐出一个数据，那就要确定是不是到了指定的时间点，那么怎么确定时间呢？由 Scheduler 来提供时间。

在 RxJS 的数据流世界里，Scheduler 说现在是几点几分几秒，那现在就是几点几分几秒，Scheduler 就像是这个世界中的权威标准时钟。

Scheduler 提供的时钟可以是准确的现实世界的时间，也可以是一个扭曲的时间。正因为 Scheduler 提供的虚拟时钟可以被操纵，我们可以利用 Scheduler 来控制数据流中数据的流动节奏。在接下来的章节中会介绍利用 Scheduer 虚拟时钟特性的 TestScheduler，TestScheduler 可以伪造时钟，方便我们对 RxJS 数据流进行单元测试。

11.2   RxJS 提供的 Scheduler

对于 Rx 一族的其他框架，比如 Rx.Net 和 RxJava，Scheduler 的作用非常重要，因为 Rx 的实现只用一个线程，如果要发挥多线程的威力，就必须要使用 Scheduler。不过，在 RxJS 中，Scheduler 相对于其他 Rx 实现就不起眼得多，为什么呢？

因为 JavaScript 是单线程的语言，根本没得选，所以 RxJS 中提供的 Scheduler 种类也没有其他 Rx 实现那么丰富多彩。

在 RxJS 中，Scheduler 几乎是透明的，绝大部分场景下，使用 RxJS 默认选择的 Scheduler 就足够了，一般不需要指定其他的 Scheduler。

比如，在前面的例子中可以看到，range 使用的默认 Scheduler 是同步产生数据，这很适合 range 这个操作符的特性，对于绝大部分场景，range 的责任就只是同步产生一个范围内的整数，没必要异步产生数据，因为 range 这个函数的语义就没有异步的概念。

不过，也不是说 RxJS 对于所有场景都默认使用同步的 Scheduler，不同的场景有各自的特点，比如，interval 这个操作符也支持可选的 Scheduler 类型参数，如果不指定，那 RxJS 也绝对不可能使用同步的 Scheduler，不然根本无法达到异步产生数据的效果。

在 RxJS 中，提供了下列 Scheduler 实例。

❏ undefined/null，也就是不指定 Scheduler，代表同步执行的 Scheduler。

❏ asap，尽快执行的 Scheduler。

❏ async，利用 setInterval 实现的 Scheduler，用于基于时间吐出数据的场景。

❏ queue，利用队列实现的 Scheduler，用于迭代一个大的集合的场景。

❏ animationFrame，用于动画场景的 Scheduler。

RxJS 默认选择 Scheduler 的原则是：尽量减少并发运行。所以，对于 range，就选择

undefined；对于很大的数据，就选择 queue；对于时间相关的操作符比如 interval，就选择 async。

其中，undefined 指的就是同步执行的 Scheduler，range 默认使用的就是这种 Scheduler。

无论 asap、async、queue 还是 animationFrame，都是一种 Scheduler 的一个实例对象，以 asap 为例，如果代码中导入整个 Rx，那么通过这种方式访问：

```
Rx.Scheduler.asap
```

显然，这些 Scheduler 都以 Rx.Scheduler 对象的一个属性存在。

在 Node.js 环境下，如果不想整个导入 Rx，只想导入单个 Scheduler 对象，那么可以用下面这种方法：

```
import {asap} from 'rxjs/scheduler/asap';
```

单个 Scheduler 实例存在于 node_modules/rxjs/scheduler/ 目录下，asap、async、queue 和 animationFrame 都有对应的模块文件。

> **注意** RxJS 的 v4 版和 v5 版在 Scheduler 上有重大差异，无论是实现方式还是命名都差别巨大。在 v4 中存在着一个默认的 Scheduler 实例 Rx.Scheduler.default，功能上等同于 v5 的 Rx.Scheduler.asap，在 v5 中完全没有 default 这个 Scheduler 名称，所谓默认就用 undefined 代表。
>
> 在 v4 中还有一个叫 Rx.Scheduler.currentThread 的实例，这个命名很有误导性，因为 JavaScript 是单线程运行环境，既然只有一个线程，"当前线程"本身就毫无意义，所以，在 v5 中，这个名字不恰当的 Scheduler 被改名为 Rx.Scheduler.queue。

值得一提还有一个特殊类型的 Scheduler 叫 TestScheduler，可能这个 Scheduler 会是使用 RxJS 的开发者接触最多的一个 Scheduler，因为写 RxJS 相关单元测试会经常用到它。

TestScheduler 是一个类，所以使用时要创建实例：

```
new Rx.TestScheduler()
```

在下一章，我们会介绍如何使用这个 TestScheduler 来给 RxJS 写单元测试。

11.3　Scheduler 的工作原理

学习 Scheduler 有一个挑战，就是不能只看代码表面，而是要了解代码之后的运行原理。表面上使用 Scheduler 只是导入一些变量，然后把这些变量作为参数传递给操作符，但是要真正理解 Scheduler 是怎么回事，我们要搞清楚它们的工作原理。

要理解不同 Scheduler 实例的不同功能，就不得不说一说 JavaScript 的代码运行方式。

11.3.1 单线程的 JavaScript

JavaScript 是一个单线程的语言，也就是说，在 JavaScript 的世界里，可以认为永远只有一个线程来运行所有的 JavaScript 代码。有的人觉得这是 JavaScript 的一个局限，导致 JavaScript 无法开发出"更强大"的功能，实际上，这个"局限"却是 JavaScript 一个很大的优势。

> **注意** 在某些浏览器中有 Web Worker 这个功能，一个 Web Worker 相当于一个新的线程，在具有 Web Worker 功能的浏览器中，可以把 JavaScript 的工作分配到多个这样的线程中去做，但是，Web Worker 只是某些浏览器的功能，并不是 JavaScript 这个语言本身的功能，Web Worker 访问浏览器资源也受到限制，比如，Web Worker 不能直接操作 DOM。所以，可以认为 Web Worker 只能帮助浏览器中的应用分担纯 CPU 运算的功能。在本书中，我们不考虑 Web Worker 带来的影响。

不可否认，只支持单线程，在解决某些问题的时候，会觉得受到了限制，但是，我们要知道 JavaScript 语言的定位，JavaScript 自发明之初，就把自己定位成一个应用层开发语言，换句话说，JavaScript 是用来直接开发应用的，而不是开发计算机底层的。

如果你要开发一个硬件驱动程序，那应该选择 C 语言甚至汇编语言；如果你要开发一个操作系统，那使用 JavaScript 也不是一个明智的选择；但是，如果你要开发一个面向用户的应用，那么 JavaScript 这样的高级语言就显得更加合适。

特定于线程这件事，不同于很多其他高级语言，JavaScript 只支持单线程，这简化了很多场景下应用代码的编写。

举个例子，在应用中同时发出多个请求来访问其他服务的 API，API 请求的返回结果会被汇总到一个数据中，在 JavaScript 中这个操作非常简单直白，下面是一段示例代码：

```
const result = {
  lastStatus : null,
  lastResponse : null
};
fetch(apiFoo).then(res => {
  result.lastResponse = res.json();
  result.lastStatus = res.status;
});
fetch(apiBar).then(res => {
```

```
    result.lastResponse = res.json();
    result.lastStatus = res.status;
});
```

上面的 JavaScript 代码并不是能够运行的完整代码,只是用来展示 JavaScript 处理这个需求的方式。这段代码利用 fetch 访问的两个 API 分别是 apiFoo 和 apiBar,返回的结果记录在 result 对象中,result 上的 foo 属性是访问 apiFoo 的结果,result 上的 bar 属性是访问 apiBar 的结果,另外 result 上的 lastStatus 记录的是最后一个 API 请求的响应状态。

访问 apiFoo 和访问 apiBar 都是异步操作,而且返回结果的时间完全无法控制,因为时间不光受本地机器的运行环境影响,还受网络条件和服务器运行环境的影响,虽然先发出了对 apiFoo 的请求,但是完全有可能 apiBar 先返回结果,当然也有可能两个 API 请求同时获得结果。

如果很不巧,真的同时获得两个 API 的返回结果,那会发生什么情况呢?

假设 JavaScript 支持多线程,返回结果的处理可以在不同线程上处理,那么就会产生紊乱的情况。

在上面的代码中,第一个线程处理 apiFoo 的返回结果,在更新完 result.lastResponse 之后,还没来得及更新 result.lastStatus,处理 apiBar 返回结果的第二个线程被激活,这第二个线程更新完 result.lastResponse 和 result.lastStatus 就完成了这一轮的使命,然后,控制权重新回到第一个线程手上,但是这个线程完全不知道刚刚发生了什么,它只是遵照代码指令去更新 result.lastStatus。

最终的结果,result.lastResponse 是 apiBar 的结果,result.lastStatus 却是 apiFoo 的返回状态,这就是紊乱的情况,称为竞态(Race Condition)。

当然,上面只是假设 JavaScript 支持多线程的情况,庆幸的是,在现实中因为 JavaScript 只支持单线程,所以上面假设的情况绝不会发生,处理 apiFoo 返回结果的线程和处理 apiBar 返回结果的线程是同一个线程,如果 apiFoo 先返回,那这个线程在处理完 apiFoo 之前是绝不会抽空去处理 apiBar 的,这样最终的数据状态也绝对是一致的。

对于其他支持多线程的语言,应对上面的场景就麻烦得多,为了保持数据的一致性,就要利用加锁等机制来避免多个线程访问统一数据的冲突情况,如果应用开发者忘了加锁,那就会出问题。最可怕的是,可能大部分情况下没有问题,只在少部分情况下有问题,这反而更危险,因为问题被隐藏起来了,直到关键时刻才狠狠地咬伤你。

我的观点很明确:作为一个应用层开发语言,应该关注于怎么描述应用逻辑,而不应该纠缠于什么线程执行逻辑这种事情,所以,JavaScript 只支持单线程绝对是一个好的设计。

当然，你可能不同意我的观点，不过你也不能改变 JavaScript 中只有一个线程的事实，所以，无论如何都要理解 JavaScript 如何在只有一个线程的前提下处理异步和并发任务。

11.3.2 调用栈和事件循环

JavaScript 的解析和运行环境称为 " JavaScript 引擎"，JavaScript 引擎有诸多实现，Chrome 浏览器和 Node.js 使用的是 v8，微软公司的 Edge 浏览器使用的是 Chakra 引擎⊖，Firefox 浏览器在演进道路上使用过 Gecko、TraceMonkey 和 JägerMonkey 等多种引擎⊖。历史上，不同组织和个人开发过各种名称的 JavaScript 引擎，虽然这些引擎种类繁多，但是都要实现 "调用栈"（Call Stack）和 "事件循环"（Event Loop）的概念。

"调用栈" 是所有编程语言都存在的概念，当调用一个函数的时候，就在调用栈上创建这个函数运行的空间，参数的传递、局部变量的创建都是通过调用栈完成；当一个函数执行完毕的时候，对应调用栈上这个函数的本次运行空间就被清除。

实际情况下，一个函数可能调用其他函数，而这些其他函数又会调用更多的函数，所以调用栈随着函数调用的深入会不断加深，然后又随着这些函数调用结束而变浅。图 11-1 是一个调用栈的状态去描述，函数 A 调用了函数 B，然后函数 B 调用了函数 C。

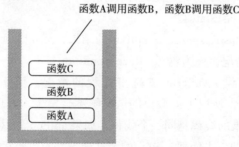

图 11-1　调用栈

调用栈的执行方式很适合简单的数据运算，不过，JavaScript 被设计出来不是只执行一个任务，作为开发网页应用的语言，JavaScript 需要对多种不同的事件进行响应，所以，就有了 "事件循环" 这个概念。

⊖　参见 https://en.wikipedia.org/wiki/Chakra_(JavaScript_engine)。
⊖　参见 https://en.wikipedia.org/wiki/Firefox_4。

当使用 setTimeout 或者 setInterval 来控制一个函数在一段时间之后再执行的时候，当通过 fetch 等 API 发出 AJAX 请求的时候，当使用 Promise 对象的时候，"事件循环"就上场了。

调用栈　　　　　　　事件循环　　　　　　　任务队列

图 11-2　事件循环的工作方式

虽然"事件循环"在各 JavaScript 引擎中的具体实现方式有差别，但基本都是这样的工作方式。

为了支持事件处理，需要有一个"事件队列"，存储所有等待处理的事件，这些事件有很多来源，上面提到的使用 setTimeout 和 setInterval、调用 AJAX 功能的 API、使用 Promise 都可以给"事件队列"添加待处理事件。

"事件循环"可以看作一个死循环，重复的工作就是从"事件队列"中拿到需要处理的事件任务，然后把这个任务交给调用栈去执行，当这个任务处理结束之后，再从"事件队列"中拿下一个任务塞给调用栈……如此周而复始，永不停歇。

因为 JavaScript 是单线程执行，所以当调用栈正在执行一个任务的时候，事件循环也只能等着，只有当前一个任务完成之后，才能塞给调用栈下一个任务。这也就是 setTimeout 不可能百分之百准确的原因。假设 setTimeout 设定 1000 毫秒之后执行一个任务，即使系统时钟无比准确，但是 1000 毫秒之后，有一个任务正在调用栈中执行，那 setTimeout 设定的任务也不可能强行中断正在执行的任务，只能等到它完成之后才排上队，这时候很可能已经是多于 1000 毫秒之后的时间了。

所以，在 JavaScript 编程中，要特别注意的是让每个任务不要耗时太长，要知道，不光 JavaScript 的任务要在唯一的线程上执行，浏览器窗口渲染 HTML 内容、响应用户输入也要用上这个唯一的线程，如果单个任务耗时太长，必定造成卡顿，影响用户体验。

上面是为了便于理解，简单介绍"事件循环"和"事件队列"，其实实际情况并没有那么简单。更进一步，"事件队列"中的任务可以细分为 Micro Task 和 Macro Task。

如果把"事件队列"看作是等待执行而排队的话，那实际上也不只是排一条队，虽然各个 JavaScript 引擎的实现不同，但是都会把不同任务区分对待，比如，setTimeout 和 setInterval 和时间相关任务排一队，网络请求相关任务排一队，当调用栈终于空闲下来的时候，"事件循环"会依次一个队一个队地处理，比如，上一次处理到 setTimeout 和

setInterval 这样与时间相关的这一队，那就接着从这个队列里抽取任务完成，搞定这一队之后，再去网络请求相关任务队列去拿任务，搞定之后再找下一队。

可见，每一个队列里的任务想要获得执行，不光要等自己队列里前面的任务，还可能要等待其他队列被清空才有机会。

上面说的这些任务，叫做 Macro Task，还有一种任务，叫做 Micro Task，处理方式和 Macro Task 很不一样。

概念上，Micro Task 只有一个队列，而且这个队列简直就是 VIP 快速通道。

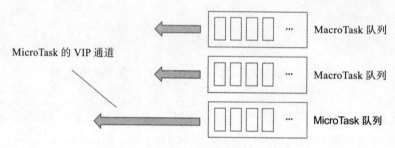

图 11-3　Micro Task 和 Macro Task

当调用栈处理完一个任务，准备迎接下一个任务的时候，"事件循环"总是会优先看一看 Micro Task 的队列，只要还有 Micro Task 存在，就直接把 Micro Task 交给调用栈，其他 Macro Task 队列的任务都只能等下次机会。因为 Micro Task 的处理优先级很高，所以更应该保证 Micro Task 的运算量不能太大，不然这种又强行插队又耗时的行为，肯定会造成应用感知性能的下降。

在 JavaScript 中，setTimeout、setInterval 和 AJAX 请求引发的异步操作，都属于 Macro Task，但是对于 Micro Task，不同的 JavaScript 引擎有不同的定义。在 Node.js 环境中，process.nextTick 将会产生 Micro Task 任务，参照下面的代码：

```
setTimeout(
  () => console.log('setTimeout'),
  0
);
process.nextTick(() => console.log('nextTick'));
```

在 Node 环境下，这个代码的输出如下：

```
nextTick
setTimeout
```

虽然 setTimeout 语句执行在前，但它产生的是 Macro Task，而 process.nextTick 产生的是 Micro Task，所以它在事件循环处理时会插在前面先被处理，于是最后的 nextTick

输出在 setTimeout 之前。

在某些 JavaScript 引擎中，Promise 被当做 Micro Task 处理，但是也有 JavaScript 引擎不这么认为，所以，下面的代码在不同浏览器中会产生不同的结果：

```
setTimeout(
  () => console.log('setTimeout'),
  0
);
Promise.resolve(1).then(() => console.log('Promise.resolve'));
```

这段代码在有的浏览器中的运行结果可能是下面这样：

```
Promise.resolve
setTimeout
```

也可能是下面这样：

```
setTimeout
Promise.resolve
```

所以，不能认为 Promise 一定会产生 Micro Task，实际情况是不同 JavaScript 引擎的处理会有不同。

11.3.3　Scheduler 如何工作

理解了 JavaScript 的单线程运行特点，还有调用栈、事件循环及 Micro Task 和 Macro Task 的区别之后，理解 Scheduler 的工作方式就不成问题了。

在 RxJS 中，如果不使用特定的 Scheduler，就是通过调用栈来完成，比如 range 在默认的 Scheduler 下产生数据，可以认为是用下面的代码实现的：

```
Observable.range = function(start, count) {
  return Observable.create((observer) => {
    let index = start;
    let end = start + count;
    do {
      if (index >= end) {
        observer.complete();
        break;
      }
      observer.next(index++);
    } while (true);
  });
};
```

从代码中可以看到，一旦 range 产生的 Observable 对象被订阅，没有任何的延迟，所有的数据会一口气吐出。

因为 subscribe 函数会引发 Observable.create 的函数参数，而在这个函数参数中的循环体直接调用 observer 参数的 next 和 complete 方法，所以实际上当 subscribe 函数返回之前，range 产生的数据已经全部发完，而且调用了 observer 的 complete 方法。

这就是利用调用栈实现的 Scheduler 方式，非常简单，同时也可能造成性能问题。

注意 虽然 RxJS 官方文档中说 undefined 或者 null 就是所谓的"默认 Scheduler"，实际上，从 RxJS 的源代码中可以看到，根本没有"默认 Scheduler"的实现，也就是说，并没有"默认 Scheduler"这样一个实际的类或者对象可用来重用，这个概念是每个操作符自己实现的。

我们说性能问题，并不是说一个任务花更少的时间执行完就是性能更好，性能是一个需要综合考量的指标，对于网页应用，用户感知的性能永远是第一位的。

像 range 这样在默认 Scheduler 下完全靠调用栈来产生数据，如果需要产生的数据量很大，那可能就会占用很长的一段执行时间，而且，因为是直接同步调用 Observer 的 next 和 complete 函数，如果 Observer 的这两个函数也涉及耗时的同步运算，那么一个 range 产生的 Observable 对象数据就会独占唯一的线程太久，造成应用卡顿，就会影响用户感知性能。

下面是一个用 range 产生比较大数据序列的示例：

```
import {Observable} from 'rxjs/Observable';
import 'rxjs/add/observable/range';

const timeStart = new Date();
const source$ = Observable.range(1, 100000);
console.log('before subscribe');
source$.subscribe({
  complete: () => {
    console.log('Time elapsed: ' + (Date.now() - timeStart) + 'ms');
  }
});
console.log('after subscribe');
```

在上面的代码中，range 产生了从 1 到 100000 的整数序列，我们关心的是产生这些数据所要消耗的时间，所以在 Observer 中没有提供 next 函数，只定义了 complete 函数，通过计算完结时和开始时的时间之差，可以看到时间的消耗。

实际的时间消耗和 CPU 的性能有关系，而且每一次运行的结果有差异，在我正在写作的这台电脑上，运行结果如下：

```
before subscribe
Time elapsed: 19ms
```

```
after subscribe
```

range 产生这一百万个数据消耗了 19 毫秒，因为默认不指定 Scheduler 的情况下 range 是同步吐出数据的，也就是说，这 19 毫秒范围内，JavaScript 唯一的线程是被 range 这个函数执行独占的，所以程序在输出 Time elapsed: 19ms 之后才输出 after subscribe。

对上面的代码稍作修改，使用 asap 这个 Scheduler，看一看执行结果如何，代码如下：

```
import {Observable} from 'rxjs/Observable';
import 'rxjs/add/observable/range';
import {asap} from 'rxjs/scheduler/asap';

const timeStart = new Date();
const source$ = Observable.range(1, 100000, asap);
console.log('before subscribe');
source$.subscribe({
  complete: () => {
    console.log('Time elapsed: ' + (Date.now() - timeStart) + 'ms');
  }
});
console.log('after subscribe');
```

代码的差异只是给 range 增加了第三个参数 asap，这样一来，range 产生从 1 到 100000 整数序列的节奏就由 asap 来控制。

在 RxJS 中，asap 会尽量利用 Micro Task，也就是在异步的情况下，尽量早地安排下一个数据的产生，这也就是为什么它叫 asap(as soon as possible)。

改成使用 asap 之后，这段代码的输出结果如下：

```
before subscribe
after subscribe
Time elapsed: 215ms
```

上面是在我的电脑上的输出结果，因为 CPU 的性能原因，在读者你的电脑上运行，产生的结果可能会有不同，但是不同的只会是 Time elapsed 后面的时间数字，产生的三行输出顺序绝对不会有不同。

可以看到，使用了 asap 之后，产生全部数据用了 215 毫秒，比不使用 asap 的 19 毫秒要多，这难道说明使用 asap 之后性能反而下降了呢？

当然不是，使用了 asap，是指产生全部数据的时间跨度是 215 毫秒，而不是独占唯一的线程 215 毫秒，asap 把产生每一个数据的工作都通过 Micro Task 来实现，这多绕了个路，时间跨度当然大，但是这也避免了同步调用，在这 215 毫秒里，其他插入的微任务可以获得执行的机会，如果是在浏览器中执行，网页中的渲染和对用户操作的响应也可以在事件处理的间隙获得执行的机会。

总之，使用 asap 这样的 Scheduler，目的是提高整体的感知性能，而不是为了缩短单独一个数据流的执行时间。

在 RxJS 中，每一个 Scheduler 类都继承形式如下的接口 IScheduler：

```
interface IScheduler {
  now();
  schedule(work, delay, state);
}
```

上面并不是严格的 JavaScript 代码，只是展现 Scheduler 必须要实现的两个函数，一个是 now，返回当前的时间；另一个是 schedule，用于交给 Scheduler 一个工作。work 就是代表工作的函数，delay 是一个可选参数，代表希望 Scheduler 延时指定毫秒之后再执行 work。

在 RxJS 中，每个操作符就是调用 Scheduler 的 schedule 函数来产生数据，传递给 schdule 的 work 函数就是产生下一个数据要做的工作，如果需要延时产生数据，就会传递一个非零的 delay 参数。很显然，interval 操作符肯定会使用 delay 参数，而 range 操作符就不会使用 delay 参数。

RxJS 的 Scheduler 实现十分复杂，在这里我们不去深究 Scheduler 实现的具体代码，只是从 Scheduler 的接口来感受一下各个常用 Scheduler 的特点。

asap 和 async 两个 Scheduler 都是利用事件循环来实现异步的效果，两者的不同，就是 asap 会尽量使用 Micro Task，而 async 利用的是 Macro Task。

queue 这个 Scheduler，如果调用它的 schedule 函数式参数 delay 是 0，那它就用同步的方式执行，如果 delay 参数大于 0，那 queue 的表现其实就和 async 一模一样。

所以，要看出这三者的差别，通过下面的示例最合适：

```
import {asap} from 'rxjs/scheduler/asap';
import {async} from 'rxjs/scheduler/async';
import {queue} from 'rxjs/scheduler/queue';

console.log('before schedule');
async.schedule(() => console.log('async'));
asap.schedule(() => console.log('asap'));
queue.schedule(() => console.log('queue'));
console.log('after schedule');
```

在上面的代码中，分别使用 queue、async 和 asap 的 schedule 函数来安排执行一个简单的输出任务，我们有意把 asap 放在 async 后面，把 queue 放在 asap 后面。

上面的代码执行结果如下：

```
before schedule
queue
after schedule
async
asap
```

可以看到，queue 虽然在代码中放在最后，却第一个产生输出，因为它是同步执行的，所以肯定在输出 after schedule 之前就会完成任务。

async 和 asap 都会把任务丢给事件循环来处理，所以任务执行在 after schedule 输出之后。又因为 asap 使用的是 Micro Task，所以它的任务会抢在 async 之前完成。

现在，读者应该对 Scheduler 有了一个全面的认识，实际的开发过程中，不大可能需要开发新的 Scheduler，更多的是如何利用 RxJS 提供的现有 Scheduler，而使用 Scheduler 就是利用 RxJS 提供的操作符。

11.4　支持 Scheduler 的操作符

RxJS 中支持 Scheduler 的操作符可以分为两类。

第一类其实我们已经很熟悉，就是普通的创建或者组合 Observable 对象的操作符，比如上面举例过的 range 和 interval，它们有自己的功能，Scheduler 只是一个可选参数，没有 Scheduler 也依然能工作，使用了 Scheduler 参数只是让产生的 Observable 对象吐出数据的节奏发生变化。

还有一类，它们存在的唯一功能就是应用 Scheduler，所以 Scheduler 实例是必须要有的参数，在 RxJS 中，这一类操作符有两个：observeOn 和 subscribeOn。

接下来就分别介绍这些支持 Scheduler 的操作符。

11.4.1　创造类和合并类操作符

在 RxJS 中，创建类操作符通常都包含一个 scheduler 参数，因为创建类操作符作为数据流的源头，可以指定产生数据的节奏是很自然的事情。

支持 scheduler 的创建类操作符包括：

❑ bindCallback

❑ bindNodeCallback

❑ empty

❑ from

- ❑ fromPromise
- ❑ interval
- ❑ of
- ❑ range
- ❑ throw
- ❑ timer

除了创建类操作符，还有一些合并类操作符也支持 scheduler 参数，如果把合并类操作符理解为将多个数据流合并来创建新的数据流的话，那功能上和创建类操作符很相似，所以支持 scheduler 参数也很好理解。

下面这些合并类操作符支持 scheduler 参数：

- ❑ concat
- ❑ merge

下面是一个对合并类操作符 merge 使用指定 scheduler 的代码示例：

```
import {Observable} from 'rxjs/Observable';
import 'rxjs/add/observable/range';
import 'rxjs/add/observable/merge';
import {asap} from 'rxjs/scheduler/asap';

const source1$ = Observable.range(1, 3);
const source2$ = Observable.range(10, 3);
const source$ = Observable.merge(source1$, source2$, 2, asap);

console.log('before subscribe');
source$.subscribe(
  value => console.log('data: ', value),
  error => console.log('error: ', error),
  () => console.log('complete')
);
console.log('after subscribe');
```

对于 range 没有指定 Scheduler，但是在用 merge 合并两个 range 产生的数据流 source1$ 和 source2$ 时，使用了 asap 这个 scheduler，最终合并产生的数据流一样由 asap 来控制节奏。

程序运行的结果如下：

```
before subscribe
after subscribe
data:  1
data:  2
data:  3
```

```
data:   10
data:   11
data:   12
complete
```

值得一提的是，merge 中使用了 asap，只影响 merge 所产生的 Observable 对象的数据生成节奏，并不影响上游 range 产生的 Observable 的生成节奏，因为所有的操作符都不会改变上游 Observable 对象。

11.4.2　observeOn

上面我们介绍的使用 Scheduler 的场景都是在创造或者组合 Observable 对象的时候，不过，有些时候我们没有机会或者不想去修改 Observable 对象的生成代码，拿到了一个 Observable 对象，只想在这个 Observable 对象上应用某个特定的 Scheduler，怎么做到呢？

按照函数式编程的原则，当然不应该在函数中去修改上游的 Observable 对象，但是可以根据这个 Observable 对象产生出一个新的 Observable 对象出来，让这个新的 Observable 对象吐出的数据由指定的 Scheduler 来控制。

在 RxJS 中，支持上述功能的操作符叫做 observeOn。下面是使用 observeOn 的代码示例：

```
import {Observable} from 'rxjs/Observable';
import 'rxjs/add/observable/range';
import 'rxjs/add/operator/observeOn';
import {asap} from 'rxjs/scheduler/asap';

const source$ = Observable.range(1, 3);
const asapSource$ = source$.observeOn(asap);

console.log('before subscribe');
asapSource$.subscribe(
  value => console.log('data: ', value),
  error => console.log('error: ', error),
  () => console.log('complete')
);
console.log('after subscribe');
```

在用 range 创建 source$ 的时候，并没有使用 scheduler，但是我们用链式调用的方法调用 observeOn，传入 asap 参数，这样新产生的 asapSource$ 也就由 asap 这个 Scheduler 控制。

和合并类操作符一样，observeOn 只控制新产生的 Observable 对象的数据推送节奏，并不能改变上游 Observable 对象所使用的 Scheduler。

一般来说，observeOn 在数据流管道接近末尾的位置使用，最好就是在调用 subscribe 之前，因为通常 RxJS 默认的 Scheduler 已经足够合理，如果我们要修改 Scheduler，在整个数据管道中只需要修改一处就足够，既然数据管道中的数据是被 Observer 使用，当然应该在添加 Observer 的 subscribe 调用之前使用 observeOn 调整 Scheduler 最合适。

11.4.3 subscribeOn

Scheduler 不光可以用来控制 Observable 对象推送数据的时机，还可以用来控制添加 Observer 的时机。默认情况下，当调用 subscribe 的时候，Observable 对象就会被订阅，下面的代码展示了这个过程：

```
import {Observable} from 'rxjs/Observable';
import 'rxjs/add/observable/range';
import 'rxjs/add/operator/subscribeOn';

const source$ = Observable.create(observer => {
  console.log('on subscribe');
  observer.next(1);
  observer.next(2);
  observer.next(3);

  return () => {
    console.log('on unsubscribe');
  }
});

console.log('before subscribe');
source$.subscribe({
  complete: () => {
    console.log('Time elapsed: ' + (Date.now() - timeStart) + 'ms')
  }
});
console.log('after subscribe');
```

为了清晰地看到何时对 Observable 订阅内容，我们用 Observable.create 创造了 Observable 对象，当这个 Observable 被订阅时，会输出 on subscribe。在调用 subscribe 函数之前和之后，我们分别输出 before subscribe 和 after subscribe。通过比较这三个输出的顺序，就能够看到实际订阅发生的时机。

程序输出结果如下：

```
before subscribe
on subscribe
```

```
data:   1
data:   2
data:   3
after subscribe
```

可以看到，on subscribe 在 after subscribe 之前输出，可见这是一个同步的过程，调用 Observable 对象的 subscribe 函数，会立刻引发订阅的动作。

对上面的代码稍作修改，使用 subscribeOn，如下所示：

```
const tweaked$ = source$.subscribeOn(asap);

console.log('before subscribe');
tweaked$.subscribe(
  value => console.log('data: ', value),
  error => console.log('error: ', error),
  () => console.log('complete')
);
console.log('after subscribe');
```

我们对 source$ 使用 subscribeOn 方法，传入 asap，产生了一个新的 Observable 对象名叫 tweaked$，然后，调用 tweaked$ 的 subscribe 方法，这时候就不再是同步订阅 tweaked$ 了，而是由 asap 控制节奏，也就是要等到这一次同步执行的操作结束之后才执行订阅。程序运行结果如下：

```
before subscribe
after subscribe
on subscribe
data:   1
data:   2
data:   3
```

和 observeOn 一样，subscribeOn 通常在数据管道中只需要使用一次，而且最好是在尾部，紧贴着调用 subscribe 之前。

11.5　本章小结

本章介绍了 RxJS 中控制数据推送和数据源订阅时机的功能，Scheduler 就是支持这一功能的关键。为了理解 Scheduler 的工作原理，需要理解 JavaScript 对任务的调度方式，包括调用栈、事件循环以及 Micro Tasks 和 Macro Tasks 的区别。

因为 JavaScript 是单线程语言，所以相对于其他语言的 Rx 实现，RxJS 中的 Scheduler 并没有太多选择。在下一章中，会介绍利用 Scheduler 来简化单元测试的用法。

Chapter 12

第 12 章

RxJS 的调试和测试

如果你在计算软件这个行业有过开发经历，应该会有体会，作为一个软件开发者，编写代码的过程并不只是把脑袋里面的想法转化为代码敲出来，还要花很多时间进行调试和测试。

我们在一些编程教学中看到代码写得十分顺畅，一方面是因为这些代码逻辑很简单，另一个主要方面，在教学中展示的代码，已经被演练过多次，所以看起来可以写得十分快速准确。包括本书中展示的代码，其实很多我也要经过反复调试和测试才写对。

在真实的软件开发中，因为需求的复杂性，无论开发者有多聪明，也无论开发者有多少经验，都不大可能对所有的功能一次写出绝对正确的代码。另外，又因为需求经常发生变化，代码需要持续改进，一个大型项目参与的人员众多，相互依赖的代码质量可能层次不齐，这就使得一次就写出可以交付的代码变得几乎不可能，很容易引入一些缺陷。

和需求不一致的代码缺陷，就是我们所熟知的 bug，消灭 bug 也就成为开发者的主要日常工作之一。

在这一章中，我们会介绍消灭 bug 的两个主要方式：调试和测试。

特定于应用了 RxJS 的代码，调试和测试都是围绕 Observable 数据流展开，因为使用 RxJS 的状态管理实际上就是数据流管理。

12.1 调试方法

调试就像是扮演犯罪电影中的侦探，同时你也是凶手。——Filipe Fortes ⊖

⊖ 参见 https://twitter.com/fortes/status/399339918213652480。

调试（Debugging）和测试（Testing）其实是两个不同的概念。所谓测试，是通过努力发现 bug 来验证代码是否没有缺陷的过程。所谓调试，指的是开发者已经发现了一个 bug 的存在，通过跟踪代码的运行过程，确定引起 bug 的问题根源，然后修改代码，让这个 bug 消失。

我们首先来介绍调试而不是测试，因为调试是开发者最日常的活动，并不需要有人给我们提交 bug，我们自己也会在开发过程中反复调试代码。

相信读者只要写过代码就一定有过调试体验，不过，对于 RxJS 代码的调试，就别有另外一番风味，现在，就让我们一起感受一下 RxJS 相关代码的调试。

12.1.1　无用武之地的 Debugger

说到调试，读者可能最先想到的就是"调试器"（Debugger），一个可以在代码中设置断点的工具，利用 Debugger，还可以在代码执行到断点之后，利用 Step In、Step Over、Step Out 等指令来控制代码执行，在代码执行过程中，还可以看到当前调用栈上的变量的值。

除了几款国产浏览器之外，几乎所有的现代浏览器都自带调试器，即使不带调试器，也会有插件支持调试功能，利用这个工具，可以很方面地控制代码执行，从而发现代码中潜在的问题。

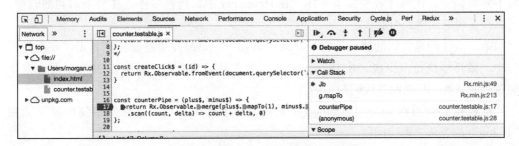

图 12-1　Chrome 浏览器的调试界面

不过，有个坏消息：这些 Debugger 对于 RxJS，基本没有什么大的帮助。为什么会这样呢？

首先，RxJS 中最核心的 Observable，是一个抽象的概念，不同于原生的 JavaScript 数据结构。Observable 是一个复杂的类，即使你在某行代码上带上了断点，当你跟踪下去之后，很容易发现自己跟踪进了 RxJS 的实现代码，这是一些不容易看懂的代码，而且和你的应用完全没有关系，实在不值得在这样的代码迷宫里探索。

其次，RxJS 代码多会涉及异步操作，在异步操作中，使用传统 Debugger 的 Step

In、Step Over 方法是无法跟踪下一步的，这一点即使对于很简单的 JavaScript 代码，Debugger 也完全无用武之地。

总之，对使用 RxJS 的代码进行调试，不要指望传统的 Debugger 能帮上什么大忙。

既然用不上 Debugger，那么我们就很自然把目光转向另一个很常用、也很传统的调试手段，在代码中通过打印输出一些日志（log）来发现代码运行的状态，俗称"打 log"。

12.1.2　利用日志来调试

最有效的调试工具，依然是仔细考虑过而且位置恰当的打印语句。

——Brian W. Kernighan ⊖

上面这句话说于 1979 年，三十多年过去了，通过打印语句调试的方法依然是开发者群体中最流行的调试方法，经久不衰，可见必有很大的优势。

通过输出日志来调试，最大的优势就是简单易行，不需要熟悉任何一种 Debugger 的用法，只要在代码中添加一些输出语句就行了，而且添加语句之后，可以反复执行看结果，和 Debugger 的能力也不相上下。

在使用 Debugger 时，作为开发者我们最关注的无外乎两样东西。

第一关注的是程序运行过程中的"状态"，代码出了 bug，也多是因为数据产生了预料不到的偏差，代码才表现得不一样。在 Debugger 中，当程序停止在某条语句的时候，可以很直观地观察到当前状态。

第二关注的是代码的执行走向，在条件语句中，是向左走还是向向右走，在循环语句中，循环体执行多少次。在 Debugger 中，只要执行到断点，就可以用 Step 命令来操纵执行的节奏，从而跟踪代码的走向。

现在我们知道在 RxJS 中 Debugger 基本派不上什么用场，那首先想到的就只能用"打 log"的方法来解决问题。

如果巧妙合理地应用"打 log"的技巧，实际上完全也可以达到 Debugger 一样的目的。

在 JavaScript 中，最常用的输出日志（log）函数就是 console.log，目前大部分浏览器都支持 console 以及 console 上的 log 函数，有的浏览器还支持 console 上其他的输出 log 函数，比如 console.error，为了简单起见，这里只使用 console.log。

在日志中，可以输出当前可以访问到的变量的值，这就跟踪了程序的状态。当然，输出日志不光是一门技术也是一门艺术，如果只是单纯把变量输出，那很多日志混杂在

⊖　参见 Unix for Beginners (1979) https://en.wikiquote.org/wiki/Brian_Kernighan。

一起根本无法区分，就失去了日志的意义，比如下面这样的代码：

```
sourceA$.subscribe(value => console.log(value));
sourceB$.subscribe(value => console.log(value));
```

在上面的代码中，sourceA$ 和 sourceB$ 代表的数据流引发的 log，就是把参数 value 输出，这样两个数据流的结果混杂在一起，根本看不出哪个日志是哪个数据流产生的，这样的日志并不能给予调试多少帮助。

将代码改进一点，自然是要在日志中加入特定的标示，下面是改进后的代码。

```
sourceA$.subscribe(value => console.log('interval value: ', value));
sourceB$.subscribe(value => console.log('timer value: ', value));
```

执行到某个输出日志的语句的时候，代表指令会执行这条输出日志所在的执行路径，所以根据日志也可以跟踪代码的执行走向，下面是一段示例代码：

```
const result$ = source$.scan((result, value) => {
  console.log(`in scan: result = ${result} ; value = ${value}`;
  return result + value;
});
```

在上面的代码中，通过 scan 这个操作符，从上游数据流 source$ 产生出一个新的数据流赋值给 result$。

我们知道，RxJS 中数据管道是"懒执行"的，仅仅创造了一个 result$ 并不会让管道中的逻辑立刻开始执行，只有当 result$ 被 subscribe 的时候才有可能执行，但是 result$ 什么时候被 subscribe 呢？输出日志会告诉我们。

当 result$ 被 subscribe 之后，到底会有多少数据经过 scan 呢？这些数据是什么值呢？输出的日志可以展示这些信息。

从上面的例子可以看出，只要在代码中特定位置插入输出日志的语句，通过阅读代码执行产生的日志，就能够帮助我们调试代码。

不过，上面展示的只是最基本的输出日志做法，真实的开发中不可能用这么幼稚的输出日志方法，接下来接受更加深入的技巧。

12.1.3　利用 do 来插入调试代码

在 RxJS 中，对于一个数据管道进行调试的时候，其实也就是对一串操作符的链式调用进行调试，对于简单的链式调用，开发者也许还能够用肉眼和脑力来跟踪数据的流转，但是对于比较复杂的链式调用，就难以只靠人肉的方法来知晓数据管道里数据的流转情况了。

通常，我们可以利用 do 这个操作符来帮助调试数据管道，在本书前面的章节中，其实已经使用过 do 来做调试的招数。

假如原本的代码是下面这样。

```
source$.subscribe(observer);
```

为了知道到底什么样的数据会流入 observer，我们可以在 subscribe 之前插入一个 do，代码如下：

```
source$.do(
  value => console('source$ data = ', value)
).subscribe(observer);
```

do 这个操作符既不属于转化类，也不属于过滤类，do 是一个很特殊的操作符，它不会改变数据管道中流过的任何数据，数据只不过经它手走一遍而已，上游和下游都感觉不到 do 的存在。

虽然 do 对数据的操作没有什么贡献，但是这一特性正好被利用来帮助调试，因为 do 的存在对于数据管道的数据流转毫无影响。

读者可能会想，为什么要利用 do 呢？直接 subscribe 上游数据流 source$ 来触发调试代码不也一样吗？就像下面这样：

```
source$.subscribe(value => console('source$ data = ', value));
source$.subscribe(observer);
```

如果像上面这样添加调试代码，那就给 source$ 多增加了一个 Observer，这改变了原有代码的逻辑，原本 source$ 只有一个 Observer，现在多出来一个 Observer，可能改变代码原有的执行结果。

调试的过程，应该不改变被调试代码的执行逻辑，不然，开发者看到的就不是代码真正执行的结果，也就不可能做正确的 Debug。

增加 Observer 这个动作可能产生副作用，比如，source$ 可能是下面这样：

```
const source$ = $orginalSource.publish().refCount();
```

在前面的关于 RxJS 多播的章节中，我们已经了解到，publish 和 refCount 组合产生的 Hot 数据流，在第一次被订阅的时候会去订阅上游的数据流。如果直接给 source$ 增加一个输出调试信息的 Observer，引发 source$ 订阅上游的 Observer 从一个变成了两个，而且触发 source$ 订阅上游的时机可能被打乱。

即使 source$ 是一个 Cold Observable，即使 source$ 有多少个 Observer 都不会有副作用，依然不应该给 source$ 添加一个专门输出 log 信息的 Observer，因为对于 Cold Observable，每一次订阅都会产生一个新的数据序列，输出 log 的 Observer 所接受到的数据序列，也未必就是真正工作的 Observer 所接受到的数据序列。比如，增加调试代码之后也许是这样：

```
source$.subscribe(value => console('source$ data = ', value));
if (someCondition) {
  source$.subscribe(observer);
}
```

虽然有一个 Observer 专门输出 log，但是不巧 someConidtion 是 false，真正有逻辑功能的那个 Observer 反而没有订阅上 source$，最后从 log 上看到一串 log 输出，让开发者以为一切工作正常，其实这些数据序列根本没有被真正有逻辑功能的 Observer 接收到。

总之，不要用 subscribe 方法来增加输出 log 的调试代码，如果要增加调试代码，就一定要在数据管道中利用 do 这个操作符来增加。

需要注意，do 也只是数据管道中的一个环节，通过 do 也只能看到这个环节上流过的数据，如果数据在上游就被过滤掉或者被转化，那 do 中的调试代码并不能输出相关数据。下面的代码展示了 do 的局限：

```
const source$ = Observable.range(1, 10)
  .filter(x => x % 2 === 0)
  .map(x => x*x);

source$.do(
  value => console.log('source$ data = ', value)
).subscribe(observer);
```

source$ 通过 range 产生从 1 到 10 的正整数序列，经过 filter 过滤掉所有的偶数，然后再通过 map 来产生数据的平方，最后经过 do 来输出的数据是 4、16、36、64、100，可是，这个数据序列如何产生的，从 log 中我们无从得知了。

这就是利用 log 来调试代码的局限，只能看到执行到调试代码位置时的状态缩影，而看不到这个状态如何产生的。

假如我们想要知道数据管道中其他环节，就需要在对应的位置插入其他的 do，比如，我们想要知道 filter 之后的数据是怎样，代码就要改成下面这样：

```
const source$ = Observable.range(1, 10)
  .filter(x => x % 2 === 0)
  .do(x => console.log('source$ after filter data = ', x))
  .map(x => x*x);
```

这个 do 所能截获的数据是 2、4、6、8、10，很明显和直接对 source$ 应用 do 截获的数据不同。

12.1.4 改进的日志调试方法

现在我们知道 do 一定程度上能够帮助调试 RxJS 代码，但是 do 有一个大问题，就是一旦添加 do 来产生输出日志的代码，那只要有数据在管道中流动，这些输出日志的代码肯定会被执行，于是程序执行总会看到这些日志。

如果不想让正式发布的代码包含太多调试信息输出，一个做法就在调试结束之后，把这些 do 的使用删除掉，可是，谁知道会不会有新的 bug 出现呢，到时候再把这些调试代码加回来吗？肯定又费事又容易出错。

当然，还有一个做法就是在调试结束之后，把这些 do 的使用注释掉，再次调试的时候再解注释这些代码，就像下面这样：

```
const source$ = Observable.range(1, 10)
  .filter(x => x % 2 === 0)
  //.do(x => console.log('source$ after filter data = ', x)
  .map(x => x*x);
```

我相信，不少读者都在实际工作中使用了上面这样的方法，这样的方法虽然粗糙，但是简单易用，作者我也曾经使用这样的方法，不过，随着应用代码越来越多，再使用这种方法就显得很不恰当了。

使用日志来跟踪程序执行状态这种方法并没有问题，问题在于不对日志进行控制，理想情况下，利用日志来调试应该能够做到这样几点：

❏ 不影响应用的逻辑。

❏ 不需要反复修改应用代码。

❏ 可以控制日志是否输出。

如果能够做到上面这几点，那就真正减少了调试代码的"侵入性"。

一个很简单的技巧就可以实现上面的要求，代码如下，我们创造一个叫 debug 的操作符：

```
Observable.prototype.debug = function(fn) {
  if (global.debug) {
    return this.do(fn);
  } else {
    return this;
  }
};
```

debug 接受一个函数作为参数，当 global.debug 为 true 时，就直接调用 do 传入函数参数，行为就和 do 这个操作符一模一样；如果 global.debug 为 false，那么 debug 只是返回 this，这就等于什么都不做。

这样一来，就可以在数据管道中不用 do 而是用 debug 来增加调试代码，代码如下：

```
const source$ = original$.debug(x => console.log('source$ data = ', x));
```

因为 global.debug 默认是不存在的，作为布尔值来判断相当于 false，所以 debug 默认情况下就是什么都不做，但是，当需要调试代码时，在一个位置赋值 global.debug 为 true，这样就会让所有的 debug 输出想要的日志信息。

通过一个布尔值来控制调试信息的输出只是第一步，更进一步，可以用一个枚举性质的值来控制，一个惯常的做法，是将日志信息分为多个层级，例如这样：

- ❏ debug
- ❏ info
- ❏ warn
- ❏ error

这样，输出日志的函数可以指定当前日志的级别，然后在不同环境中控制什么级别以上的 log 可以输出，这样对产生日志的控制就更加精细。

12.1.5　数据流依赖图

无论是 Debugger，还是调试日志，都只是辅助工具。

Debugger 并不会自动消灭 bug，无论功能多么精妙的 Debugger，也需要开发者来操作。

无论多详细的日志记录，无论日志记录包含多少程序运行状态的信息，日志不能直接告诉我们如何去解决 bug，还是要靠开发者来发觉调试信息中的蛛丝马迹。

所以，人的因素，永远要比工具重要。

现在业界有人预测未来 AI 会淘汰掉程序员，因为 AI 能够自己学会写程序，不过，以目前无论是深度学习还是强化学习的现状，虽然 AI 能够拼凑出代码，但是 AI 也不大可能自己学出 Debug 的技巧，总之，在现阶段，Debug 还是要靠人来做。

无论使用 Debugger 工具，还是添加日志输出语句，在调试中的都不能替代开发者对于程序逻辑的理解，在使用 RxJS 的程序中，程序的逻辑存在于数据流中，如何理解数据流的逻辑，就是调试代码的关键。

对于简单的问题，也许利用 Debugger 或者阅读日志就能够发现问题所在，但是对于复杂的问题，用上这两招依然会让你感觉在云里雾里，这时候，最好退一步，不要纠结于代码，而是先从比较高的层次理清数据如何流转。

划出程序的数据流依赖图，就是 RxJS 中理清数据流转的一种方式。

下面是一个利用 RxJS 实现计数器的代码：

```
const plus$ = Rx.Observable.fromEvent(document.querySelector('#plus'),
  'click');
const minus$ = Rx.Observable.fromEvent(document.querySelector('#minus'),
  'click');

Rx.Observable.merge(plus$.mapTo(1), minus$.mapTo(-1))
  .scan((count, delta) => count + delta, 0)
  .subscribe(
    currentCount => {
      document.querySelector('#count').innerHTML = currentCount;
    }
  );
```

在上面这个程序中，出现了多个数据流，数据流依赖图就是用可视化的方式画出数据流之间的依赖关系。

在 RxJS 中，每一个数据流的 Observable 对象本身是不可变的，用任何操作符产生新的数据流，都不会改变原有的 Observable 对象，只不过产生一个新的 Observable 对象。

图 12-2 展示的就是这个 Counter 程序的数据流依赖图。

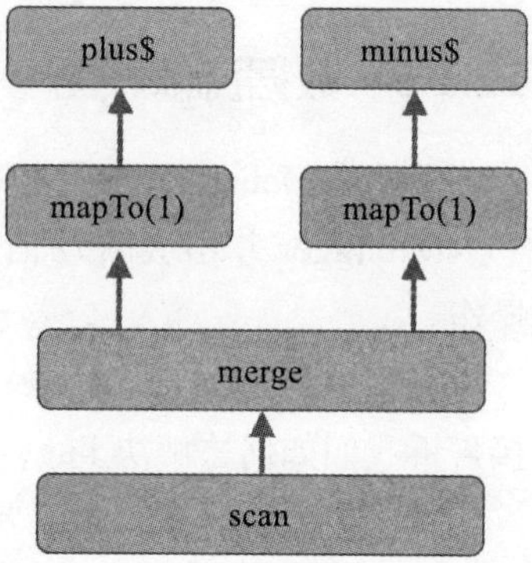

画出数据流依赖图并不需要专门的工具，利用纸和笔绘制就行，只要能够帮助开发者理解数据流之间的关系，就能够帮助发现程序中问题所在。

上面的 Counter 程序只是一个示例，真实场景下的数据流完全可能更多，依赖关系也更加复杂。

数据流依赖图展示的是 Observable 对象之间的数据流转关系，但是却从中无法看到具体数据的处理，而 bug 的复现往往是一个很具体的场景。

图 12-2 Counter 的数据流依赖图

比如，现在有一个 bug，复现的情况是当 plus 按钮被点击两下，minus 再被点击三下，预期显示的结果是 −1，但是实际显示的结果是 0。为了知晓这个 bug 到底怎么造成的，最好就是了解复现这个 bug 每一步数据的流转过程，但是，宏观的数据流依赖图无法提供这些细节，这时候，就用得上我们的老朋友"弹珠图"了。

12.1.6 弹珠图

在之前的章节中，我们利用弹珠图来解释操作符的功能。创建类操作符凭空制造出来的数据流当然可以通过一个弹珠序列表示，其他类别的操作符都是根据一个或者多个数据流产生一个新的数据流。

对于多个操作符的组合，对于一个特定的数据序列，同样也可以通过弹珠图来展示过程。

上面的 Counter 程序的弹珠图如图 12-3 展示。

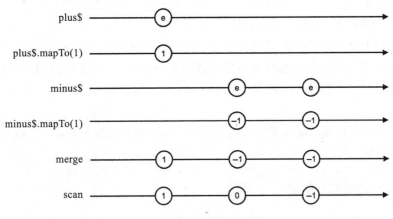

图 12-3　Counter 的弹珠图

上面的弹珠图模拟了点击一次"＋"按钮，然后再点击两次"－"按钮的情景，最后得到的 Counter 计数值为 −1。

和数据流依赖图一样，在调试过程中，完全可以用纸和笔来画弹珠图，作用是帮助我们理清楚数据转化的过程。

12.2　单元测试

在本章前面的部分，我们介绍了调试 RxJS 的方法和技巧，但是，要知道调试本身就是一件非常花费时间的事情，如果开发者对需要调试的代码并不熟悉，那就要花费时间去了解代码的来龙去脉，特定于使用了 RxJS 的代码，需要绘制数据流依赖图，制作弹珠图，添加日志输出语句，十分麻烦，所以，但凡有可能，我们都应该避免调试。

要避免调试，但是我们依然把代码写得正确无误，而且最好是第一次就把代码写得正确无误，这可不容易，要知道，开发者也是人，人的脑力是有限的，人的思维会犯错误的，人的手指会敲错键盘，太多可能开发者会犯各种错误，那怎么能保证写出的代码正确呢？

设计和编码水平当然是保证代码质量的要素，但是，测试，永远是确认代码无误的唯一方法。道理很简单，有句老话叫做"是骡子是马拿出来遛一遛"，测试就是把代码"遛一遛"的过程。

测试是一个大课题，对于功能庞大、有成百上千个开发者参与的大型项目，需要精细的测试计划和测试流程，包含功能测试、性能测试、压力测试、随机测试等等很多内容。我们不会覆盖所有的测试方法，毕竟这是一本介绍 RxJS 的书，不是关于测试的书，在本书中，我们重点介绍一种测试方法，也是开发者最多接触的测试方法，同时也是保证代码质量的第一道防线——单元测试。

有意思的是，测试的目的是让发布的代码尽量减少 bug（我还不敢说"彻底消灭代码"），但是测试的过程却是想尽办法发现代码中的 bug，表面上看这有点矛盾，其实却是非常合理，只有当我们实在找不到更多的 bug 时，我们才有信心说："看起来这些代码的质量还不错。"

所以，开发者在编写单元测试代码的时候，一定要有这样的心态："我要用各种方法把这个功能玩坏！"

12.2.1　单元测试的作用

提高单个开发者的代码质量，最行之有效的神器就是单元测试，因为单元测试带来很多好处：

- ❑ 单元测试能保证功能代码有正确行为。
- ❑ 单元测试能够提高工作效率。
- ❑ 单元测试起到文档的作用。
- ❑ 单元测试使得代码容易重构。

1. 保证代码正确

单元测试，通常由开发者自己来编写，也就是说，谁写了一段工作代码，那么谁也要负责写出对应的单元测试代码。

如果工作代码是盾，那单元测试就是矛，开发者要用自己制造的矛去攻击自己制造的盾，想方设法找出盾的弱点，然后进行对应的修补，最后，当一切结束的时候，才可以信心满满地说：我的盾能够抵抗任何矛的攻击。

JavaScript 是动态语言，对于动态语言，单元测试更有意义。长期以来，一些静态语言的支持者表现出对动态语言的强烈不屑，因为动态语言没有静态类型，缺乏类型安全的保证，所以更可能引入 bug。其实，静态语言的静态类型特性，也并不能保证代码就没有 bug，只是让开发者不容易犯一些低级错误而已。

只有被测试验证的代码，才是可靠的代码，静态语言没有单元测试的锤打验证，也不会让人有信心觉得可以安全发布。对于像 JavaScript 这样动态语言编写的代码，如果保持很高的单元测试覆盖率，甚至达到 100% 的覆盖率，那么动态语言的劣势也基本可以被抵消。

所以，既然无论如何都要用高覆盖率的单元测试来验证代码，使用动态语言还是静态语言真的不是代码质量高低的依据。

 在 JavaScript 中，利用 lint 可以做静态代码检查，避免常见的低级代码错误；利用 TypeScript 或者 flow 工具，实际上也可以做到近似静态语言的类型检查。这些工具的内容较多，在本书中，我们并不覆盖这方面的内容，有兴趣的读者可以查阅相关资料。

---

2. 提高工作效率

业界曾经有一个"最佳实践"，叫做"结对编程"（Pair Programming），也就是一件工作由两个开发者共同完成，一个开发者操作键盘，另一个开发者在旁边观看并提供建议，两个人可以时不时互换角色，重点是两个开发者一起协作。在某些公司和组织里，这种结对编程的方式被证明的确能够提高效率，但是，这种实践方式虽然广为人知，但是却并没有被广泛接受。

我们实事求是一点，在这个行业里，想要说服管理层相信"两个人做一个人的事能够提高工作效率"，实在是有点困难，这也是结对编程这种实践并不常见的原因。

不过，单元测试从某种意义上起到了结对编程的作用。结对编程过程中，当操作键盘的开发者在输入代码的时候，他身旁坐着另一个全神贯注盯着屏幕的开发者，很多时候，就是当局者迷旁观者清，操作键盘的开发者会犯下一些自己注意不到的错误，旁边的开发者却可以一眼看出来，这样就在第一时间避免错误进入代码，这也是结对编程的意义之一。

单元测试就相当于坐在我们旁边的那个旁观开发者。

如果每一段功能代码都配合上单元测试代码，持续地执行单元测试，当我们在功能代码中犯了一点错误的时候，单元测试就会立刻失败，开发者也就会立刻发现自己犯了错，就好像旁边有一个开发者捅了我们一下喊道："嗨，哥们，你改错了！"

单元测试也是用代码实现，编写单元测试表面上看增加了代码量，但是实际上能够提高我们的工作效率，道理就和结对编程一样。

3. 文档作用

文档是软件产品的一个重要组成部分，作为开发者，我们产出的不只是代码，还包含相关文档。

文档包括面向终端用户的文档，比如微软的 Office 软件提供的是用户手册。

文档还包括帮助开发团队理解代码结构的内部文档，比如，一个软件的架构图和流程图。在开发者很多的组织中，这样的文档非常重要，因为代码中的知识不能只靠口口相传，要落实到文档里才能更有效地传承和扩散。

对于一些工具类软件，比如 RxJS，用户就是我们想要使用函数响应式编程方式的开发者，这种软件文档兼具上面两种文档的特点。

文档必须和代码一致，否则，用户或者开发者遵照文档来做，结果就会南辕北辙，很不幸的是，文档和代码不一致的情况并不少见，包括 RxJS 本身，代码和文档中不一致的情况也时有出现。

出现这种现象的根本原因，在于没有任何手段去验证文档和代码的一致，文档是给人来阅读的，代码是给机器来执行的，一个是由人脑来理解，一个是交给电脑来处理，保持一致的方式只能靠书写文档的人认真敬业，但是，我们知道人是会犯错的，所以总容易出现文档的错误。

有的文档是通过工具从分布在代码中的注释提取出来的，这样文档源头离代码更近了，但是依然不能避免文档和代码不一致，如果你在这个行业做的时间足够长，肯定知道代码和注释不一致也是常有的事。

对于持续进化的产品，最初的开发者可能保持文档和代码一致，但是随着更多的开发者参与进来，情况就会变得更糟，开发者可能修改了代码却忘了去修改相关注释和文档，这是导致代码和文档总是不一致的主要原因。

单元测试能够克服文档的这些缺点，因为单元测试也是代码，一样是由电脑来解读，文档和注释可能会说谎，但是代码不会，真相只存在于代码之中⊖。

如果修改代码的行为，对应的单元测试就会出错，除非开发者无视单元测试的出错，不然这会强制开发者去重新检查代码，到底是应该修改代码，还是应该更新单元测试。

事实上，有很多代码逻辑层面的东西，通过文字来描述十分繁杂，但是如果用代码来演示，就显得十分清晰。本书中的 RxJS 功能介绍，如果单纯只是用汉字或者英文来讲解，必定会枯燥无比，但是如果辅助以代码样例，读者就会一目了然。单元测试就是功能代码的使用样例，能够帮助开发者了解如何去使用这些代码。

当然，并不是说软件开发只需要单元测试不需要文档，也不是说单元测试只要达到100% 覆盖率就能保证代码毫无 bug，软件开发是一个复杂而且精巧的工程，需要多方面的方法和工具支持，文档和单元测试应该是相辅相成的关系。

有些问题通过文档来介绍会更加有效，比如前面介绍的数据流依赖图，本身就是从代码中抽象出来的图形化的展示方式，单纯用代码无法清晰地展示这种依赖关系。

有意思的是，对于弹珠图，却可以在代码中清晰地得到展示，接下来的章节就会介

⊖ 参考《代码整洁之道》，Clean Code: A Handbook of Agile Software Craftsmanship。

绍 RxJS 中这种技巧。

4. 帮助重构

随着代码的进化，原有的代码结构可能会显得不恰当，需要对代码做比较大的修改，但是我们还是要保持原有的功能，这就是代码的 "重构"（Refactor）。

注意，重构不是重写（Rewrite），重写是完全抛弃掉以前的代码，从头再来，重构是在原有代码的基础上进行改进，重要的是保持原有的功能不受影响。

不过，即使是改进，也难免会不小心犯错，有可能引入不必要的 bug，有可能丢失原有的某个功能，这个时候，就需要单元测试来做保障。

正确的重构方法，是首先保证有单元测试存在，而且单元测试要达到一定的覆盖率，然后每修改一点功能代码就用单元测试来验证，这样持续地测试，就不容易犯错。

当重构结束的时候，可能代码结构已经产生翻天覆地的变化，但是之前全部通过的单元测试现在依然全部通过，我们就有信心这次重构没有破坏原有的功能。

12.2.2　RxJS 天生适合单元测试

RxJS 贯彻的是函数式编程的思想，对于函数式编程来说，单元测试会十分容易。

测试驱动开发（Test Driven Development）出现很多年，但是依然难以得到彻底推广，一个很大的原因就是写单元测试往往很不容易，达到很高的单元测试覆盖率就更不容易。在传统的面向对象的编程思想下，被测试的往往是一个类实例的某个函数，开发者几乎肯定会遭遇到这样一系列问题，例如：

- ❑ 被测试的对象依赖于其他模块，无法进行独立测试。
- ❑ 被测试对象需要做一些输入输出操作，不得不模拟输入输出行为。
- ❑ 访问被测试对象的方法会改变其他对象的状态，导致多个单元测试不同执行顺序产生不同的结果。

上面所说的这些单元测试的困难，归根结底是因为被测试的函数会产生副作用，因为副作用的存在，代码之间的依赖关系就十分纠结，也就越无法把被测部分独立出来进行验证。

为了应对单元测试的这些复杂需要，衍生出了 mock 和 stub 等概念，也随之诞生了很多协助单元测试的工具，其实，这就是让单元测试进一步复杂化，虽然这些也是知识，但是无形中提高了单元测试的门槛，使得测试驱动开发的推广更加困难。

在函数式编程的思想下，每个函数都应该是纯函数，也就是没有副作用的函数，纯函数的测试非常简单，因为输出完全由输入决定，也不会因为函数调用改变程序中的其他状态。

对一个纯函数而言，它和外界打交道的边界全在函数的入口，输入靠传入的参数，输出靠返回的结果，甚至不应该通过修改传入参数的值来传递信息给调用者，这样纯粹的关系，绝对是同步的、可预测、稳定的功能，因此对开发者来说也少了很多烦恼。

12.2.3 单元测试的结构

构建单元测试的工具很多，在本书中，我们使用最常见的一个单元测试框架 Mocha。

在 Mocha 的官方网站 https://mochajs.org/ 上可以获得详细的安装和使用文档，就和上面提到的一样，文档依然有很重要的作用，一个单元测试框架的使用方法也不能完全靠代码来展示。

虽然各个测试框架都各有特点，但是对于开发者来说，编写单元测试的原则都是一样的，单元测试代码的形式也是类似的，接下来就通过 Mocha 来展示单元测试的结构。

1. 多个单元测试的组织

任何测试中有下面两个重要概念：

❑ 测试套件（Test Suite）

❑ 测试用例（Test Case）

单元测试也不例外，一样涉及这两个概念，其中测试用例是对一个功能点的测试过程，而测试套件则包含多个测试用例，用于把相关测试用例组织到一起，而且，测试套件还可以包含其他的测试套件，用这种方式，所有的单元测试可以被组织成一个树形的结构。

在 Mocha 中，通常用 describe 来描述一个测试套件，用 it 来描述一个测试用例，下面是一个利用 Mocha 来编写的单元测试例子：

```
describe('sample suite', () => {
  it('should work', () => {
  });

  it('should work as well', () => {
  });

  context('another suite', () => {
    it('should do something', () => {
    });
  });
});
```

最外层是一个 describe 函数调用，创建一个测试套件。

describe 第一个参数是这个测试套件的名字，理论上这个参数可以是任何参数，甚至不同 describe 函数调用可以用同样的套件名字，但是还是建议尽量使用有意义的名字，能够概括从属的测试用例的共性，比如，在这里只是一个代码演示，所以命名为 sample suite。

describe 的第二个参数是一个函数，这是真正测试代码存在的地方，在上面的 sample suite 这个测试套件中，包含两个 it 调用，一个 context 调用。

it 函数的作用是创建测试用例，和 describe 一样，第一个参数代表名字，第二个参数是一个函数，包含真正的测试过程。

> 🎯提示　在有的测试框架中，测试用例使用 test 函数而不是 it 函数创建，相对而言，test
> 看起来更像是一个"测试用例"的感觉，但是通常用 Mocha 写得单元测试都用
> it，因为 it 就是"它"，后面接上一个测试用例的描述，就像是"它应该怎样怎样"
> 这样一句话。

context 只不过是 describe 的一个别名（alias）而已，功能和 describe 一模一样，区别只是字面上的可读性，有的开发者用 describe 来描述被测的目标，用 context 来描述测试的不同条件和环境，这是个人倾向，读者只需要作为参考即可。

利用 Mocha 来执行上面的单元测试，可以看到如下的测试结果报告：

```
sample suite
  ✔ should work
  ✔ should work as well
another suite
  ✔ should do something
```

因为每个测试用例其实也没有填充任何内容，所有的单元测试都通过了。在开发过程中，应该时刻保持所有的单元测试都绿色对勾通过。

2. 单个测试用例的组成

测试套件和测试用例，只是构成了单元测试的框架，但是最终完成测试的，是具体的每个单元测试用例中的内容。

怎么把一只大象关进冰箱？分为三个步骤：打开冰箱门，把大象放到冰箱里，关上冰箱门。单元测试用例也一样，遵从三个步骤的模式：

步骤一：准备测试环境；

步骤二：调用被测试的函数；

步骤三：验证被测试函数的执行结果是否正确。

实际情况中，可能因为被测对象过于简单，步骤一和步骤二可以合二为一，步骤三

是无论如何省略不掉的，没有结果验证的指令，谈不上一个单元测试。

在本书中接下来的部分，可以看到单元测试用例都是按照这三个步骤来组织代码，为了清晰易懂，三个步骤相关的代码之间最好用空行分割。

我们拿一个简单的功能来展示三个步骤的单元测试用例编写，被测试对象是一个 pipeable 操作符，功能是将输入 Observable 对象中所有的数据作为整数累加起来，产生只有一个数据的新的 Observable 对象。

根据测试驱动开发的原则，应该先写单元测试用例，然后再来实现功能，这样，开发者在写单元测试的时候，可以清空思路，完全不受功能实现细节的影响。

我们遵照测试驱动开发的思想，先写单元测试，代码如下：

```
const Rx = require('rxjs');
const chai = require('chai');
const assert = chai.assert;

import {sum} from '../src/sum.js';

describe('operator sum', () => {
  it('should sum up range of value', () => {
    //步骤一：准备测试的环境
    const source$ = Rx.Observable.range(1, 5);

    //步骤二： 执行被测试的函数
    const result$ = source$.pipe(sum);

    //步骤三： 验证结果
    result$.subscribe(
      value => assert.equal(15, value)
    );
  });
});
```

代码中导入了 Rx 和 chai，这个 chai 是一个具有判定功能的库，在这里使用 chai 的 assert 功能集来做判定。

🎯提示　chai 其实就是"茶"，Mocha 是一种咖啡"摩卡"，都是可以喝的东西，开发者实践单元测试之后，工作应该就像是咖啡配茶，轻松很多。

在上面代码中，注释已经清晰表明了三个步骤，被测对象是一个 pipeable 操作符名叫 sum，我们需要一个 Observable 对象来作为 sum 的上游，准备的测试环境就是用 range 创造一个 Cold Observable 对象。

在步骤二中，使用 pipe 方法来调用被测对象 sum，会产生一个新的 Observable 对象，赋值给 result$，这就是执行结果，在步骤三中我们会验证这个结果是否满足预期要求。

最后，在步骤三中，我们订阅 result$，因为我们预期 result$ 只会吐出一个上游 source$ 中所有数据的累加总和，所以只需要判定一个值就够了。

range 会产生从 1 到 5 的整数，所以预期的结果就是 1+2+3+4+5=15。

不过，执行这个单元测试会失败，产生这样的出错输出：

```
Error: Cannot find module '../src/sum.js'
```

这是因为我们根本还没有创建 sum.js 文件呢，不用担心，接下来就来实现这个 sum，代码如下：

```
import 'rxjs/add/operator/reduce';

const sum = (source$) => {
  return source$.reduce((a, b) => a + b, 0);
};


export {sum};
```

我们利用了 reduce 这个操作符，通过规约的方式累积上游 Observable 对象中的所有数据，最后产生的 Observable 对象中就包含一个上游所有数据总和的元素。

在这里，代码直接被展示出来，但实际上我并不是一次把代码写成功的，期间多次犯错，多写一个分号，少写一个参数，我犯了所有开发者都会犯的错，但是没关系，我只要持续地运行单元测试，见招拆招，根据出错提示来调整功能代码，直到单元测试通过，就说明功能完成了：

```
operator sum
  ✔ should sum up range of value
```

上面是最终单元测试通过时，Mocha 的输出结果。

不过，一个测试用例只能考验被测试函数的一个方面，即使对于这样一个简单的需求，也不要轻易以为只要一个单元测试用例就足够了。

目前的单元测试用例只考虑了上游 Observable 产生的数据都是整数的情况，但是却没有考虑数据不是整数的情况，所以，很自然想到添加一个新的单元测试用例来考验一下，代码如下：

```
it('should sum up string value', () => {
  const source$ = Rx.Observable.of('1', '2', '3');

  const result$ = source$.pipe(sum);
```

```
    result$.subscribe(
      value => assert.equal(6, value)
    );
});
```

和之前的单元测试用例相比，这个新的测试用例有一个新的名字，然后步骤一的准备环境阶段和步骤三验证部分有区别，步骤二阶段没有任何变化。

在步骤一中，通过 of 来产生一个包含三个数据 Observable 对象，虽然每个数据都代表一个数字，但是却是以字符串方式表示，分别是 1、2、3，如果把他们理解为整数，那么它们合并的结果就应该是 1+2+3=6，在步骤三中我们预期 result$ 的唯一数据就是 6。

添加新的单元测试用例之后，运行 Mocha 得到这样的结果：

```
operator sum
  ✔ should sum up range of value
  should sum up string value
1) operator sum should sum up string value:
   AssertionError: expected 6 to equal '0123
```

之前创造的测试用例依然通过，但是新创建的测试用例失败了，预期结果是 6，实际结果是字符串 0123，显然，sum 的实现存在问题，没有处理好字符串的情况。

接下来的工作，就是继续修改 sum 的实现，让第二个单元测试用例通过，同时，也不要让之前的测试失败。

我们重新审视 sum 的实现，会发现问题，虽然 sum 是一个 pipeable 操作符，但是它的实现方式却直接导入了改变 Observable.prototype 的模块 rxjs/add/operator/reduce，这看起来可不好，所以我们也有必要重构这个实现，最终的实现代码如下：

```
import {reduce} from 'rxjs/operators/reduce';
import {map} from 'rxjs/operators/map';

const sum = (source$) => {
  return source$.pipe(
    map(x => parseInt(x, 10)),
    reduce((a, b) => a + b, 0)
  );
};

export {sum};
```

这一次，我们让两个单元测试用例全部通过：

```
operator sum
  ✔ should sum up range of value
  ✔ should sum up string value
```

这就是终点吗？

并不是，如果继续深究，我们还可以想出更多的单元测试用例来考验这个 sum，这些单元测试用例一开始往往是失败的，然后开发者要做的事情就是修改 sum 函数实现，让这些单元测试通过，这就是测试驱动开发的做法。

读者朋友是否注意到，在现有的测试用例中，使用的创造类操作符，无论是 range 还是 of，产生的都是 Cold Observable，而且是同步产生数据的 Cold Observable，然而，如果测试需要异步产生数据的 Observable，该怎么做呢？

这就是接下来要讨论的问题，在 RxJS 相关的单元测试中如何处理异步操作。

12.2.4　RxJS 单元测试中的时间

RxJS 最擅长的是异步数据处理，因为异步数据的产生会分布在一段时间上，这就给单元测试带来了新的挑战。

我们先尝试用最直观的方式来尝试对 Observable 对象进行单元测试，从中可以看出难度。

比如，利用 interval 产生的 Observable 对象，会根据 interval 的第一个参数来每隔指定时间产生一个递增的整数序列，如果我们就是要测试 interval 这个操作符的功能，因为时间的因素，就会带来不小的麻烦。

例如下面代码中，interval 产生数据的间隔是 100 毫秒，总共产生 4 个数据：

```
const source$ = Observable.interval(100).take(4);
```

现在要对 source$ 这个数据流进行单元测试，那么这个单元测试的执行时间需要大约 400 毫秒，幸好还只是间隔 100 毫秒，如果间隔 1000 毫秒，那单元测试的执行时间就是 4 秒，如果间隔 10000 毫秒，那这个单元测试的执行时间就是 40 秒。

Mocha 默认要求一个单元测试要在 2 秒钟之内结束，不然，这个单元测试就超时出错，输出类似下面的错误提示：

```
Error: Timeout of 2000ms exceeded. For async tests and hooks, ensure "done()"
    is called; if returning a Promise, ensure it resolves.
```

在 Mocha 中，可以通过 this.timeout 函数修改某个测试用例的超时时间，也可以用来修改一个测试套件下所有测试用例的超时时间，像下面这样：

```
describe('a suite of tests', function() {
  this.timeout(500); // 让这个测试套件下所有测试用例超时时间为500毫秒
  it('should take less than 500ms', functon(done) {
    this.timeout(1500); // 让这个测试用例超时时间为1500毫秒
  });
```

```
it('should take less than 500ms as well', (done) => {
  // 这个测试套件的超时时间为500毫秒
})
});
```

注意到上面使用了 this.timeout 的 describe 和 it 第二个参数都是普通的函数表达式，而不是 ES6 的箭头函数方式，因为在箭头函数中，this 的值绑定为箭头函数所在作用域的 this，比如，如果 describe 第二个参数使用箭头函数，那其中的 this 就会是全局 this，在 JavaScript 的严格 (strict) 运行模式下就是 undefined。

不过，修改超时时间不是被鼓励的行为，因为单元测试就应该尽快运行结束。

即使我们给单元测试更长的 timeout 时间，这样的单元测试显然也很没有道理，单独这一个单元测试就消耗 400 毫秒，两个这样的测试用例就要 800 毫秒，十个就要 4 秒钟，照这样下去，如果有很多这样耗时的单元测试用例，执行全部单元测试的时间就太长了，完全不能能满足测试驱动开发快速反馈的要求。

不过，我们姑且暂时接受 400 毫秒执行时间这一现实，接着考虑如何编写对应的单元测试，会发现有更麻烦的事情。

我们用 Mocha 来编写单元测试，默认情况下，单元测试是同步执行结束的，也就是说，单元测试的执行不会去等待 interval，不等 interval 产生第一个数据，单元测试就已经结束了，哪里还有机会去验证 interval 产生的数据流？如下面的代码所示，it 是 Mocha 提供的代表一个单元测试用例的函数，它的第一个参数是用例名，第二个参数就是包含测试过程的函数：

```
it('interval and take should work', () => {
  const source$ = Rx.Observable.interval(100).take(4);
  // 在source$产生数据之前，这个单元测试已经同步结束了
});
```

好在 Mocha 还是提供了异步操作的测试方法，如果代表测试过程的函数增加一个参数，那么 Mocha 认为这是一个包含异步操作的单元测试，通常这个参数叫做 done，测试用例中必须显示调用 done 来告诉 Mocha 这个用例执行结束，当然，对于异步操作，我们肯定不会同步执行 done，如下面代码所示：

```
it('interval and take should work', (done) => {
  const source$ = Rx.Observable.interval(100).take(4);
  source$.subscribe({
    complete: () => {
      done(); //告诉Mocha这个单元测试结束了
    }
  });
});
```

其中，Mocha 虽然会同步执行完这个单元测试中的语句，但是却并不会立刻结束这个测试过程，因为同步执行过程中，参数 done 并没有被执行，所以这就给了 source$ 随时间产生数据的机会，400 毫秒之后，source$ 会调用 Observer 的 complete 方法，在complete 方法中调用了 done，这时候这个单元测试才真的结束，Mocha 也才会去继续执行其他单元测试或者产生测试结果报告。

除了使用 done，还有对异步操作进行单元测试的方式，就是在测试函数中返回一个Promise 对象，这种情况下，Mocha 会在返回的 Promise 对象成功结束的时候，才认为这个单元测试结束。利用这一功能，也可以像下面这样来编写对 RxJS 的单元测试：

```
it('interval and take should work', (done) => {
  const source$ = Rx.Observable.interval(100).take(4);
  return source$.toPromise();
});
```

利用 Observable 的 toPromise 函数，测试函数返回了一个 Promise 对象，当source$ 还在产生数据的时候，这个 Promise 对象还没有结束，Mocha 也不会认为这个单元测试过程结束；当 source$ 这个 Observable 对象完结的时候，由 toPromise 产生的Promise 对象也就成功结束了，从而通知 Mocha 这个单元测试结束。

到现在为止，我们忍受了 400 毫秒的测试时间，也解决了异步处理的延时问题，但是还没有对 source$ 的内容做任何验证呢，没有验证语句的单元测试是没有意义的。

chai 是一个常用的判定库，在这里就使用 chai 的 assert 功能对运算结果进行判断，最终的单元测试代码如下：

```
it('interval and take should work', (done) => {
  const source$ = Rx.Observable.interval(100).take(4);

  const result = [];
  source$.subscribe({
    next: value => result.push(value),
    complete: () => {
      assert.deepEqual([0, 1, 2, 3], result);
      done();
    }
  });
});
```

我们预期 source$ 会依次产生从 0 开始的 4 个递增整数序列，也就是 0、1、2、3，为了验证结果是否正确，我们给 source$ 增加了 Observer，在 next 函数中把结果 push 到一个数组 result 中，这样，如果一切顺利的话，当 complete 函数被调用的时候，result 数组中就应该包含 4 个元素，这就是下面这个判定语句的工作：

```
assert.deepEqual([0, 1, 2, 3], result);
```

至此，我们终于验证了 interval 和 take 这一对操作符组合的数据流功能，但是，上面的单元测试代码只检查了数据序列的内容，却没有验证数据序列的产生时间。

"时间"在这里没有被考虑，该怎么测试时间呢？

直观上，可以在 result 数组中不仅 push 数据流产生的数据，也 push 产生数据的时间，例如像下面的代码这样：

```
next: value => result.push({
  value: value,
  time: new Date()
}),
```

看起来，既然记录下来了数据的值和产生时间，在判定阶段，我们就可以不仅验证数据的值，还可以根据记录下来的时间之差来验证时间，可是，这种方法并不可行。

在前面的章节中也介绍过，在 JavaScript 运行环境中，时钟并不精准，interval 的参数是 1000，也只能以近似 1000 毫秒的间隔产生数据，做不到精确的 1000 毫秒，最后记录下来的时间差，可能是 995，可能是 1018，从这些有偏差的数据上，又怎么能够精确认定 interval 是以 1000 毫秒的间隔来产生数据呢？

至此，可以看出用传统方法来测试 RxJS 的数据流，不光耗时而且麻烦，而且对时间无法进行验证。

归根到底，因为 RxJS 异步的特性，"时间"这个概念无法被把握，所以带来这些困难，所以，要对 RxJS 进行真正有效的单元测试，就需要控制"时间"，在 RxJS 中，能够控制时间的就是 TestScheduler。

12.2.5 操纵时间的 TestScheduler

根据爱因斯坦的相对论，"时间只存在于观察者眼中"这句话的意思是说，时间只是一个相对的概念，与观察者在空间里的运动速度有关，观察者的存在决定了时间的流逝。现实的物理时间尚且如此，在计算机的世界里，时间更不是一个绝对的概念。在 RxJS 的世界里，也有自己的相对论，那就是：时间存在于 Scheduler 的控制之下。

在第 11 章中，我们介绍过 RxJS 中 Scheduler 可以控制 Observable 对象产生数据的时机和节奏，换句话说，Scheduler 说现在是何年何月何日几时几分几秒，那 Observable 对象就认为现在就是何年何月何日几时几分几秒，Schduler 时间已经流逝了 100 毫秒，那 Observable 就认为时间已经过去了 100 毫秒。总之，Scheduler 完全可以把 Observable 玩弄于鼓掌之中。

既然 Scheduler 在 RxJS 的世界里拥有"操控时间"这样的神力，很自然让人想到，能不能利用这种神力来方便单元测试的编写呢？

事实上，RxJS 提供这样一个特殊的 Scheduler，就是方便在单元测试中篡改时间用的，这个 Scheduler 叫做 TestScheduler。TestScheduler 类继承自父类 VirutalTime-Scheduler，从父类这个名字就可以看出，它拥有"操纵时间"的超能力。

在动漫作品里，"操纵时间"的能力无疑是最强的超能力，因为这个能力实在太强，一般只有终极大 Boss 才具备这样的能力，而且故事的作者往往限制角色这方面的超能力，在《JoJo 的奇妙冒险》中，公认最强的替身超能力"世界"，也只不过能够让时间暂停 5 秒钟而已。不过，在 RxJS 的世界，TestScheduler 对时间的操纵能力几乎是无限的。

1. 弹珠测试

TestScheduler 带来一种全新的测试 RxJS 数据流的方式，称为弹珠测试（Marble Test），利用字符串来代表弹珠图，让测试用例中的数据流十分清晰。

还是用一个实际例子来看一看吧，单元测试的代码如下：

```
import Rx, {TestScheduler} from 'rxjs';
import {assert} from 'chai';

let scheduler;

describe('Observable', () => {
  beforeEach(() => {
    scheduler = new TestScheduler(assert.deepEqual.bind(assert));
  });

  it('should parse marble diagrams', () => {
    const source   = '--a--b--|';
    const expected = '--a--b--|';

    const source$ = scheduler.createColdObservable(source);

    scheduler.expectObservable(source$).toBe(expected);
    scheduler.flush();
  });
});
```

这段代码的内容比较多，需要分段来解释：

❑ 在文件的头部，从 rxjs 中除了导入 Rx，还导入了 TestScheduler，这是 RxJS 单元测试的主角，掌握着单元测试中的"时间"。从 chai 中导入的 assert，将会和 TestScheduler 配合使用。

❑ TestScheduler 和第 11 章中介绍的 async、asap 还有 queue 这些 Scheduler 不同，

TestScheduler 是不能重用的，每个测试用例的运行都需要重新创建一个 Test-Scheduler 实例，这就是为什么在文件模块的位置定义了一个 scheduler 变量，这个变量在每个测试用例执行之前都会被赋值一个全新的 TestScheduler 实例。如果不这么做的话，不同测试用例执行过程中的时间就会错乱，无法得到预期的结果。

❑ 在 describe 中多了一个 beforeEach 函数调用，beforeEach 是 Mocha 提供的一个函数，作用是让所处的测试套件中所有测试用例执行之前执行一个函数，通常这个函数就是所有测试用例共同的环境准备工作。既然每个测试用例都需要一个全新 TestScheduler 实例，很自然就用 beforeEach 来创建 TestScheduler 实例并赋值给 scheduler 变量。

在本章接下来的所有单元测试用例中，除非特殊说明，scheduler 指的都是通过 beforeEach 创建的 TestScheduler 实例。

TestScheduler 的构造函数接受一个参数来指定判定两个对象是否相等的方法，在这里我们使用 chai 的 assert 方法 deepEqual，deepEqual 会根据递归进行深层比较，所以被比较的对象无论有多少层属性嵌套都没有关系。值得注意的是，不能直接把 assert.deepEqual 丢给 TestScheduler，因为 assert.deepEqual 执行时要求 this 是 assert 才能正常工作，但是 assert.deepEqual 作为参数传递出去之后，对接受者来说只是一个函数而已，直接调用时 this 不会绑定到 assert 上，所以，需要使用 bind 把 assert.deepEqual 和 assert 绑定之后再传给 TestScheduler：

```
scheduler = new TestScheduler(assert.deepEqual.bind(assert));
```

然后我们看目前唯一的一个测试用例，在这个测试用例中，第一个步骤准备阶段，创造了两个变量 source 和 expect，这两个变量都是字符串，读者看到这样的字符串是不是觉得有点眼熟？

```
const source   = '--a--b--|';
const expected = '--a--b--|';
```

上面的代码，对比图 12-4 所示的弹珠图，是不是清晰一些。

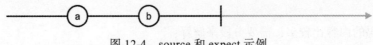

图 12-4　source 和 expect 示例

没错，代码中的字符串，其实就是弹珠图的 ASCII 字符表达方式。

字符串毕竟不可能画出特别漂亮的弹珠图，但是，不用过多说明，读者也应该能够猜得出来，横杠字符 (-) 代表没有数据只有时间流逝，一个字符 a 代表一个数据产生，一

个竖杠字符（|）代表的是数据流的完结，虽然不是很漂亮，但是清晰明了，该有的信息都有。

上面的这个字符串弹珠图，明显代表的是一个异步产生数据的数据流，因为有横杠字符的存在，产生 a 之前，a 和 b 之间，b 和完结之间，都有时间差。

这样用字符串表达的弹珠图有什么用呢？可以被 TestScheduler 实例拿来创建 Observable 对象。

在测试用例的步骤二，利用 TestScheduler 实例的 createColdObservable 产生了 source$，从 source$ 的 $ 字符后缀就看得出来，它是一个 Observable 对象，而 createCold-Observable 的参数 source 是一个字符串，也就是说 createColdObservable 利用一个字符串描述的弹珠图，产生了一个真正的 Observable 对象：

```
const source$ = scheduler.createColdObservable(source);
```

在步骤三中，通过 scheduler 的 expectObservable 函数来判定 source$，下面这个判定语句很容易读，因为几乎可以直接按照字面意思翻译理解：scheduelr 预期 Observable 对象 source$ 是 expected 这样：

```
scheduler.expectObservable(source$).toBe(expected);
```

其中 expected 是一个字符串，值和 source 一样，所以，预期由 source 产生的 Observable 对象和 expect 一样也是很正确的。

读者可能注意到了，在这个测试用例中没有 Observer，既然数据管道是懒执行，如果没有 Observer 那就不会真正有数据产生，不过有 TestScheduler 参与，并不需要显示添加 Observer，测试用例最后一行的 flush，就是开始所有 TestScheduler 控制下数据流的运转：

```
scheduler.flush();
```

通过 Mocha 运行这段单元测试，可以看到结果正确：

```
Observable
  ✔ should parse marble diagrams
```

上面的单元测试其实没有测试任何操作符，只是展示 TestScheduler 的功能，接下来，我们来实际测试一个 RxJS 自带的 map 操作符。

map 是一个转化类操作符，对于上游 Observable 的每个数据，将其转化为另一个数据扔给下游，测试用例必须验证 map 的这个转化过程，这样一来，字符串代表的弹珠图中的 a 和 b 这样的标示符必须要有具体的值才能体现数据的转化。

TestScheduler 的相关方法支持这种功能，最终的测试用例代码如下：

```
it('should work with map operator', () => {
  const source   = '-a-b|';
  const expected = '-a-b|';

  const source$ = scheduler.createColdObservable(source, {a: 1, b: 3});

  scheduler.expectObservable(source$.map(x => x * 2)).toBe(expected, {
    a: 2, b: 6
  });
  scheduler.flush();
});
```

和前面的测试用例相比，这个测试用例的主要变化，就是 createColdObservable 和 toBe 两个函数都带第二个参数，第二个参数是一个对象，对象中每个属性代表第一个参数字符串弹珠图中的一个数据标示。

对于 createColdObservable，第一个参数是字符串 -a-b|，会用第二个参数的 a 属性值去替换第一个参数中的 a，用 b 的属性值去替换 b，最终 createColdObservable 产生的是如图 12-5 所示的数据流。

图 12-5 createColdObservable 产生的数据流

同样的，在 toBe 中，第二个参数对象的属性值会被用来替换第一个字符串参数中的数据标示，也就是如图 12-6 所示的数据流图。

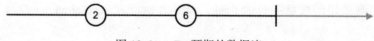

图 12-6 toBe 预期的数据流

因为 map 的作用就是把第一个数据流中的所有数据乘以 2 传给下游，正好和预期的数据流一致，所以这个单元测试可以通过。

读者看到这里可能会想，为什么需要 createColdObservable 和 toBe 的第二个参数呢？为什么不直接在字符串弹珠图里用上数字，就像下面的代码这样：

```
it('should work with map operator on string', () => {
  const source   = '-1-3|';
  const expected = '-2-6|';

  const source$ = scheduler.createColdObservable(source);

  scheduler.expectObservable(source$.map(x => x * 2 )).toBe(expected);
  scheduler.flush();
});
```

　　但是这样单元测试用例会失败，出错提示显示，预期的第一个数据是字符串 2，但是得到的却是数字 2。

　　这是因为，在字符串形式的弹珠图里，数字字符代表的依然是字符串类型，也就是说，source 吐出的两个数据是字符串 1 和 3，而不是数字 1 和 3，不过，经过 map 的转化，每个数据变成了数字类型，因为，在 JavaScript 中字符串乘以一个数字，会先尝试把这个字符串转化为数字，然后再做乘法，所以，经过 map 之后，产生的 Observable 对象吐出的就是数字 2 和 6。然而 expect 的字符串弹珠图里依然代表的是字符串 2 和 6，所以在判定阶段就会出错。

　　对上面的单元测试用例稍作修改就可以让其通过，就是在 map 的参数函数中把结果用 toString 转化为字符串，如下所示：

```
scheduler.expectObservable(source$.map(x => (x * 2).toString()))
  .toBe(expected);
```

　　当然，这样显得非常笨拙，而且，即使只想测试字符串，字符串弹珠图中也无法支持包含多个字符的字符串，比如对于这样的表达 --abc--|，不要以为会产生一个字符串数据 abc，实际上会产生三个字符串数据，第一个是 a，第二个是 b，第三个是 c。

　　毫无疑问，只用包含一个字符的字符串来测试操作符也是很不全面的，更何况，所有通用的操作符都不局限于处理字符串数据，所以，使用 createColdObservable 和 toBe 的第二个参数很有意义，可以用来帮助测试各种类型的数据。

2. 字符串弹珠语法

　　在上一节我们领教了 TestScheduler 带来的弹珠测试方法，最神奇的就是用字符串来表示一个弹珠图，这是一种领域专用语言（Domain Specific Language，DSL），有自己的一套语法。

　　弹珠测试用的字符串中每一个字符都有特殊含义，如表 12-1 所示。

表 12-1　弹珠语法说明

字　　符	说　　明
-	代表时间，一个字符代表 10 个 "帧"（frame）
		代表数据流的完结，也就是 Observable 调用下游 complete 函数的时间点
#	代表数据流抛出错误，也就是 Observable 调用下游 error 函数的时间点
()	可以括住多个字符，表示这些字符代表的事件同时发生
^	代表一个 Hot Observable 被订阅的时间点
任何其他字符	代表数据流中的数据，也就是 Observable 调用下游 next 函数的内容

利用一些具体例子来说明更容易理解，首先来介绍横杠字符 –。一个横杠代表 10 个"帧"，这里的一"帧"可以理解为虚拟时间中的一毫秒，一个横杠代表的就是 10 毫秒。下面的测试用例，可以证明这一点：

```
it('create virtual time', () => {
  let time = scheduler.createTime('-----|');
  assert.equal(50, time);
});
```

TestScheduler 的实例函数 createTime 可以计算字符串弹珠图代表的数据流总共持续多长时间才完结，在上面的例子中，字符串弹珠图竖杠字符之前有 5 个横杠字符，5*10=50，所以最后计算出的时间是 50。

读者可能有一个疑问：为什么一个横杠字符代表 10 帧？为什么不是代表 1 帧？

现在似乎没人能回答为什么，我猜也许是受了早年 Basic 语言的影响。最早的 Basic 语言每一行前面还要写指令编号，习惯上也不是 1、2、3 这样递增 1 的序列，而是 10、20、30 这样递增 10 的序列，因为早期代码编辑器的局限，如果要插入新的一行代码，并不能像现在这样就在要插入的位置加一行就行了，那个时候只能在文件结尾添加代码，但是 Basic 代码的执行会按照指令号的顺序，所以要在 10 和 20 号指令之间插入一行指令，就在文件结尾加一个编号 15 的语句就可以了，但是，指令编号只能是整数，如果指令编号是 1 和 2，就没法在中间插一个指令了。

不管怎样，一个横杠字符代表 10 帧这个设计也并没有什么大问题，如果你真的感觉很不爽，也可以通过修改 TestScheduler.frameTimeFactor 的值来篡改一个横杠字符所代表的意义，如下面的代码所示：

```
it('tweak frameTimeFactor', () => {
  const originalTimeFactor = TestScheduler.frameTimeFactor;
  TestScheduler.frameTimeFactor = 1;

  let time = scheduler.createTime('-----|');
  assert.equal(5, time);

  TestScheduler.frameTimeFactor = originalTimeFactor;
});
```

同样的字符串弹珠图，在把 TestScheduler.frameTimeFactor 改为 1 之后，代表的数据流经历的时间变成了 5。

当然，很不建议去修改 TestScheduler.frameTimeFactor，因为这是一个 TestScheduler 类级别的属性，修改了之后会影响其他所有测试实例，可是其他开发者普遍都接受一个字符代表 10 帧的设定，篡改了这个设定只会带来麻烦。

在上面的单元测试用例中，也是预先存下 TestScheduler.frameTimeFactor 的默认值到一个变量 originalTimeFactor 里，在执行完验证过程之后利用这个变量恢复了 TestScheduler.frameTimeFactor 的原始值。

从上面的例子也可以看出，代表数据流完结的竖杠字符不占用时间的。

如果单独一个竖杠字符的弹珠图，代表的就是 empty 这个操作符产生的 Observable 对象，如下面的测试实例所示：

```
it('empty stream', () => {
  const source$ = Rx.Observable.empty();
  const expected = '|';

  scheduler.expectObservable(source$).toBe(expected);
  scheduler.flush();
});
```

同样，单独一个 # 字符的弹珠图，代表的就是 throw 这个操作符产生的 Observable 对象，如下所示：

```
it('error stream', () => {
  const source$ = Rx.Observable.throw('error');
  const expected = '#';

  scheduler.expectObservable(source$).toBe(expected);
  scheduler.flush();
});
```

如果一个字符串弹珠图中不包含竖杠字符 |，也不包含字符 #，那这个弹珠代表一个永远不会完结也不会出错的数据流，比如 -a-b，可以认为后面自动接上了无限长的横杠字符，-a-b------，永不完结。

如下面的代码所示，如果字符串弹珠图只包含横杠字符，那一个横杠字符和任意多横杠字符没有什么区别，代表的都是 never 这个操作符产生的数据流：

```
it('never stream', () => {
  const source$ = Rx.Observable.never();
  const expected = '-----'; //这里有多少-字符的真的不重要

  scheduler.expectObservable(source$).toBe(expected);
  scheduler.flush();
});
```

有了 TestScheduler 我们可以控制时间，现在来解决之前遇到的问题，如何测试 interval 操作符产生的数据流。

我们知道一个字符代表 10 帧，也就相当于 10 毫秒，那么我们就看怎么用字符串弹珠图来表示 interval(10) 产生的数据流。选择 interval 的参数为 10 是因为不想写太长的字符串，理论上我们当然也可以表示 interval(1000)，但是那光是第一个数据前面就要写 100 个横杠字符，相信没有人愿意喜欢这么写代码。

interval 产生的数据流永不完结，我们也没法写一个无限长的字符串，所以借助 take 这个操作符，只拿前 4 个数据，也就是间隔 10 毫秒产生的 0、1、2、3 四个整数，用字符串弹珠图表示是下面这样：

```
-012(3|)
```

可能读者问，为什么不是下面这样？

```
-0-1-2-3|
```

因为除了代表完结的 | 和代表出错的 # 不占用时间，不管是横杠字符 - 还是字母数字字符都占用 10 帧，也就是说，等待 10 帧之后产生了数据 1，这个字符 1 的存在，表示下一个字符要再等 10 帧才产生，所以 0 和 1 之间就没有横杠字符间隔，不然就不只是间隔 10 帧了。

同样，最后一个字符 3 的存在，也表示产生数据 3，然后等待 10 帧，如果在后面直接写 |，代表产生数据 3 之后再等 10 帧才完结，这不是 interval 的行为，interval 会在产生最后一个数据之后立刻完结，也就是产生数据 3 和完结是同时发生的。根据弹珠语法，如果要表示两个事件同时发生，就用圆括号 () 把它们包起来。

最终展示用 TestScheduler 来控制 interval 的测试用例如下：

```
it('interval in TestScheduler', () => {
  const source$ = Rx.Observable.interval(10, scheduler)
    .take(4).map(x => x.toString());
  const expected = '-012(3|)';

  scheduler.expectObservable(source$).toBe(expected);
  scheduler.flush();
});
```

因为 interval 产生的是整数数值类型数据，所以用 map 做了一个转化，转化为字符串类型，这样才可以和 expected 中的字符数据进行比较。

值得一提的是，圆括号字符对 () 虽然自身并不是数据，但是在弹珠图中也是占用时间帧的，看下面的代码示例：

```
it('should work with merge operator', () => {
  const source1 =  '-a----b---|';
  const source2 =  '-c----d---|';
  const expected = '-(ac)-(bd)|';
```

```
const source1$ = scheduler.createColdObservable(source1);
const source2$ = scheduler.createColdObservable(source2);
const mergedSource$ = Rx.Observable.merge(source1$, source2$);

scheduler.expectObservable(mergedSource$).toBe(expected);
scheduler.flush();
});
```

上面的测试用例展示了 merge 这个 operator 的用法，合并的是 source1 和 source2，source1 在第 10 帧的时候产生数据 a，在第 70 帧的时候产生数据 b；source2 在第 10 帧的时候产生数据 c，在第 70 帧的时候产生数据 d。合并的结果，应该在第 10 帧的时候同时产生 a 和 c，在第 70 帧的时候同时产生 b 和 d。

可以注意到，expected 中的（ac）代表第 10 帧同时产生 a 和 c，因为圆括号开始于第二个字符的位置，但是圆括号也占时间帧，加上中间的 a 和 c 就占用了 4 个字符，也就是 40 帧，所以后面一个横杠字符之后就是（bd）了：

```
const expected = '-(ac)-(bd)|';
```

假如我们想要测试下面的 source1 和 source2 合并场景，也就是数据之间只有 20 帧的间隔，会发现根本没法实现：

```
const source1 =  '-a-b-|';
const source2 =  '-c-d-|';
```

没法实现是因为合并之后的字符串弹珠图没法写，就像下面这样，用圆括号包起 a 和 c 之后，就把下一个事件推到了 50 帧，这时候 b 和 d 都已经在 source1 和 source2 产生了，无论怎么写都已经迟了：

```
const expected = '-(ac)(bd)|'; //这不是预期merge的结果
```

这看起来是一个麻烦，但是弹珠语法这样定义合理，因为让除代表终结的 | 和 # 之外所有字符都占时间帧容易比较，在代码中，我们在不同代码行中写的字符串，只要上下对齐，就很容易比对时间：

```
const source1 =  '-a----b---|';
const source2 =  '-c----d---|';
const expected = '-(ac)-(bd)|';
```

还有一个字符 ^ 很特殊，它只在 Hot Observable 中出现，代表 Hot Observable 被订阅的时间。

Hot Observable 和 Cold Observable 不一样，Cold Observable 从被订阅开始产生数据，所以实际上字符串弹珠图的开始就是订阅时间，但是 Hot Observable 产生数据的动作和订阅无关，所以需要一个字符来代表订阅时机，也就是这个字符 ^。

💿 提
示　字符 ^ 往往被称为"尖头字符"或者简称"尖",或者根据键盘输入方法被称为"Shift 6",其实这个字符有一个正式名称,叫 caret。

在上面我们展示了 merge 的过程,但是被 merge 的是两个 Cold Observable,现在我们测试一下 merge 对 Hot Observable 的合并是否正确,对应的测试用例代码如下:

```
it('should work with hot Observable', () => {
  const source1    = '-a-^b----|';
  const source2    = '---^---c-|';
  const expected   =    '-b--c-|';

  const source1$ = scheduler.createHotObservable(source1);
  const source2$ = scheduler.createHotObservable(source2);

  scheduler.expectObservable(source1$.merge(source2$)).toBe(expected);
  scheduler.flush();
});
```

在上面的代码中,因为要测试 Hot Observable,所以不再使用 createColdObservable,而是使用 TestScheduler 实例函数 createHotObservable,这个函数接受的字符串里可以包含 caret 字符 ^。

如果是 createColdObservable,参数中包含 caret 字符会立刻出错,因为这个字符只对于 Hot Observable 才有意义。

对于 source1,在 ^ 前面也产生了数据 a,但是因为这是在被 subscribe 之前产生的,肯定不会出现在合并之后的数据流中:

```
const source1    = '-a-^b----|';
const source2    = '---^---c-|';
```

这个测试用例测试的是 merge 这个操作符,merge 的操作肯定是同时对上游两个 Observable 对象进行 subscribe,为了便于阅读,source2 的 ^ 和 source1 的 ^ 要对齐。

同样,expected 的字符串开始位置,为了比对方便最好也要和 source1 和 source2 的 ^ 字符上下对齐,为此我们需要在字符串前面填充一些空白符,让字符串和上游两个字符串中的数据对齐:

```
const expected   =    '-b--c-|';
```

还可以测试合并 Hot Observable 和 Cold Observable,对于 merge 而言,上游是什么类型的 Observable 都能够处理,所做的只是订阅然后合并数据而已。需要注意的依然是要对齐字符串弹珠图,在下面的测试用例中,source2 是一个 Cold Observable,不包含字符 ^,所以开始的时间就是被订阅的时间:

```
it('should work with both hot and cold Observable', () => {
  const source1   = '-a-^b----|';
  const source2   =    '----c-|';
  const expected  =    '-b--c-|';

  const source1$ = scheduler.createHotObservable(source1);
  const source2$ = scheduler.createColdObservable(source2);

  scheduler.expectObservable(source1$.merge(source2$)).toBe(expected);
  scheduler.flush();
});
```

上面介绍的数据流中事件的弹珠测试，可以测试数据流中的时间流逝、调用 next、调用 complete 和调用 error 这些场景，其实 TestScheduler 还支持对一个数据流被调用 subscribe 和被调用 unsubscribe 的测试，也就是订阅情景测试。

支持订阅功能，弹珠测试也有一套语法，只不过更加简单，只有三种字符，如表 12-2 所示。

表 12-2　弹珠测试语法

字　　符	说　　明
-	代表时间，一个字符代表 10 个"帧"（frame）
^	代表一个 Observable 被订阅的时间点
!	代表一个 Observable 被取消订阅的时间点

进一步说明如下：

❑ 横杠字符 – 的含义和之前的定义完全一样，默认代表 10 个时间帧的流逝。

❑ caret 字符 ^ 代表的是被订阅，不过，和之前不一样，不局限于 Hot Observable，对于 Cold Observable 一样也有被订阅的概念。

❑ 感叹号字符 ! 代表的是 unsubscribe 的动作，这个字符只会出现在订阅测试中。

测试一个数据流的订阅情景，我们只关心这个数据流什么时候被订阅，订阅了多久，什么时候被退订，并不关心数据流上产生了什么数据，所以用上面三个字符来表示弹珠图就足够。

通过 TestScheduler 的实例函数 createColdObservable 和 createHotObservable 产生的 Observable 对象有一个特殊属性 subscription，通过这个属性我们可以检测订阅情景。

下面是一个测试 concat 的测试用例代码，concat 会连接多个数据流的内容，当一个数据流完结的时候，就会退订这个数据流转而去订阅下一个数据流，我们预期每个数据流在完结的时候就会被退订：

```
it('check subscription marble', () => {
  const source1    =    '-a-b--|';
  const source2    =         '-c--d-|';

  const expectedRes  = '-a-b---c--d-|';
  const expectedSub1 = '^-----!';
  const expectedSub2 = '------^-----!';

  const src1$ = scheduler.createColdObservable(source1);
  const src2$ = scheduler.createColdObservable(source2);

  scheduler.expectObservable(src1$.concat(src2$)).toBe(expectedRes);
  scheduler.expectSubscriptions(src1$.subscriptions).toBe(expectedSub1);
  scheduler.expectSubscriptions(src2$.subscriptions).toBe(expectedSub2);
  scheduler.flush();
});
```

同样，为了便于代码对齐，我们在字符串前面填充空格，让几个字符串弹珠图的序列能够保持一致。

验证订阅情景的函数是 expectSubscriptions，参数是被测 Observable 对象的 subscriptions 属性，如下所示：

```
scheduler.expectSubscriptions(src1$.subscriptions).toBe(expectedSub1);
```

同样的方法也可以验证 src2$ 被订阅的时机。

订阅测试也适用于 Hot Observable，如下面的代码所示：

```
it('check subscription marble of hot observable', () => {
  const source      = '^a-b--|';
  const expectedRes = '-a-b--|';
  const expectedSub = '^-----!';

  const source$ = scheduler.createHotObservable(source);

  scheduler.expectObservable(source$).toBe(expectedRes);
  scheduler.expectSubscriptions(source$.subscriptions).toBe(expectedSub);
  scheduler.flush();
});
```

只是，在 Hot Observable 中往往利用 caret 字符标出了被订阅的时间，所以再用包含 caret 字符的订阅弹珠图来测试，显得意义不大。

3. 弹珠测试辅助工具包

TestScheduler 能够让 RxJS 的测试变得极其轻松，但是让每个测试套件都要在 beforeEach 中创建一个 TestScheduler 显得很笨拙，每个测试用例的结尾还一定要调用

TestScheduler 的实例函数 flush，如果忘了写的话，就会产生意想不到的结果。

要知道，单元测试本身就应该像是我们的一个机器人伙伴，应该尽量自动化帮我们完成检查任务，如果我们还要非常费心地去注意避免上面这些错误，那自动化的程度就降低了。

正因为如此，RxJS 为了方便自己的开发，也在代码库中包含了辅助文件来方便自己的单元测试，对应文件在 RxJS v5 的代码库 spec/helpers 目录下，因为 RxJS 是用 TypeScript 编写的，所以对于 spec/helpers 目录下的辅助代码也是用 TypeScript 编写；不过，在 v5 最新的代码中，还有一个 spec-js/helpers 目录，包含的是转译之后产生的纯 JavaScript 代码，适用于测试纯 JavaScript 代码。

很可惜，目前 RxJS 发布的 npm 包中并不包含 spec 或者 spec-js 目录，所以，要使用这些辅助文件，也只能从 RxJS 的源代码库中直接把拷贝代码出来。

理解 spec-js 中被转译的代码并不容易，所以，在本书中提供了一个极简版的实现，在本书的 GitHub 代码库 chapter-12/unit_testing/test/helpers/ 目录下可以找到。

我们的测试辅助文件主要有两个 marble-testing.js 和 test-helper.js，前者提供弹珠测试相关的辅助函数，后者包含和 Mocha 测试框架相关的逻辑。

先来看 marble-testing.js 文件，这个文件导出一系列函数，这些函数的主要作用就是简化测试用例的编写，只要理解了上一节中介绍的单元测试方法，就不难理解这些简化了的函数的作用。

测试代码肯定会用到判定函数，我们使用的 chai 中的 assert.deepEqual，因为弹珠测试产生的数据流对象需要内部每个属性都相同才能算相等，代码如下：

```
const chai = require('chai');
const {assert} = chai;

const assertDeepEqual = assert.deepEqual.bind(assert);
```

前面已经介绍过，每一个单元测试用例都需要一个独立的 TestScheduler 对象，因为每个 TestScheduler 对象都有特定测试过程的状态，如果不同测试用例共用一个 TestScheduler 对象，那不同测试用例的状态会纠缠在一起，结果完全不可预料。

之前我们通过 Mocha 测试套件的 beforeEach 函数来为每个测试用例创建 TestScheduler 对象，虽然好使，但是重复写这样的 beforeEach 看起来并不好。在 marble-testing.js 中，认为有一个全局变量 rxTestScheduler，对于每个测试用例，rxTestScheduler 变量总会是一个全新的 TestScheduler 对象，至于如何保证这一点，这不是 marble-testing.js 的责任，在 test-helper.js 中我们会详细介绍，在 marble-testing.js 的部分，我们只需要假设 rxTestScheduler 应该存在就可以了，访问这个全局变量的方式是通过 global.

rxTestScheduler。

> **注意** 通常，使用全局变量或者全局函数并不是值得鼓励的做法，因为全局变量的滥用会带来很多问题，但是，对于框架性的功能，有时候又避免不了使用全局变量，比如 Mocha 中的 describe、context 和 it 就是全局函数。在这里使用 rxTestScheduler，在测试框架中，就是希望有一个任意位置都能访问的 TestScheduler 对象，用全局变量是一个合理的方式。不过，如果使用全局变量，一定要避免命名冲突，在这里我们把保存 TestScheduler 对象的全局变量命名为 rxTestScheduler，而不是像上一节的例子一样简单命名为 scheduler，就是认为不大可能还有其他代码会想创建一个叫 rxTestScheduler 的全局变量。

利用 TestScheduler 实例来创建 Hot Observable 要使用 createHotObservable 函数，但是这个函数名实在有点长，而且这个函数是实例函数，需要先明确 TestScheduler 对象，既然我们已经假设存在一个全局变量 rxTestScheduler，而且 rxTestScheduler 就是那个 TestScheduler 对象，那就可以创造一个辅助函数来代替冗长的重复代码。

我们给这个函数用一个简洁而且足够表达语义的命名 hot，下面是实现代码：

```
function hot() {
  if (!global.rxTestScheduler) {
    throw 'tried to use hot() in async test';
  }
  return global.rxTestScheduler.createHotObservable.apply(
    global.rxTestScheduler, arguments
  );
}
```

hot 预期会在测试用例中使用，test-helper.js 会保证测试用例中 rxTestScheduler 会被初始化，如果 hot 用在其他代码中，那么，rxTestScheduler 可能就并不指向同一个对象了，所以，最好还是考虑到这种情况，当开发者把 hot 函数用错位置的时候，抛出一个清晰的错误。

在上面的代码中，步骤如下：

1）检查 global. rxTestScheduler 是否存在，如果不存在，那就代表用错了地方。

2）调用 global.rxTestScheduler.createHotObservable 来创建数据流，因为这个函数包含多个参数，所以这里用了一个 JavaScript 语言的技巧，利用函数的 apply 方法来调用。

apply 的第一个参数是 global.rxTestScheduler，这是保证函数被调用的时候 this 指向的是 TestScheduler 对象；第二个参数是 arguments，这是一个类似数组（但并不是真正数组）的对象，这样调用 hot 的所有参数就原原本本地传给了 global.rxTestScheduler，而且到底有多少个参数我们并不关心。

如果执行环境支持 ES6 语法，其实也完全可以用展开操作符 (spread operator) 来处理 arguments，像下面这样实现：

```
return global.rxTestScheduler.createHotObservable(...arguments);
```

读者可以根据自己的执行环境是否支持 ES6 来决定用什么方式，在本书的例子中，为了保证通用性，默认使用的是传统的 apply 方式。

利用同样的原理，我们在 marble-testing.js 中也添加了一个 cold 函数，作用是利用 TestScheduler 创建一个 Cold Observable，代码如下：

```
function cold() {
  if (!global.rxTestScheduler) {
    throw 'tried to use cold() in async test';
  }
  return global.rxTestScheduler.createColdObservable.apply(
    global.rxTestScheduler, arguments
  );
}
```

cold 和 hot 实现唯一的区别就是出错提示中文字用的是 cold，另外调用 global. rxTestScheduler 的函数是 createColdObservable。

同样，也实现了一个 createTime 的简易辅助函数，既然是一个新的函数，那函数的命名就更加简短，叫 time，代码如下：

```
function time(marbles) {
  if (!global.rxTestScheduler) {
    throw 'tried to use time() in async test';
  }
  return global.rxTestScheduler.createTime.apply(
    global.rxTestScheduler, arguments
  );
}
```

上面的 hot、cold 和 time 应用在测试用例的步骤二中，也就是调用被测试对象的步骤中。在步骤三中，会用上 TestScheduler 的实例函数 expectObservable 和 expectSubscriptions，这两个函数的命名虽然比较长，但是已经十分精简了，我们能做的只能是省略每次要应用一个 TestScheduler 对象，所以，创建的两个辅助函数依然保留原名，代码如下：

```
function expectObservable() {
  if (!global.rxTestScheduler) {
    throw 'tried to use expectObservable() in async test';
  }
  return global.rxTestScheduler.expectObservable.apply(
```

```
    global.rxTestScheduler, arguments
  );
}

function expectSubscriptions() {
  if (!global.rxTestScheduler) {
    throw 'tried to use expectSubscriptions() in async test';
  }
  return global.rxTestScheduler.expectSubscriptions.apply(
    global.rxTestScheduler, arguments
  );
}
```

最后，这里把所有定义的函数全部导出，代码如下，这些导出的函数会被 test-helper.js 函数来处理：

```
module.exports = {
  hot: hot,
  cold: cold,
  time: time,
  expectObservable: expectObservable,
  expectSubscriptions: expectSubscriptions,
  assertDeepEqual: assertDeepEqual
};
```

为了通用性，使用了 CommonJS 的导出方式，在支持 ES6 的环境中，可以使用下面的方式：

```
export {hot, cold, time, expectObservable, expectSubscriptions, assertDeepEqual};
```

接下来再来看 test-helper.js，这个文件中会对 Mocha 的测试框架做一些修改。

首先，导入 marble-testing.js 中的函数，将它们全部放到 global 对象上，也就是让 hot、cold、expectObservable 这些函数全部成为了全局函数，这样在测试用例中就可以直接使用：

```
const marbleHelpers = require('./marble-testing');
const {hot, cold, time, expectObservable, expectSubscriptions, assertDeepEqual}
  = marbleHelpers;

global.rxTestScheduler = null;
global.cold = cold;
global.hot = hot;
global.time = time;
global.expectObservable = expectObservable;
global.expectSubscriptions = expectSubscriptions;
```

然后，我们希望改进 Mocha 自带的测试用例方法 it，让它能够自动帮我们完成两件工作：

❑ 在开始测试之前创建 TestScheduler 实例。

❑ 在测试之后调用 TestScheduler 的实例函数 flush。

如果修改原有的 it 函数的实现，是过于侵入式的做法，所以，最好还是创建一个新的函数，在这个新的函数中，调用 Mocha 自带的 it，同时添加想要附加的功能，这个新的函数代码如下所示：

```
const originaIt = global.it;

const testCase = function(description, fn) {
  if (fn.length === 0) {
    originaIt(description, function() {
      global.rxTestScheduler = new TestScheduler(assertDeepEqual);
      try {
        fn();
        global.rxTestScheduler.flush();
      } finally {
        global.rxTestScheduler = null;
      }
    });
  } else {
    originaIt.apply(this, arguments);
  }
};
```

这个函数只不过是对 Mocha 的 it 进行包装，所以首先我们将 Mocha 的全局函数 it 存在 originalIt 变量中。

然后，testCase 表现出和 it 一样的函数签名，支持两个参数，第一个参数是字符串的描述 description，第二个参数是真正的测试过程。

如果利用 TestScheduler 来进行测试，那么即使涉及 RxJS 的异步操作，因为 TestScheduler 操纵时间的强大能力，整个测试过程其实也并不需要异步进行，换句话说，it 的第二个函数参数，犯不着带上 done 这个参数。如果带了 done 这个参数，那要么是开发者单元测试代码写错了，要么就是根本不想利用 TestSchduler 的超能力，这种情况下，最好是不用 TestScheduler，就把测试过程当一个普通的单元测试处理可以。

因为上面的原因，testCase 函数做得第一件事就是判断第二个参数 fn 是否有参数，我们知道 JavaScript 中函数被调用时参数个数是可变的，但是，每个函数声明部分的参数个数却是确定的，可以通过函数对象的 length 属性来判断，所以，只要 fn.length 不为 0，那就认为测试函数用上了 done 函数，也就可以直接使用 Mocha 自带的 it 实现方法，如下所示：

```
if (fn.length === 0) {
  //只有fn不带任何参数才调用到个代码分支
} else {
  originalt.apply(this, arguments);
}
```

相反，如果 fn.length 为 0，那就表示该 TestScheduler 上场了。

为了保证 fn 函数被执行时有一个已经构造好的 TestScheduler 实例，而且在 fn 运行完之后会自动驱动这个 TestScheduler 实例的运行，最后把全局变量 rxTestScheduler 清空，所以，正常的步骤是下面这样：

```
global.rxTestScheduler = new TestScheduler(assertDeepEqual);
fn();
global.rxTestScheduler.flush();
global.rxTestScheduler = null;
```

不过，从测试框架的角度来说，要预期到所有可能的情况，包括测试用例写得有问题抛出错误的情况，因为 fn 到底怎么写，不是我们写测试框架时能够决定的。

像上面的实现方式，当 fn 因为某种原因抛出异常时，后面两行就不会执行，这样一来，全局变量 rxTestScheduler 也就不会被清空。还记得在 marble-testing.js 中 hot 和 cold 那些函数的实现吗？这些函数就靠 rxTestScheduler 来判断是否在一个利用 TestScheduler 的测试过程中，如果一个测试用例因为抛出异常而没有清空 rxTestScheduler，那后面接着执行一个错误使用 hot 或者 cold 的函数，使用者会很不容易发现用错了。

因为上面的原因，所以我们改进这段代码，如下所示：

```
global.rxTestScheduler = new TestScheduler(assertDeepEqual);
try {
  fn();
  global.rxTestScheduler.flush();
} finally {
  global.rxTestScheduler = null;
}
```

这样一来，即使 fn 抛出了异常，rxTestScheduler 也会被清空，留下一个清洁的全局环境。

最后，需要把新定义的 testCase 作为全局变量暴露出去，这样在单元测试代码中就可以像使用 it 一样使用它了，就像下面这样，应用 test-helper.js，之后就不用再管 TestScheduler 对象的管理：

```
require('./helpers/test-helper');
```

理想情况下，可以用 testCase 覆盖掉全局变量 it，像下面这样：

```
global.it = testCase;
```

可是，实际上 Mocha 在每次执行一个测试文件的时候，都会重新把全局变量 it 赋值为自己默认的实现，这样一来，如果有超过两个测试文件，那么第一个引入 test-helper.js 的测试文件可以使用我们定制的 it 函数，但是其他测试文件访问全局变量 it 依然不是我们定制的 it 函数。

因此，把 it 赋值给全局变量 test，如下所示，这样我们在测试 RxJS 时用 test 而不用 it：

```
global.test = testCase;
```

至此，我们模仿 RxJS 的 TypeScript 实现，完成了一个最小功能的纯 JavaScript 测试工具包，然后在测试文件中，只需要引入对应的 test-helper.js 文件，就可以简化测试用例的编写，下面是代码示例：

```
require('./helpers/test-helper');
const Rx = require('rxjs');

describe('Observable', () => {
  test('should work with map operator', () => {
    const source   = '-a-b|';
    const expected = '-a-b|';
    const source$ = cold(source, {a: 1, b: 3});

    expectObservable(source$.map(x => x * 2)).toBe(expected, {
      a: 2, b: 6
    });
  });
});
```

12.2.6　可测试性代码

软件产品的质量可以从多方面进行评估，在任何一个方面软件表现出来的特质，几乎都可以用某种"性"来表示，对应的英文后缀就是 -ability，我们熟知的有如下这些：

❏ 可用性 (Usability)，看这个软件是不是好用。

❏ 可维护性（Maintainablity），看软件是否易于维护。

❏ 扩容性（Scalability），看软件是否可以应付更多的访问请求，是否可以增加更多的功能。

❏ 可靠性（Reliability），看软件是否能够总是返回正确可靠的结果。

❏ 可读性（Readability），代码是否易读。

……

这样的 ability 还可以写很多，不过，我们在这里重点关注软件的一种特性——可测试性（testability）。

如果一个软件的可测试性高，意味着可以很容易对这个软件进行测试，反之，会觉得测试这个软件非常困难。举个例子，对于工作流管理软件，需求上写的是工作任务进入某状态之后 24 小时不处理会自动结束，如果软件真的只在 24 小时之后才自动结束，那就真的太难测试了，为了测试这个功能，真的要等 24 小时吗？这显然对测试太不友好了。为了提高这个功能的可测试性，可以让系统配置工作任务自动结束的超时时间，即使没有这种需求，也要留下一个可以修改配置的方法，这样才有可能在短时间内完成测试任务。

上面说的是通用的可测试性，特定于我们开发者更关注的单元测试，可测试性体现在如下方面：

❑ 可以一次只测试一个功能。

❑ 可以很容易制造各种测试前提条件。

❑ 可以很容易提高代码的测试覆盖率。

❑ 可以很容易模拟被测对象依赖的模块。

现在我们已经掌握了 TestScheduler 这个控制时间的神器，还创建了辅助测试的工具包，是否意味着我们就提高了代码的可测试性了呢？

当然不是，TestScheduler 只是在单元测试代码中使用的工具，而可测试性是被测试代码的属性，就像你有了一把更好的锤子，不代表你的钉子也就随之变得更好。

要提高代码的可测试性，还是要从被测试代码角度下功夫。

1. 分割代码

单元测试，顾名思义一次只测试一个单元的功能，所以，如果一个单元的功能能够和其他单元分离得越彻底，那么测试这个单元也就越容易。

软件之所以能够提供复杂多样的功能，就在于能够把简单的功能组合起来，所以单元之间的依赖和纠结总是不可避免的，问题的关键是，我们能不能巧妙地组织代码，让各单元之间的依赖关系变得可以替换。

在 RxJS 中，应用函数式编程的思想，可以大大提高代码的可测试性，但是，这还不够。

我们用一个实际的例子来看使用了 RxJS 却依然可测试性不高的现象，我们的例子是简单的 Counter 网页应用，在网页中显示一个计数，初始为 0，同时还显示一个 + 按钮和一个 – 按钮，用户点击 + 按钮可以让计数加 1，用户点击 – 按钮可以让计数减 1。

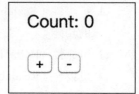

图 12-7　Counter 的界面

这个应用的界面如图 12-7 所示。

为了实现这个功能，在 HTML 部分有这样的布局：

```
<div>
  <p>
    Count: <span id="count">0</span>
  </p>
  <button id="plus">+</button>
  <button id="minus">-</button>
</div>
```

总共有两个按钮，显示为 + 的按钮 id 是 plus，显示为 - 的按钮 id 是 minus，这是用户操作的对象；id 为 count 的元素则体现用户操作的结果。

为了实现交互功能，使用 RxJS 的代码并不复杂，代码如下：

```
const plus$ = Rx.Observable.fromEvent(document.querySelector('#plus'),
  'click');
const minus$ = Rx.Observable.fromEvent(document.querySelector('#minus'),
  'click');

Rx.Observable.merge(plus$.mapTo(1), minus$.mapTo(-1))
  .scan((count, delta) => count + delta, 0)
  .subscribe(
    currentCount => {
      document.querySelector('#count').innerHTML = currentCount;
    }
  );
```

这段代码实际上也是大部分采用了 RxJS 的网页应用的套路：

❑ 利用 fromEvent 方法从网页元素中获取用户操作引发的事件。

❑ 利用一系列操作符来构成数据管道，产生新的数据流。

❑ 给上面产生的数据流加一个 Observer，根据数据来更新网页内容。

在上面的代码中，我们利用 fromEvent 从 id 为 plus 的按钮获取点击事件的数据流 plus$，从 id 为 minus 的按钮获取点击事件的数据流 minus$，这两个数据流 plus$ 和 minus$ 就是整个数据管道的源头。

使用 RxJS 有一个模式，就是把多个相关数据流合并（merge）之后再来处理，因为合并为一个数据流之后，就可以在下游集中处理数据，避免重复代码。在这个例子中，我们也是将 plus$ 和 minus$ 合并之后处理，不过，这两个数据流中虽然都是点击事件，处理方式却不相同，plus$ 中每个点击事件对总计数的贡献是加 1，minus$ 中每个点击事件的贡献是减 1，所以，在合并之前，先通过 mapTo 来把数据转化为它们预期的贡献。

plus$ 的 mapTo 参数是 1，minus$ 的 mapTo 参数为 -1，合并之后，新产生的数据流中的数据就只可能是 1 和 -1，当 plus 按钮被点击，就产生一个数据 1，当 minus 按钮被点击，就产生一个数据 −1。

因为要考虑数据的累积作用，很自然我们想到了 scan 这个操作符，很直接地用加法来累积上游数据流的数据。当 plus 按钮被点击，scan 存储的数据就会被加 1；当 minus 按钮被点击，scan 存储的数据就会被减 1，而且每次上游推送数据下来，scan 都会把更新的累积结果推送给下游。

最后，我们给 scan 产生的数据流添加一个 Observer，在 Observer 中只要把被订阅数据流中推送的数据显示在 id 为 count 的网页元素中就可以了，这样就完成了这个 Counter 的全部功能。

这段 JavaScript 代码并不复杂，但是，当我们想要对其进行单元测试时，却立刻发现并不容易。

这段 JavaScript 的输入是用户在网页中的操作，输出是对网页中元素的修改，因为单元测试就是提供特定的输入，然后判断是否有预期的输出，对这段代码的单元测试就必须涉及对网页的操作。

我们先不要着急写代码，先分析一下一个单元测试要哪些步骤，如下所示：

步骤一：模拟一个网页环境，网页中包含 id 为 count、plus 和 minus 的相关元素；

步骤二：模拟用户对 id 为 plus 的按钮的点击事件；

步骤三：读取网页中 id 为 count 的内容，判断内容是否改变为 1。

从步骤上来说，也并不复杂，但是在单元测试环境中，我们并没有网页，所以只能靠模拟，这是最麻烦的地方。

在开始搜索哪种网页模拟工具最方便最适合 Mocha 之前，我们先停下来问一下自己：有没有感觉这段代码的可测试性很低？

这并不是一个复杂的代码，却需要引入模拟网页访问的方式，这代码闻起来感觉味道就不对。对网页的访问，实际上就是对于外部状态的依赖，如果代码组织得好，应该就不需要受制于这些外部状态。

而且，这还只是依赖网页资源而已，如果代码中依赖于一个服务器端 API，那么测试相关代码还要依赖于 AJAX 请求，那需要模拟的东西就更多了。

所以，我们在这条道路上停下来，不去探索如何模拟这样那样的外部资源，转而想一想有什么办法提高功能代码的可测试性。

我们回顾网页应用的套路，可以发现有趣的规律。利用 fromEvent 方法从网页获取用户操作事件的数据流，和操作符怎么处理这些用户操作事件没有什么关系，同样，Observer 如何处理数据，和操作符怎么处理数据也没有什么关系。换句话来说，我们可以把这些功能拆开，放在不同的函数里面，然后分开进行单元测试。

如图 12-8 所示，把数据的生产者、数据管道和最终的 Observer 分离之后，"单元"

的概念就不再是一个功能，而是一个功能中这三者其中之一，只要保证被分离的"单元"都能按照预期工作，那么剩下来只要保证它们合并在一起的逻辑正确就够了。

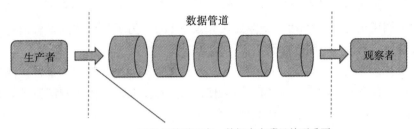

图 12-8　数据管道的分离

合并这三个部分用的是 RxJS，RxJS 有自己的单元测试，久经考验，绝对不会出错，所以，我们只要保证这三个部分工作正常，合并起来就一定能够正常。

为了提高可测试性，我们改进 Counter 的代码，把功能进行分割，首先，我们来看产生数据源部分的代码，如下所示：

```
const createPlus$ = () => {
  return Rx.Observable.fromEvent(document.querySelector('#plus'), 'click');
}
const createMinus$ = () => {
  return Rx.Observable.fromEvent(document.querySelector('#minus'), 'click');
}
```

这两个函数的作用就是创造数据源，存在重复代码，可以进一步抽取共同代码，只使用一个函数：

```
const createClick$ = (id) => {
  return Rx.Observable.fromEvent(document.querySelector(`#${id}`), 'click');
}
```

当然，我们如果需要单元测试这部分的代码，依然需要模拟一个网页的 DOM 结构，不过，先要问一个问题：这个函数需要单元测试吗？

无论是前面定义的 createPlus$ 和 createMinus$ 函数，还是改进后抽象的 create-Click$ 函数，逻辑都极其简单，使用的 document.querySelector 是浏览器 DOM API，使用的 fromEvent 是 RxJS 的操作符，这两者都已经在各种场合被反反复复使用无数次了，已经被证明绝对好用了，再去对它们做单元测试有多少意义呢？

然而，简单功能的组合依然可能发生偏差，可能开发者手一抖把使用参数 id 的代码写成了 iid，但是这些错误通过代码审阅就可以发现，一个通过代码审阅就能发现问题的代码，有必要大费周章再模拟一个网页结构来单元测试吗？

当然，如果你要追求极致的代码自动检查，如果你要追求百分之一百的代码测试覆盖率，那你当然可以选择对这部分代码也做单元测试，只是要提醒一下，即使百分之一百的代码测试覆盖率，依然不能保证代码没有 bug，为了统计数据好看而投入过多的时间和精力，并不是一个明智的做法。

如果项目本身真的对代码测试覆盖率有百分之一百的要求，任何一个代码测试统计工具都有忽略一段代码的功能，比如，如果使用 istanbul 来统计代码测试覆盖率，可以利用注释中的 ignore 指令忽略一个函数的覆盖率：

```
/* istanbul ignore next */
const createClick$ = (id) => {
}
```

介绍完数据通道的源头，接下来我们来看数据通道的尽头。

作为消费数据通道的观察者，代码也相当简单，如下所示：

```
const observer = {
    next: currentCount => {
      document.querySelector('#count').innerHTML = currentCount;
    }
};
```

和数据源一样，这里面的代码也是极其简单，除了遵从 RxJS 对 Observer 的格式要求，就是对浏览器 API 的调用，一点都不复杂，不值得去大费周章模拟网页结构进行单元测试。

所以，最后我们需要重点做单元测试的，就只剩下了由操作符组成的管道部分，代码如下：

```
const counterPipe = (plus$, minus$) => {
  return Rx.Observable.merge(plus$.mapTo(1), minus$.mapTo(-1))
    .scan((count, delta) => count + delta, 0)
};
```

counterPipe 是一个纯函数，它既没有修改两个参数 plus$ 和 minus$，也没有其他副作用，返回的 Observable 对象内容也完全取决于输入参数，对这样的纯函数，单元测试十分容易。

> **注意** 根据测试驱动开发的原则，应该先写单元测试用例，然后再写功能代码，但是，在这部分我们主要展示代码如何才能更容易被测试，所以不拘泥于严格的测试驱动开发形式。

利用之前我们定义的测试辅助工具包，对应的单元测试就更加简洁，下面就是测试代码：

```
describe('Counter', () => {
  test('should add & subtract count on source', () => {
    const plus     = '^-a------|';
    const minus    = '^---c--d--|';
    const expected = '--x-y--z--|';

    const result$ = counterPipe(hot(plus), hot(minus));

    expectObservable(result$).toBe(expected, {
      x: 1,
      y: 0,
      z: -1,
    });
  });
});
```

因为用户的点击事件数据流是 Hot Observable，所以我们用 hot 而不是 cold 来产生传递给 couterPipe 的 Observable 参数，用户可以有任何点击方式，在这个测试用例中，我们模拟的是用户首先点击 + 按钮一次，然后点击 – 按钮两次的动作，如下所示，因为单纯的点击动作不在乎数据值，反正最后都会被 mapTo 转化为 1 或者 0，所以 hot 函数调用也不需要第二个参数：

```
const plus     = '^-a------|';
const minus    = '^---c--d--|';
const expected = '--x-y--z--|';
```

为了验证 counterPipe 产生的 Observable 对象是否产生预期的数值，toBe 函数需要第二个参数，将 expected 中的 x、y 和 z 分别替换为 1、0 和 -1。

可以看到，因为 RxJS 中的数据流可以代表在一短时间范围内发生的事件，所以，可以在一个测试用例中覆盖多个事件，如果不使用 RxJS，一个测试用例中测试多种组合的话会显得十分笨拙。

现在我们有了 createClick$，有了 observer，又有了 counterPipe，将它们串起来，就实现了 Counter 的全部功能：

```
counterPipe(createClick$('plus'),createClick$('minus'))
  .subscribe(observer);
```

从这个例子中我们可以看出，编写高可测试性代码的一个方法，就是把逻辑尽量放到数据管道之中，把一些难以单元测试的逻辑推到边缘部分，让数据源和 Observer 的代码尽量简单，简单到无需单元测试，这样，我们就可以对真正的业务逻辑部分进行全面的单元测试。

2. 输入输出操作的测试

在上面 Counter 这个例子中，我们知道了提高代码可测试性的一个重要方法，将 RxJS 程序分割为三个部分，把逻辑尽量放在操作符组成的数据管道中，这样只需要集中测试数据管道就可以了，但是，如果数据管道在执行过程中还涉及输入输出操作怎么办呢？接下来我们就用一个具体的例子来看如何提高这样代码的可测试性。

我们展示一个搜索的网页应用例子，功能就像是众多的搜索引擎一样，当用户在输入框中输入文字的时候，不需要点击一个什么"搜索"按钮，自动根据用户的输入来展示目前匹配的结果。

因为用户可以输入任何文字，所以根据输入文字进行匹配的工作不可能在浏览器端进行，需要调用服务器端 API。在我们的例子中，利用 github.com 提供的 API，根据用户输入文字搜索文字匹配的代码库。

网页的 HTML 部分代码如下：

```
<div>
  <label for="search-input">搜索GitHub代码库:</label>
  <input type="text" id="search-input" placeholder="search" />
  <ul id="results">
  </ul>
</div>
```

其中 id 为 search-input 的输入框就是用户输入搜索文字的元素，搜索的结果显示在 id 为 results 的 ul 元素中，在没有任何用户输入的时候，没有任何结果，显示界面如图 12-9 所示。

图 12-9　搜索 github 的界面

接着我们看 JavaScript 部分如何实现。

数据流的源头肯定是来自于用户的键盘操作，但是不应该监听输入框 (input) 元素的 change 事件，因为在输入框中连续输入文字并不会连续产生 change 事件，当输入焦点离开输入框的时候才触发 change 事件。我们希望用户每次按键都要做出响应，所以要直接监听键盘事件才行，keyup 或者 keydown 事件都是选择，不过 keyup 更合适，因为用户松开键盘才表示真的下决心输入这个按键。

经过上一节的学习，我们已经知道了需要分离 RxJS 相关代码，所以不用走弯路，先确定我们要实现的三个部分，产生数据源的函数叫 createKeyup$，处理搜索过程的函数叫 searchRepo$，最终更新网页部分的对象叫 observer，我们现在就可以把串接三部分的代码写出来：

```
searchRepo$(createKeyup$()).subscribe(observer);
```

产生数据源的函数 createKeyup$ 代码如下：

```
const createKeyup$ = () => {
  return Rx.Observable.fromEvent(document.querySelector('#search-input'),
    'keyup');
}
```

接下来，就是如何处理 createKeyup$ 产生的数据流，这里集中了这个程序的所有关键数据处理。

整体而言，数据管道要做的事情就是对键盘事件的 Observable 对象吐出的每个数据进行响应，获得当前输入框中的文字，然后根据这些文字内容去访问 github.com 的 API 服务器，获得匹配的代码库结果。

对于涉及调用服务器端 API 的操作，基本上都需要考虑到"节流"，也就是不要太频繁地访问服务器，不然会给服务器带来过重的负担，对于本地的网络和 CPU 资源也是一种浪费。实际上，GitHub 的 API 对于一个客户端的访问频率也有限制，所以，我们没有必要对用户的每一个按键操作都访问一次 GitHub 的 API，利用 RxJS 的 debounceTime 可以控制只要用户在一段时间内持续输入文字，就延迟发送 API 请求。

键盘事件 Observable 中的数据是 DOM 事件，包含一个 target 属性，代表事件相关的 DOM 元素，在这个例子中，相关的 DOM 元素就是 id 为 search-input 的输入框了，这种 DOM 元素有一个 value 属性，可以直接读取当前用户的输入文字。我们可以通过 RxJS 的 map 来提取这个文字，也可以使用 pluck 来提取，在这里，pluck 比 map 更加简洁。

用户的输入是不可预料的，可能会在有意义的文字前后添加空格，比如，用户输入的字符串是"rx"，那也应该把 rx 前后的空白符删掉再继续，这个工作由 map 来处理比较合适。

用户在输入框中做了按键动作，可能是删除按钮，也可能只是按上下方向键盘，也可能一直输入的都是空格键，总之，输入框中的有意义的内容是空，这时候不需要做任何处理，用 filter 来过滤掉为空的数据。

最后，当一个按键事件经过了前面操作符的关卡，终于可以引发一个访问服务器 API 的结果了。在前面的章节中，我们介绍过，在数据流中做输入输出操作，一般要使用 flatMap 或者 switchMap，对于这个例子，当用户输入第一个按键引发一个 API 访问，这个 API 访问还没来得及反馈结果的时候来了第二个按键事件，前一个 API 访问应该被放弃掉，转而启动第二个按键事件的 API 访问，这种场景应该使用 switchMap。

数据管道的代码如下：

```
const searchRepo$ = (key$) => {
  return key$.debounceTime(150)
    .pluck('target', 'value')
    .map(text => text.trim())
    .filter(query => query.length !== 0)
    .switchMap(query => {
      const url = `https://api.github.com/search/repositories?q=${query}&sort=
        stars&order=desc`;
      return Rx.Observable.fromPromise(fetchAPI(url));
    });
};
```

我们使用了一个 fetchAPI 函数，这个函数使用浏览器支持的 fetch 函数，和 RxJS 无关，所以独立出来方便重用，对应的代码如下：

```
const fetchAPI = (url) => {
  return fetch(url).then(response => {
    if (response.status !== 200) {
      throw new Error(`Invalid status for ${url}`);
    }
    return response.json();
  }).then(json => {
    return {
      total_count: json.total_count,
      items: json.items.map(x => ({
        name: x.name,
        full_name: x.full_name,
      }))
    };
  });
}
```

Observer 部分的代码根据 searchRepo$ 函数产生的数据流修改 id 为 results 部分的 HTML 就可以了，代码如下：

```
const observer = {
  next: (value) => {
    document.querySelector('#results').innerHTML = value.items.map(repo =>
      `<li>${repo.full_name}</li>`).join('');
  }
};
```

到此时，网页功能已经完成，在界面中输入 rx，可以得到图 1210 这样的结果。

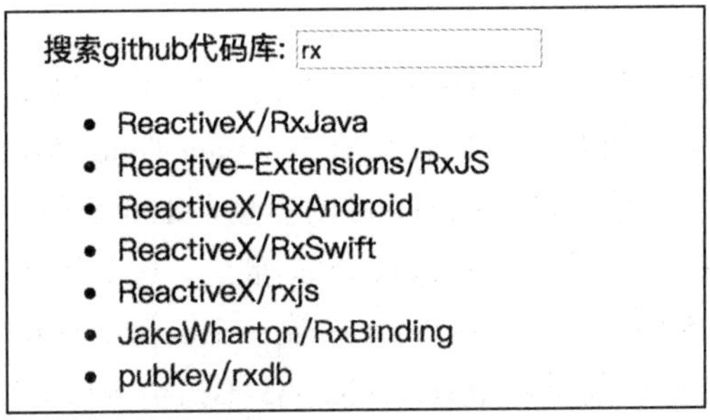

图 12-10　搜索结果界面

从结果中可以看到，在本书写作时，包含 RxJS v4 的代码库 Reactive-Extensions/RxJS 热度依然比 RxJS v5 的代码库 ReactiveX/rxjs 排名靠前，我衷心希望当读者看到这本书的时候，两者的热度已经调换过来了。

对于数据源和 Observer 部分，我们尽量减少代码，这样就没有必要进行单元测试。不过，按照上面的实现方式，测试产生数据管道的函数 searchRepo$ 也很麻烦。

对于这个搜索功能，主要的问题是虽然用户的键盘输入驱动了整个过程，但是键盘事件序列并不是唯一的数据来源，因为在处理键盘事件过程的 switchMap 部分，还需要从服务器端 API 来获取数据。

我们肯定不希望单元测试运行过程中会引发对 GitHub 服务器的访问，因为 GitHub 服务器作为一个外部资源，随时可能会失败，实际上，即使 GitHub 服务器正常运行，它也可能会因为访问量控制的原因给我们的 API 请求返回无效的结果。另外，真正访问 API 的时间是无法确定的，这也就导致我们无法利用控制时间的 TestScheduler 来验证真正 API 返回的结果。

总之，上面的 searchRepo$ 实现依然存在可测试性不高的问题，我们需要换一个角度来解析这个搜索场景。搜索这个场景，实际上不只是键盘事件这一个数据源，服务器 API 的返回也是一个数据源，既然都是数据源，对于操作符来说，本质没有什么区别。

本着数据源应该从数据处理管道分离出来的原则，我们很自然地想到，可以把产生数据源的部分抽象为一个函数，以参数的形式传递给 searchRepo$，这样一来，我们在单元测试过程中就可以很容易替换数据源。

因此，可以考虑给 searchRepo$ 的函数增加一个参数，如下所示：

```
const searchRepo$ = (key$, fetch$) => {
};
```

新增加的 fetch$ 函数参数被调用的时候，会返回一个预期包含代码库列表的数据源，在实际产品中，会是调用 GitHub 服务器的函数实现，在单元测试中，就可以是一个模拟返回结果的函数实现。

这样一来，就解决了涉及访问服务器 API 代码的单元测试问题。不过，在 search-Repo$ 还有一个挑战，就是使用了依赖时间的 debounceTime 操作符，debounceTime 根据时间来做节流阀的效果，如果 debounceTime 的参数是 100 毫秒，那么让单元测试为此而等待是很不合适的。不过，我们有 TestScheduler 帮忙，这个问题也就迎刃而解。

可以让 searchRepo$ 接受一个 scheduler 参数，让依赖于时间的操作符（如 debounce-Time）使用 scheduler 参数。如果调用 searchRepo$ 不指定 scheduler，那 debounceTime 就使用默认的 Scheduler 实现；在单元测试中，传入 TestScheduler 实例，就可以完全控制 debounceTime 对于时间的理解。

顺道提一下，从提高代码的可定制性角度来看，我们把 debounceTime 的第一个参数也抽象出来，作为一个 searchRepo$ 的参数 dueTime，这样也方便单元测试用例的编写。

下面是高可测试性的 searchRepo$ 实现的最终代码：

```
const searchRepo$ = (key$, fetch$, dueTime, scheduler) => {
  return key$.debounceTime(dueTime, scheduler)
    .pluck('target', 'value')
    .map(text => text.trim())
    .filter(query => query.length !== 0)
    .switchMap(fetch$);
};
```

因为 sheduler 是最不可能被定制的参数，所以通常都放在最后一个位置。

接下来看如何对 searchRepo$ 进行单元测试，测试用例代码如下：

```
test('searchRepo$ with customized due time', () => {
  const keyup    = '^-a-b---c-----|';
  const expected = '------x---y---|';
  const mockAPI = {
    'r': 'react',
    'rx': 'rx',
    'rxj': 'rxjs',
  };
  const fetch$ = (query) => {
    return Rx.Observable.of(mockAPI[query]);
  };

  const keyup$ = hot(keyup, {
    a: {target: {value: 'r'}},
    b: {target: {value: 'rx'}},
    c: {target: {value: 'rxj'}},
  });
  const result$ = searchRepo$(keyup$, fetch$, 20, global.rxTestScheduler);
```

```
expectObservable(result$).toBe(expected, {
  x: mockAPI['rx'],
  y: mockAPI['rxj'],
});
});
```

测试用例中，我们会利用 hot 函数创造一个 Observable 对象 keyup$，实现一个
fetch$ 函数模拟 API 访问获得数据，对于这个测试用例，我们让"节流"的时间阈值为
20 毫秒，所以，在步骤二部分，调用 searchRepo$ 只需要这样：

```
const result$ = searchRepo$(keyup$, fetch$, 20, global.rxTestScheduler);
```

这样调用 searchRepo$，整个过程中不会涉及任何输入输出操作，也不依赖于时间的
流逝，因为时间被最后一个参数 global.rxTestScheduler 操纵。

创造 keyup$ 的代码如下：

```
const keyup    = '^-a-b---c-----|';
...
const keyup$ = hot(keyup, {
  a: {target: {value: 'r'}},
  b: {target: {value: 'rx'}},
  c: {target: {value: 'rxj'}},
});
```

通过 hot 产生的 Hot Observable 对象中每个数据包含属性 target.value，代表每个用
户当前的输入内容：

❑ 第 20 毫秒（时间帧）吐出第一个事件，用户输入内容为 r；
❑ 第 40 毫秒吐出第二个事件，用户输入为 rx；
❑ 第 80 毫秒吐出第三个事件，用户输入为 rxj。

我们有意让第一个数据和第二个数据之间间隔只有 20 毫秒，就是为了验证数据管道
是不是真的有"节流"的效果，预期只有第二个事件才会引发对 fetch$ 的调用。

在这个单元测试用例中，我们简化 fetch$ 的模拟实现，根据输入参数从预设的对象
mockAPI 中找到对应的结果，然后用 of 这个操作符转化为 Observable 对象就可以了：

```
const mockAPI = {
  'r': 'react',
  'rx': 'rx',
  'rxj': 'rxjs',
};
const fetch$ = (query) => {
  return Rx.Observable.of(mockAPI[query]);
};
```

上面的 fetch$ 只模拟了 API 返回的结果，但是没有模拟 API 访问的延时，实际的

API 访问可不会只要访问就立刻瞬间得到结果，总会有延时的，但是在后面我们再考虑这个问题，在这一个测试用例中我们就只是简单处理功能。

因为 fetch$ 返回结果没有延迟，所以，我们预期的结果也不会产生延迟，因为 debounceTime 的存在，keyup$ 虽然产生三个数据，但是只有第 40 毫秒和第 80 毫秒的事件产生最终的结果。不过，因为 debounceTime 会延迟 20 毫秒，所以最终数据产生的时机是第 60 毫秒和第 100 毫秒：

```
const expected = '------x---y---|';
```

最后，我们通用 expectObservable 来判定最终的 result$ 是不是预期结果，拿 mockAPI 中的数据来比较就可以：

```
expectObservable(result$).toBe(expected, {
  x: mockAPI['rx'],
  y: mockAPI['rxj'],
});
```

值得一提的是，mockAPI 中的数据，长得可和 GitHub 搜索 API 返回的格式并不一样，因为我们并不关心这个 API 的返回结果格式，只要保证能够把返回的结果送出去就可以了。

上面的测试用例主要验证的是 searchRepo$ 的确能够有"节流"的效果，接下来，我们再用一个测试用例来验证 searchRepo$ 能够正确处理 API 访问延迟。

设想一下这样的场景，一个按键事件引发了一个 API 操作，这个 API 操作要花一段时间才能获得结果，但是，就在这个 API 操作返回之前，又一个按键事件发生了，这时候应该怎么办？

合理的做法，当然是取消掉前一个 API 请求，用新的用户输入发起一个新的 API 请求，即使对于浏览器的 AJAX 请求无法真正做到取消一个请求，当前一个 API 的请求返回了结果时，也应该把返回结果放弃掉，就好像不曾获得这个结果一样，这样才能保证逻辑的正确性。

为了达到上述效果，我们使用了 switchMap，不过，还是需要一个测试用例验证才能让我们安心，对应的测试用例代码如下：

```
test('searchRepo$ with delay response', () => {
  const keyup    = '^-a--b------|';
  const expected = '---------x--|';
  const mockAPI = {
    'r': 'react',
    'rx': 'rx',
  };
    const fetch$ = (query) => {
```

```
    return Rx.Observable.of(mockAPI[query]).delay(40, global.rxTestScheduler);
};

const keyup$ = hot(keyup, {
  a: {target: {value: 'r'}},
  b: {target: {value: 'rx'}},
});
const result$ = searchRepo$(keyup$, fetch$, 0, global.rxTestScheduler);

expectObservable(result$).toBe(expected, {
  x: mockAPI['rx'],
});
});
```

在这个测试用例中，为了简化弹珠图，我们给 searchRepo$ 的 dueTime 参数为 0，也就是完全不需要"节流"的效果，这样可以专注于只测试 API 请求的取消。

为了模拟 API 访问的延时，我们利用了 delay 这个操作符，把从 mockAPI 转化而来的数据延时 40 毫秒推给下游，如下所示：

```
Rx.Observable.of(mockAPI[query]).delay(40, global.rxTestScheduler);
```

因为 delay 涉及时间，所以一样也要用上操纵时间的 TestScheduler 实例，值得注意的是，of 这个操作符并不支持定制 Scheduler，global.rxTestScheduler 要引用在 delay 的调用中。

下面是 keyup 弹珠图的字符串表达形式，代表的数据流是这样的：第 20 毫秒产生第一个事件，代表用户输入为 r；第 50 毫秒产生第二个事件，用户输入为 rx：

```
const keyup     = '^-a--b------|';
```

因为 fetch$ 产生的数据有 40 毫秒延时，所以，a 事件触发的 fetch$ 调用，要到第 20+40=60 毫秒才产生数据，在此之前的第 50 毫秒，b 事件发生，这应该让 switchMap 放弃掉第一个 fetch$ 调用，并用新的用户输入调用一次 fetch$，然后在第 50+40=90 毫秒处获得结果，所以，预期的弹珠图应该如下表示：

```
const expected = '---------x--|';
```

最后预期的 x，应该对应的也是用户输入 rx 的结果：

```
expectObservable(result$).toBe(expected, {
  x: mockAPI['rx'],
});
```

从计数器和搜索这两个例子中，我们不难看出，只要有合理的代码结构，加上 TestScheduler 的配合，RxJS 相关代码的单元测试可以达到很高的可测试性。

12.3　本章小结

本章介绍了利用 RxJS 开发中的调试和测试方法。坦白说，RxJS 目前对调试的支持并不是很好，除了利用日志，开发者只能根据数据流依赖图和弹珠图来了解程序结构，让代码逻辑清晰，调试自然会比较顺畅。

因为 RxJS 实践函数式编程方式，对单元测试的支持非常好，配合 TestScheduler 的使用，对于异步操作也很容易进行全方位单元测试。

为了编写出可测性高的代码，对使用 RxJS 的数据管道要进行合理分割，让单元测试无需考虑外部资源的模拟。

第 13 章 *Chapter 13*

用 RxJS 驱动 React

RxJS 是一个很强的数据管理工具，但是，RxJS 处理的毕竟只是流淌在 Observable 中的数据。在真实的应用中，数据最终的意义是要被利用起来，比如，在网页应用中，数据要能够驱动用户界面的展示，而如何展示用户界面，并不是 RxJS 的工作。实际上，有很多很多其他工具更加擅长用户界面的控制，所以，接下来我们关心的就是，如何把擅长数据管理的 RxJS 和其他擅长用户界面控制的工具相结合，我们选择近些年影响力很大的 React 来配合 RxJS。

在本章中，我们会以构建实际网页应用和功能组件的方式呈现 RxJS 的功能，内容会包含如下方面：

❑ React 简介。
❑ 利用 RxJS 管理 React 应用的状态。
❑ 驾驭 RxJS 的 React 高阶组件。
❑ 利用 RxJS 实现跨组件通信。

终于，我们要真刀实枪地构建网页应用和功能组件了，让我们开始吧！

13.1 React 简介

13.1.1 为什么选择 React

React 和 RxJS 一样，实践的都是响应式编程 (Reactive Programming) 的概念，这一

点从它们的名字中的 R 字母就可以看得出来，在 Reactive Conf[⊖]大会上，React 和 RxJS 最新的发展状况也总是热门话题。

不过，在响应式编程的大旗下，还有很多其他的框架或者工具库，在 Reactive Conf 官方网站上列出了一大堆框架的 Logo，如图 13-1 所示。不知道读者是否可以认出图中所有 Logo 代表的框架名，如果可以的话，那你实在太厉害了。

图 13-1　众多响应式框架

图中从左到右，每个 Logo 代表的框架或者工具依次是：

❏ React
❏ Angular
❏ Vue
❏ Clojure
❏ dart
❏ ember
❏ reason
❏ datomic
❏ Elm
❏ GraphQL

实际上，JavaScript 世界里的框架和工具层出不穷，每隔几天就会有一个 JavaScript 框架诞生，单单从数量上看，说上面这些 Logo 所代表的只是沧海一粟也不算过份，这个现状真让人感觉审美疲劳。

虽然每一种框架都有可取之处，而且每一种框架都可以和 RxJS 配合，但是在本书中我们将只选择 React（还有下一章的 Redux）来结合 RxJS 讲解，为什么呢？

首先，样样都精通等于样样都稀松。什么框架和工具都深入学习是不现实的，如果你把知识面扩大到九百六十万平方公里，那估计知识的厚度可能还不够一厘米，这是毫无意义的，还不如深入了解一方面知识。要知道，世界上大部分知识都是相通的，计算机软件的世界更是这样，如果你能够深入理解一种框架和 RxJS 如何配合使用，那么，当有实际需要把 RxJS 应用到其他框架的时候，你就可以触类旁通。

其次，不是所有的响应式框架都和用户界面直接相关。比如 GraphQL，这个框架更多的是关于如何组织和获取数据，GrapQL 和 RxJS 组队的话依然不能构建一个完整的网页应用，需要第三个擅长用户界面处理的队友才能完成任务。

然后，不是所有的响应式框架都实践函数式编程的思想。还记得吗，在第 1 章中我们就介绍过，RxJS 中重要的概念就是"函数响应式编程"，不光要有响应式，而且要有

⊖　Reactive Conf 会议：https://reactiveconf.com/。

函数式，很多框架依然属于面向对象编程的范畴，这些框架和 RxJS 配合就会有很多问题。实际上，React 虽然提倡函数式编程，但自身也带一点面向对象的痕迹，在后面的部分我们会详细介绍。

最后，也是最重要的一个原因，React 是一个很中立的框架。实际上，和 RxJS 关系最紧密的响应式框架是 Angular，Angular 完全依赖于 RxJS，和 RxJS 的源代码一样，Angular 的框架也使用 TypeScript 语言而不是原生的 JavaScript，但是 Angular 是一个不中立的框架。所谓"不中立"，指的是如果我们使用 Angular，那么整个应用的结构就必须按照 Angular 的规矩来行事。我并不是说这样不好，很多时候有规矩总比没有规矩要好，但是，这是一本介绍 RxJS 的书，RxJS 本身是一个很中立的工具，换句话说，我们可以用各种方法来使用 RxJS，而不是局限于一种选择。所以，最好通过和相同理念的框架配合来展示 RxJS 的威力。

React 是很中立的框架，它主要负责的是界面展示，并没有要求开发者必须要使用 Flux 或者 Redux 或者 MobX 来管理数据，当然，RxJS 也只是一种选择。

React 是 Facebook 贡献的开源用户界面框架，在业界具有很高的知名度，绝对值得花时间去学习，我有另一本书《深入浅出 React 和 Redux》详细介绍了 React 和 Redux 的使用方法，不过如果你对 React 并没有什么了解也不用担心，接下来会做一个简单介绍；如果你对 React 已经非常了解，可以跳过下面一节。

13.1.2　React 如何工作

React 致力于用户界面的构建，不仅可以用于网页应用开发，而且可以利用 React Native 开发移动设备上的应用，在本书中，我们只涉及网页应用开发的部分。自 2013 年首次发布以来，React 已经发展得十分成熟，到本书编写时，已经发布到 v16 版本，可以非常方便地开发网页应用。

不过，如果你之前有 jQuery 之类工具的编程经历，要理解 React 需要一点思想转变。一定要明白以下几点特性：

- ❏ React 中一切皆为组件。
- ❏ React 的界面展示由数据驱动。
- ❏ React 是声明式编程。

接下来，我们就分别介绍这些方面。

1. 构建 React 组件

在 React 中，一切都是组件，组件就是 React 世界中的砖块，很多砖块砌在一起，可以构建一座大厦。同样，很多 React 组件配合也可以构建功能很庞大的应用。

组件思想的好处就是，把一个功能封装在一个模块中，对于外部来说，不需要知道这个功能是怎么实现的，只要模块暴露的是稳定而且一致的接口，那就只管用这个模块就好了。这个思想说起来很简单，但实践起来却不容易。

全世界的各种框架，没有哪个不推崇"组件化"的口号的，但是真正做到组件化的却寥寥无几，因为大部分框架并没有一种强制的方法明确组件的边界，而 React 却做到了这一点。

下面是一个最简单的 React 组件例子：

```
const Greetings = () => {
  return "Hello";
};
```

这样一个组件的名称就是 Greetings，表示"欢迎"。可以注意到，这个组件的形式就是一个函数，而且是一个纯函数，这也是 React 倾向于函数式编程的体现。

Greetings 组件的运行效果就是在浏览器中渲染出下面的字符串：

```
Hello
```

这个功能极其简单，按照 React 的原则，复杂的功能就是由各种简单的组件配合完成的。

> 提示　React 组件从 v16 开始才可以直接渲染一个字符串，在此之前，任何一个组件要么返回一个 React 元素，要么返回 null 或者 undefined，不能直接返回字符串。

使用这个组件也是用类似于 HTML 的标签语言方式，用尖括号把组件名包起来就行，如下所示：

```
<Greetings />
```

这种表现形式是 JavaScript 语法扩展，称为 JSX（JavaScript Extension），最妙的是，JSX 中除了可以包含 div 这样的 HTML 元素，还可以包含 Greetings 这样的 React 组件，而且两者在表现方式上是一模一样的，如下面的代码所示：

```
const GreetingsToRxJS = () => {
  return <div><Greetings/> RxJS</div>
};
```

在 GreetingsToRxJS 这个 React 组件中，我们利用了之前定义的 Greetings 组件，Greetings 的功能是渲染出一个欢迎词 Hello，最终组合起来渲染出来的内容用 HTML 表示就是这样：

```
<div>Hello RxJS</div>
```

这里我们说的是"用 HTML 表示",而不是说 React 渲染的最终结果就是 HTML,因为浏览器中渲染的效果是通过操纵 DOM 结构来影响用户界面,并没有真正产生 HTML 文本。

上面的例子虽然简单,但是足够体现 React 组件思想的好处,对于 Greetings 这个组件,对于 GreetingsToRxJS 这个外部用户来说,只需要知道它有渲染欢迎词的功能,至于具体怎么实现,完全不需要知道。

如果 Greetings 修改定义,使用中文欢迎词,如下所示:

```
const Greetings = () => "你好";
```

那么 GreetingsToRxJS 的渲染结果也就变成了中文,而 GreetingsToRxJS 不需要为此做出任何改变,就能渲染出下面的效果:

```
<div>你好 RxJS</div>
```

2. React 的数据

React 的工作方式,可以抽象为下面的函数公式来表达:

```
UI=f(data)
```

这个公式等号左边是用户界面 UI,代表用户所看到的东西,这个东西可以认为是一个函数 f 的运行返回结果,而函数 f 的输入就是数据 data。能够用函数来代表运行过程,这是函数式编程的风格。

在 React 中,函数 f 就是开发者写代码实现的组件,而 data 就是驱动组件渲染的数据,包括两种形态:

❑ prop

❑ state

所谓 prop,指的是外界传递给组件的数据形式,是在使用组件的时候赋予组件一种"属性",所以称为 prop,是 property 的简写。

上面定义的 GreetingsToRxJS 组件只能对 RxJS 致欢迎辞,但是需要说 Hello 不只是 RxJS,还有我们开发者最熟悉的 World 需要 Hello,对正在阅读本书的读者说 Hello,所以,我们希望有一个组件能够对任何事物都表示欢迎,到底对谁欢迎,这个决定权在于组件的使用者。下面就是满足这一需求的新组件源代码:

```
const GreetingsTo = (props) => {
  return <div><Greetings/> {props.to}</div>
};
```

先来看如何使用 GreetingsTo 组件,代码如下:

```
<GreetingsTo to="读者" />
```

当使用 GreetingsTo 时，有一个像是 HTML 元素属性一样的 to，这个 to 就是 GreetingsTo 的 prop，to 后面等号接着的就是 prop 的实际值，在上面的例子中，名为 to 的 prop 传入的实际值就是"读者"这个字符串。

在 GreetingsTo 组件的实现部分，函数现在多了一个参数，名为 props，这个参数实际上是一个对象，对象的每一个属性代表一个传入的 prop，所以，可以通过访问 props.to 得到使用这个组件时传入的 to 值。

JSX 代码部分除了尖括号形式的标签，还可以包含任何形式的 JavaScript 表达式，只要用花括号包住就可以。在 GreetingsTo 组件的实现代码中，用花括号包住了对 props.to 的访问，这样 props.to 的实际值就会渲染在对应的位置。

上面的 GreetingsTo 使用代码会渲染出下面 HTML 形式的结果：

```
<div>Hello 读者</div>
```

prop 可以是一切数据。在 JavaScript 中，函数是对象，也可以看作是一种数据，所以 prop 也可以是函数。通过 prop 把一个函数传递给一个 React 组件，这个组件就可以选择恰当的时机调用这个函数，把信息从组件内部传递给组件的使用者，这种用法在后面的部分会接触到。

一个 React 组件一定不能修改传入的 prop，否则会产生意想不到的结果，就和对纯函数的要求一样，一个 React 组件函数应该不产生任何副作用效果。

总之，prop 就是这样一种组件之间传递数据的方式，但是，有时候组件内部也需要管理一些数据，这些数据和外部无关，这数据叫做 state。如果需要使用 state，组件的形式就要发生一些变化，不能再用一个纯函数表示了，而要表示为一个包含状态的类。

假如我们要实现一个按钮，并且能够展示这个按钮被点击了多少次，把这些功能封装在一个叫 CountButton 的组件里，按钮的点击次数是一种状态，这个状态只能由这个组件自己来记录，这就是 state。

下面是 CountButton 的示例代码：

```
import React from 'react';

class CountButton extends React.Component {
  state = {count: 0}

  onClick() {
    this.setState({count: this.state.count + 1});
  }

  render() {
```

```
    return (
     <button onClick={this.onClick.bind(this)}>
        {this.props.greeting}, Click Me {this.state.count} Times
     </button>
    );
  }
}
```

相对于之前用一个纯函数就足够表达的方式，这个包含 state 的组件实现的确显得冗长了很多，但是没有办法，因为需要维护状态，我们只能把这个组件实现为 ES6 类的形式。

代码第一行用 import 导入 React，其实，使用上面纯函数形式编写组件也免不了这一步，这是因为 JSX 代码需要 babel 转译成普通的 JavaScript 代码；转译成的普通代码需要使用 React 这个标示符，babel 不会自动给我们导入 React，所以手工导入 React 是必不可少的。

这个 ES6 类名为 CountReact，作为 React 组件类，必须要继承自 React.Component，这个父类包含一系列 React 组件类必须要实现的函数，但是有一个函数是必须要开发者自己来写的，那就是 render。

render 的写法几乎就是之前纯函数的 React 组件写法，同样都是返回一个 JSX 形式的组合，也可以返回 null、undefined，在 React v16 之后还可以返回字符串或者数组。不过，说"几乎"一样，是因为还有一点区别：在纯函数形态下，props 是通过函数的参数获得；在 ES6 类定义的形式下，不光是 render 函数，所有的函数获得 props 是通过 this.props 获得，也就是通过当前对象的数据成员获得。

在上面的 render 函数实现中，通过访问 this.props.greeting 可以获得外部使用 CountButton 时传入的 prop，使用 CountButton 的实例代码如下：

```
<CountButton greeting="Hello" />
```

这样，网页中最初会渲染出如图 13-2 所示的按钮，带 Hello 的欢迎词。

Hello, Click Me 0 Times

图 13-2　按钮界面

不过我们不仅仅定制欢迎词，最重要的功能是点击这个按钮的时候，按钮上显示点击次数的数字要改变，这就需要 state 的支持。

state 需要一个初始值，利用 ES6 的语法，可以在类中直接给 state 赋初始值，还有一种方法，可以在类的构造函数中初始化 state，不过那就需要给 this.state 赋值，如下所示：

```
constructor() {
  super(...arguments);
  this.state = {count: 0}
}
```

组件的 state 必须是一个对象，不能只是一个数值，所以我们把点击次数的计数状态存放在 state 的 count 属性下，初始值为 0。

不管 state 如何初始化，读取 state 都需要通过 this.state，这和 this.props 一样，都属于组件实例的一部分。CountButton 类的 onClick 函数实现的就是按钮被点击时的处理，要做的就是让 count 计数加一。在 onClick 的函数中，使用 this.state 读取当前 count 值，然后通过 this.setState 改变这个值：

```
this.setState({count: this.state.count + 1});
```

改变组件的 state 一定要使用 this.setState 函数，而不是直接修改 this.state，因为 this.setState 函数不仅能够改变组件的 state，而且能够触发组件重新渲染。毕竟我们修改 state 就是要新的状态展现在用户界面上，单纯修改 this.state 改变的只是一个对象，并不会自动引起组件重新渲染，这也就失去了修改 this.state 的意义。

在 render 函数部分，给 button 也传递了一个 prop，这个 prop 就是 CountButton 中的 onClick 函数，这个 onClick 函数需要先 bind 到 this 上才行，如下所示：

```
onClick={this.onClick.bind(this)}
```

这是因为 ES6 的类中，每个函数的执行环境并不是自动绑定到所属对象的 this 上，如果不做 bind 操作，就像这么写的话，最终用户点击按钮的时候，onClick 函数执行的时候 this 并不是组件对象：

```
onClick={this.onClick}
```

如果觉得这不好理解，换一种写法可能看得更加清楚，上面的代码相当于下面的代码：

```
const onClickFunc = this.onClick;
```

```
onClick={onClickFunc}
```

当把 this.onClick 赋值给 onClickFunc 之后，再来调用 onClickFunc 的时候，就和 this 完全没有关系了，因为 JavaScript 对于函数中 this 的定义十分有趣，this 是什么不是由函数定义决定的，而是由函数如何使用决定的，如果要强制一个函数定义按照某种 this 来执行，那就用 bind。

有了 state 之后，CountButton 就可以记录自己被点击的状态，当点击按钮一次之后，界面会如图 13-3 所示。

Hello, Click Me 1 Times

图 13-3　点击一次之后的按钮界面

图中显示的 1，就是 this.state.count 的值。

3. 声明式的 React

现在读者对 React 的用法应该有一个初步的认识，可以重新回顾一下我们前面提到的那个公式：

```
UI=f(data)
```

这个公式中的 f 就是我们实现过的各种组件，包括纯函数的 Greetings、Greetings-ToRxJS 还有 GreetingsTo，也包括 ES6 类形式的 CountButton，而 data 就是 prop 和 state。

如果读者对 jQuery 之类的框架有所了解，会感觉到 React 的独特之处。对于 CountButton 这个组件，如果要改变用户界面的值，就要用选择指令来找到某个网页元素，然后来修改这个元素的值，类似下面的代码：

```
$(.button).click(() => {
  $("#count").html(parseInt($("#count").html()) + 1);
});
```

这种直接操纵 DOM 的方式虽然直观，但是代价就是开发人员不得不操心"如何去画"，因为要关注这些细节，所以开发成本更大，而且出现 bug 的概率也不小。

在 React 的世界中，组件的代码并不去描述"如何去画"，而是描述"画成什么样子"，根据 prop 和 state 的数据把结果画出来，只要 prop 和 state 发生改变，用户界面就会自动更新，按照代码的描述画成该有的样子。这种方式的改变是一个很大的进步，因为开发者只需要"声明"功能是怎样就可以，而不纠结于"怎样去做"，这种编程思维就叫"声明式编程"。

实际上，React 替开发者做了很多事情，从创建之初发展到现在，React 内部的实现方式也有翻天覆地的变化，但是对于应用层开发者的影响却非常小，归根结底，就是因为组件都是声明式的，只描述自己想要什么，至于怎么做，很多都由 React 来处理。这样一来，很多脏活累活都由 React 框架处理，不需要应用程序开发者操心。

13.2 简单的 React 应用 Counter

React 的知识点很多，如果读者希望了解更多，可参照我写的《深入浅出 React 和 Redux》，不过，即使读者之前没有接触过 React，从上一节学习到的知识也足够我们继续和 RxJS 的组合。

在这个过程中，我们要实现一个很简单的网页应用，包含一个计数器 Counter 的功能。首先用最简单、最原始的 React 方式来实现，然后再介绍这个应用如何利用 RxJS 来改进。

这个 Counter 功能可以算是网页框架的 Hello World，虽然简单但是却足够展示框架如何工作，在 Counter 中会显示一个计数数字和两个按钮，其中一个按钮显示 +，点击之后计数数字会增加 1，另一个按钮显示 −，点击之后计数减 1，就是这么一个简单的功能。

1. 使用 create-react-app

在上一节中我们简单介绍了 React 的使用方法，不过只有简单的代码示例，还没有投入实战，接下来我们来创建真正能够运行的 React 应用。

感谢 Facebook，他们不仅提供了 React 这个开源的框架，还贡献了一个专门用来创建简单 React 应用的工具叫做 create-react-app，有了这个工具，我们不用纠结于 webpack 等工具的复杂的配置，可以很轻松地构建利用 React 的网页应用，十分适合初学者。本书中所有与 React 相关的应用都通过 create-react-app 来创建的。

通过 npm 下载安装 create-react-app，在你的命令行环境下执行下列命令：

```
npm install -g create-react-app
```

当安装结束之后，你的命令行下就多了一个新的可执行命令 create-react-app，这个命令可以用来创建一个可运行的 React 应用。

在命令行下进入一个你最喜欢存放代码的目录位置，执行 create-react-app，参数是你想要在当前目录下创建的子目录名，比如，我们想要创建的应用太简单，就叫做 simple，于是执行的命令就是这样：

```
create-react-app simple
```

这个指令会产生一个 simple 目录，并在这个目录下创建一个基于 Node.js 的应用，增加全套的代码，并执行 npm install 或者 yarn 命令，这个过程可能要花费一些时间，当一切都结束的时候，你就可以进入这个目录，然后用 Node.js 应用的传统方法启动这个应用了，如下所示：

```
cd simple
npm start
```

　　然后，在你最喜欢的浏览器中访问 http://localhost:3000/ 就可以看到一个网页应用，不过，我们对这个默认的网页应用展示什么兴趣不大，我们的目标是要创造一个 Counter 组件，对这个应用我们要进行一些改造。

2. 创造 Counter 组件

　　我们先搞清楚这个 React 应用的关键入口，在 src/index.js 中，可以看到下面这样的代码：

```
import React from 'react';
import ReactDOM from 'react-dom';
import App from './App';

ReactDOM.render(<App />, document.getElementById('root'));
```

　　ReactDOM.render 是往网页里装载 React 根级别组件的函数，第一个参数就是整个应用根级别的 React 组件，第二个参数是装载组件的 DOM 节点。

　　在这个应用中，装载根组件的 DOM 是 id 为 root 的元素，在 public/index.html 文件中定义了网页应用的 HTML 框架，在里面你可以找到这个 root 元素，在 HTML 中这个元素内容当然是空的，因为它只是 React 的游乐场，真正的内容是由 React 在运行时动态填充的。

　　这个应用根级别的组件是 App，定义在 src/App.js 文件中，我们打开这个文件，里面的内容很多，不过我们用不上这些代码，所以把其中的内容完全替换为下面的代码：

```
import React, { Component } from 'react';
import Counter from './Counter';

import './App.css';

class App extends Component {
  render() {
    return (
      <div className="App">
        <Counter />
      </div>
    );
  }
}

export default App;
```

　　这个 App 扮演根级别组件的作用，通过导入 App.css，引入了一些 CSS 样式，在 render 函数中应用了 App.css 中定义的 CSS 类 App。

> **注意** 使用 CSS 类要使用一个特殊的 prop 叫做 className，这会在产生的 DOM 元素上增加 class 属性，但是为什么在 JSX 中不干脆用 class 而要求用 className 呢？这是因为 JSX 最终都要被 babel 转译成 JavaScript 代码，而 class 是 JavaScript 的保留字，为了避免冲突，JSX 要求这个属性只能是 className。

在 src/App.css 中的 CSS 代码如下：

```
.App {
  margin: 0 auto;
  max-width: 600px;
}
```

除此之外，App.js 只是一个容器，包含了 Counter 这个组件。实际上，因为 App 这个组件十分简单，我们完全可以把它定义为纯函数形式，在这里我们依然用 ES6 类的形式，纯粹是因为习惯，因为一般根级别组件可能将来会包含一些 state。

上面介绍的只是这个网页应用的大致代码框架，接下来才是重头戏，即 Counter 组件的定义。我们创建一个 src/Counter.js 文件，代码如下：

```
import React from 'react';

export default class Counter extends React.Component {
  state = {count: 0}

  onIncrement() {
    this.setState({count: this.state.count + 1});
  }

  onDecrement() {
    this.setState({count: this.state.count - 1});
  }

  render() {
    return (
      <div>
        <h1>Count: {this.state.count}</h1>
        <button onClick={this.onIncrement.bind(this)}>+</button>
        <button onClick={this.onDecrement.bind(this)}>-</button>
      </div>
    );
  }
}
```

在之前我们创建过一个 CountButton 组件，所以读者看到这样的代码理解起来应该不会太困难。相对于 CountButton，Counter 组件最大的不同是有两个按钮，对应也有两个按钮点击处理函数 onIncrement 和 onDecrement，分别对 state 中的 count 字段做加 1 和减 1 的操作。

create-react-app 创造的应用会做热加载，也就是无需重启应用，也无需刷新网页，代码的修改就会体现在网页中。做完上面的修改，在浏览器网页中我们会看到如图 13-4 所示界面。

图 13-4　Counter 的界面

点击显示"＋"按钮，可以看到 Count 后面的数字变为 1，连续点击"＋"，这个数字会持续增加，当点击"－"按钮，这个数字就会下降。

恭喜你，你刚刚创建了一个可运行的 Counter 组件！在本书配套的 GitHub 代码库的 chapter-13/react-rxjs/simple 目录下，可以找到这个网页应用的完整代码，不过读者最好亲自动手操作一遍，这样理解会更加深刻。这只是一个开始，接下来我们会在这个项目的基础上持续改进。

3. 分离组件

React 既可以渲染用户界面，又有自己的一套状态管理方式，这从上一小节中的 Counter 组件就可以看得出来，Counter 工作得很好，但是，还是存在一点欠缺，就是渲染和 state 管理混在一个组件中了。

回想最初介绍的 React 组件，完全可以用纯函数表示，可以很单纯地只根据 prop 来渲染用户界面，这种组件附和函数式编程的思想，具备纯函数的一切好处。但是，像 Counter 这样的组件有自己的状态，这个需求单单靠 prop 是搞不定的，所以又必须要有组件级别的 state 存在，那怎么解决这个困境呢？

解决这种问题有一个最佳实践方法，就是把一个 React 组件拆分为两个：

❑ 聪明组件。

❑ 傻瓜组件。

聪明组件在外层，负责管理 state，而它的 render 函数基本不会做什么特殊工作，把 state 转化为 prop 传递给傻瓜组件就完事；而傻瓜组件没有 state，只根据传入的 prop 来渲染用户界面。

这两种组件的关系如图 13-5 所示。

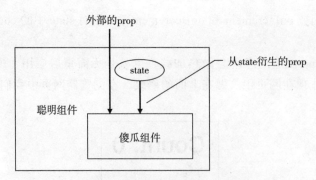

图 13-5　傻瓜组件和聪明组件

从图中可以看到，傻瓜组件存在于聪明组件之中，外界看到的只是聪明组件，看不见傻瓜组件。state 只存在于聪明组件之中，每一次渲染时，聪明组件除了把外部传入的 prop 传递给傻瓜组件，还要根据自己的 state 产生一些 prop 传递给傻瓜组件。

在有的文献中，也把"聪明组件"叫做"容器组件"（container component），把"傻瓜组件"叫做"展示组件"（presentational component），这种称呼也很形象，因为外层的组件的确就像是内层组件的一个容器，而傻瓜组件的工作就是专心负责界面的展示。

接下来，我们就尝试把 Counter 组件分离为傻瓜组件和聪明组件，在上一小节的应用基础上，我们修改 src/Counter.js 中的代码。

创建"傻瓜组件"，代码如下：

```
import React from 'react';

const CounterView = ({count, onIncrement, onDecrement}) => (
  <div>
    <h1>Count: {count}</h1>
    <button onClick={onIncrement}>+</button>
    <button onClick={onDecrement}>-</button>
  </div>
);
```

可以看到，傻瓜组件的确是比较傻瓜，这个 CounterView 完全不操心怎样去保存 Counter 的计数值，也不关心如何去增加或者减少这个计数值，它只是傻乎乎地给什么 prop 就渲染什么，渲染计数值就用传入的 count，点击"+"按钮就调用传入的 onIncrement，点击"-"按钮就调用传入的 onDecrement。

> 💡提示　CountView 的 onIncrement 和 onDecrement 两个 prop 预期是函数，就像之前说过的一样，prop 可以是 JavaScript 中的任何值，包括函数，传入函数类型 prop 也是让组件向外部传递消息的常用方法。

如果传入的 count 错了，那 CounterView 也就显示错了，如果 onIncrement 和 onDecrement 函数的实现有问题，那 CounterView 中点击按钮也不会产生正确的结果，但是，这些本来也不是 CounterView 应该操心的事情，而是 CounterView 的拍档"聪明组件"应该做的事情。

接下来我们就来创建对应的聪明组件，代码如下，完整的应用代码可以在本书配套的 GitHub 代码库中的 chapter-13/react-rxjs/react-container 目录下找到：

```
class Counter extends React.Component {
  state = {count: 0}

  onIncrement() {
    this.setState({count: this.state.count + 1});
  }

  onDecrement() {
    this.setState({count: this.state.count - 1});
  }

  render() {
    return (
      <CounterView
        count={this.state.count}
        onIncrement={this.onIncrement.bind(this)}
        onDecrement={this.onDecrement.bind(this)}
        />
    );
  }
}

export default Counter;
```

因为需要 state，所以这个"聪明组件"必须要定义为 ES6 类的形式，因为从外界角度看只能看到这个"聪明组件"，所以之前的"傻瓜组件"叫做 CounterView，而这个"聪明组件"就叫做 Counter。在 Counter 的 render 函数中，只是简单地渲染了 CounterView，因为聪明组件的主要工作是管理 state，对应的 render 函数往往非常简单。

> **注意**　实际项目中，把聪明组件和傻瓜组件分别放在不同的源代码中是一个更好的做法，在本书中为了代码结构简单，将聪明组件和傻瓜组件都放在一个源代码文件之中。

表面上看，对于 Counter 这个简单的例子，分离成两个 React 组件似乎意义不大，但是对于复杂的组件，这种把一个组件分割为傻瓜组件和聪明组件可以让代码更有条理，因为这可以让一个组件专心处理界面渲染，另一个组件专心处理状态管理，各有专攻，各司其职。

更重要的是，分离为两个 React 组件之后，我们可以很容易替换状态管理方案，因为内层的傻瓜组件足够傻，它不在乎外层的聪明组件如何实现，也不在乎外层的聪明组件如何管理状态，只要能够传递进来正确的 prop 就足够了。

正因为如此，我们可以让聪明组件利用 RxJS 的方法来管理数据，也可以像下一章介绍的那样用 Redux 来管理数据，而且这一切都不需要影响内层的傻瓜组件。

13.3　利用 RxJS 管理 React 状态

在前面我们已经用很纯粹的 React 的方式创建了一个 Counter 应用，接下来，我们考虑如何利用 RxJS 来改进这个应用。RxJS 只是一个数据流管理工具，并不具备任何用户界面渲染的功能，所以，一个很好的分工方式是这样：用 RxJS 来管理状态，用 React 来渲染界面。

13.3.1　利用 Subject 作为桥梁

上一节中，我们已经把 Counter 组件拆分为一个傻瓜组件和一个聪明组件，这样一分为二之后，可以保持傻瓜组件不变，但改变聪明组件的实现方式。接下来，我们就看如何用 RxJS 来实现聪明组件的部分。

需要在项目中添加 rxjs，在项目目录的命令行下运行下面的命令：

```
npm install -save rxjs
```

在上一节应用的基础上，我们修改 src/Counter.js 文件中的内容。

🎯 提示　完整的应用代码可以在本书配套的 GitHub 代码库中的 chapter-13/react-rxjs/rxjs-container 目录下找到。

对于傻瓜组件 CounterView 的部分，就如前面说过的一样，完全不需要改变，因为它就是一个纯函数，我们要改变的是给 CounterView 提供 prop 的聪明组件部分。

为了使用 RxJS，我们需要导入一些功能，包括 Subject 类和 scan 这个操作符，代码如下：

```
import {Subject} from 'rxjs/Subject';
import 'rxjs/add/operator/scan';
```

然后，在 src/Counter.js 中清除掉原有的聪明组件代码，替换为下面这样的代码：

```
class RxCounter extends React.Component {
  constructor() {
    super(...arguments);

    this.state = {count: 0};

    this.counter = new Subject();
    const observer = value => this.setState({count: value});
    this.counter.scan((result, inc) => result + inc, 0)
      .subscribe(observer);
  }

  render() {
    return <CounterView
      count={this.state.count}
      onIncrement={()=> this.counter.next(1)}
      onDecrement={()=> this.counter.next(-1)}
    />
  }
}
```

```
export default RxCounter;
```

其中，我们把利用 RxJS 实现的傻瓜组件叫做 RxCounter，这个名字改变并不会影响使用这个文件的代码，因为傻瓜组件是以 export default 的方式导出的，在 src/App.js 中，始终都是用下面这样的代码导入 Couner：

```
import Counter from './Counter';
```

在 RxCounter 类中，我们定义了构造函数 constructor，每一个 RxCounter 的组件实例被创建的时候都会执行 constructor 中的代码。

constructor 中第一条指令是 super(⋯arguments)，用当前构造函数的参数去调用父类，也就是 React.Component 的构造函数，这是一个标准做法，确保 RxCounter 具备 React 组件提供的一切默认功能。

在之前的例子中，组件 state 的初始化直接以类的属性形式存在，在这里我们使用的是另一种方式，在 constructor 中给 this.state 赋值，两种方式的效果是一模一样的。

接下来是最关键的部分，如何把 RxJS 的数据流和 React 的状态管理关联起来。

要驱动 React 组件的重新渲染，要么改变 prop，要么改变 state；要从一个组件内部驱动自己重新渲染，就只能改变 state，所以，我们还是让 RxCounter 有一个自己的 state。

同时，传递给傻瓜组件 CounterView 的 prop 并不会有变化，两个关键的 prop、onIncrement 和 onDecrement 都是函数类型，也和 RxJS 的数据流 Observable 没有关系。实际上，我们应该让傻瓜组件中立，尽量减少对外部的依赖，所以，虽然我们喜欢 RxJS，但是也的确不应该让傻瓜组件的 prop 和特定于 RxJS 的数据结构有什么瓜葛。

于是，我们就要解决如下两个问题：

❑ 把 onIncrement 和 onDecrement 的函数调用转化为数据流中的数据。

❑ 把数据流中的数据改变转变为对组件状态的修改。

第一个问题，需要的是一个 Observable 的功能；第二个问题，需要的是一个 Observer 的功能。

在 RxJS 中谁能既扮演 Observable 又扮演 Observer 的角色？就是 Subject，这就是我们要导入 Subject 类的原因。

在 constructor 中，我们创造了一个 Subject 对象，赋值给 this.counter，这个对象就是连接 RxJS 和 React 的纽带。

从 Observable 的角度，我们将 this.counter 代表的 Observable 定位成所有加减数字的数据流。当需要加 1 时，往 this.counter 里推送一个数字 1；当需要减 1 时，往 this. counter 里推送一个数字 -1。很明显，如果有需求改变想要加减其他的数值，那我们也只需要往 this.counter 里推送对应的正数或者负数就可以了。

不过，this.counter 作为 Observable 吐出的数字并不能直接用于修改 RxCounter 组件的 state，修改 state 的结果应该是 this.counter 中所有数据的累计值。在 RxJS 中，对于上游每个数据都产生一个累计结果的操作符是 scan，非常适合于这个场景。

所以，在 constructor 中，我们构建 this.counter 为 Subject 对象，利用 scan 累计 this. counter 中所有数据的总和，然后，scan 产生的 Observable 对象吐出的每个数据都通过 this.setState 来修改当前组件的状态就可以，如下所示：

```
this.counter = new Subject();
const observer = value => this.setState({count: value});
this.counter.scan((result, inc) => result + inc, 0)
  .subscribe(observer);
```

接下来，在 render 函数中，传递给 CounterView 的两个函数类型 prop 就只要给 this.counter 恰当的数值就可以，对于 onIncrement 就是给 this.counter 一个正数 1，对于 onDecrement 就是给 this.counter 一个负数 -1，如下所示：

```
onIncrement={()=> this.counter.next(1)}
onDecrement={()=> this.counter.next(-1)}
```

在网页中检查这个应用，你可以看到效果和之前的一模一样。

恭喜你，你完成了 RxJS 和 React 的集成！

13.3.2　用高阶组件连接 RxJS

在上一节中，我们完成了 RxJS 和 React 的集成，不难发现，用 RxJS 来管理 React 的状态有比较固定的模式，就是通过 Subject 为桥梁来连接 RxJS 数据流和 React 组件的状态。让每个组件都重复实现这些模式，无疑是一种浪费，所以，最好有一种方法把这些通用模式提取出来，方便多个组件重复使用，这样可以减少重复代码。

在 React 中，有一种组件类型之间共享功能的方法叫做"高阶组件"（Higher Order Component，HoC）。在前面 5.2 节中我们接触过"高阶 Observable"，指的是 Observable 中数据依然是 Observable 对象；而高阶组件指的是一种函数，这种函数的参数包含某个组件类型，函数的执行结果返回一个全新的组件类型，但是这个新的组件类型具备一些特殊的能力。

接下来，我们就实现一个连接 RxJS 功能的高阶组件，名为 observe，利用这个高阶组件来实现 Counter 组件，为了体现代码的可复用性，我们还要利用这个 observe 来实现一个比 Counter 复杂的新组件类型 StopWatch。

1. 高阶组件 observe

这个高阶组件叫做 observe，含义就是让一个 React 组件"观察"指定的 Observable 对象，当 Observable 对象吐出数据时，React 组件要做出响应。

在开始写 observe 之前，我们先确定这个函数的参数，思路如下：

- ❑ 毫无疑问我们需要一个 React 组件类作为参数，没有这个参数，这个函数也就不能称为高阶组件了。一个高阶组件可以有多个 React 组件类参数，在这个例子中只需要一个，习惯上把这个组件类参数叫做 WrappedComponent。
- ❑ 既然和 RxJS 相关，那就要指定 Observable 对象，不过，直接要求参数是 Observable 对象的话，就失去了灵活性。比如，我们希望 React 组件监听的 Observable 对象和组件接收到的 prop 有关系，但是高阶组件作为一个通用函数，并不能预先知道自己被使用创建 React 组件的时候会接收到什么样的 prop，所以，我们要的不是一个 Observable 对象参数，而是一个能够产生 Observable 对象的函数，也就是一个工厂函数，我们把这个参数叫做 observableFactory。
- ❑ observe 新产生的组件肯定要包含 state，这个 state 应该能够指定初始值，所以还需要一个 defaultState。

好了，我们明确了 observe 的三个参数，接下来可以考虑如何实现 observe。下面是 observe 这个高阶组件的实现代码。

提示 完整代码可以在本书配套 GitHub 代码库的 chapter-13/react-rxjs/rxjs-hoc 目录下
找到。

```
const observe = (WrappedComponent, observableFactory, defaultState) => {
  return class extends React.Component {
    constructor() {
      super(...arguments);
      this.props$ = observableFactory(this.props, this.state);
      this.state = defaultState;
    }

    render() {
      return <WrappedComponent {...this.props} {...this.state} />
    }

    componentWillUnmount() {
      this.subscription.unsubscribe();
    }

    componentDidMount() {
      this.subscription = this.props$.subscribe(value => this.setState(value));
    }
  };
};
```

其中，observe 返回了一个全新的 React.Component 子类，render 函数部分很简单，
就是把参数 WrappedComponent 渲染出来，把外部 this.props 塞给 WrappedComponent，
同时也把 this.state 作为 prop 传给 WrappedComponent。

利用 observableFactory 创建一个 Observable 对象，为了最大的灵活性，调
observableFactory 使用 this.props 和 this.state 作为参数，这样 observableFactory 的具体实
现可以利用实际使用组件时接收到的 prop。

当组件被装载完毕时，会调用 componentDidMount 函数，这个函数在组件类中属于
一种特殊的函数，称为生命周期函数，也就是 React 在装载或者渲染时会调用的函数，
如果组件类型不实现某个生命周期函数，那就会调用 React.Component 中默认的实现函
数，当然，默认的生命周期函数往往不做任何事情。

关于 React 组件的生命周期函数，可以在 React 的官方网站上找到介绍，在《深入浅
出 React 和 Redux》这本书中也有详细解释，在这里我们不需要花太多篇幅来讲解，读者
只要知道，当组件在网页中第一次被渲染的时候，就会调用组件的 componentDidMount
函数，当组件从网页中删除的时候，会调用组件的 componentWillUnmount 函数。很明
显，这两个生命周期函数分别适合做组件刚刚被渲染的初始化工作和被删除时的清理

工作。

在 observe 这个高阶组件产生的 React 组件中，componentDidMount 订阅了 observableFactory 产生的 Observable 对象 this.props$，以后只要 this.props$ 吐出任何数据，都会用这个数据去更新当前组件的 state，也就是说，this.state 中的值会保持永远是 this.props$ 吐出的最后一个数据。

在 componentWillUnmount 中，则做了退订的动作，这非常有必要，因为从一个通用的函数角度看，我们不知道 observableFactory 的代码是怎么写的，也不知道它产生的 Observable 到底占用多少资源，也许 observableFactory 只是用 of 产生一个简单 Observable 对象，那即使不退订也没什么大不了，但是也许 observableFactory 产生的 Observable 对象是利用 fromEvent 从 DOM 获取事件，这样的 Observable 对象如果不退订将保留 DOM 上的事件处理函数，如果没有及时做退订处理，就会造成资源泄露。不管怎样，做了订阅就要做退订处理，这就是有始有终。

在 observe 产生的 React 组件类的 render 函数中，利用 ES6 的扩展操作符，把 this.state 传给了参数 WrappedComponent，而 this.state 又是 this.props$ 中的最新数据，所以，要做的就是让 observableFactory 产生的 Observable 对象中的数据就是传给 WrappedComponent 的 prop 就对了。

上面 observe 函数的实现其实存在一个问题，就是会让组件渲染两次，除了最初的一次渲染，在 componentDidMount 被调用时会再次渲染一次，读者可以思考一下如何改进来克服这个问题。

2. 用高阶组件实现 Counter

现在，我们就利用刚刚实现的 observe 来实现 Counter 的功能。

🎯提示 修改之后的 Counter 的实现，可以在本书配套的 GitHub 代码库的 chapter-13/ react-rxjs/rxjs-hoc/Counter.js 文件中找到。

和之前一样，傻瓜组件 CounterView 的部分完全不用修改，要改的是如何把 CounterView 包装为一个完整功能的 Counter。

为了使用 observe，我们最主要的工作就是要定义 observe 的函数参数 observableFactory，这个函数参数需要构建一个 Observable 对象，对 Counter 而言，我们需要导入一些 RxJS 的元素，代码如下：

```
import {BehaviorSubject} from 'rxjs/BehaviorSubject';
import 'rxjs/add/operator/scan';
```

导入 scan 很好理解，之前我们用 RxJS 来管理 React 的状态就用上了 scan，现在用高阶组件来实现，依然需要 scan 来累积所有的点击事件。

下面是使用 observe 产生完整 Counter 功能的代码：

```
export default observe(
  CounterView,
  () => {
    const counter = new BehaviorSubject(0);

    return counter.scan((result, inc) => result + inc, 0)
      .map(value => ({
        count: value,
        onIncrement: () => counter.next(1),
        onDecrement: () => counter.next(-1),
      }));
  },
  0
);
```

在前面的章节我们已经知道，BehaviorSubject 可以指定一个"默认数据"，如果不给某个 BehaviorSubject 塞任何数据，每一个观察者在订阅 BehaviorSubject 的时候依然可以获得一个数据，这非常适合 Counter 这个应用的要求，因为计数器需要一个初始默认值为 0。

在上面的代码中，counter 就是一个 BehaviorSubject，onIncrement 和 onDecrement 函数执行时，会给 counter 传递 +1 和 -1 数据，这样，counter 就是这个应用中维持计数值状态的实例。

3. 用高阶组件实现秒表

为了展示高阶组件 observe 的可重用性，我们用 observe 来实现另一个秒表的功能。

一个秒表的最基本功能包括"开始"、"停止"和"重设"，对应三个功能按钮，另外以类似电子表的方式显示时间。当点击"开始"时，秒表开始计时，时间需要实时显示；当点击"停止"时，秒表停止计时，显示的时间停止；当点击"重设"时，时间恢复为 0。

🎯 提示　秒表的功能在本书配套的 GitHub 代码库的 chapter-13/react-rxjs/rxjs-hoc/src/ StopWatch.js 文件中可以找到。

其中，显示秒表的 React 傻瓜组件部分代码如下：

```
const StopWatchView = ({milliseconds, onStart, onStop, onReset}) => {
  return (
    <div>
      <h1>{ms2Time(milliseconds)}</h1>
      <button onClick={onStart}>Start</button>
```

```
        <button onClick={onStop}>Stop</button>
        <button onClick={onReset}>Reset</button>
      </div>
    );
  }
```

这个组件支持的 prop 包括毫秒数 milliseconds（虽然叫"秒表"，但功能上却是"毫秒表"），还有 onStart、onStop 和 onReset 分别代表点击"开始""停止""重设"按钮的回调函数。

为了支持毫秒到电子表格式的转换，需要 ms2Time 函数，代码如下：

```
const ms2Time = (milliseconds) => {
  let ms = parseInt(milliseconds % 1000, 10);
  let seconds = parseInt((milliseconds / 1000) % 60, 10);
  let minutes = parseInt((milliseconds / (1000 * 60)) % 60, 10);
  let hours = parseInt(milliseconds / (1000 * 60 * 60), 10);

  return padStart(hours, 2, '0') + ":" + padStart(minutes, 2, '0') + ":" +
padStart(seconds, 2, '0') + "." + padStart(ms, 3, '0');
}
```

在这里，使用了 lodash 提供的 padStart 函数，用于填充时、分、秒、毫秒高位的 0。最终，秒表组件如图 13-6 所示。

图 13-6　秒表的初始界面

现在来看秒表的逻辑部分如何实现，三个按钮的点击操作当然可以看作数据流来看待。对于 StopWatchView，需要渲染 milliseconds 属性，而且这个 milliseconds 的序列也可以看作一个数据流，当点击开始之后，这个数据流应该是持续不断地产生新的数据；当点击停止之后，这个数据流就不应该再产生数据。

observe 的第二个参数中使用了 RxJS，代码如下：

```
const START = 'start';
const STOP = 'stop';
const RESET = 'reset';

const StopWatch = observe(
```

```
  StopWatchView,
  () => {
    const button = new Subject();

    const time$ = button
      .switchMap(value => {
        switch(value) {
          case START: {
            return Observable.interval(10).timeInterval()
              .scan((result, ti) => result + ti.interval, 0)
          }
          case STOP:  return Observable.empty();
          case RESET: return Observable.of(0);
          default: return Observable.throw('Invalid value ', value);
        }
      });

    const stopWatch = new BehaviorSubject(0);

    return stopWatch
      .merge(time$)
      .map(value => ({
        milliseconds: value,
        onStop:  () => button.next(STOP),
        onStart: () => button.next(START),
        onReset: () => button.next(RESET),
      }));
  },
  0
);
```

其中几个关键对象的含义如下：

❑ button 代表秒表上按钮点击动作的数据流，很自然，我们把传递给傻瓜组件的
   onStart、onStop 和 onReset 属性设定为向 button 传送一个对应的数据。

❑ time$ 代表秒表当前应该展示的时间，无论哪个按钮被点击，都会打断 time$ 原
   有的产生数据方式，所以，我们使用 switchMap 作用于 button，在 switchMap 的
   函数参数中，根据具体按钮的类型决定 time$ 接下来应该产生什么数据。

当点击"开始"时，我们使用 interval 配合 scan 来产生累积递增的毫秒数，精确度
是 10 毫秒而不是 1，是因为 JavaScript 运行环境往往也不会达到毫秒级别的绝对精确。

当点击"停止"按钮时，switchMap 会得到一个空 Observable 对象，虽然这不算是
一个有意义的毫秒数，但是，time$ 会被 merge 到 stopWatch 中去，stopWatch 是一个
BehaviorSubject 实例，所以，当 time$ 不产生数据的时候，stopWatch 给下游传递的就是
它保留的最新数据，这就实现了点击"停止"时让显示时间停止的效果。

13.4　本章小结

本章介绍了配合使用 RxJS 和 React 的方法。React 和 RxJS 都属于响应式框架的范畴，不过 React 有自己的生命周期和状态管理方式，RxJS 作为单纯的数据处理工具和 React 配合没有问题，但是如果要用 RxJS 来连接 React 组件，往往就要使用 Subject 来作为中转。

如果要用 RxJS 来管理应用中的数据流，更好的方法是和 Redux 配合，这在下一章会详细介绍。

第 14 章

Redux 和 RxJS 结合

在这一章中，我们将介绍 RxJS 和 Redux 的写作方式，读者会学习到：

❑ 什么是 Redux。

❑ 如何用 RxJS 实现 Redux。

❑ 结合 Redux 和 RxJS 优点的 Redux-Observable。

对于网站应用，Redux 和 RxJS 是最理想的状态管理方法。

14.1　Redux 简介

在上一章中，我们介绍了 React，即使不使用 RxJS，React 也足够来实现独立的用户界面功能，不过，当一个应用中存在很多组件，而且这些组件之间需要互相通信的时候，React 完全依靠 prop 来传递信息的方式就显得不合适了。

假设两个 React 组件 A 和 B 需要互相通信，如果 A 和 B 是父子关系，那通过 prop 通信就足够，但是，A 和 B 可能处在组件结构中完全不相关的两个地方，那么想要让 A 把消息传递给 B 就不容易了。当然，我们可以使用一个 RxJS 的 Subject 实例来连接这两个组件，不过，一个应用中可能存在很多这样的 A 和 B，如果为每一对需要通信的组件建立一个 Subject 对象，开发者很快就发现代码重复而且繁杂，在这里，我们介绍另一种管理应用状态的方法，也就是 Redux 框架。

在笔者的另一本书《深入浅出 React 和 Redux》中对 Redux 的原理和用法有详细介绍，在这里只做简单介绍。

14.1.1　Redux 的工作方式

Redux 维持一个全局的 Store，这个 Store 存储的就是应用的状态，因为这个 Store 是全局可见的，所以，当一个组件 A 修改 Store 上的状态的时候，与之相对的组件 B 自然可以读取到这个变化，这样就实现了组件之间的通信。

为了完成这样一个功能，一个使用 Redux 的系统需要如下这些元素：

❑ Store
❑ action
❑ reducer
❑ view

首先，使用 Redux 的功能创建一个 Store，这个 Store 是一个对象，提供一个 getState 函数，可以获得当前 Store 上存储的状态，不过，Store 并不提供 setState 方法，也就是说，没有办法直接去修改 Store 上的状态。

然后，当需要修改某个状态的时候，不能够直接去修改 Store 上的值，而是通过向 Store 发送一个 action 来完成，Store 这个对象支持 dispatch 函数来接受 action，类似这样：

```
store.dispatch(action);
```

这个 action 就是一个普通的 JavaScript 对象，包含了修改状态所需要的相关信息，为了能够处理 action，创建 Store 的时候提供对应的 reducer 函数，所谓 reducer 函数，就和我们在介绍 reduce 操作符说过的"规约函数"是一个意思，唯一的不同是，reducer 的两个参数分别是 state 和 action，类似下面这样：

```
function reducer (state, action) => {
  //返回一个新的state
}
```

reducer 返回的数据会用于替换 Store 上存储的状态，这样，下次 getState 调用的时候，就会是一个新的值。如果把 state 看作所有 action 引起的变化累积之后的状态，那就和 accumulation 没有区别，而 action 就是引起数据变化累积的数据。

使用 Redux 来管理应用的状态，好处就是对状态的变化流程会非常清晰，因为每一个状态都需要有一个对应的 action 对象，所以很容易跟踪状态变化的过程，浏览器插件 Redux Dev Tools⊖能够用可视化的方式看到 Redux 的 Store 上发生的所有事情。

最后，应用中需要有 View，也就是视图的部分，视图部分根据 Store 上的状态来渲染用户界面，在本书的例子中，我们选择用 React 来实现 View，但是 View 也可以不用 React，可以用任何一种用户界面库来实现，甚至直接操作 DOM 来实现。

⊖　https://github.com/gaearon/redux-devtools。

14.1.2 构建 Redux 应用

在上一章 13.2 节，用 create-react-app 创建的网页应用的基础上，只需要安装几个新的 npm 包，就可以进一步让这个应用的状态由 Redux 来管理。

在项目目录下的命令行中运行下列命令：

```
npm install --save redux react-redux
```

这个命令安装了 redux 和 react-redux，redux 就是 Redux 的 npm 安装包，而 react-redux 是辅助结合 React 和 Redux 的安装包，使用了 react-redux 会省去很多工作。

> 注意　Redux 并不是只能和 React 配合工作，Redux 本身也是非常中立的一个框架，只是承上启下我们使用 React 而已。

我们用 Redux 来实现 Counter 应用，代码需要做一些修改。

> 提示　对应的应用在本书配套的 GitHub 代码库的 chapter-14/redux-rxjs/simple 目录下可以找到。

程序的入口是 src/index.js 文件，如下所示：

```
import React from 'react';
import ReactDOM from 'react-dom';
import './index.css';
import App from './App';
import {Provider} from 'react-redux';
import store from './Store.js';

ReactDOM.render(
  <Provider store={store}>
    <App />
  </Provider>,
  document.getElementById('root')
);
```

这段代码不再是简单地给 ReactDOM.render 传一个 App 组件，App 组件由 Provider 包了起来，成为了子组件。

Provider 是 react-redux 提供的一个组件，用于给组件树上处于它之下的所有组件提供一个 Redux 的 Store 实例，所以它的 prop 就有 store，也就是说，App 组件还有 App 组件的任何一层子组件，都可以访问到这个 store。毫无疑问，一般就应该把 Provider 放在应用组件树的最顶层，这样所有的组件都访问唯一的 store。

上面 store 的来源是 src/Store.js 文件，代码如下：

```
import {createStore} from 'redux';
import reducer from './Reducer.js';

const initValues = {
  count: 0
};
const store = createStore(reducer, initValues);

export default store;
```

这是一个非常简单的 Store 实现，调用了 redux 提供的 createStore 产生一个 Store 实例，initValues 是 Store 的初始值，因为我们的应用中只有一个 Counter 组件，所以也只有一个初始值为 0 的 count 字段。

createStore 还需要一个 reducer 参数，从 src/Reducer.js 文件导入，代码如下：

```
import * as ActionTypes from './ActionTypes.js';

const reducer = (state, action) => {
  switch (action.type) {
    case ActionTypes.INCREMENT:
      return {...state, count: state.count + 1};
    case ActionTypes.DECREMENT:
      return {...state, count: state.count - 1};
    default:
      return state
  }
};

export default reducer;
```

每当一个 action 被发送到 Store 的时候，Redux 就会调用 Store 的 getState 函数，获得当前的 state，然后把这个 state 和 action 对象作为参数调用这个文件中定义的 reducer 函数。

reducer 函数中通常都包含一个 switch 语句，因为要根据 action 对象的 type 字段来区分处理，这个 reducer 函数只需要考虑 INCRMENT 和 DECREMENT 两种 action 类型，实际应用中需要考虑的 action 类型会更多，不过可以把多个 reducer 函数组合在一起处理复杂情况。

如果一个 reducer 函数发现给定的 action.type 自己不知道怎么处理，那也一定要把参数 state 返回，因为 Redux 总是把返回值看作 reducer 指定的下一个状态，正因为如此，switch 的 default 条件总是直接返回参数 state。

在 src/Reducer.js 中应用到了 ActionTypes，也就是 action 对象的类型，因为这些类型常量值会在多个文件中被用到，所以它们被定义在 src/Actionypes.js 文件中，如下所示：

```
export const INCREMENT = 'increment';
export const DECREMENT = 'decrement';
```

除了 reducer 因为要消费 action 对象需要用到 ActionTypes，还有一个必定会用到 ActionTypes 的地方就是产生 action 对象的函数，这些函数称为 action creator，定义在 src/Actions.js 中，如下所示：

```
import * as ActionTypes from './ActionTypes.js';

export const increment = () => ({
  type: ActionTypes.INCREMENT
});

export const decrement = () => ({
  type: ActionTypes.DECREMENT
});
```

为了支持 Counter 的加 1 和减 1 功能，需要两个 action creator：increment 和 decrement，它们返回的只是普通的 JavaScript 对象，唯一的特殊之处是都有 type 字段，用于让 reducer 来区分操作类型。

理论上，只要 action creator 和 reducer 达成统一，action 对象可以不用 type 作为类型区分的字段，可以用 t，也可以用 foo，可以用任何一个名称的字段，但是使用 type 已经是业界普遍接受的方式，实在没有必要搞得特立独行换一个字段名称。

到这里，使用 Redux 的准备工作结束了，Redux 的 Store 上会保存着 Counter 需要用到的计数值，初始值为 0。当我们想要让这个计数值增加 1 的时候，就向 Store 派送一个 increment 函数的返回结果；当我们想让这个计数值减 1 的时候，就派送给它一个 decrement 函数的返回结果。

接下来要做的就是，把 React 和 Redux 链接起来，对应的代码在 src/Counter.js 中。

作为傻瓜组件的 React 组件没有变化，还是下面这个样子：

```
const CounterView = ({count, onIncrement, onDecrement}) => (
  <div>
    <h1>Count: {count}</h1>
    <button onClick={onIncrement}>+</button>
    <button onClick={onDecrement}>-</button>
  </div>
);
```

然后，利用 react-redux 提供的 connect 函数，把 React 傻瓜组件和 Redux Store 链接起来，代码如下：

```
import {connect} from 'react-redux';
import * as Actions from './Actions.js';


function mapStateToProps(state, ownProps) {
  return {
    count: state.count
  }
}

function mapDispatchToProps(dispatch, ownProps) {
  return {
    onIncrement: () => {
    onIncrement: () => dispatch(Actions.increment()),
    onDecrement: () => dispatch(Actions.decrement()),
    }
  }
}

const Counter= connect(mapStateToProps, mapDispatchToProps)(CounterView);
export default Counter;
```

　　connect 接受两个参数，第一个 mapStateToProps，是把 Store 上的状态映射为传给 React 组件的 prop，对于 Counter 这个例子，唯一需要映射的就是 count 字段，mapStateToProps 返回的对象中每一个字段和对应值都会被作为 prop 传给 CounterView；第二个参数是 mapDispatchToProp，也是给 CounterView 提供 prop，不过提供的是回调函数类型的 prop，这些回调函数被调用的时候，实际上调用的是 dispatch 函数，通过 dispatch 函数给 Store 派发 action 对象，在这个例子中，传给 CounterView 的 onIncrement 和 onDecrement 两个 prop 就是这样的回调函数。

　　react-redux 的 connect 利用 mapStateToProps 和 mapDispatchProps 两个函数，一个建立 Store 向 React 组件传输数据的通路，另一个建立 React 组件向 Store 派发 action 对象的通路，以此建立了两者的双向桥梁。

　　读者可能感觉到了，使用 Redux 来管理状态有一点啰嗦，为了实现 Counter 这样的一个功能，需要构建 Store，需要编写 reducer 函数，还需要写 action creator，看起来实现一个简单功能需要编写的代码太多了，不过，虽然这个过程代码的确有点多，但是并不乱，这也是使用 Redux 的最大好处，利用显得冗余的过程控制，让应用的状态处于可控之中。

　　在 Counter 这个例子中，功能太简单，我们只是为了展示 Redux 的功能而使用 Redux，实际工作中对于十分复杂的功能，才能显示出 Redux 的威力。

14.2　用 RxJS 实现 Redux

对 Redux 有了初步了解之后，读者可能好奇 Redux 如何实现的，Redux 的源代码并不多，读者有兴趣可以直接去阅读源代码。不过，现在你已经了解了 RxJS，只需要知道 Redux 库的主要功能用 RxJS 只需要一行就可以实现，如下所示：

```
action$.scan(reducer, initialState).subscribe(renderView);
```

action$ 是一个 Observable 对象，里面的数据就是 action 对象，一个 action 对象进入 action$ 之后，就会经过 scan 操作符的处理。在前面的例子中我们已经知道 scan 非常适合管理应用的状态，每一个 action 对象都会引起应用状态的改变，scan 可以调用规约函数 reducer，同时还能记住每一次规约的结果。最后，只需要订阅 scan 的输出，就能够得到应用的当前状态，renderView 就可以根据应用状态渲染用户界面。

当然，上面只是一个极简的实现方式，真正实现 Redux 的功能还是需要一些代码量的。

Redux 主要的功能就体现在 createStore 上，调用 createStore 需要返回一个对象，这个对象具备三个函数 dispatch、getState 和 subscribe，如果我们用 RxJS 实现这样类似 createStore 的功能，才算真正用 RxJS 实现了 Redux 的功能。

> 🎯 **提示** 对应的代码在本书配套的 GitHub 代码库的 chapter-14/redux-rxjs/reactive-store 目录下。

这个目录下的文件和之前的 Redux 实例一样，区别只是在 src/Store.js 中，代码如下：

```
import createReactiveStore from './createReactiveStore';
import reducer from './Reducer.js';

const initValues = {
  count: 0
};
const store = createReactiveStore(reducer, initValues);
export default store;
```

和之前的区别，就是不使用 Redux 的 createStore 来创造 Store 对象，而是使用我们自己定制的 createReactiveStore，这个函数在 src/createReactiveStore 中定义，代码如下：

```
import {Subject} from 'rxjs/Subject';
import 'rxjs/add/operator/scan';
import 'rxjs/add/operator/startWith';
import 'rxjs/add/operator/do';
```

```
const createReactiveStore = (reducer, initialState) => {
  const action$ = new Subject();
  let currentState = initialState;

  const store$ = action$.startWith(initialState).scan(reducer).do(state => {
    currentState = state
  });

  return {
    dispatch: (action) => {
      return action$.next(action)
    },
    getState: () => currentState,
    subscribe: (func) => {
      store$.subscribe(func);
    }
  }
}

export default createReactiveStore;
```

为了支持 dispatch，需要一个能够接受 action 对象的数据流，很自然，我们使用一个 Subject 对象来代表所有 action 对象，也就是 action$，dispatch 要做的就是调用 action$. next，传入下一个 action 就可以了。

为了支持 getState，要获得 scan 保存的当前状态，可惜 scan 也没有暴露任何 API 来访问这个状态，所以只好用最野蛮的方法，既然 scan 肯定要向下游传递当前状态，那就用 do 来把这个状态记录下来。

通过 scan 产生的数据流就是 store$，subscribe 这个 Store 对象，其实就只需要 subscribe 这个 store$。

把 createStore 替换成我们自制的 createReactiveStore 之后，其余代码完全不需要改变，功能和之前用 redux 库一模一样，甚至连 react-redux 库也可以正常运行，因为我们的 createReactiveStore 函数返回的对象和 createStore 返回的结果表现完全一样，足够把 react-redux 骗过去，让它以为还是在和 Redux Store 交互。

不过，createReactiveStore 和 createStore 还是有一点小小的功能差异，因为 createReactiveStore 依赖于 RxJS 的数据流，而数据流如果不被订阅的话，整个管道上每个环节的操作是不会运行的。假设，在调用 createReactiveStore 产生的 Store 对象的 subscribe 之前，先利用这个 Store 的 dispatch 函数派送了 action 对象，是不会引起数据流操作的，所以对应的 currentState 也不会发生改变，这样，当晚些时候调用 Store 的 subscribe 时候，得到的状态就不是正确的结果。

为了克服这个问题，一定要保证 createReactiveStore 产生的 Store 对象第一时间被订阅，这并不是什么困难的事情，react-redux 的 connect 函数实际上就替我们做了对 Store 的订阅。

14.3　Redux 和 RxJS 比较

从 RxJS 可以很容易实现 Redux 这一点上可以看出，两者对应用状态的管理理念都是类似的，遵照的是响应式编程的原则。Redux 把应用中的状态集中在 Store 中，这样方便实现组件之间的通信，状态管理的逻辑如图 14-1 所示。

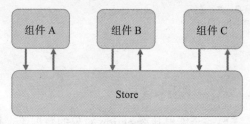

图 14-1　Redux 的状态管理

从图中可以看到，每个组件都可以通过 dispatch 函数向 Store 发送 action 对象来修改状态，每个组件也可以通过调用 Store 的 subscribe 方法订阅状态的更新，从组件角度来看，数据也是被"推"给自己的，这和 RxJS 的响应式处理异曲同工。

当组件 A 需要向组件 B 发送消息，只需要确认在 Store 上哪个字段的状态用来通信，然后，从发送方组件 A 的角度要做的就是编写 action creator 和 reducer 函数，对应的就是 react-redux 中 mapDispatchToProps 引发的工作；从组件 B 的角度只需要根据推送的状态来重新渲染用户界面，对应的就是 mapStoreToProps 的工作。

只要有一个 Store，就可以支持任意多组件之间的通信，这就是使用 Redux 架构的精妙之处。

如果为每两个需要通信的组件之间建立一独立同路，比如使用 RxJS 的 Subject 作为桥梁来沟通组件，那么对应的程序状态管理就如图 14-2 所示。

为了支持每一对组件之间一个方向的通信，就需要创建一个 Subject 对象，在图 14-2 中，只不过为了支持 A 到 B、B 到 C、A 到 C 的通信，就建立了 3 个 Subject 对象，在一个实际应用中需要通信的部分会更多，很容易造成 Subject 对象太多管理不过来。

当然，并不是说 RxJS 在管理数据方面不如 Redux，只是说，对一个应用而言，管理全局数据用 Redux 这种方式更容易，RxJS 完全也可以按照 Redux 一样的方式来使用，前面我们能够使用 RxJS 实现 Redux，就是一个证明。

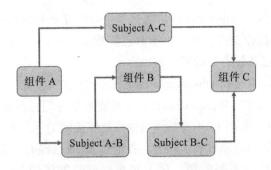

图 14-2　利用 RxJS Subject 的状态管理

那么，既然 RxJS 可以很容易实现 Redux，是不是就可以不使用 Redux 只用 RxJS 呢？理论上当然可以，不过，Redux 有一个很成熟的社区，使用 Redux 可以获得很多开源世界的支持，最重要的是，Redux 的 DevTools 非常有利于调试，而 RxJS 至今缺乏方便的调试工具，所以，最好的程序状态管理方法，是将 Redux 和 RxJS 结合，这就是我们接下来要介绍的工具 Redux-Observable。

14.4　Redux-Observable：Redux 和 RxJS 的结合

Redux-Observable 是 Netflix 工程师贡献的一个开源项目，在 GitHub 上可以看到全部源代码⊖，Redux-Observable 作为 Redux 的中间件（middleware）存在。所谓中间件，就是把一些功能插入到 Redux 处理 action 的流程之中，这样就能在 Redux 默认功能的基础上增加一些更多的功能，而 Redux-Observable 增加的功能借助 RxJS 实现对异步操作的支持。

在前面的部分，我们已经体会到了 Redux 管理应用状态的优势，但是 Redux 有一个问题并没有很好地解决，就是异步操作。Redux 很擅长同步操作，每一个 action 被派送出去，会让 Redux 同步调用 reducer，并把更新的状态推送到相关的组件，但是，如果涉及类似 AJAX 请求的异步操作，单独使用 Redux 就不好搞了。比如，当用户点击一个按钮之后需要发送一个 AJAX 请求出去，然后根据 AJAX 请求的返回结果更新网页内容，问题是，AJAX 请求是一个异步操作，完全无法预料会花费多少时间才能获得结果，这种异步操作 Redux 本身是不能解决的。

为了支持异步操作，最简单的方式是使用 redux-thunk ⊜，redux-thunk 也是以 Redux

⊖ 参见 https://github.com/redux-observable/redux-observable。

⊜ 参见 https://github.com/gaearon/redux-thunk。

的中间件形式存在，但是 redux-thunk 功能简单，对于复杂的操作支持不够友好。Redux 库自身没有提供异步操作支持，就连作者自己实现的 redux-thunk 也是另一个独立的库，其实就是让开发者自己选择合适的异步解决方案。

除了 redux-thunk，Redux-Observable 也是异步处理方案，但不是唯一方案。实际上，相对于其他各种异步方案，Redux-Observable 可能是学习门槛最高的方案，因为前提是开发者需要了解 RxJS，而 RxJS 本身的学习曲线就够陡峭的了。

不过，本书读者既然已经看到了这里，肯定对 RxJS 已经有了充分的认识，所以，学习 Redux-Observable 已经不是问题，接下来我们就看如何用 Redux-Observable 来解决问题。

使用 Redux-Observable

在前面章节利用 create-react-app 创建的 Counter 应用基础上，我们已经添加了 Redux 和 RxJS，现在还需要在项目目录下安装 redux-observable 库，如下所示：

```
npm install --save redux-observable
```

现在，我们给 Counter 应用程序增加一个功能，当用户点击"＋"按钮或者"－"按钮之后，在 1 秒钟之后会做逆向操作，也就是说，点击"＋"按钮让 Counter 计数增加 1，在 1 秒之后会自动做减 1 的操作，如果想让 Counter 的计数比较高，只能在 1 秒钟之内连续点击"＋"按钮。

这个功能没有什么实际意义，但是足够来展示 redux-observable 的使用方式。

1. 理解 epic

在 redux-observable 中有一个核心概念叫做 epic（epic 的英文含义是"传奇"或者"史诗"，当然也没有必要把 epic 的用法和这个酷的英文含义挂钩），epic 就是一个普通的纯函数，它和 reducer 类似，接受两个参数，返回一个结果，只不过 epic 的两个参数分别是 Observable 对象和 Redux 的 store 对象。epic 返回的也是一个 Observable 对象，所以在 epic 函数体中可以使用 RxJS 的一切操作符来操作数据，也就可以发挥 RxJS 所具备的一切威力。

一个 epic 函数的示例代码如下：

```
const epic = (action$, store) => {
  //返回一个新的action构成的Observable对象
};
```

epic 的第一参数是 action$，也就是由派送给 Store 的所有 action 对象组成的 Observable 对象；第二个参数就是 Store 本身。所以，在 epic 里面可以访问到所有的 action 对象，也可以通过 store 的 getState 方法获得最新状态，还可以通过 store 的 dispatch 方法派送出新的 action 对象。只不过通常不需要在 epic 函数调用 dispatch，因为 epic 函数返回的也是另一个 Observable 对象，其中的数据就是 action 对象，Redux 会订阅 epic 函数返回的 Observable 对象，并且对产生的所有 action 对象做 dispatch 的动作，因此一般没必要让 epic 函数直接调用 dispatch。

如果你还记得第 13 章中单元测试的内容，看到 epic 函数应该会觉得眼熟，没错，在介绍如何让使用 RxJS 的代码更加容易进行单元测试的技巧时，就说过可以利用一个函数接受 Observable 对象参数然后返回一个新的 Observable 对象结果，这样可以把一些外部的逻辑隔离在这个函数之外，这是一种模式，业界有人就把这种模式称为 epic 模式。

每 dispatch 一个 action 对象都会调用 reducer，不过，Redux 只会在启动的时候调用 epic 一次，之后只会持续给参数 action\$ 推送 action 对象，然后把 epic 返回的 Observable 对象中每个数据做 dispatch 操作。当一个 action 对象被送到 action\$ 中，到底是立刻让 epic 返回的 Observable 对象产生一个新的 action 对象，还是延时一段时间再产生 action 对象，亦或是调用 AJAX 请求获得结果之后再产生 action 对象，完全看 epic 函数如何实现，正因为如此，epic 给予了 Redux 中数据管理最大的灵活性。

一定要注意，千万不要让 epic 直接返回 action\$，就像下面这样：

```
const epic = (action$, store) => action$;
```

如果是这样，那么每一个 action 对象都会原封不动地被 Redux 再次 dispatch，这样就会形成一个死循环，epic 应该要对 action\$ 进行筛选，只对满足条件的 action 才产生新的 action 对象。

2. 实现异步操作

接下来我们利用 redux-observable 来实现异步的功能。在 Counter 应用中，每当 "+" 按钮或者 "–" 按钮点击之后，1 秒钟会做逆向的减一加一操作，我们需要改造的只有 Store.js 文件，然后需要添加一个 Epic.js。

> 🎯提示　对应的源代码可以在本书配套的 GitHub 代码库的 chapter-14/redux-rxjs/observable 目录下找到。

首先来看 src/Epic.js，代码如下：

```
import {createStore, applyMiddleware} from 'redux';
import {createEpicMiddleware} from 'redux-observable';
import reducer from './Reducer';
import epic from './Epic';
```

```
const epicMiddleware = createEpicMiddleware(epic);
const initValues = {
  count: 0
};
const store = createStore(
  reducer,
  initValues,
  applyMiddleware(epicMiddleware)
);

export default store;
```

Redux 的 createStore 函数其实还支持第三个参数，第三个参数是 Store Enhancer，顾名思义，Enhancer 就是"增强器"，能够增强 Redux Store 的功能，中间件是 Enhancer 的一种，关于 Store Enhancer 的更详细介绍可以参考《深入浅出 React 和 Redux》，在这里，我们只需要知道通过 redux 提供的 applyMiddleware 函数就可以根据中间件产生 Store Enhancer。

applyMiddleware 的参数是 Redux 的中间件，它可以包含多个参数，从而引入多个中间件，在这个简单的例子中，只有一个中间件 epicMiddleware。

epicMiddleware 通过 redux-observable 提供的 createEpicMiddleware 函数创建，参数就是我们将会编写的 epic 函数。

在 Store.js 中的代码基本上都是套路，根据 createEpicMiddleware 创建一个中间件，然后作为参数传递给 applyMiddleware，返回的结果再传给 createStore，每一个使用 redux-observable 的应用都要使用这样的模式。

当这样使用 epic 函数之后，对应产生的 Store 对象就会具备以前不具有的增强功能，Store 会在创建时调用 epic 函数，传递 action$ 对象参数给 epic 函数，同时订阅 epic 函数返回的 Observable 对象。可以想象，redux-observable 肯定是会为 action$ 创造一个 Subject 类型的对象，之后，每一个 action 对象被 dispatch 时，首先会走一遍正常的调用 reducer 的流程，然后，会调用 action$.next，把这个 action 对象丢给 epic 产生的数据管道处理，如果这个数据管道会产生新的 action 对象，这个 action 对象会被 dispatch。

接下来看 src/Epic.js 文件中如何实现 epic 函数，代码如下：

```
import {increment, decrement} from './Actions';
import * as ActionTypes from './ActionTypes';
import 'rxjs/add/operator/delay';
import 'rxjs/add/operator/filter';
import 'rxjs/add/operator/map';

const epic = (action$, store) => {
  return action$
```

```
  .filter(
    action => (action.type === ActionTypes.DECREMENT ||
      action.type === ActionTypes.INCREMENT)
  )
  .delay(1000)
  .map(action => {
    const count = store.getState().count;
    if (count> 0) {
      return decrement()
    } else if (count < 0){
      return increment()
    } else {
      return {type: 'no-op'};
    }
  });
};

export default epic;
```

再次强调 epic 肯定不能直接把参数 action$ 返回，因为会造成死循环；同样，epic 一般也不会把 action$ 中每一个 action 对象都对应产生一个新的 action 对象，如果那样的话，任何一个 action 对象都会引发无限多的 action 对象，依然是爆炸性的效果。所以，epic 函数中通常需要使用过滤类操作符来过滤掉不相关的 action 对象。

在上面的代码中，我们只对 INCREMENT 和 DECREMENT 类型的 action 对象感兴趣，所以首先使用 filter，把不相关的 action 对象过滤掉。然后，对任何一个 INCREMENT 和 DECREMENT 类型的 action，我们需要做点什么，也就是要产生新的 action 对象，但是产生的时机并不是立刻发生，我们希望 1 秒钟之后再做，所以使用了 delay。

既然可以在这里使用 delay，当然可以使用任何其他延时产生数据的操作符，包括回压控制类操作符（例如 throttle 和 window），也包括可以调用 AJAX 请求的操作符（例如 mergeMap 和 switchMap），总之，因为使用了 RxJS，使得可以用同步的代码来处理异步的操作。

最后，为了做逆向操作，我们还是要通过 increment 或者 decrement 来产生 action 对象，当然，一种方式是根据数据源最初的 action.type 来决定产生调用哪个 action creator，不过，在这里我们用了另一种方法，通过访问 store.getState() 来获得当前 count 的数据，如果 count 大于 0 则调用 decrement，如果小于 0 就调用 increment。

注意，当 count 为 0 时，产生了一个 type 为 no-op 的 action 对象（no-op 代表 no-operation，意思即使"没有操作"），因为我们的 reducer 函数中没有处理 type 为 no-op 的 action 对象，产生这样的 action 对象代表什么都不想发生，但是在 map 中必须要返回一个 action 对象，所以就返回这样 type 为 no-op 的 action 对象。

14.5 本章小结

Redux 和 RxJS 都是管理数据的方式，利用 RxJS 可以轻松实现 Redux 的功能，但是因为 Redux 有更成熟的社区支持，更好的一个主意是将两者配合使用，Redux-Observable 就是两者结合的产物。在 Redux-Observable 中，引入了一个新的概念叫 epic，利用 epic 可以规范化应用中的异步处理逻辑，对于需要复杂异步操作的应用，Redux-Observable 是一个好的选择。

第 15 章 *Chapter 15*

RxJS 游戏开发

这一章以制作游戏的方式综合展示 RxJS 开发应用的技巧。游戏是交互性很强的应用，用户的输入、游戏中的时间都可以看作数据流，非常适合用 RxJS 来进行处理。我们将要实现的游戏叫做 breakout，这个游戏复杂度适中，而且有很有趣的历史。

15.1 breakout 的历史

让我们用 RxJS 来实现一个很经典的游戏 breakout。在中文的世界里，这个游戏有一个不大正式的名字叫 "打砖块"，即使你不是一个游戏爱好者，相信你也至少见过或者听说过这款游戏。

这个 breakout 游戏的历史可以回溯到 20 世纪 70 年代，现在依然可以在很多游戏平台上看到，图 15-1 就是早期 breakout 游戏的界面。

在游戏的界面中，顶部是一些由长方形砖块（brick）构成的阵列，界面底部是一个可以左右移动的球拍（Paddle），游戏开始之后，会有一个小球在界面中跳动，小球如果和砖块、墙壁、球拍发生碰撞，就会被弹开，当然，砖块和小球碰撞之后会被击碎。

玩家的任务就是控制球拍左右移动，确保小球不要从界面底部飞出去，如果小球飞出下面界面，游戏就结束了，同时，要让小球尽量多地击碎界面上的砖块，每击碎一个砖块，玩家就会获得游戏分数的增加。

这个游戏的规则非常简单，但也正因为简单所以好玩，很让人上瘾。你可能玩 breakout 玩得很熟练，但你是否知道，这个游戏的创造者是鼎鼎大名的苹果公司两位创始人史蒂夫·乔布斯（Steve Jobs）和史蒂夫·沃兹尼亚克（Steve Wozniak）。

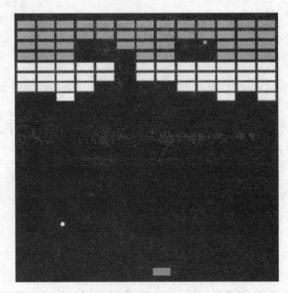

图 15-1　早期 breakout 的游戏界面

1976 年，在联手创建苹果公司之前，乔布斯和沃兹尼亚克已经是亲密好友，那时候，乔布斯在游戏界很有名望的 Atari 公司工作，而沃兹尼亚克则是惠普的工程师。有一天，Atari 的创始人诺兰（Nolan Bushnell）交给乔布斯一个任务，开发一款单人能够玩的弹球游戏，也就是 breakout 游戏的概念。

在那个时代，软件并没有现在这么发达，制作游戏更多是电子工程师利用芯片来连线完成，而不是敲打键盘编写代码，硬件芯片的成本要比软件高得多，所以如果使用更少的芯片硬件，就意味着能够节省大量批量生产的成本。为了激励乔布斯好好干，诺兰告诉乔布斯，如果能够以少于 50 个芯片实现这个游戏，那每少用一个芯片，在原有游戏制作酬劳的基础上，都会多一份奖金。

诺兰估计乔布斯一个人也搞不定这个任务，但是他知道乔布斯是沃兹尼亚克的好朋友，而沃兹尼亚克是一个卓越的工程师，如果乔布斯能够拉沃兹尼亚克一起来做，那就有戏。诺兰的预期是对的，至少部分是对的，乔布斯真的去拉沃兹尼亚克一起干，而且说，搞定这一单任务之后，两个人可以平分收益。

沃兹尼亚克是一个典型的工程师，他喜欢游戏，现在有机会自己参与制作游戏，当然十分兴奋，但是，当他看到 breakout 这个游戏的概念之后，觉得这个游戏需要花费几个月的时间才能完成。乔布斯利用了自己强大的"扭曲现实气场"，告诉沃兹尼亚克这个工作必须在四天之内完成，而且必须尽量少地使用芯片，沃兹尼亚克相信了，于是，两个人开始连夜加班开工了。最后，他们居然真的在四天之内完成了 breakout 游戏，而且只使用了 45 个芯片！

　　Atari 的老板诺兰当然也很高兴，按照之前和乔布斯的契约，他除了支付乔布斯制作游戏的酬劳，还给了他少用 5 个芯片的奖金，但是，他没有料到的是乔布斯只和沃兹尼亚克平分了基本工作酬劳，却根本没有让沃兹尼亚克知道奖金的事。

　　直到 10 年之后，沃兹尼亚克才知道这个任务还有奖金。在这 10 年间，乔布斯和沃兹尼亚克联合创立了苹果公司，这个公司如今已经成为了电子消费品领域的巨头，两个人又因为各自的原因离开了苹果公司——10 年能够发生的事情太多。

　　在 10 年之后，诺兰在接受一次杂志访谈的时候提到 Atari 当年的发展史，无意中提起当年两个苹果创始人曾经为 Atari 制作过一款游戏，而且说到 50 个芯片之内每少用一个芯片就多一份奖金的故事。看到这个报道，沃兹尼亚克才知道当年自己被乔布斯蒙了一把，当沃兹尼亚克去问乔布斯这是怎么一回事的时候，乔布斯说一定是当事人记错了，当时根本就没有奖金。

　　这段历史在《史蒂夫·乔布斯传》⊖中有记录，在这里讲这个故事，是想说明，不管精明如乔布斯还是朴实如沃兹尼亚克，都很清楚 breakout 这样一个游戏功能并不简单，要不然沃兹尼亚克也不会一开始觉得需要花费几个月的时间，同样，他们都知道利用更少的资源（芯片）来制作游戏意味着更多价值——至少乔布斯知道。

　　现在，让我们尝试自己来实现这个 breakout 游戏，一样面临两个挑战：第一，如何实现这个并不简单的功能？第二，如何用尽量少的代码来完成这个功能？使用 RxJS，你会发现这两个挑战都可以很容易攻克。

15.2　程序设计

　　和开发任何一款软件一样，上来第一件事肯定不是直接写代码，而是设计，如果缺乏设计规划，最后代码只会越写越乱，更何况 breakout 也不是一个逻辑很简单的游戏软件。磨刀不误砍柴工，在我们开始用 RxJS 编写代码实现 breakout 之前，首先来计划一下如何来做。

　　因为我们使用的是 RxJS，我们确定这个游戏会以网页应用的形态存在，接下来，就看这个网页应用如何实现，先回答这几个问题：

- ❑ 程序的输入是什么？
- ❑ 程序的输出是什么？
- ❑ 如何根据输入产生输出？

　　⊖ 《史蒂夫·乔布斯传》，第四章 Atari and India，作者 Walter Isaacson。

接下来，就来探索这几个问题特定于 breakout 游戏的答案。

1. 输入

在 breakout 中，玩家能够操纵的就是底部的球拍，所以玩家的输入就是键盘上的左右方向键。这个游戏的操纵并不复杂，玩家按下左方向键，球拍向左侧移动；玩家按下右方向键，球拍就向右侧移动。

如果用 RxJS 来实现，很自然会想到构建一个 Observable 对象，来源就是网页 DOM 中的按键操作，而且，我们只关心左右两个方向键。虽然还没有开始写代码，但是可以肯定，代码中会用上 fromEvent 这个操作符。

既然游戏界面中球拍的位置由用户按键决定，而用户按键数据存在于 Observable 对象中，那么，肯定也可以根据按键数据的 Observable 对象产生代表球拍位置的 Observable 对象。

除了玩家的输入，驱动游戏进度还有一个因素就是时间，即使用户不做任何操作，游戏中的那个弹球会移动，撞到球拍或者墙体会反弹，这些都可以认为有一个"时钟"在驱动游戏的进度。为了实现这个功能，可以想象，游戏中肯定需要用 interval 这个操作符产生一个控制节奏的 Observable 对象，每隔一段很短的时间产生一个数据，这个数据会驱动弹球重新计算自己的位置，会引发计算来判断弹球是不是和球拍、墙体或者砖块发生碰撞，会触发渲染游戏界面，这个"时钟"持续不断地驱动游戏中元素的状态改变，游戏就会持续进行。

好，至此我们可以确定，在 breakout 游戏中至少需要两个数据源，一个是根据 fromEvent 得到的用户按键操作，另一个是 interval 产生的"时钟"。

2. 输出

对于游戏，输出就是让玩家感官能够感受到的东西。对于 breakout，满足玩家的感官刺激就是视觉和听觉，为了简单起见，我们不考虑听觉的部分，只专注于视觉部分，也就是如何画出游戏界面。

游戏界面分成如下这些元素：
- ❑ 顶部排成阵列的砖块。
- ❑ 底部左右移动的球拍。
- ❑ 上下左右围住游戏界面的墙体。
- ❑ 可以向各个方向移动的弹球。

虽然是在网页应用中，如果这些游戏元素用普通的 HTML 元素来表示，那显得并不合适，因为 HTML 的 div、p 等标签本来不是为了制作游戏而创造出来的，为了更自由地绘制游戏元素，我们选择使用 HTML 的 canvas 功能。

可以预期，游戏代码中需要一些绘制游戏元素的函数，分别用来绘制砖块、绘制球拍、绘制弹球，至于墙体，并不需要绘制，只要在游戏中表现出弹球碰到边界会反弹开，就能够给玩家墙体存在的感受。

3. 输入到输出的转换

在确定程序的输入和输出之后，要考虑的就是如何实现两者的转换。

游戏的输入之一，interval 产生的"时钟"会驱动游戏的进度。可以想象，最后肯定有一个函数去渲染所有的游戏元素，而这个函数的输入就是当前游戏元素的状态，包括弹球的位置、球拍的位置、剩余的砖块个数和位置，因为我们使用 RxJS，所以这些状态肯定也是在 Observable 对象中流动的数据。

毫无疑问，游戏元素的状态都是累计下来的结果，比如现在剩余砖块的数量，在某个时刻，有的砖块已经被击毁，有的砖块还完好无损，这是之前球拍移动和弹珠移动的结果。既然状态是之前操作数据的累计结果，那很自然我们会想到使用 scan。在之前的章节中，我们已经知道几乎每一个应用都需要用 scan 来维持状态，包括 Redux 应用，这个 breakout 游戏也不例外。

15.3　用 RxJS 实现 breakout

我们已经对程序的结构进行了规划和设计，最后，想法还是要落实到代码中，让我们开始编写代码吧。

 breakout 的完整实现，在本书配套的 GitHub 代码库的 chapter-15/breakout 目录下可以找到，不过，读者最好还是根据本书中的介绍来阅读代码，这样才能容易理解。

1. 网页结构

既然我们的 breakout 是一个网页应用，需要一个 HTML 的载体，代码如下：

```
<!doctype html>
<html>
  <head>
  </head>
  <body>
    <canvas id="stage" width="480" height="320"></canvas>
    <script src="https://cdnjs.cloudflare.com/ajax/libs/rxjs/5.5.2/Rx.min.js">
      </script>
    <script src="./breakout.js"></script>
```

```
    </body>
</html>
```

这个 HTML 文件并不复杂，除了导入 RxJS 和包含游戏逻辑的 breakout.js 文件，就是使用了一个 canvas 标签，这个 canvas 的 id 是 stage，意思就是"舞台"，将要实现的 breakout 游戏就完全在这个舞台上表演。

2. 渲染游戏元素的函数

接下来，我们就开始编写游戏的主要部分 breakout.js 文件。

我们需要渲染游戏元素，虽然理论上可以把渲染代码写在一个函数中，但是这个函数估计会很长，不利于管理，所以，我们为每个元素都建立独立的渲染函数。

首先，要把"舞台"搭建好，代码如下：

```
const stage = document.getElementById('stage');
const context = stage.getContext('2d');
context.fillStyle = 'green';
```

代码获取了 id 为 stage 的 canvas 元素，通过 getContext 函数创造了绘制元素的环境 context，默认的渲染颜色使用绿色。之后，游戏中就可以通过 context 的来渲染游戏元素，并通过 stage 来获取"舞台"的大小。

游戏元素中需要一些常数，为了避免使用让人难以理解的魔术数（magic number），把元素的尺寸等数据全部定义为 const 变量，代码如下：

```
const PADDLE_WIDTH  = 100;
const PADDLE_HEIGHT = 20;

const BALL_RADIUS = 10;

const BRICK_ROWS    = 5;
const BRICK_COLUMNS = 7;
const BRICK_HEIGHT  = 20;
const BRICK_GAP     = 3;
```

游戏需要一个启动界面，用于给玩家简单介绍一下使用方法，这部分逻辑实现在 drawIntro 函数中，代码如下：

```
function drawIntro() {
  context.clearRect(0, 0, stage.width, stage.height);
  context.textAlign = 'center';
  context.font = '24px Courier New';
  context.fillText('Press [<] and [>]', stage.width / 2, stage.height / 2);
}
```

其中的 drawIntro 中，首先用 clearReact 方法清除"舞台"上所有现存的绘制结果，

然后在中央显示"Press [<] and [>]",读者可以考虑添加更加有表现力的方式启动界面
文字。

当游戏结束的时候,也需要在界面上给用户提示,这部分逻辑在 drawGameOver 函
数中实现,代码如下:

```
function drawGameOver(text) {
  context.clearRect(stage.width / 4, stage.height / 3, stage.width / 2, stage.
height / 3);
  context.textAlign = 'center';
  context.font = '24px Courier New';
  context.fillText(text, stage.width / 2, stage.height / 2);
}
```

这个 drawGameOver 函数有一个参数,可以指定显示的文字,因为游戏结束会有不
同的原因,可能是玩家没接住球导致失败,也可能是玩家摧毁了所有的砖块获得成功,
不同的结果,传入的参数 text 应该会有不同。

可以注意到,drawGameOver 和 drawIntro 调用 clearReact 的参数有不同,对于
drawIntro,因为是一个全新开始,所以擦掉全部界面重画,对于 drawGameOver,擦掉
全部界面并不好,不然玩家连自己怎么输的都没看清,体验不会太好,所以只清除中间
一小部分界面。

如同图 15-2 所示,在显示 Game Over 的时候,至少让玩家看到球从哪里漏过去了。

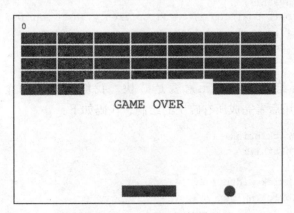

图 15-2　Game Over 的界面

在游戏界面中需要实时显示玩家获得的分数,每摧毁一个砖块得 10 分,显示在左上
角,为显示分数实现了一个 drawScore 函数,代码如下:

```
function drawScore(score) {
  context.textAlign = 'left';
  context.font = '16px Courier New';
```

```
    context.fillText(score, BRICK_GAP, 16);
}
```

在实现这些绘制元素的函数时，除了 context、stage 以及常数是直接使用之外，其余关于元素的状态都以参数形式传入，这样编码的目的是让这些函数可以和被调用环境无关。

需要绘制底部球拍的函数 drawPaddle，代码如下：

```
function drawPaddle(position) {
    context.beginPath();
    context.rect(
        position - PADDLE_WIDTH / 2,
        context.canvas.height - PADDLE_HEIGHT,
        PADDLE_WIDTH,
        PADDLE_HEIGHT
    );
    context.fill();
    context.closePath();
}
```

上面使用了 context.rect 来绘制长方形的球拍（Paddle），接下来会使用 context.arc 来绘制圆形的弹球，绘制弹球的函数 drawBall 代码如下：

```
function drawBall(ball) {
    context.beginPath();
    context.arc(ball.position.x, ball.position.y, BALL_RADIUS, 0, Math.PI * 2);
    context.fill();
    context.closePath();
}
```

最后一个需要绘制的游戏元素就是砖块，我们定义了两个函数 drawBricks 和 drawBrick，前者调用后者完成所有砖块的绘制，代码如下：

```
function drawBrick(brick) {
    context.beginPath();
    context.rect(
        brick.x - brick.width / 2,
        brick.y - brick.height / 2,
        brick.width,
        brick.height
    );
    context.fill();
    context.closePath();
}

function drawBricks(bricks) {
```

```
    bricks.forEach(brick => drawBrick(brick));
}
```

至此，所有渲染游戏界面元素的函数都定义完毕，接下来要考虑的是何时调用这些
函数。

3. 时钟 Observable 对象

在设计阶段，我们设想过要用 interval 构建一个控制游戏节奏的 Observable 对象，
我们把这个对象命名为 ticker$，对应的代码如下：

```
const TICKER_INTERVAL = Math.ceil(1000 / 60);

const ticker$ = Rx.Observable
  .interval(TICKER_INTERVAL, Rx.Scheduler.requestAnimationFrame)
  .map(() => ({
    time: Date.now(),
    deltaTime: null
  }))
  .scan(
    (previous, current) => ({
      time: current.time,
      deltaTime: (current.time - previous.time) / 1000
    })
  );
```

interval 的第一个参数是 1000/60，这是因为给用户最顺滑的动画效果，至少要有每
秒 60 帧的界面更新率，也就是常说的 60fps(frame per second)，1000 毫秒除以 60 的结果
是 16 毫秒，作为 interval 参数，差不多就是能够达到 60fps 的效果。

不过，interval 默认的 Scheduler 是 async，在第 11 章中我们知道，async 并不是最佳
的协调动画渲染的 Scheduler，所以，在这里让 interval 使用 requestAnimationFrame 这个
Scheduler。

无论使用哪一种 Scheduler，因为 JavaScript 运行环境的原因，最后都不能百分之百
保证每个数据之间的间隔是 16 毫秒，但是，为了得到游戏元素（弹球和球拍）的准确位
移，就需要准确知道这两帧之间的时间差，既然时间差不确定是 16 毫秒，只能通过代码
来计算。

使用 map 和 scan，让 ticker$ 产生的每个数据包含两个字段，其中 time 字段的值
是绝对的时间，deltaTime 是这一个数据和上一个数据的时间差，弹珠和球拍会根据
deltaTime 来计算位移。

4. 玩家的键盘输入

接下来要产生玩家按键事件的 Observable 对象，我们将这个对象命名为 key$，代码

如下：

```
const PADDLE_CONTROLS = {
  'ArrowLeft': -1,
  'ArrowRight': 1
};

const key$ = Rx.Observable
  .merge(
    Rx.Observable.fromEvent(document, 'keydown').map(event => (PADDLE_
      CONTROLS[event.key] || 0)),
    Rx.Observable.fromEvent(document, 'keyup').map(event => 0)
  )
  .distinctUntilChanged();
```

在 breakout 游戏中，玩家只要在网页中按键就可以操纵球拍，所以 fromEvent 的第一个参数就是 document。我们关心的只有左右方向键两个按键事件，PADDLE_CONTROLS 中的两个字段 ArrowLeft 和 ArrowRight 分别对应左右方向键事件中的 key 值。

在这里，通过 merge 两个数据流来实现控制，两个数据流分别是 keydown 和 keyup。对于 keydown 数据流，如果按下左方向键就会产生 –1，如果按下右方向键则产生 1，如果用户松开按键或者按下其他键，产生的数据就是 0。

对于 merge 之后的数据流使用 distinctUntilChanged，是为了保证 ticker$ 不会产生连续同样的数据。理想情况下，keydown 事件和 keyup 事件是交错出现的，但是在实际情况下，情况完全难以预料，所以使用 distinctUntilChanged 是最保险的办法。

5. 产生球拍位置的数据流

球拍相关状态只有一个，就是在底部的横向位置，我们创造一个叫 createPaddle$ 的函数来产生球拍位置的数据流，代码如下：

```
const PADDLE_SPEED = 240;

const createPaddle$ = ticker$ => ticker$
  .withLatestFrom(key$)
  .scan((position, [ticker, direction]) => {
    const nextPosition = position + direction * ticker.deltaTime * PADDLE_
      SPEED;
    return Math.max(
      Math.min(nextPosition, stage.width - PADDLE_WIDTH / 2),
      PADDLE_WIDTH / 2
    );
  }, stage.width / 2)
  .distinctUntilChanged();
```

这里并不直接定义一个 Observable 对象，而是创建一个返回 Observable 对象的函数，是考虑到游戏可以重复开始。每次游戏重新开始，最好是产生一个新的球拍对象，这样新游戏不受之前的状态影响。对于 key$ 和 ticker$ 则不必如此，因为无论游戏重复多少次，这两个 Observable 对象都是可以重用的。

createPaddle$ 利用 withLatestFrom 来合并 ticker$ 和 key$，在这里我们还有一个选择，可以使用 combineLatest，但是在第 5 章我们介绍过，combineLatest 对于有多重依赖关系的数据流结果会产生 glitch 问题，withLatestFrom 更适合由一个主要数据流决定下游数据产生节奏的场景。对于 breakout 游戏，ticker$ 就是驱动游戏进度的主要数据源，key$ 只是贡献数据，当 key$ 中产生数据的时候没有必要立刻引发一次界面渲染，只需要配合 ticker$ 提供最新的按键信息就好了，所以，使用 withLatestFrom 也十分合适，我们不使用 combineLatest。

在 createPaddle$ 中同样使用了 scan，根据 ticker$ 提供数据的 deltaTime 能够得到这一帧和上一帧的时间差，这个时间差乘以 PADDLE_SPEED，就是球拍应该移动的距离。

6. 判断碰撞

在游戏过程中，需要不断地判断弹球和球拍是否接触、判断球体和砖块是否碰撞，为此我们添加 isHit 和 isCollision 函数，代码如下：

```
function isHit(paddle, ball) {
  return ball.position.x > paddle - PADDLE_WIDTH / 2
    && ball.position.x < paddle + PADDLE_WIDTH / 2
    && ball.position.y > stage.height - PADDLE_HEIGHT - BALL_RADIUS / 2;
}

function isCollision(brick, ball) {
  return ball.position.x + ball.direction.x > brick.x - brick.width / 2
  && ball.position.x + ball.direction.x < brick.x + brick.width / 2
  && ball.position.y + ball.direction.y > brick.y - brick.height / 2
  && ball.position.y + ball.direction.y < brick.y + brick.height / 2;
}
```

这两个函数都是纯函数，在代码中应该尽量使用纯函数。

7. 初始化游戏状态

游戏的界面应该只是数据的一种呈现（这和之前介绍的 React 思想一致），为此一定要确定好应用的数据如何管理，我们定义一个 initState 函数来初始化游戏的状态，代码如下：

```
const initState = () => ({
  ball: {
```

```
    position: {
      x: stage.width / 2,
      y: stage.height / 2
    },
    direction: {
      x: 2,
      y: 2
    }
  },
  bricks: createBricks(),
  score: 0
});
```

可以看到，游戏状态包含弹球的位置（ball.position）和运动方向 (ball.direction)、所有砖块的状态（bricks）以及玩家当前得分 (score)。

创建一个函数 initState 来产生初始状态，同样是因为玩家可以重复玩游戏，每一次重新开一局都应该重新调用 initState 产生全新的状态。

initState 调用 createBricks 获得砖块的初始状态，createBricks 的代码如下：

```
function createBricks() {
  let width = (stage.width - BRICK_GAP - BRICK_GAP * BRICK_COLUMNS) / BRICK_
    COLUMNS;
  let bricks = [];

  for (let i = 0; i < BRICK_ROWS; i++) {
    for (let j = 0; j < BRICK_COLUMNS; j++) {
      bricks.push({
        x: j * (width + BRICK_GAP) + width / 2 + BRICK_GAP,
        y: i * (BRICK_HEIGHT + BRICK_GAP) + BRICK_HEIGHT / 2 + BRICK_GAP + 20,
        width: width,
        height: BRICK_HEIGHT
      });
    }
  }

  return bricks;
}
```

8. 创造游戏状态数据流

上面介绍的只是游戏的初始状态，在游戏过程中，这个状态会被 ticker$ 驱动从而不停改变，说到底，游戏状态也应该是 Observable 对象中的数据。

同样出于游戏可以重复开始的目的，我们创造了一个 createState$ 函数来创造 breakout 游戏的状态数据流，代码如下，这个函数代码比较多，我们逐段讲解：

```
const BALL_SPEED = 60;

const createState$ = (ticker$, paddle$) =>
  ticker$
  .withLatestFrom(paddle$)
  .scan(({ball, bricks, score}, [ticker, paddle]) => {
    let remainingBricks = [];
    const collisions = {
      paddle: false,
      floor: false,
      wall: false,
      ceiling: false,
      brick: false
    };
```

和 createPaddle$ 一样，使用了 withLatestFrom 来组合 ticker$ 和 paddle$，其中 paddle$ 应该是 createPaddle$ 产生的 Observable 对象。因为 paddle$ 依赖于 ticker$，createState$ 返回的结果也依赖于 ticker$，这就是一个多重依赖的关系，如果使用 combineLatest 就会出现 glitch 现象，这也就是我们使用 withLatestFrom 的原因。

在上面的代码中，scan 的规约函数并没有结束，接下来还要更新弹球的位置，同样使用了 ticker$ 提供数据的 deltaTime 来计算移动距离，代码如下：

```
ball.position.x = ball.position.x + ball.direction.x * ticker.deltaTime *
  BALL_SPEED;
ball.position.y = ball.position.y + ball.direction.y * ticker.deltaTime *
  BALL_SPEED;
```

对于每一个砖块，判断是否被弹球击中，如下所示：

```
bricks.forEach((brick) => {
  if (!isCollision(brick, ball)) {
    remainingBricks.push(brick);
  } else {
    collisions.brick = true;
    score = score + 10;
  }
});
```

判断球拍和弹球是否接触，代码如下：

```
collisions.paddle = isHit(paddle, ball);
```

判断弹球是否和墙体发生了碰撞，代码如下：

```
if (ball.position.x < BALL_RADIUS || ball.position.x > stage.width - BALL_
  RADIUS) {
    ball.direction.x = -ball.direction.x;
```

```
    collisions.wall = true;
}

collisions.ceiling = ball.position.y < BALL_RADIUS;
```

当弹珠和任何一个物体碰撞，y 轴的移动方向都会和以前相反：

```
if (collisions.brick || collisions.paddle || collisions.ceiling ) {
  ball.direction.y = -ball.direction.y;
}
```

最后，返回最新的游戏状态结果：

```
return {
  ball: ball,
  bricks: remainingBricks,
  collisions: collisions,
  score: score
};
```

scan 函数的 seed 参数通过调用 initState 获得，每一次 createState$ 调用都会产生一个全新的游戏初始状态：

```
}, initState());
```

9. 控制游戏进程

上面全都是准备工作，最后需要把所有的 Observable 对象和函数组合在一起，让数据去驱动游戏界面的渲染。

假设我们渲染游戏界面的函数名叫 updateView，那么开始游戏只需要如下这样的代码：

```
drawIntro();

const paddle$ = createPaddle$(ticker$);
const state$ = createState$(ticker$, paddle$);

const game$ = ticker$.withLatestFrom(paddle$, state$);
game$.subscribe(updateView);
```

上面的代码当然足够工作，但是，当一局游戏结束之后，不能自动重新开始下一局，因为集合了 ticker$、paddle$ 和 state$ 的数据流 game$ 在游戏结束的时候就不能继续了。

最好的方式是在游戏结束的时候重新订阅 game$，当然，必须要保证 game$ 被订阅的时候会产生全新的数据流。

接下来就有一个问题需要解决：如何控制游戏重新订阅 game$ 呢？在这里，我们利用了 retryWhen，这个操作符可以对上游进行重试，在第 9 章中我们介绍过 retyrWhen，retryWhen 接受一个函数，这个函数返回的 Observable 对象决定什么时机重新订阅上游。

利用 retryWhen，我们只要让 game$ 在游戏结束的时候产生异常，那样 retryWhen 就会重新订阅 game$，改进之后的 game$ 实现代码如下：

```
let restart;

const game$ = Rx.Observable.create((observer) => {
  drawIntro();

  restart = new Rx.Subject();

  const paddle$ = createPaddle$(ticker$);
  const state$ = createState$(ticker$, paddle$);

  ticker$.withLatestFrom(paddle$, state$)
    .merge(restart)
    .subscribe(observer);
});

game$.retryWhen(err$ => {
  return err$.delay(1000);
}).subscribe(updateView);
```

在这段代码中，通过 create 这个操作符来创造 game$，这样可以用一个函数定制这个 game$ 被订阅时的行为。

每当 game$ 被订阅时，就会调用 drawIntro 显示介绍的界面，这标志着新的一局游戏开始。

在模块级别声明了一个 restart 变量，这个变量将在 updateView 中被使用到，每当 game$ 被订阅，restart 就会被赋值一个新的 Subject 对象，这个 restart 用来控制游戏重新开一局，所以，使用 merge 把 restart 合并，这样，当 restart 产生异常时，会引发 game$ 产生异常。

当 game$ 产生异常时，retryWhen 就会发生作用，利用 delay 的作用，会在 1 秒钟之后重新订阅上游 game$，这就有 1 秒钟的时间让玩家看到游戏结束的界面。

在这里使用了一个技巧，利用异常处理之后的重试来控制逻辑流程，通常，在编程中不应该使用异常来控制流程，比如，在 JavaScript 中像下面这样写绝对是不合适的：

```
try {
  const bar = x.foo;
  // 处理x正常情况
} catch (ex) {
  // 处理x为undefined或者null的情况
}
```

上面的逻辑完全可以通过条件判断 x 是否存在而完成，利用访问 x 的属性会抛出异常来代替条件判断的处理，虽然事实上执行也能通过，但是不可取，因为这让代码更难读懂，异常处理的执行效率也比条件判断要低，频繁调用会有性能问题。

但在 breakout 游戏中我们利用异常来处理逻辑流程，首先因为这种写法并不会让代码更难懂，retryWhen 是 RxJS 提供的操作符，已经实现了重新订阅上游 Observable 的功能，我们可以自己重新实现类似的逻辑，但是显得非常浪费。其次，在 breakout 游戏中，在游戏结束时候的一次异常，并不会造成性能上的影响。

10. 渲染游戏界面

最后，我们来看渲染游戏界面的函数 updateView，代码如下：

```
function updateView([ticker, paddle, state]) {
  context.clearRect(0, 0, stage.width, stage.height);

  drawPaddle(paddle);
  drawBall(state.ball);
  drawBricks(state.bricks);
  drawScore(state.score);

  if (state.ball.position.y > stage.height - BALL_RADIUS) {
    drawGameOver('GAME OVER');
    restart.error('game over');
  }

  if (state.bricks.length === 0) {
    drawGameOver('Congradulations!');
    restart.error('cong');
  }
}
```

updateView 所做的事情很直接，先清空整个游戏界面，然后依次渲染球拍、弹珠、砖块和玩家得分。不过，这里 updateView 还要多做一件事，就是判断游戏是否结束，如果弹珠越过了界面底部，那游戏就失败，即显示 Game Over ；如果所有的砖块都被摧毁，那就是游戏成功，显示恭喜给玩家看。

不管是哪一种原因导致游戏结束，updateView 都调用 restart 的 error 方法，这会导致 game$ 也产生异常，这个异常会被 retryWhen 捕捉，然后重新订阅 game$，这就达到了重新开始游戏的效果。

大功告成，我们的 breakout 游戏终于完成了，界面如图 15-3 所示。

我们用 RxJS 代码实现 breakout 游戏总共有 244 行代码（包括空行），不敢说这个 breakout 游戏比当年沃兹尼亚克和乔布斯用电子芯片制作的 breakout 更加精妙，但是从实现这个游戏的过程中，读者应该感受到用 RxJS 能够用少量代码实现比较复杂的功能。

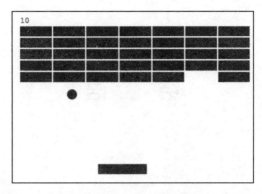

图 15-3　breakout 的游戏界面

读者可以根据本书的内容或者配套 GitHub 代码库中的代码完成自己的 breakout，享受自己的成果吧！

15.4　本章小结

本章介绍了游戏 breakout 的开发。通过开发 breakout 的例子，可以看到首先要明确一个应用的输入和输出，然后梳理清楚从输入到输出之间要进行的数据处理过程，剩下要做的就是使用 RxJS 来实现这个处理过程。

游戏 breakout 的开发综合展示了 RxJS 的多个方面，可以看出，函数响应式编程对于交互类应用开发十分便利。

结　语

恭喜你，终于看到了本书的结尾！

也许当你读到这里的时候，对 RxJS 信心满满，正准备在下一个项目中利用 RxJS 大展拳脚；也可能你虽然理解了 RxJS，但是并没有信心在工作中实践这门技术；当然，更有可能你觉得自己对 RxJS 还只是一知半解，而且意识到学习 RxJS 是一个十分困难的过程，感觉自己在攀登一座陡峭的山峰。

不管你的感受如何，我对你下一步的建议都是——写代码去实践 RxJS。

学习 RxJS 最难的就是了解一百多个操作符，掌握了这些操作符的用法也就掌握了 RxJS。不过，你没有必要对所有操作符倒背如流之后才去实践。在本书的开始，以 Excel 的使用来解释函数式编程，Excel 同样也有不下一百个函数，很多函数你都没听说过，但是不影响你利用最简单的 SUM 来统计数据，使用 RxJS 也是同样的道理，从应用简单的操作符开始，逐步拓展到使用更多的操作符。

RxJS 的理论基础"函数式"和"响应式"两种编程模式并不难理解，RxJS 本身是具体到 JavaScript 语言的理论实践，理论能够帮助我们建立良好的架构体系，但是最终体现软件价值的，还是一行一行的代码。

任何一种工具、任何一种框架，最佳的学习方法就是动手写代码，学习 RxJS 也不例外。

本书包含了大量的代码，小到一个操作符的代码示例，大到一个游戏的创建，理解这些代码只是迈出第一步，现实中的需求千奇百怪，一本书不可能覆盖所有的应用场景，读者要做的就是利用本书中学到的知识，去解决现实中的问题。

软件人才，只能在软件开发中培养。

读完这本书是一个终点，同时也是一个起点，是你利用 RxJS 改变世界这一旅程的起点，希望每一个读者在这条路上不仅能够创造社会价值，也能发现自己的价值。

感谢 RxJS，让我们在这里相遇。

再见！

推荐阅读